SELECTED EXAMPLES OF BASIC NUMBER THEORY LEARNING SKILLS THROUGH EXAMPLES

基础数论例选

通过范例学技巧

● 朱尧辰　编著

哈爾濱工業大學出版社
HARBIN INSTITUTE OF TECHNOLOGY PRESS

内 容 简 介

本书选编了200个基础数论例题(题或题组)以及60个练习题,问题主要源自各种中外文数论书刊,以初等数论(整除性、同余、素数、数论函数、不定方程、连分数等)为主,并涉及与素数定理、整数列的密度、无理数、Diophantine逼近以及数的几何等有关的初步知识.问题有一定难度,解法也有启发性和参考价值.

本书可供数论爱好者阅读,也可作为大学数学系师生的教学辅助资料.

图书在版编目(CIP)数据

基础数论例选:通过范例学技巧/朱尧辰编著.—哈尔滨:哈尔滨工业大学出版社,2018.9(2024.3重印)
ISBN 978-7-5603-7602-8

Ⅰ.①基… Ⅱ.①朱… Ⅲ.①数论-自学参考资料 Ⅳ.①O156

中国版本图书馆CIP数据核字(2018)第183882号

策划编辑 刘培杰 张永芹
责任编辑 张永芹 李 欣
封面设计 孙茵艾
出版发行 哈尔滨工业大学出版社
社 址 哈尔滨市南岗区复华四道街10号 邮编150006
传 真 0451-86414749
网 址 http://hitpress.hit.edu.cn
印 刷 哈尔滨圣铂印刷有限公司
开 本 787mm×1092mm 1/16 印张24.75 字数490千字
版 次 2018年9月第1版 2024年3月第3次印刷
书 号 ISBN 978-7-5603-7602-8
定 价 58.00元

(如因印装质量问题影响阅读,我社负责调换)

前　言

编写本书的想法基本上与数年前出版的《数学分析例选——通过范例学技巧》及《高等代数例选——通过范例学技巧》类似,它通过解答一些经过特别挑选的例题来展示解基础数论习题的某些方法,以有助于具有一定解题基础的大学生"揣摩"和领会有关技巧,为有关师生提供一个教学辅导参考资料.虽然本书书名附以副标题"通过范例学技巧",但是数论解题技巧算得上博大精深, 要全面给出绝非易事,本书所展示的,只不过是其若干侧面,实乃九牛之一毛而已.

本书问题的主题即所谓"基础数论",看起来没有确切的范围界定,作者的理解是在初等数论的基础上按适当的深度扩张到数论的某些其他分支.本书含10章,以初等数论问题(整除性、同余、素数、数论函数、不定方程、连分数等)为主,但也包括少量初等数论范围以外的问题,它们涉及与素数定理的应用有关的一些简单解析方法、整数列的密度概念、无理数、Diophantine逼近,以及数的几何中的某些基本结果,等等.最后一章是供读者选做的练习题,没有提供解答(个别问题附提示).本书问题多数选自各种中外文书刊,有一定难度.由于当前各种类型的初等数论教材和习题集确实已经不少, 为减少重复,我们尽量略去某些标准例题(如与辗转相除和孙子定理有关的标准计算,一次不定方程和Pell方程的求解细节,等等);虽然本书证明题居多,但着重于"通用"解题方法,注意慎选具有奥数"血统"的问题,避免追求过于机巧的解法.本书所有问题的解答都是经过重新加工整理或改写的,多数包含必要的计算或推理的细节,有的附加若干注释或少许引申材料;有些问题或解法是作者自行设计的(但未必是新的).为便于读者参考,第1~9章标题之下都列出若干推荐问题的题号.

限于作者的水平和经验,本书在取材、编排和解题等方面难免存在不妥、疏漏甚至谬误,欢迎读者和同行批评指正.

朱尧辰

2018年1月于北京

符号说明

1° $\mathbb{N},\mathbb{Z},\mathbb{Q},\mathbb{R},\mathbb{C}$ (依次表示) 正整数集,整数集,有理数集,实数集,复数集.

$\mathbb{N}_0=\mathbb{N}\cup\{0\}$.

$\mathbb{R}_+$ 正实数集.

$\mathbb{Z}_m$ 模m剩余类环,$m=p$(素数)时$\mathbb{Z}_p$是域.

$|S|$ 有限集S所含元素的个数(也称S的规模).

2° $[a]$ 实数a的整数部分,即不超过a的最大整数.

$\{a\}=a-[a]$ 实数a的分数部分,也称小数部分.

$\lceil a\rceil$ 大于或等于a的最小整数.

$\lfloor a\rfloor$ 小于或等于a的最大整数(亦即a的整数部分$[a]$).

$((x))$ 距实数x最近的整数.

$\|x\|$ (实轴上)点x与距它最近的整数点间的距离.

$a\mid b\,(a\nmid b)$ 整数a整除(不整除)整数b.

$\gcd(a,b,\cdots,t)$ 整数$a,b,\cdots,t$的最大公因子, 不引起混淆时记为$(a,b,\cdots,t)$.

$\operatorname{lcm}(a,b,\cdots,t)$ 整数$a,b,\ldots,t$的最小公倍数, 不引起混淆时记为$[a,b,\cdots,t]$.

$\gcd\{\cdots\},\operatorname{lcm}\{\cdots\}$ 有限整数集合$\{\cdots\}$中的元素的最大公因子,最小公倍数.

$p^\alpha\|n$ 表示$p^\alpha\mid n$, 但$p^{\alpha+1}\nmid n$(其中$\alpha\geqslant 0$是整数,n是正整数,p是素数).

$\delta_{i,j}$ Kronecker符号,即当$i=j$时其值为1,否则为0.

3° $\log_b a$ 实数$a>0$的以b为底的对数.

$\log a$(与$\ln a$同义) 实数$a>0$的自然对数.

$\lg a$ 实数$a>0$的常用对数(即以10为底的对数).

$\exp(x)$ 指数函数e^x.

$a_n\,(n=1,2,\cdots)$, $a_n(n\geqslant 1)$ 数列,不引起混淆时记为a_n.

$\pi(x)$ 不超过$x(>0)$的素数个数.

4° $f(x) \sim g(x)\,(x \to a)$　函数$f(x)$和$g(x)$在$x \to a$时等价,即$\lim\limits_{x \to a} \dfrac{f(x)}{g(x)} = 1$(此处$a$是实数或$\pm\infty$)(对于离散变量$n$类似,下同).

$f(x) = o\big(g(x)\big)\,(x \to a)$　指$\lim\limits_{x \to a} \dfrac{f(x)}{g(x)} = 0$(此处$a$是实数或$\pm\infty$).

$f(x) = O\big(g(x)\big)\,(x \in A)$　指存在常数$C > 0$使$|f(x)| \leqslant C|g(x)|$(对于所有$x \in A$,此处A为某个集合).

$f(x) = O\big(g(x)\big)\,(x \to a)$　指对于a的某个邻域中的所有x, $f(x) = O\big(g(x)\big)$(此处a是实数或$\pm\infty$).

$o(1)$和$O(1)$　分别表示无穷小量和有界量.

5° $\boldsymbol{M}_n$, $(a_{i,j})_n$　元素为$a_{i,j}$的n阶方阵,不引起混淆时记为$\boldsymbol{M}$或$(a_{i,j})$.

$\boldsymbol{A}^{\mathrm{T}}$, $\boldsymbol{x}^{\mathrm{T}}$　方阵$\boldsymbol{A}$和向量$\boldsymbol{x}$ 的转置.

$\det \boldsymbol{A}$, $\det(a_{i,j})$　方阵$\boldsymbol{A}$或$(a_{i,j})$的行列式.

6° $d(n)$　正整数n的(正)因子的个数(除数函数).

$\sigma_r(n)$　n的因子的r(实数)次方之和,即$\sum\limits_{d\,|\,n} d^r$; 特别,$\sigma_1(n) = \sigma(n)$($n$的因子之和);$\sigma_0(n) = d(n) = \sum\limits_{d\,|\,n} 1$.

$\omega(n)$　n的不同素因子的个数,即$\omega(n) = \sum\limits_{p\,|\,n} 1$ (p表示素数),并且约定$\omega(1) = 0$.

$\Omega(n)$　n的素因子之总数,即计及素因子的重数:$\Omega(n) = \sum\limits_{p^\alpha\,\|\,n} \alpha$,并且约定$\Omega(1) = 0$.

$\phi(n)$　Euler函数,即与n互素并且不超过n的正整数的个数,也就是模n 的不同既约剩余类的个数.

$\mu(n)$　Möbius函数,即

$$\mu(n) = \begin{cases} 1 & \text{若}n = 1, \\ (-1)^r & \text{若}n\text{为}r\text{个不同素数之积}, \\ 0 & \text{若}n\text{有平方因子}. \end{cases}$$

$\lambda(n)$　Liouville函数,即$\lambda(n) = (-1)^{\Omega(n)}$.

$\Lambda(n)$ von Mangoldt函数,即

$$\Lambda(n)=\begin{cases}\log p & \text{若} n=p^{\alpha}\ (\alpha\in\mathbb{N}),\\ 0 & \text{其他情形}.\end{cases}$$

7° □ 表示问题解答完毕.

目　　录

第1章 整除性

推荐问题: **1.5/1.6/1.7/1.12/1.14/1.16/1.20(1)-(3),(5)**.

1.1 设a,b,c,d是整数,都与$m=ad-bc$互素,且x,y是整数.证明: $m\,|\,ax+by \Leftrightarrow m\,|\,cx+dy$.

解 下面是繁简不同的三种解法.解法1符合思维习惯(从定义出发),容易想到. 解法3基于一个简单的恒等式,并且自然地显示了题中的条件.

解法1 (i) 首先注意$(a,b)=1$.事实上,若$l=(a,b)$,则$l\,|\,a$和b,于是$l\,|\,m=ad-bc$,即l是a,b,m的一个公因子.因为a,b都与m互素,所以$l=1$.

(ii) 因为$m\,|\,ax+by$,所以存在整数k使得$ax+by=km=k(ad-bc)$,从而

$$a(x-kd)=-b(y+kc), \tag{1.1.1}$$

由此及a,b互素可知$a\,|\,y+kc$和$b\,|\,x-kd$,从而存在整数r和s,使得$y+kc=ar$和$x-kd=bs$,于是

$$x=kd+bs,\quad y=ar-kc, \tag{1.1.2}$$

从而

$$cx+dy=c(kd+bs)+d(ar-kc)=cbs+dar.$$

又将式(1.1.2)代入式(1.1.1)可知$s=-r$,因此由上式得到

$$cx+dy=-cbr+dar=r(ad-bc)=rm,$$

可见$m\,|\,cx+dy$.

也可以如下处理:由$a\,|\,y+kc$得到$y=ar-kc$,将此代入式(1.1.1)得到$x=kd-br$;由此也产生$cx+dy=rm$.

类似地,可由$m\,|\,cx+dy$推出$m\,|\,ax+by$.

解法 2　对于整数x,y,令$\alpha=ax+by,\beta=cx+dy$.若$m\mid ax+by$,则存在整数k使得$ax+by=km$.于是x,y满足方程组

$$ax+by=km,\quad cx+dy=\beta.$$

由此解出

$$x=\frac{kmd-b\beta}{ad-bc}=\frac{kmd-b\beta}{m}=kd-\frac{b\beta}{m}.$$

因为x,kd是整数,所以$b\beta/m$也是整数.又因为b,m互素,所以$m\mid\beta=cx+dy$.类似地,可证逆命题.

解法 3　我们有恒等式

$$c(ax+by)-a(cx+dy)=(cb-ad)y,$$

或

$$c(ax+by)-a(cx+dy)=-my.$$

若x,y是整数,$m\mid ax+by$,则$m\mid a(cx+dy)$.因为m,a互素,所以$m\mid(cx+dy)$.同理可证逆命题. □

1.2　(1)　证明:对于任何正整数$k,d=(9k^2+3k+1,6k+1)\neq 37$.

(2)　证明:对于任何正整数$k,d=(k^2+3k+2,6k^3+15k^2+3k-7)=1$.

(3)　设m,n,a是正整数,$m\neq n$.证明:

$$(a^{2^m}+1,a^{2^n}+1)=\begin{cases}1 & 若a是偶数,\\ 2 & 若a是奇数.\end{cases}$$

(4)　设整数$n\geqslant 1$,求

$$\binom{2n}{k}\quad(k=1,3,\cdots,2n-1)\tag{1.2.1}$$

的最大公因子.

解　(1)　问题等价于证明同余方程组

$$9k^2+3k+1\equiv 0\pmod{37},\quad 6k+1\equiv 0\pmod{37}$$

无解.用反证法.若有解k,则由第二式得到$36k \equiv -6 \pmod{37}$,或$(37-1)k \equiv -6 \pmod{37}$,于是

$$k \equiv 6 \pmod{37}.$$

将此代入第一式,得到

$$9 \cdot 6^2 + 3 \cdot 6 + 1 \equiv 0 \pmod{37},$$

即$343 \equiv 0 \pmod{37}$,此不可能.于是本题得证.

或者,更简捷地:因为$4(9k^2+3k+1) = (6k+1)^2+3$,所以若结论不成立,则有$37 \mid 3$, 此不可能.

(2) 由d的定义可知,

$$d \mid 6k(k^2+3k+2) - (6k^3+15k^2+3k-7) = 3k^2+9k+7;$$

进而得到

$$d \mid (3k^2+9k+7) - 3(k^2+3k+2) = 1,$$

因此$d=1$.

(3) (i) 首先证明:若$m>n$,则$a^{2^n}+1 \mid a^{2^m}-1$.

这是因为,连续实施因式分解得到

$$\begin{aligned} a^{2^m}-1 &= (a^{2^{m-1}}+1)(a^{2^{m-1}}-1) \\ &= (a^{2^{m-1}}+1)(a^{2^{m-2}}+1)(a^{2^{m-2}}-1) \\ &= \cdots \\ &= (a^{2^{m-1}}+1)(a^{2^{m-2}}+1)\cdots(a^2+1)(a+1)(a-1). \qquad (1.2.2) \end{aligned}$$

由此及$m>n$立得上述结论.

(ii) 因为

$$a^{2^m}-1 = (a^{2^m}+1)-2,$$

且由式(1.2.2)右边每个因式都整除$a^{2^m}-1$,又因为$n<m$,所以$a^{2^n}+1$是这些因式中的一个,所以

$$a^{2^n}+1 \mid (a^{2^m}+1)-2,$$

于是$d=(a^{2^n}+1,a^{2^m}+1)\,|\,2$,从而$d=1$或2.显然,如果$a$是奇数,那么$a^{2^n}+1$和$a^{2^m}+1$都是偶数,于是$d=2$;如果$a$是偶数,那么$a^{2^n}+1$和$a^{2^m}+1$都是奇数, 于是$d=1$.

(4) (i) 设d是式(1.2.1)中各个数的最大公因子.那么d整除这些数之和

$$S=\sum_{k=1}^{2n-1}\binom{2n}{k}.$$

因为

$$\sum_{k=0}^{2n}\binom{2n}{k}=\sum_{k=0}^{2n}\binom{2n}{k}1^k\cdot 1^{2n-k}=(1+1)^{2n}=2^{2n},$$
$$\sum_{k=0}^{2n}(-1)^k\binom{2n}{k}=\sum_{k=0}^{2n}\binom{2n}{k}(-1)^k\cdot 1^{2n-k}=(1-1)^{2n}=0,$$

将此二式相减可得$2S=2^{2n}$,所以$S=2^{2n-1}$.于是$d\,|\,2^{2n-1}$,可见$d=2^a$,其中a是非负整数,即或者$d=1$,或者d是偶数.

(ii) 设$n=2^m r$,其中r是奇数,m是非负整数.因为

$$\binom{2n}{1}=2n=2^{m+1}r,$$

所以

$$d\leqslant 2^{m+1}. \tag{1.2.3}$$

(iii) 对于$k=1,3,\cdots,2n-1$,有

$$\binom{2n}{k}=\binom{2^{m+1}r}{k}=\frac{2^{m+1}r}{k}\binom{2^{m+1}r-1}{k-1}=2^{m+1}\cdot\frac{r}{k}\binom{2^{m+1}r-1}{k-1}.$$

因为二项式系数是整数,并且k是奇数,所以$k\nmid 2^{m+1}$,从而由上式可知

$$M(k)=\frac{r}{k}\binom{2^{m+1}r-1}{k-1}\quad(k=1,3,\cdots,2n-1)$$

是一个整数.于是由

$$\binom{2n}{1}=2^{m+1}\cdot r,\quad \binom{2n}{k}=2^{m+1}\cdot M(k)\quad(k=3,\cdots,2n-1)$$

可推出$d \geqslant 2^{m+1}$.由此及不等式(1.2.3)立得$d = 2^{m+1}$,其中整数m由$2^m \parallel n$定义. □

1.3 求正整数n,使它可被所有不超过$\sqrt{n}$的整数整除.

解 我们首先证明下列命题:

命题 设k是一个正整数,如果正整数n可被$1, 2, 3, \cdots, [\sqrt[k]{n}]$整除,那么$n$只可能取有限多个不同的值.

证明 因为n可被$1, 2, 3, \cdots, [\sqrt[k]{n}]$整除,所以也可被这些数的最小公倍数$V$整除.用$p_\nu$表示第$\nu$个素数,并由下式定义下标$l$:

$$p_l \leqslant \sqrt[k]{n} < p_{l+1}, \tag{1.3.1}$$

于是可记

$$V = p_1^{\sigma_1} p_2^{\sigma_2} \cdots p_l^{\sigma_l}.$$

由最小公倍数的定义可知,p_s的指数σ_s是$1, 2, \cdots, [\sqrt[k]{n}]$ 的素因子分解式中p_s的指数的最大者,因此σ_s由不等式

$$p_s^{\sigma_s} \leqslant \sqrt[k]{n} < p_s^{\sigma_s+1} \quad (s = 1, \cdots, l) \tag{1.3.2}$$

确定.因为$p_s \leqslant p_l \leqslant \sqrt[k]{n}$,所以

$$\sigma_s \geqslant \left[\frac{[\sqrt[k]{n}]}{p_s}\right] \geqslant 1,$$

从而由式(1.3.2)得到

$$\sqrt[k]{n} < p_s^{2\sigma_s} \quad (s = 1, \cdots, l).$$

将这些不等式相乘,得到$n^{l/k} < V^2$;但由$V \mid n$可知$V \leqslant n$,所以$n^{l/k} < V^2 \leqslant n^2$,于是$l/k < 2$,或$l < 2k$,从而$l + 1 \leqslant 2k$.由此及式(1.3.1)推出

$$\sqrt[k]{n} < p_{l+1} < p_{2k},$$

于是$n < p_{2k}^k$.因为k是给定的,所以n有界.

现在取$k = 2$,则$p_{2k}^k = p_4^2 = 49$.直接计算得到$n = 24$. □

注 对于给定的$\alpha \in (0,1)$,存在整数$k > 1$满足$\sqrt[k]{n} \leqslant n^{\alpha} < \sqrt[k-1]{n}$,从而$[n^{\alpha}] \geqslant [\sqrt[k]{n}]$,于是从上面的命题推出: 如果$0 < \alpha < 1$,那么只有有限多个正整数$n$可被$1, 2, 3, \cdots, [n^{\alpha}]$整除.

1.4 设a, b为整数,奇素数$p \mid a^2 + b^2$.证明:

(1) 若a, b互素,则$p \equiv 1 \pmod 4$.

(2) 若$p \equiv 3 \pmod 4$,则$p \mid a, p \mid b$.

解 用反证法.

(1) 设$p = 4m+3$.由$p \mid a^2+b^2$可知$a^2 \equiv -b^2 \pmod p$, 于是$(a^2)^{2m+1} \equiv (-b^2)^{2m+1} \pmod p$,即$a^{p-1} \equiv -b^{p-1} \pmod p$. 注意$a, b$互素,由此可知$p \nmid a$,并且$p \nmid b$.但由Fermat(小)定理有$a^{p-1} \equiv 1, -b^{p-1} \equiv -1 \pmod p$,从而$1 \equiv -1 \pmod p$,得到矛盾.于是奇素数$p \equiv 1 \pmod 4$.

(2) 设p, a互素,那么由$p \mid a^2+b^2$可知p, b也互素.于是由Fermat(小)定理推出$a^{p-1} \equiv 1, b^{p-1} \equiv 1 \pmod p$.又由$p \mid a^2+b^2$可知$a^2 \equiv -b^2 \pmod p$,于是由$p = 4m + 3$推出$(a^2)^{(p-1)/2} \equiv (-b^2)^{(p-1)/2} \pmod p$, 即

$$a^{p-1} \equiv -b^{p-1} \pmod p.$$

由此及Fermat(小)定理可知$1 \equiv -1 \pmod p$,再次得到矛盾.因此$p \mid a, p \mid b$.

□

1.5 若p是奇素数,$(p, a) = 1$,整数$k \geqslant 1$,则$p^k \parallel a-b \Rightarrow p^{k+1} \parallel a^p-b^p$.

解 由题设可知$a \neq b$,可记$b = a + cp^k$,其中$c \neq 0$是整数,$p \nmid c$. 于是

$$\begin{aligned} b^p &= (a + cp^k)^p = \sum_{i=0}^{p} \binom{p}{i} a^{p-i}(cp^k)^i \\ &= a^p + pa^{p-1} \cdot (cp^k) + \binom{p}{2} a^{p-2}(cp^k)^2 + \sum_{i=3}^{p} \binom{p}{i} a^{p-i}(cp^k)^i, \end{aligned}$$

从而

$$a^p - b^p + pa^{p-1} \cdot (cp^k) = -\binom{p}{2} a^{p-2}(cp^k)^2 - \sum_{i=3}^{p} \binom{p}{i} a^{p-i}(cp^k)^i. \quad (1.5.1)$$

因为$k \geqslant 1$,所以当$i \geqslant 3$时,$ki \geqslant k+2$;又因为p是奇素数,所以$p \mid \binom{p}{2}$,从而$p^{k+2} \mid \binom{p}{2} a^{p-2}(cp^k)^2$.于是

$$p^{k+2} \mid a^p - b^p + pa^{p-1} \cdot (cp^k).$$

特别,由此可知$p^{k+1} \mid a^p - b^p$.但因为$p \nmid a, p \nmid c$,所以$p^{k+2} \nmid pa^{p-1} \cdot (cp^k)$,可见$p^{k+2} \nmid a^p - b^p$.因此$p^{k+1} \parallel a^p - b^p$. $\square$

注 由式(1.5.1)立知:设p是素数(不必是奇素数),k是正整数,则$a \equiv b \pmod{p^k} \Rightarrow a^p \equiv b^p \pmod{p^{k+1}}$.

1.6 (1) 设n是正整数,记$L_n = [1, 2, \cdots, n]$.证明:

$$L_n = \prod_{p \leqslant n} p^{[\log n / \log p]} \geqslant \prod_{p \leqslant n} p,$$

其中p表示素数.

(2) 设$n \geqslant 2$,正整数$a_1, \cdots, a_n$的最大公因子$(a_1, \cdots, a_n) = 1$.则存在$j \in \{2, \cdots, n\}$使得

$$(a_1, a_j) \leqslant a_1^{(n-2)/(n-1)}.$$

解 (1) 显然$L_n = [1, 2, \cdots, n]$的素因子不超过n.设它的标准素因子分解式是

$$L_n = \prod_{p \leqslant n} p^{\tau_p},$$

那么对于每个素因子p有

$$p^{\tau_p} \leqslant n < p^{\tau_p + 1},$$

于是

$$\tau_p \log p \leqslant \log n < (\tau_p + 1) \log p,$$

或者

$$\tau_p \leqslant \frac{\log n}{\log p} < \tau_p + 1,$$

因此

$$\tau_p = \left[\frac{\log n}{\log p}\right].$$

由此即得

$$L_n=\prod_{p\leqslant n}p^{[\log n/\log p]}.$$

注意$\tau_p\geqslant 1$,立得$L_n\geqslant\prod\limits_{p\leqslant n}p$.

(2) 记$d_i=(a_1,a_i)(i=2,\cdots,n)$.由$(a_1,\cdots,a_n)=1$可知

$$(d_2,d_3,\cdots,d_n)=1$$

(不然将有素数p整除所有d_i,从而整除所有a_i).因为$d_2,d_3,\cdots,d_n$都整除a_1,所以它们的素因子都是a_1的素因子,从而a_1的每个素因子p不可能同时整除所有的$d_2,d_3,\cdots,d_n$,即至多可能同时整除$d_2,d_3,\cdots,d_n$中的$n-2$个数.设$p^\alpha\parallel a$,并且(不妨认为)p同时整除$d_3,\cdots,d_n$;若

$$p^{\alpha_3}\parallel d_3,\cdots,p^{\alpha_n}\parallel d_n,$$

则必$\alpha_3,\cdots,\alpha_n\leqslant\alpha$.于是在$d_2\cdot d_3\cdots d_n$的标准素因子分解式中$p$的幂为$p^{\alpha_3+\cdots+\alpha_n}$,其指数

$$\alpha_3+\cdots+\alpha_n\leqslant(n-2)\alpha.$$

对于a_1的其他任何素因子都可进行类似推理得到与上式类似的不等式.因此

$$d_2d_3\cdots d_n\mid a_1^{n-2}.$$

设$d_j=\min\limits_{2\leqslant i\leqslant n}d_i$,则

$$d_j^{n-1}\leqslant a_1^{n-2}.$$

于是$d_j=(a_1,a_j)\leqslant a_1^{(n-2)/(n-1)}$. □

1.7 设n是给定整数,正整数$a\leqslant n^2/4$,并且没有大于n的素因子,则$a\mid n!$.

解 下面给出两种解法,思路一致但略有差别.

解法1 只需证明:若素数p适合$p^\alpha\parallel a$,则必有$p^\alpha\mid n!$(其中$\alpha\geqslant 1$是整数).

(i) 设$\alpha=2s(s\geqslant 1)$,于是$p^{2s}\parallel a$.

我们有

$$p^{2s}\leqslant a\leqslant\frac{n^2}{4},\quad 从而\quad 2p^s\leqslant n,$$

于是$n!$的标准素因子分解式中p的幂指数等于

$$\left[\frac{n}{p}\right]+\left[\frac{n}{p^2}\right]+\left[\frac{n}{p^3}\right]+\cdots\geqslant\left[\frac{n}{p}\right]\geqslant\left[\frac{2p^s}{p}\right]=2p^{s-1}\geqslant 2s$$

(关于最后一步,参见本题解后的注),从而$p^{2s}\mid n!$.

(ii) 设$\alpha=2s+1(s\geqslant 0)$,于是$p^{2s+1}\parallel a$.

当$s=0$时,即$p\parallel a$,因为a没有大于n的素因子,所以$p\leqslant n$,从而

$$\sum_{i\geqslant 1}\left[\frac{n}{p^i}\right]\geqslant\left[\frac{n}{p}\right]\geqslant 1,$$

于是$p\mid n!$.

当$s\geqslant 1$时,则有

$$p^{2s+1}\leqslant a\leqslant\frac{n^2}{4},\quad 从而\quad n\geqslant 2\sqrt{p}p^s.\tag{1.7.1}$$

区分两种情形:

(a) 若$n\leqslant 4p^s$,则有$2\sqrt{p}p^s\leqslant n\leqslant 4p^s$,可知$\sqrt{p}\leqslant 2$,所以$p=\sqrt{p}\cdot\sqrt{p}\leqslant 2\sqrt{p}$,从而由式(1.7.1) 得到$n\geqslant 2\sqrt{p}p^s\geqslant p\cdot p^s=p^{s+1}$,即知

$$\left[\frac{n}{p}\right]\geqslant p^s,\ \left[\frac{n}{p^2}\right]\geqslant p^{s-1},\ \left[\frac{n}{p^3}\right]\geqslant p^{s-3},\ \cdots,$$

于是$n!$的标准素因子分解式中p的幂指数等于

$$\begin{aligned}&\left[\frac{n}{p}\right]+\left[\frac{n}{p^2}\right]+\left[\frac{n}{p^3}\right]+\cdots\\ \geqslant\ & p^s+p^{s-1}+\cdots+1\\ \geqslant\ & 2^s+2^{s-1}+\cdots+1=2^{s+1}-1=4\cdot 2^{s-1}-1\geqslant 4s-1\geqslant 2s+1.\end{aligned}$$

因此$p^{2s+1}\mid n!$.

(b) 若$n > 4p^s$,则

$$\frac{n}{p} > 4p^{s-1}, \quad 从而 \quad \left[\frac{n}{p}\right] > 4p^{s-1},$$

于是$n!$的标准素因子分解式中p的幂指数等于

$$\left[\frac{n}{p}\right] + \left[\frac{n}{p^2}\right] + \left[\frac{n}{p^3}\right] + \cdots \geqslant \left[\frac{n}{p}\right] \geqslant 4p^{s-1} > 4s > 2s+1,$$

因此$p^{2s+1} \mid n!$.

总之,我们证明了:$p^\alpha \parallel a \Rightarrow p^\alpha \mid n!$.于是$a \mid n!$.

解法 2 我们来证明:对于任何素数p, $p^\alpha \parallel a \Rightarrow p^\alpha \mid n!$(其中$\alpha \geqslant 1$是整数).

若$\alpha = 1$,则因为a没有大于n的素因子,所以$p \leqslant n$, 即知$p \mid n!$.

下面设$\alpha \geqslant 2$.由$p^\alpha \leqslant a \leqslant n^2/4$可知

$$n \geqslant 2p^{\alpha/2}. \tag{1.7.2}$$

又因为若$n \geqslant \alpha p$,则

$$\sum_{i \geqslant 1} \left[\frac{n}{p^i}\right] \geqslant \left[\frac{n}{p}\right] \geqslant \alpha,$$

从而$p^\alpha \mid n!$.由此及式(1.7.2)可知,若能证明

$$2p^{\alpha/2} \geqslant \alpha p \quad 即 \quad p^{\alpha/2-1} \geqslant \frac{\alpha}{2} \tag{1.7.3}$$

即得所要的结论.

显然,若$\alpha = 2$,则式(1.7.3)成立(是等式).若$\alpha \geqslant 4$,那么由Bernoulli不等式(指:若$x > -1, x \neq 0$,并且指数$s > 1$,则$(1+x)^s \geqslant 1 + sx$),可知

$$\begin{aligned} p^{\alpha/2-1} &= \big(1 + (p-1)\big)^{\alpha/2-1} \geqslant 1 + (p-1) \cdot \frac{\alpha-2}{2} \\ &= 1 + (p-1) \cdot \frac{\alpha-2}{2} = \frac{\alpha}{2}, \end{aligned}$$

于是不等式(1.7.3)也成立.

现在剩下需讨论的情形是$\alpha = 3$,也就是要证明不等式$\sqrt{p} \geqslant 3/2$.这等价于素数$p \geqslant 3$.于是在$\alpha = 3$的情形,若$p \geqslant 3$,则结论也成立.至于$p = 2$并且$\alpha = 3$时,则由$2^3 \parallel a$及$a \leqslant n^2/4$ 可知$n^2 \geqslant 32$,从而$n \geqslant 6$;于是由$2^3 \mid 6!$可知确实也有$2^3 \mid n!$.

总之,在所有情形都有$p^\alpha \parallel a \Rightarrow p^\alpha \mid n!$.于是本题得证. □

注 本题解法1中应用了不等式:若整数$m \geqslant 2, s \geqslant 1$则$m^{s-1} \geqslant s$.证明如下:$s = 1$时显然.$s > 1$时,

$$m^{s-1} \geqslant 2^{s-1} = (1+1)^{s-1} = \sum_{j=0}^{s-1} \binom{s-1}{j} \geqslant \underbrace{1+1+\cdots+1}_{s} = s.$$

1.8 (1) 设a, b, s是整数,$s \geqslant 1, a > b$.证明: $s \mid a^s - b^s$的充分必要条件是$s \mid (a^s - b^s)/(a-b)$.

(2) 设a, b是整数,$a + b \neq 0, l \geqslant 1$是奇数,证明: $l \mid a^l + b^l$的充分必要条件是$l \mid (a^l + b^l)/(a+b)$.

解 (1) 首先注意

$$\frac{a^s - b^s}{a-b} = a^{s-1} + a^{s-2}b + \cdots + ab^{s-2} + b^{s-1}$$

是整数,并且不妨认为$s > 1, b \neq 0$.

其次,给出下列简单辅助命题:若p是素数,k和m是正整数,则

$$p^m \mid k \Rightarrow m \leqslant k - 1. \tag{1.8.1}$$

这是因为$p^m \mid k$蕴涵$p^m \leqslant k$,由此及$k < 2^k \leqslant p^k$,得到$p^m < p^k$,于是$m \leqslant k - 1$.

(i) 现在证明:

$$s \mid a^s - b^s \Rightarrow s \,\Big|\, \frac{a^s - b^s}{a-b}.$$

为此只需证明:若p是s的任一素因子,$p^\alpha \parallel s\,(\alpha \geqslant 1)$, 则$p^\alpha \mid (a^s - b^s)/(a-b)$.区分下列两种情形:

若$p \nmid a-b$,则由此及$p^\alpha \mid s, s \mid a^s-b^s$可知$p$是$a^s-b^s$的因子, 但不是$a^s-b^s$和$a-b$的公因子,所以$p^\alpha \mid (a^s-b^s)/(a-b)$.

若$p \mid a-b$,则可设$a=pr+b(r\geqslant 1$为整数),于是

$$\begin{aligned}\frac{a^s-b^s}{a-b} &= \frac{(pr+b)^s-b^s}{pr} = \frac{1}{pr}\left(\sum_{k=0}^{s}\binom{s}{k}(pr)^k b^{s-k}-b^s\right)\\ &= \frac{1}{pr}\left(s(pr)b^{s-1}+\binom{s}{2}(pr)^2b^{s-2}+\cdots+(pr)^s\right)\\ &= sb^{s-1}+\binom{s}{2}(pr)b^{s-2}+\cdots+\binom{s}{s-1}(pr)^{s-2}b+(pr)^{s-1}\\ &= sb^{s-1}+\binom{s}{2}(pr)b^{s-2}+\cdots+s(pr)^{s-2}b+(pr)^{s-1}.\end{aligned} \tag{1.8.2}$$

显然$p^\alpha \mid sb^{s-1}$(即上式右边第一项).又因为$s>1, p^\alpha \mid s$,所以据命题(1.8.1)(取$k=s$)可知$p^\alpha \mid (pr)^{s-1}+s(pr)^{s-2}b$ (即式(1.8.2)右边最后两项).而当$2\leqslant k\leqslant s-2$时(即对应于式(1.8.2)右边其余各项),

$$\binom{s}{k}(pr)^{k-1}b^{s-k} = \frac{s}{k}\binom{s-1}{k-1}(pr)^{k-1}b^{s-k} = \frac{sp^{k-1}}{k}\binom{s-1}{k-1}r^{k-1}b^{s-k},$$

仍然依命题(1.8.1)可知$p^\alpha \mid (sp^{k-1})/k = s\cdot(p^{k-1}/k)$,从而也有

$$p^\alpha \,\Big|\, \binom{s}{k}(pr)^{k-1}b^{s-k}.$$

综上可知,$p^\alpha \mid (a^s-b^s)/(a-b)$.

(ii) 反过来,要证明:若$s \mid (a^s-b^s)/(a-b)$,则$s \mid a^s-b^s$.这几乎是显然的.事实上,若p是s的任意素因子,$p^\alpha \parallel s$(其中整数$\alpha\geqslant 1$), 那么$p^\alpha \mid (a^s-b^s)/(a-b)$.注意右边的数是一个整数,意味着约分后保留了因子$p^\beta$(其中$\beta\geqslant\alpha$),可见$a^s-b^s$至少有因子$p^\beta$, 即$p^\alpha \parallel s \Rightarrow p^\alpha \mid a^s-b^s$.于是$s \mid a^s-b^s$.

或者更直接些:注意$(a^s-b^s)/(a-b)$是一个整数,所以

$$s \,\Big|\, \frac{a^s-b^s}{a-b} \Rightarrow s \,\Big|\, (a-b)\cdot\frac{a^s-b^s}{a-b} = a^s-b^s.$$ □

(2) 不妨设$l\geqslant 1$.还可认为$a+b>0$;不然$(-a)+(-b)>0$,并且

$$\frac{a^l+b^l}{a+b} = \frac{(-a)^l+(-b)^l}{(-a)+(-b)}; \quad a^l+b^l = -\big((-a)^l+(-b)^l\big).$$

而$(-a)^l+(-b)^l$与$-\big((-a)^l+(-b)^l\big)$有相同的整除性.最后,由

$$\frac{a^l+b^l}{a+b}=\frac{a^l-(-b)^l}{a-(-b)}$$

可知本题实为本题(1)的推论. □

1.9 设a,b是不相等的互素的正整数,p是素数,d是$(a^p-b^p)/(a-b)$和$a-b$的最大公因子.

(1) 证明:$p\,\Big|\,(a^p-b^p)/(a-b)$的充分必要条件是$p\mid a-b$.

(2) $d\in\{1,p\}$.

(3) 若$p>2,d=p$,则$p\,\|\,(a^p-b^p)/(a-b)$.

解 (1) 因为

$$\begin{aligned}\frac{a^p-b^p}{a-b} &= \frac{\big((a-b)+b\big)^p-b^p}{a-b}=\frac{\sum\limits_{k=0}^{p}\binom{p}{k}(a-b)^k b^{p-k}-b^p}{a-b}\\ &= \frac{\sum\limits_{k=1}^{p}\binom{p}{k}(a-b)^k b^{p-k}}{a-b}=\sum_{k=1}^{p}\binom{p}{k}(a-b)^{k-1}b^{p-k}\\ &= \sum_{k=1}^{p-1}\binom{p}{k}(a-b)^{k-1}b^{p-k}+(a-b)^{p-1},\end{aligned}$$

并且$p\mid\binom{p}{k}(k=1,\cdots,p-1)$,所以得到题中的结论.

或者:若$p\mid a-b$,则$p\mid a^p-b^p$,于是由问题1.8(1)可知$p\mid(a^p-b^p)/(a-b)$.反之,同理可知,若$p\mid(a^p-b^p)/(a-b)$,则$p\mid a^p-b^p$.因为

$$\begin{aligned}a^p-b^p &= \big((a-b)+b\big)^p-b^p=\sum_{k=1}^{p}\binom{p}{k}(a-b)^k b^{p-k}\\ &= (a-b)^p+\sum_{k=1}^{p-1}\binom{p}{k}(a-b)^k b^{p-k},\end{aligned}$$

右边第二项是p的倍数,所以$p\mid(a-b)^p$,于是$p\mid a-b$.

(2) 设$d \neq 1$,要证$d = p$.若$d \mid b$,则由$d \mid a - b$可知$d \mid a$.但a, b互素,所以$d \nmid b$.如本题(1)推理可得

$$\begin{aligned}\frac{a^p - b^p}{a - b} &= \sum_{k=1}^{p} \binom{p}{k} (a - b)^{k-1} b^{p-k} \\ &= p b^{p-1} + (a - b) \sum_{k=2}^{p} \binom{p}{k} (a - b)^{k-2} b^{p-k}.\end{aligned}$$

由d的定义可知,d整除上式左边以及右边的第二项,所以$d \mid p b^{p-1}$.注意$d \nmid b$, 所以$d = p$.

(3) 因为$d = p$,所以如本题(2)所证,有

$$\frac{a^p - b^p}{a - b} = p b^{p-1} + (a - b) \left(\sum_{k=2}^{p-1} \binom{p}{k} (a - b)^{k-2} b^{p-k} + (a - b)^{p-2} \right).$$

因为$p > 2$,所以p^2整除上式右边第二项,但$p \nmid b$,所以$p \| p b^{p-1}$,于是$p \,\|\, (a^p - b^p)/(a - b)$. □

1.10 设a, b是整数,n是正整数.证明:

(1) 若$a - b \neq 0$,则

$$\left(\frac{a^n - b^n}{a - b}, a - b \right) = \left(n(a, b)^{n-1}, a - b \right).$$

(2) 若$a + b \neq 0$, n是奇数,则

$$\left(\frac{a^n + b^n}{a + b}, a + b \right) = \left(n(a, b)^{n-1}, a + b \right).$$

(3) 若a, b互素,$a + b \neq 0$, p是奇素数,则

$$\left(\frac{a^p + b^p}{a + b}, a + b \right) = \begin{cases} 1 & 若 p \nmid a + b, \\ p & 若 p \mid a + b. \end{cases}$$

解 (1) 由二项式展开,我们有

$$a^n = \big((a - b) + b \big)^n = (a - b)^n + \binom{n}{1} (a - b)^{n-1} b + \cdots + \binom{n}{n-2} (a - b)^2 b^{n-2} + \binom{n}{n-1} (a - b) b^{n-1} + b^n,$$

所以

$$\begin{aligned}\frac{a^n-b^n}{a-b} &= (a-b)^{n-1}+\binom{n}{1}(a-b)^{n-2}b+\cdots+ \\ &\quad \binom{n}{n-2}(a-b)b^{n-2}+nb^{n-1},\end{aligned}$$

或

$$\frac{a^n-b^n}{a-b}=K(a-b)+nb^{n-1}\quad (K\in\mathbb{Z}),$$

于是

$$\left(\frac{a^n-b^n}{a-b},a-b\right)=(nb^{n-1},a-b).\tag{1.10.1}$$

类似地,由$b^n=\big(a-(a-b)\big)^n$出发可推出

$$\left(\frac{a^n-b^n}{a-b},a-b\right)=(na^{n-1},a-b).\tag{1.10.2}$$

设

$$\begin{aligned}&d_1=(na^{n-1},a-b)=(nb^{n-1},a-b)=\left(\frac{a^n-b^n}{a-b},a-b\right),\\ &d_2=\big(n(a,b)^{n-1},a-b\big).\end{aligned}$$

我们来证明$d_1=d_2$.由d_1的定义可知

$$d_1\,|\,(na^{n-1},nb^{n-1})=n(a^{n-1},b^{n-1})=n(a,b)^{n-1},$$

由此及$d_1\,|\,a-b$推出$d_1\,|\,d_2$.反之,由 $d_2\,|\,n(a,b)^{n-1}$ 可知 $d_2\,|\,na^{n-1}$,由此及$d_1\,|\,a-b$推出$d_2\,|\,(na^{n-1},a-b)=d_1$.于是$d_1=d_2$.

(2) 在本题(1)中用$-b$代b(参见问题1.8(2)).

(3) 由本题(2)及假设$(a,b)=1$可知

$$\left(\frac{a^p+b^p}{a+b},a+b\right)=(p,a+b),$$

因此得到结论. □

注 问题1.8~1.10内容类似,解法也类似,但有细微差别.

1.11 (1) 设m, n是正整数.证明:$m \mid n!$的充分必要条件是对于任何正整数a以及任何与m互素的正整数b,有$m \mid a(a+b)(a+2b)\cdots(a+(n-1)b)$.

(2) 设a, b是给定正整数,则对于任意正整数n,有$n! \mid b^{n-1}a(a+b)(a+2b)\cdots(a+(n-1)b)$.

解 (1) (i) 条件的充分性是显然的,我们只需取$a = b = 1$.

(ii) 条件的必要性.设$m \mid n!$, a, b是任意正整数,其中b与m互素.那么由Euclid算法可找到非零整数x, y满足$xb + ym = 1$,于是x, m互素,并且$xb \equiv 1 \pmod m$. 如果$x < 0$,那么取适当的正整数l可使$x + lm > 0$,并且$(x + lm)b \equiv 1 \pmod m$.因此不妨认为$x > 0$.于是

$$\begin{aligned} & x^n a(a+b)(a+2b)\cdots(a+(n-1)b) \\ \equiv\ & (xa)(xa+xb)(xa+2xb)\cdots(xa+(n-1)xb) \\ \equiv\ & c(c+1)(c+2)\cdots(c+(n-1)) \pmod m, \end{aligned} \tag{1.11.1}$$

其中整数$c = xa > 0$.注意二项系数

$$\begin{aligned} \binom{n+c-1}{n} &= \frac{(n+c-1)(n+c-2)\cdots(n+c-1-(n-1))}{n!} \\ &= \frac{c(c+1)(c+2)\cdots(c+(n-1))}{n!} \end{aligned}$$

是一个整数,所以

$$n! \mid c(c+1)(c+2)\cdots(c+(n-1)).$$

由此及所设条件$m \mid n!$可知$m \mid c(c+1)(c+2)\cdots(c+(n-1))$.进而由此及式(1.11.1) 得到

$$m \mid x^n a(a+b)(a+2b)\cdots(a+(n-1)b).$$

注意x与m互素,即知$m \mid a(a+b)(a+2b)\cdots(a+(n-1)b)$.于是条件的必要性得证.

(2) 若p是$n!$的任意素因子,并且$p^\alpha \parallel n!$(其中整数$\alpha \geqslant 1$), 则由问题1.19可知

$$\alpha \leqslant \frac{n}{p-1} \leqslant n.$$

于是若$p\mid b$,则$p^\alpha\mid b^{n-1}$,从而

$$p^\alpha \mid b^{n-1}a(a+b)(a+2b)\cdots(a+(n-1)b). \qquad (1.11.2)$$

若p与b互素,则p^α也与b互素;因为$p^\alpha \parallel n!$,所以依本题(1) 可知

$$p^\alpha \mid a(a+b)(a+2b)\cdots(a+(n-1)b).$$

从而式 (1.11.2) 也成立. 因为p是$n!$的任意素因子,所以$n! \mid a(a+b)\cdot(a+2b)\cdots(a+(n-1)b)$. □

1.12 (1) 设b,c是任意互素的正整数.证明:下列递推关系确定的整数列中的数两两互素:

$$a_0=b,\quad a_{n+1}=a_0a_1\cdots a_n+c \quad (n\geqslant 0).$$

(2) 令$F_n=2^{2^n}+1\,(n=0,1,\cdots)$(即Fermat数),证明:这些数两两互素.

解 (1) 用反证法.设a_i是数列中第一个(即下标最小)不与数列中某个数(记为a_j)互素的整数.于是$a_0,\cdots,a_{i-1}$都与a_i互素,从而$i<j$.设素数p是a_i,a_j的一个公因子.因为

$$a_j=a_0a_1\cdots a_{j-1}+c.$$

此式右边第一项含因子a_i(注意$i<j$),所以是p的倍数,自然左边也是p的倍数,所以$p\mid c$.

又因为

$$a_i=a_0a_1\cdots a_{i-1}+c,$$

并且$p\mid a_i, p\mid c$所以$p\mid a_0a_1\cdots a_{i-1}$,从而$p$整除$a_0,a_1,\cdots,a_{i-1}$中的某一个,可见这个数与$a_i$不互素.但它的下标小于$i$,这与$a_i$的定义矛盾. 于是本题得证.

(2) **解法1** 在本题(1)中取$b=3,c=2$,首先用数学归纳法证明$a_n=F_n$.显然

$$a_0=b=3=2^{2^0}+1=F_0;\quad a_1=a_0+2=3+2=5=2^{2^1}+1=F_1.$$

设$k \geqslant 0$,并且$a_k = 2^{2^k}+1 = F_k$成立,那么

$$\begin{aligned} a_{k+1} &= a_0a_1\cdots a_{k-1}a_k + c = a_0a_1\cdots a_{k-1}a_k + 2 \\ &= (a_0a_1\cdots a_{k-1}+c)a_k + 2 - ca_k = a_k\cdot a_k + 2 - 2a_k \\ &= (a_k^2 - 2a_k + 1) + 1 = (a_k-1)^2 + 1 \\ &= \left((2^{2^k}+1)-1\right)^2 + 1 = (2^{2^k})^2 + 1 = 2^{2^{k+1}} + 1 = F_{k+1}. \end{aligned}$$

因此,对所有$n \geqslant 0, a_n = F_n$.依本题(1)的结论立知对于任何互不相等的下标r和s, F_r与F_s互素.

解法2 首先证明:

$$F_0F_1F_2\cdots F_{n-1} = F_n - 2 \quad (n \geqslant 1).$$

对n用数学归纳法.当$n = 1$时可直接验证.设对于$n = k$等式成立,那么当$n = k+1$时,有

$$\begin{aligned} F_0F_1\cdots F_k &= (F_0F_1\cdots F_{k-1})F_k = (F_k-2)F_k = (2^{2^k}-1)(2^{2^k}+1) \\ &= (2^{2^k})^2 - 1 = 2^{2^{k+1}} - 1 = (F_{k+1}-1) - 1 = F_{k+1} - 2. \end{aligned}$$

因此,对于$n = k+1$等式也成立.于是完成归纳证明.

现在设对于下标$r \neq s, d = (F_r, F_s)$,不妨认为$r > s$,那么

$$F_0F_1\cdots F_s\cdots F_{r-1} = F_r - 2.$$

因为d整除等式左边及右边第一项,所以$d \mid 2$,但F_r, F_s都是奇数,所以$d = 1$.

解法3 直接由问题1.2(3)推出. □

1.13 设$p_1, p_2, \cdots, p_s$是所有不超过n的素数,$\Pi_n = p_1p_2\cdots p_s$,则

$$\Pi_n \,\Bigg|\, n^k \prod_{j=0}^{s}\left(\sum_{k=0}^{p_j-1}(-1)^k\binom{n}{k}\right).$$

解 约定$\binom{n}{-1}=0$.那么当$j=1,2,\cdots,s$时,

$$\begin{aligned} n\sum_{k=0}^{p_j-1}(-1)^k\binom{n}{k} &= n\sum_{k=0}^{p_j-1}(-1)^k\left(\binom{n-1}{k}+\binom{n-1}{k-1}\right) \\ &= n\left(\sum_{k=0}^{p_j-1}(-1)^k\binom{n-1}{k}+\sum_{k=0}^{p_j-1}(-1)^k\binom{n-1}{k-1}\right), \end{aligned}$$

在上式右边括号里的第2项中令$l=k-1$,则有

$$\begin{aligned} \sum_{k=0}^{p_j-1}(-1)^k\binom{n-1}{k-1} &= \sum_{l=-1}^{p_j-2}(-1)^{l+1}\binom{n-1}{l} \\ &= -\sum_{l=-1}^{p_j-2}(-1)^l\binom{n-1}{l}=-\sum_{l=0}^{p_j-2}(-1)^l\binom{n-1}{l}. \end{aligned}$$

将下标记号仍恢复为k,可知

$$\begin{aligned} n\sum_{k=0}^{p_j-1}(-1)^k\binom{n}{k} &= n\left(\sum_{k=0}^{p_j-1}(-1)^k\binom{n-1}{k}-\sum_{k=0}^{p_j-2}(-1)^k\binom{n-1}{k}\right) \\ &= (-1)^{p_j-1}n\binom{n-1}{p_j-1}=(-1)^{p_j-1}n\cdot\frac{(n-1)!}{(p_j-1)!(n-p_j)!} \\ &= (-1)^{p_j-1}p_j\cdot\frac{n!}{p_j!(n-p_j)!}=(-1)^{p_j-1}p_j\binom{n}{p_j}. \end{aligned}$$

因此

$$p_j\,\Bigg|\, n\sum_{k=0}^{p_j-1}(-1)^k\binom{n}{k}\quad (j=1,2,\cdots,s).$$

因为$p_1,p_2,\cdots,p_s$两两互素,所以得到题中的结论. □

1.14 (1) 设$p>3$是一个素数,令

$$\mathscr{A}=\left\{j\,\middle|\,1\leqslant j\leqslant p-1,\left(\frac{j}{p}\right)=1\right\}.$$

证明:$p\,\Big|\,\sum\limits_{j\in\mathscr{A}}j$.

(2) 设素数$p\equiv 7\pmod 8$,证明:$p\,|\,2^{(p-1)/2}-1$.

解 (1) 集合$\mathscr{A}$中的数是全部模p二次剩余,它们模p 同余于

$$1^2, 2^2, \cdots, \left(\frac{p-1}{2}\right)^2,$$

因此

$$\sum_{j\in\mathscr{A}} j \equiv \sum_{k=1}^{(p-1)/2} k^2 = \frac{p(p+1)(p-1)}{24} = p \cdot \frac{p^2-1}{24} \pmod{p}.$$

因为$p \geqslant 5, p^2 \equiv 1 \pmod 3$, $p^2 \equiv 1 \pmod 8$, 并且$(3,8)=1$, 所以 $p^2 \equiv 1 \pmod{24}$.于是

$$\sum_{j\in\mathscr{A}} j \equiv 0 \pmod{p}.$$

(2) 因为素数$p \equiv 7 \pmod 8$,所以

$$\left(\frac{2}{p}\right) = (-1)^{(p^2-1)/8} = 1.$$

因此存在整数x_0,使得$x_0^2 \equiv 2 \pmod p$,两边同取$(p-1)/2$次方,得到

$$x_0^{p-1} \equiv 2^{(p-1)/2} \pmod{p}.$$

又由Fermat(小)定理,有$x_0^{p-1} \equiv 1 \pmod p$,所以

$$2^{(p-1)/2} \equiv 1 \pmod{p},$$

即得$p \mid 2^{(p-1)/2} - 1$. □

1.15 设a, b, c, m, n是正整数,$a \mid c^m - 1, b \mid c^n - 1$.证明:

$$ab \,\Big|\, (a,b)^2 \cdot (c^{[m,n]} - 1).$$

解 令

$$a_1 = \frac{a}{(a,b)}, \quad b_1 = \frac{b}{(a,b)},$$

则

$$(a_1, b_1) = 1, \tag{1.15.1}$$

并且$a_1 \mid c^m-1, b_1 \mid c^n-1$.记$(m,n)=t$,则由$[m,n](m,n)=mn$推出

$$[m,n]=\frac{mn}{t}=m\cdot\frac{n}{t}=n\cdot u,$$

其中$u=n/t$是正整数.于是

$$\begin{aligned}&c^{[m,n]}-1\\ =&c^{mu}-1=(c^m)^u-1=\big((c^m-1)+1\big)^u-1\\ =&\left((c^m-1)^u+\binom{u}{1}(c^m-1)^{u-1}+\cdots+\binom{u}{u-1}(c^m-1)+1\right)-1\\ =&(c^m-1)^u+\binom{u}{1}(c^m-1)^{u-1}+\cdots+\binom{u}{u-1}(c^m-1),\end{aligned}$$

从而

$$c^m-1 \mid c^{[m,n]}-1,$$

由此及$a_1 \mid c^m-1$推出

$$a_1 \,\big|\, c^{[m,n]}-1. \tag{1.15.2}$$

类似地,由

$$[m,n]=\frac{mn}{t}=n\cdot\frac{m}{t}=n\cdot v,$$

其中$v=m/t$是正整数,以及

$$c^{[m,n]}-1=c^{nv}-1=(c^n)^v-1=\big((c^n-1)+1\big)^v-1,$$

应用二项式展开可知$c^n-1 \mid c^{[m,n]}-1$;由此及$b_1 \mid c^n-1$推出

$$b_1 \,\big|\, c^{[m,n]}-1. \tag{1.15.3}$$

由式(1.15.2)(1.15.3)以及(1.15.1)可知$a_1b_1 \mid c^{[m,n]}-1$,即

$$\frac{ab}{(a,b)^2}\,\Big|\, c^{[m,n]}-1,$$

于是$ab \mid (a,b)^2\cdot(c^{[m,n]}-1)$. □

1.16 设c,m,n是正整数,$c>1$,证明:

$$(c^m-1,c^n-1)=c^{(m,n)}-1.$$

解 (i) 首先证明

$$(m,n)=1 \Rightarrow (c^m-1,c^n-1)=c-1. \tag{1.16.1}$$

如果$m=n$,则$m=n=(m,n)=1$,命题(1.16.1)已成立.下面设$m>n$,于是有

$$m=nq+r, \tag{1.16.2}$$

其中$q,r\in\mathbb{Z},q\geqslant 1,0\leqslant r<n$.若$r=0$,则$(m,n)=n$,于是$n=1,m=q$, 并且

$$c^m-1=c^q-1=(c-1)\big(c^{q-1}+c^{q-2}+\cdots+1\big),$$

可见$c-1\,|\,c^m-1$,因而

$$(c^m-1,c^n-1)=(c^m-1,c-1)=c-1=c^{(m,n)}-1,$$

即命题(1.16.1)成立.下面设$r>0$.因为$(\alpha+k\beta,\beta)=(\alpha,\beta)$ (其中α,β,k是任意整数),所以

$$\begin{aligned}(c^m-1,c^n-1) &= \big((c^m-1)-(c^n-1),c^n-1\big)\\ &= (c^m-c^n,c^n-1)=\big(c^n(c^{m-n}-1),c^n-1\big);\end{aligned}$$

又因为$(c^n,c^n-1)=1$,所以$\big(c^n(c^{m-n}-1),c^n-1\big)=(c^{m-n}-1,c^n-1)$,从而

$$(c^m-1,c^n-1)=(c^{m-n}-1,c^n-1).$$

如果式(1.16.2)中$q>1$,那么又可重复上述推理,得到

$$(c^{m-n}-1,c^n-1)=(c^{m-2n}-1,c^n-1).$$

于是q次操作后得到

$$\begin{aligned}(c^m-1,c^n-1) &= (c^{m-nq}-1,c^n-1)\\ &= (c^r-1,c^n-1)=(c^n-1,c^r-1),\end{aligned}$$

其中$n>r>0$,从而$(n,r)=(n,m-nq)=(n,m)=1$.用(n,r)代替(m,n),继续重复上述推理, 有$n=q'r+t$,其中$0\leqslant t<r$.若$t=0$,则(类似于上面$r=0$的情形)得$(c^n-1,c^r-1)=(c^n-1,c-1)=c-1$,即命题(1.16.1)成

立.若$0<t<r$,则得到$(c^n-1,c^r-1)=(c^t-1,c^r-1)=(c^r-1,c^t-1)$, 其中$r>t>0,(r,t)=(r,n-q'r)=(r,n)=1$,等等;最终达到$(c-1,c-1)=c-1$,即式(1.16.1)成立.

现在设$(m,n)=d>1$,那么

$$\left(\frac{m}{d},\frac{n}{d}\right)=1.$$

依式(1.16.1)(分别用$c^d,m/d,n/d$代c,m,n),我们得到

$$(c^m,c^n)=\left((c^d)^{m/d},(c^d)^{n/d}\right)=c^d-1.$$

于是本题得证. □

注 还可证明:例如,若c,m,n是正整数,$c>1,(m,n)=1$,则

$$(c^m+1,c^n+1)=\begin{cases}c+1 & \text{若}mn\text{是奇数;}\\ 1 & \text{若}mn\text{是偶数,并且}c\text{是偶数;}\\ 2 & \text{若}mn\text{是偶数,并且}c\text{是奇数.}\end{cases}$$

以及

$$(c^m+1,c^n-1)=\begin{cases}1 & \text{若}n\text{是奇数,并且}c\text{是偶数;}\\ 2 & \text{若}n\text{是奇数,并且}c\text{是奇数.}\end{cases}$$

1.17 设n和k是正整数.证明:

(1) 当$n\geqslant k$时,

$$\frac{n}{(n,k)}\left|\binom{n}{k},\quad \frac{n+1-k}{(n+1,k)}\right|\binom{n}{k}.$$

(2) 当$n\geqslant k-1\geqslant 1$时,

$$\frac{(n+1,k-1)}{n+2-k}\binom{n}{k-1}$$

是一个整数.

解 (1) 我们有

$$\begin{aligned} n\left(\binom{n}{k},\binom{n-1}{k-1}\right) &= \left(n\binom{n}{k},n\binom{n-1}{k-1}\right) \\ &= \left(n\binom{n}{k},k\binom{n}{k}\right)=\binom{n}{k}(n,k), \end{aligned}$$

由此得到第一个整除关系.类似地,有

$$\begin{aligned} &(n+1-k)\left(\binom{n}{k},\binom{n}{k-1}\right) \\ =&\left((n+1-k)\binom{n}{k},(n+1-k)\binom{n}{k-1}\right) \\ =&\left((n+1-k)\binom{n}{k},k\binom{n}{k}\right) \\ =&\binom{n}{k}(n+1-k,k)=\binom{n}{k}(n+1,k), \end{aligned}$$

因而得到第二个整除关系.

(2) 令

$$A=\left\{x\in\mathbb{Z}\,\middle|\,\frac{x}{n+2-k}\binom{n}{k-1}\in\mathbb{N}\right\}.$$

那么$x_1=n+2-k\in A$.因为

$$\frac{k-1}{n+2-k}\binom{n}{k-1}=\frac{(k-1)n!}{(n+2-k)(k-1)!(n+1-k)!}=\binom{n}{k-2},$$

因此$x_2=k-1\in A$.于是x_1和x_2的任何线性组合也属于A.特别,由Euclid算法知(x_1,x_2)可表示为ax_1+bx_2的形式(其中a,b是适当的整数),所以$(n+2-k,k-1)\in A$. 又因为$(n+2-k,k-1)=(n+1,k-1)$,所以得到所要的结论. □

1.18 (1) 设整数r,s,n满足$0<r<s\leqslant n/2$,判断(并证明) $\binom{n}{r}$与$\binom{n}{s}$是否可能互素.

(2) 对于什么样的正整数$n>1$,成立

$$\sum_{j=1}^{n}j\,\Big|\,\prod_{j=1}^{n}j\ ?$$

(3) 设整数$n>1, S=\{2,\cdots,n\}$.对于S的任意非空子集A,记$\pi(A)=\prod\limits_{j\in A} j$.证明:对于任何正整数$k<n$,

$$\prod_{i=k}^{n}\operatorname{lcm}\left(1,\cdots,\left[\frac{n}{i}\right]\right)=\gcd\{\pi(A)\,(A\subseteq S,|S|=n-k)\}.$$

解 (1) 答案是否定的.因为

$$\binom{n}{s}\binom{s}{r}=\binom{n}{r}\binom{n-r}{s-r},$$

并且$\binom{s}{r}$和$\binom{n-r}{s-r}$都大于1.

(2) 问题即求n使得

$$\frac{n(n+1)}{2}\,\Big|\,n!,\quad 即\quad \frac{n+1}{2}\,\Big|\,(n-1)!.$$

于是存在正整数$M=M(n)$,使得

$$(n-1)!=M\cdot\frac{n+1}{2},\quad 即\quad \frac{2(n-1)!}{n+1}=M.$$

若$n+1=p$,其中p是素数,则由$n>1$可知$p>2$.此时M不可能是整数.因此$n+1$必定是合数.

设$n+1=pr$,其中p是素数,$r>1$.如果$p\neq r$,那么

$$M是整数\Leftrightarrow p和r都是2(n-1)!的因子.$$

因为

$$n-1=pr-2,pr-p\neq pr-r,$$

并且

$$pr-p=p(r-1)\geqslant 2,pr-r=r(p-1)\geqslant 2,$$

所以在等式

$$2(n-1)!=2(pr-2)(pr-3)\cdots 1$$

右边一定出现因子$pr-(pr-p)=p$和$pr-(pr-r)=r$,从而在此情形M必为整数. 如果$p=r$,那么$n+1=r^2=p^2$,于是

$$M是整数\Leftrightarrow p^2是2(n-1)!的因子.$$

因为

$$2(n-1)! = 2(p^2-2)! = 2(p^2-2)(p^2-3)\cdots(p)\cdots 1$$

右边含因子p,并且当素数$p>2$时$p^2-2p>2$,所以上式右边也含因子$p^2-(p^2-2p)=2p$, 于是在此情形M也为整数.

综上所述,所有$n\neq p-1$(其中p是奇素数)都合所求.

(3) 对于素数p和正整数m,令$v_p(m)$是满足$p^v\mid m$的的最大整数$v\geqslant 0$ (即$p^v\parallel m$),并定义

$$\sigma_p(m,k)=\sum_{i=k}^{m}\left[\log_p\frac{m}{i}\right].$$

我们来证明题中等式两边都等于$\prod\limits_p p^{\sigma_p(n,k)}$,此处$p$遍历所有素数(注意这实际是有限积,因为当$p$足够大时$\sigma_p(n,k)=0$).

(i) 记$l(x)=\operatorname{lcm}(1,\cdots,[x])$.因为

$$p^v\mid l(x)\Leftrightarrow x\geqslant p^v,$$

所以

$$v_p\big(l(x)\big)=[\log_p x].$$

于是

$$l\left(\frac{n}{i}\right)=\prod_p p^{v_p(l(n/i))}=\prod_p p^{[\log_p(n/i)]},$$

从而题中要证等式的左边等于

$$\prod_{i=k}^{n} l\left(\frac{n}{i}\right)=\prod_{i=k}^{n}\prod_p p^{[\log_p(n/i)]}=\prod_p\left(\prod_{i=k}^{n}p^{[\log_p(n/i)]}\right)=\prod_p p^{\sigma_p(n,k)}.$$

(ii) 现在考虑要证等式的右边.记

$$g(k)=\gcd\{\pi(A)\,(A\subseteq S,|S|=n-k)\}.$$

设p是任意一个素数.按递降顺序将$v_p(2),\cdots,v_p(n)$排列为$b_1,\cdots,b_{n-1}$,那么集合$\{v_p(k)(k=2,\cdots,n)\}$中满足$v_p(k)\geqslant v$的元素的个数等于集合S中恰为p^v的倍数的元素的个数,即等于$[n/p^v]$.因此

$$b_k\geqslant v\Leftrightarrow k\leqslant\frac{n}{p^v},$$

从而

$$b_k = \left[\log_p \frac{n}{k}\right].$$

又因为

$$\min\{v_p\big(\pi(A)\big)\ (A \subseteq S, |S| = n-k)\}$$

当子集A恰由S的所有分别对应于$b_k, \cdots, b_{n-1}$的$n-k$个元素组成时达到,所以

$$v_p\big(g(k)\big) = \sum_{i=k}^{n-1} b_i.$$

注意由$\sigma_p(n,k)$的定义可知,与$i=n$对应的加项$[\log_p(n/i)] = 0$,所以实际上

$$\sigma_p(n,k) = \sum_{i=k}^{n} \left[\log_p \frac{n}{i}\right] = \sum_{i=k}^{n-1} \left[\log_p \frac{n}{i}\right] = \sum_{i=k}^{n-1} b_i,$$

于是

$$v_p\big(g(k)\big) = \sigma_p(n,k).$$

因为p是任意素数,所以要证等式的右边

$$g(k) = \prod_p p^{v_p\left(g(k)\right))} = \prod_p p^{\sigma_p(n,k)}.$$

于是本题得证. □

注 1° 由本题(1),P.Erdös和G.Szekeres提出下列问题: 数$\binom{n}{r}$和$\binom{n}{s}$的最大公因子的最大素因子是否总大于r?对于$r > 3$, 迄今只发现一个反例:

$$\left(\binom{28}{5}, \binom{28}{14}\right) = 2^3 \cdot 3^3 \cdot 5.$$

2° 由本题(2)的证明可知:无论当$n+1 = pr$或$n+1 = p^2$都可推出$M = 2(n-1)!/(n+1)$是偶数.记$m = n+1$,即得:若$m > 5$是合数,则$(m-2)!/m$是偶数.

1.19 对于素数p及实数$x \geqslant p$,令

$$A = \prod_{n \leqslant x} n,$$

用$\alpha(p)$表示A的素因子分解式中p的指数.证明:

$$\max\left\{\frac{x}{p}-1,\frac{x}{2p}\right\}\leqslant\alpha(p)\leqslant\frac{x}{p-1}.$$

解 整数n的素因子分解式中p的指数

$$\sigma_n(p)=\sum_{\substack{r\geqslant 1\\ p^r\mid n}}1$$

(如果求和范围是空集,即$p\nmid n$,则和为零).于是

$$\alpha(p)=\sum_{n\leqslant x}\sigma_n(p)=\sum_{n\leqslant x}\left(\sum_{\substack{r\geqslant 1\\ p^r\mid n}}1\right),$$

交换求和次序,得到

$$\alpha(p)=\sum_{1\leqslant r\leqslant\log x/\log p}\left(\sum_{\substack{n\leqslant x\\ p^r\mid n}}1\right)=\sum_{1\leqslant r\leqslant\log x/\log p}\left[\frac{x}{p^r}\right].\qquad(1.19.1)$$

于是得到上界估计:

$$\alpha(p)\leqslant\sum_{r=1}^{\infty}\frac{x}{p^r}=\frac{x}{p-1}.$$

此外注意$p\leqslant x$,由式(1.19.1)得到

$$\alpha(p)\geqslant\left[\frac{x}{p}\right]\geqslant\frac{x}{p}-1.\qquad(1.19.2)$$

又因为$x/p\geqslant 1$蕴涵$[x/p]\geqslant 1$,所以

$$\frac{x}{p}\leqslant\left[\frac{x}{p}\right]+1\leqslant 2\left[\frac{x}{p}\right],$$

从而

$$\left[\frac{x}{p}\right]\geqslant\frac{x}{2p}.$$

由此及式(1.19.1)可知

$$\alpha(p)\geqslant\left[\frac{x}{p}\right]\geqslant\frac{x}{2p}.\qquad(1.19.3)$$

于是从式(1.19.2)和(1.19.3)得到下界估计. □

1.20 设$g>1$是给定正整数,正整数n的g进制表示为

$$\begin{aligned} n &= (d_1d_2\cdots d_k)_g \\ &= d_1g^{k-1}+d_2g^{k-2}+\cdots+d_{k-1}g+d_k, \end{aligned}$$

其中$0<d_1\leqslant g-1, 0\leqslant d_j\leqslant g-1\,(j=2,\cdots,k)$.我们称

$$s_g(n)=d_1+d_2+\cdots+d_k$$

为n(在g进制下)的数字和.

(1) (Legendre指数公式)设整数$n\geqslant 1$,用$e_p(n)$表示n的标准素因子分解式中素数p的指数.则

$$e_p(n!)=\frac{n-s_p(n)}{p-1}.$$

(2) 设p为素数.证明:

$$e_p(n)=\frac{s_p(n-1)-s_p(n)+1}{p-1}.$$

(3) 设p为素数.证明:存在非负整数$k(n)$使得$n=s_p(n)+(p-1)k(n)$.

(4) 证明:对于任何正整数n,

$$s_2(n)=\sum_{i=1}^{\infty}\left\{\frac{n}{2^i}\right\}.$$

(5) 证明:对于任何正整数a,b及g进制,有

$$s_g(a+b)=s_g(a)+s_g(b)-(g-1)k_g(a,b),$$

其中$k_g(a,b)$表示a,b(在g进制下)相加时进位的总次数.

(6) 设p是素数,m,n是正整数.证明:若$p^t\parallel\binom{m+n}{m}$,则$t$等于在$p$进制下$m$与$n$相加时进位的次数.

(7) 设p为素数,u,v是正整数.证明:$v\cdot s_p(u)\geqslant s_p(uv)$.

(8) 证明:恰存在5个正整数n,使得$n!$的标准分解式中5的指数等于31.

(9) 证明:对于任何正整数n, $(n!)^{n+1}\mid (n^2)!$.

(10) 设a,b是非负整数,证明:$a!b!(a+b)!\mid(2a)!(2b)!$,即

$$\binom{a+b}{a}\bigg|\binom{2a}{a}\binom{2b}{b}.$$

解 (1) 记$e_p(n!)=u(p)$.则有分解式

$$n!=\prod_{p\leqslant n}p^{u(p)}\quad(p是素数).$$

对于每个素数$p\leqslant n$,

$$u(p)=\sum_{i=1}^{\infty}\left[\frac{n}{p^i}\right]$$

(注意,这实际是有限和).固定p.设在p进制下$n=(d_1d_2\cdots d_k)_p$,其中d_i是p进位数字,$d_1\neq 0$.那么

$$n=d_1p^{k-1}+d_2p^{k-2}+\cdots+d_{k-1}p+d_k,$$

由此可知

$$\begin{aligned}
\left[\frac{n}{p}\right]&=d_1p^{k-2}+d_2p^{k-3}+\cdots+d_{k-1},\\
\left[\frac{n}{p^2}\right]&=d_1p^{k-3}+d_2p^{k-4}+\cdots+d_{k-2},\\
&\vdots\\
\left[\frac{n}{p^{k-2}}\right]&=d_1p+d_2,\\
\left[\frac{n}{p^{k-1}}\right]&=d_1.
\end{aligned}$$

于是

$$\begin{aligned}
u(p) &= d_1(1+p+p^2+\cdots+p^{k-2})+ \\
&\quad d_2(1+p+p^2+\cdots+p^{k-3})+\cdots+ \\
&\quad d_{k-2}(1+p)+d_{k-1} \\
&= \frac{d_1(p^{k-1}-1)}{p-1}+\frac{d_2(p^{k-2}-1)}{p-1}+\cdots+\frac{d_{k-2}(p^2-1)}{p-1}+d_{k-1} \\
&= \frac{1}{p-1}\Big((d_1p^{k-1}+d_2p^{k-2}+\cdots+d_{k-1}p)- \\
&\quad (d_1+d_2+\cdots+d_{k-1})\Big) \\
&= \frac{1}{p-1}\Big((d_1p^{k-1}+d_2p^{k-2}+\cdots+d_{k-1}p+d_k)- \\
&\quad (d_1+d_2+\cdots+d_{k-1}+d_k)\Big) \\
&= \frac{n-s_p(n)}{p-1}.
\end{aligned}$$

(2) 因为$n=\dfrac{n!}{(n-1)!}$,所以

$$\begin{aligned}
e_p(n) &= e_p(n!)-e_p\big((n-1)!\big) \\
&= \frac{n-s_p(n)}{p-1}-\frac{(n-1)-s_p(n-1)}{p-1} \\
&= \frac{s_p(n-1)-s_p(n)+1}{p-1}.
\end{aligned}$$

(3) 这是本题(1)中公式的直接推论.特别,可知

$$k(n)=e_p(n)=\sum_{i=1}^{\infty}\left[\frac{n}{p^i}\right].$$

其他证法:

设在p进制下$n=(d_1d_2\cdots d_k)_p$,其中d_i是p进位数字,$d_1\neq 0$.那么

$$\begin{aligned}
n &= d_1p^{k-1}+d_2p^{k-2}+\cdots+d_{k-1}p+d_k \\
&= d_1\big((p-1)+1\big)^{k-1}+d_2\big((p-1)+1\big)^{k-2}+\cdots+ \\
&\quad d_{k-1}\big((p-1)+1\big)^{p}+d_k \\
&\equiv d_1+d_2+\cdots+d_{k-1}+d_k \pmod{p-1},
\end{aligned}$$

因此

$$n \equiv s_p(n) \pmod{p-1}.$$

因为$n \geqslant s_p(n)$,所以存在非负整数$k(n)$使得$n - s_p(n) = (p-1)k(n)$.

或者:若$n < p$,则$n = s_p(n), k(n) = 0$.若$n \geqslant p$,则数位$k > 1$,并且

$$\begin{aligned} n - s_p(n) &= (d_1p^{k-1} + d_2p^{k-2} + \cdots + d_{k-1}p + d_k) - \\ &\quad (d_1 + d_2 + \cdots + d_{k-1} + d_k) \\ &= d_1(p^{k-1} - 1) + d_2(p^{k-2} - 1) + \cdots + d_{k-1}(p-1), \end{aligned}$$

因此$p - 1 \mid n - s_p(n)$.于是$n - s_p(n) = (p-1)k(n)$,并且

$$\begin{aligned} k(n) &= d_1(p^{k-2} + p^{k-3} + \cdots + 1) + \\ &\quad d_2(p^{k-3} + p^{k-4} + \cdots + 1) + \cdots + d_{k-1} \\ &= (d_1d_2d_3 \cdots d_{k-1})_p + (d_1d_2 \cdots d_{k-2})_p + \cdots + (d_1)_p. \end{aligned}$$

(4) 在本题(1)中令$p = 2$,即得

$$s_2(n) = n - e_2(n!) = n - \sum_{i=1}^{\infty} \left[\frac{n}{2^i}\right].$$

因为$\sum\limits_{i=1}^{\infty} 1/2^i = 1$,所以

$$s_2(n) = n\sum_{i=1}^{\infty} \frac{1}{2^i} - \sum_{i=1}^{\infty} \left[\frac{n}{2^i}\right] = \sum_{i=1}^{\infty} \left(\frac{n}{2^i} - \left[\frac{n}{2^i}\right]\right) = \sum_{i=1}^{\infty} \left\{\frac{n}{2^i}\right\}.$$

(5) 不妨认为g进制下a是k位数,b是l位数,并且$k > l$(于是$a > b$),那么可将它们表示为

$$a = a_1g^{k-1} + \cdots + a_{k-l}g^l + a_1'd^{l-1} + a_2'g^{l-2} + \cdots + a_{l-1}'g + a_l',$$
$$b = b_1g^{l-1} + b_2g^{l-2} + \cdots + b_{l-1}g + b_l,$$

于是

$$\begin{aligned} a + b &= a_1g^{k-1} + \cdots + a_{k-l}g^l + (a_1' + b_1)g^{l-1} + \\ &\quad (a_2' + b_2)g^{l-2} + \cdots + (a_{l-1}' + b_{l-1})g + (a_l' + b_l). \end{aligned}$$

为了得到$a+b$的g进制表示,可能需要进位.例如,设$g < a_1' + b_1 < 2(g-1)$(注意a_1'和b_1都不超过$g-1$),那么上一位的数字将增加1,并且从$a_1' + b_1$减去g即以$a_1'+b_1-g$ 作为原来位的新数字,从而一次进位使数字和减少$g-1$.因为总共实施k次进位,所以最终得到的$a+b$的g进制表示的数字和为

$$\begin{aligned} s_g(a+b) &= (a_1+\cdots+a_{k-l})+(a_1'+b_1)+\cdots+(a_l'+b_l)-(g-1)k \\ &= s_d(a)+s_d(b)-(g-1)k. \end{aligned}$$

(6) 由Legendre指数公式可知

$$\begin{aligned} t &= e_p\big((m+n)!\big)-e_p(m!)-e_p(n!) \\ &= \frac{m+n-s_p(m+n)}{p-1}+\frac{m-s_p(m)}{p-1}+\frac{n-s_p(n)}{p-1} \\ &= \frac{s_p(m)+s_p(n)-s_p(m+n)}{p-1} \end{aligned}$$

由本题(5)立知$t=k_p(m,n)$.

(7) **解法 1** 由本题(5)可知:对于任意正整数a,b,有

$$s_g(a)+s_g(b) \geqslant s_g(a+b). \qquad (1.20.1)$$

于是

$$2s_p(u) \geqslant s_p(2u).$$

进而有

$$3s_p(u)=s_p(u)+2s_p(u) \geqslant s_p(u)+s_p(2u) \geqslant s_p(u+2u)=s_p(3u).$$

有限次推理即得所要的不等式.

解法 2 因为$u!$和$(uv)!$的标准分解式中p的指数分别是

$$\sum_{i=1}^{\infty}\left[\frac{u}{p^i}\right] \quad 和 \quad \sum_{i=1}^{\infty}\left[\frac{uv}{p^i}\right]$$

(这些实际是有限和),依问题4.1,对于每个i,有

$$v\left[\frac{u}{p^i}\right] \leqslant \left[\frac{uv}{p^i}\right],$$

因此$ve_p(u!) \leqslant e_p((uv)!)$,由本题(1),此即

$$v \cdot \frac{u - s_p(u)}{p-1} \leqslant \frac{uv - s_p(uv)}{p-1},$$

于是$v \cdot s_p(u) \geqslant s_p(uv)$.

(8) 由本题(1)中的公式可知

$$e_5(n!) = \frac{n - s_5(n)}{5-1} = 31,$$

即

$$n = 124 + s_5(n).$$

因为$s_5(n) \geqslant 1$,所以可以逐个检验. 当$s_5(n) = 1$时,$n = 124 + 1 = 125$(这是10进制,下同) $= (1000)_5$(5进制,下同).当$s_5(n) = 2$时,$n = 124 + 2 = 126 = (1001)_5$.当$s_5(n) = 3$ 时, $n = 124 + 3 = 127 = (1002)_5$.当$s_5(n) = 4$时,$n = 124 + 4 = 128 = (1003)_5$. 当$s_5(n) = 5$时,$n = 124 + 5 = 129 = (1004)_5$.

若取$s_5(n) = 6$,则$n = 124+6 = 130$,但其5进制表示为$n = (1010)_5$,所以不合要求.一般地, 因为$n = 124 + k$是k的单调增加函数,而指数

$$e_5(n!) = \left[\frac{124+k}{5}\right] + \left[\frac{124+k}{5^2}\right] + \cdots$$

当$1 \leqslant k \leqslant 5$时保持不变,当$k \geqslant 6$时,

$$\left[\frac{124+k}{5}\right]$$

的值至少增加1,从而$e_5(n!) > 31$,因此只有$125, 126, 127, 128, 129$符合要求.

(9) (i) 依本题(1)中的Legendre指数公式,应当证明:对于任何素数p,有

$$(n+1) \cdot \frac{n - s_p(n)}{p-1} \leqslant \frac{n^2 - s_p(n^2)}{p-1},$$

或者

$$(n+1)(n - s_p(n)) \leqslant (n^2 - s_p(n^2)). \tag{1.20.2}$$

因为$n \geqslant s_p(n) \geqslant 1$,所以

$$(n - s_p(n))(s_p(n) - 1) \geqslant 0,$$

即

$$n^2 - (s_p(n))^2 \geqslant (n+1)(n - s_p(n)).$$

我们将证明

$$(s_p(n))^2 \geqslant s_p(n^2), \tag{1.20.3}$$

于是式(1.20.2)成立.

(ii) 现在来证明不等式(1.20.3).

设$n = d_1p^{k-1} + d_2p^{k-2} + \cdots + d_{k-1}p + d_k$,则

$$(s_p(n))^2 = \left(\sum_{s=1}^{k} d_s\right)^2 = \sum_{s=1}^{k} d_s^2 + 2\sum_{i \neq j} d_i d_j; \tag{1.20.4}$$

以及

$$\begin{aligned} n^2 &= (d_1p^{k-1} + d_2p^{k-2} + \cdots + d_{k-1}p + d_k)^2 \\ &= d_1^2p^{2(k-1)} + d_2^2p^{2(k-2)} + \cdots + d_k^2 + 2\sum_{i \neq j} d_i d_j p^{(i-1)+(j-1)}. \end{aligned}$$

若在p进制中$d_1^2 = \alpha_1 p^{m-1} + \cdots + \alpha_m$,则有

$$d_1^2 p^{2(k-1)} = \alpha_1 p^{2(k-1)+m} + \cdots + \alpha_m p^{2(k-1)}, \tag{1.20.5}$$

显然

$$d_1^2 \geqslant \alpha_1 + \cdots + \alpha_m.$$

即n^2的p进制表示中由于d_1^2产生的数字之和不超过d_1^2.对于其余各项也有类似的结论.因此由式(1.20.4)可知$(s_p(n))^2$不小于上面的操作所产生的n^2的那些数字之和. 此外,将上面得到的类似于(1.20.5)的那些表达式(按p的幂)进行同类项合并(实际就是进位), 最后得到n^2的p进制表示时,也不会影响这个结论(因为由不等式 (1.20.1) , 对于整数 $a, b > 0$, 有$s_p(a) + s_p(b) \geqslant s_p(a+b)$).于是不等式(1.20.3)得证.

(10) **解法1** 当$a=b=0$时,结论显然正确.若a,b中只有一个为零, 例如设$b=0$,那么要证明$(a!)^2\mid(2a)!$.按Legendre指数公式,容易将此归结为证明$2s_p(a)\geqslant s_p(2a)$.依本题(5)中的公式,这显然成立.因此下面设$a,b>0$.按Legendre 指数公式,只需证明:对于任何素数p,

$$e_p(a!)+e_p(b!)+e_p\big((a+b)!\big)\leqslant e_p\big((2a)!\big)+e_p\big((2b)!\big),\tag{1.20.6}$$

即

$$\frac{a-s_p(a)+b-s_p(b)+a+b-s_p(a+b)}{p-1}\leqslant\frac{2a-s_p(2a)+2b-s_p(2b)}{p-1}.$$

将此不等式化简后可知,只需证明

$$s_p(a)+s_p(b)+s_p(a+b)\geqslant s_p(2a)+s_p(2b).\tag{1.20.7}$$

为此注意,由本题(5),有

$$\begin{aligned}s_p(2a)&=2s_p(a)-(p-1)k_p(a,a),\\s_p(2b)&=2s_p(b)-(p-1)k_p(b,b),\\s_p(a+b)&=s_p(a)+s_p(b)-(p-1)k_p(a,b),\end{aligned}$$

其中$k_p(a,a)$表示(在p进制下)a与a相加时的进位次数(另二记号意义类似),将它们代入不等式(1.20.7),可知我们只需证明

$$k_p(a,b)\leqslant k_p(a,a)+k_p(b,b).\tag{1.20.8}$$

实际上,不等式(1.20.8)几乎是显然成立.具体言之,因为a与a相加时产生一次进位,当且仅当相应数字不小于$\sigma=[p/2]+1$.因此,若a与a 相加时产生了一次进位,此时如果b的相应数字不小于$p-\sigma$,则a与b相加时产生一次进位,不然不会产生进位.可见若$k_p(a,a)$计数时“数”了1次,则相应地$k_p(a,b)$ 计数时至多“数”了1次;类似地,若$k_p(b,b)$计数时“数”了1次,则相应地$k_p(a,b)$计数时也至多“数”了1次.反之,若a加b产生一次进位,则a和b的相应的数位上的数字中至少有一个不小于σ,因而,当a加a或b加b时至少有一个在相应数位上产生一次进位;但若a加b在某个数位即使不产生进位,当a加a或b加b时也有可能在相应数位上产生一次进位.可见不等式(1.20.8)确实成立.于是本题得证.

解法 2 为证不等式(1.20.6),只需证明:对于任何素数p及$i=1,2,\cdots$,

$$\left[\frac{2a}{p^i}\right]+\left[\frac{2b}{p^i}\right]\geqslant\left[\frac{a}{p^i}\right]+\left[\frac{b}{p^i}\right]+\left[\frac{a+b}{p^i}\right].$$

因此,我们只需证明:对于任何实数$\alpha,\beta\geqslant 0$,有

$$[2\alpha]+[2\beta]\geqslant[\alpha]+[\beta]+[\alpha+\beta]. \tag{1.20.9}$$

因为我们有

$$\begin{aligned}
&[2\alpha]+[2\beta]\\
=\ &[2[\alpha]+2\{\alpha\}]+[2[\beta]+2\{\beta\}]\\
=\ &2[\alpha]+2[\alpha]+[2\{\alpha\}]+[2\{\beta\}],\\
&[\alpha]+[\beta]+[\alpha+\beta]\\
=\ &[\alpha]+[\beta]+[[\alpha]+\{\alpha\}+[\beta]+\{\beta\}]\\
=\ &2[\alpha]+2[\alpha]+[\{\alpha\}+\{\beta\}].
\end{aligned}$$

所以只需证明:

$$[\{\alpha\}+\{\beta\}]\leqslant[2\{\alpha\}]+[2\{\beta\}]. \tag{1.20.10}$$

若$0\leqslant\{\alpha\}+\{\beta\}<1$,则上式显然成立;若$1\leqslant\{\alpha\}+\{\beta\}<2$,则$[\{\alpha\}+\{\beta\}]=1$,并且$\{\alpha\},\{\beta\}$中至少有一个不小于$1/2$,因此上式也成立,从而不等式(1.20.9)得证.

或者:由显然的不等式

$$\{\alpha\}+\{\beta\}\leqslant\max\{2\{\alpha\},2\{\beta\}\},$$

直接推出不等式(1.20.10). □

注 1° 由本题(7)的证明可知$(u!)^v\mid(uv)!$.这也可用类似于本题(9)的方法证明,即首先应用不等式(1.20.1)推出$v\cdot s_p(u)\geqslant s_p(uv)$, 从而

$$v\cdot e_p(u!)=v\cdot\frac{u-s_p(u)}{p-1}\leqslant\frac{uv-s_p(uv)}{p-1}=e_p\big((uv)!\big).$$

2° 当$g=p$(素数),不等式(1.20.1)也可用下法证明:

$$s_p(a)=a-(p-1)\sum_i\left[\frac{a}{p^i}\right],$$
$$s_p(b)=b-(p-1)\sum_i\left[\frac{b}{p^i}\right],$$
$$s_p(a+b)=a+b-(p-1)\sum_i\left[\frac{a+b}{p^i}\right],$$

因为

$$\left[\frac{a}{p^i}\right]+\left[\frac{b}{p^i}\right]\leqslant\left[\frac{a+b}{p^i}\right],$$

所以得到不等式$s_p(a)+s_p(b)\geqslant s_p(a+b)$.

1.21 设p,q是奇素数.证明:若存在整数$a,n>1$满足

$$\left(\frac{q-1}{2}\right)^p+\left(\frac{q+1}{2}\right)^p=a^n,$$

则$p=q$.

解 可设$q=2m+1$,其中m是正整数,于是

$$m^p+(m+1)^p=a^n.$$

因为p是奇数,所以由

$$\begin{aligned}&m^p+(m+1)^p\\=\ &\big(m+(m+1)\big)\Big(m^{p-1}-m^{p-2}(m+1)+\cdots+(-1)^{p-1}(m+1)^{p-1}\Big)\end{aligned}$$

可知

$$m+(m+1)\mid m^p+(m+1)^p=a^n,$$

即素数$q=2m+1\mid a^n$,于是$q\mid a$,从而$q^2\mid a^2$.注意$n>1$,我们推出

$$(2m+1)^2\mid a^n,$$

即得

$$(2m+1)^2\mid m^p+(m+1)^p. \tag{1.21.1}$$

此外,还有

$$
\begin{aligned}
& m^p+(m+1)^p \\
= & m^p+\big((2m+1)-m\big)^p \\
= & m^p+(2m+1)^p+\binom{p}{1}(2m+1)^{p-1}(-m)+\cdots+ \\
& \binom{p}{p-2}(2m+1)^2(-m)^{p-2}+ \\
& \binom{p}{p-1}(2m+1)(-m)^{p-1}+(-m)^p \\
= & \left((2m+1)^p+\binom{p}{1}(2m+1)^{p-1}(-m)+\cdots+\right. \\
& \left.\binom{p}{p-2}(2m+1)^2(-m)^{p-2}\right)+\binom{p}{p-1}(2m+1)(-m)^{p-1}.
\end{aligned}
$$

因为$p-1\geqslant 2$是偶数,所以由上式得到

$$
m^p+(m+1)^p=k\cdot(2m+1)^2+p(2m+1)m^{p-1},
$$

其中$k\in\mathbb{Z}$.由此及式(1.21.1)推出

$$
(2m+1)^2\,\Big|\,p(2m+1)m^{p-1},
$$

于是

$$
q=2m+1\,\Big|\,pm^{p-1}.
$$

因为p,q都是素数,并且$2m+1\nmid m$,所以由此立知$p=q$. □

1.22 若a和b是正整数,具有下列性质:对于任何素数p, a除以p的余数总不大于b除以p的余数,则$a=b$.

解 如果取素数$p>\max\{a,b\}$,那么a,b除以p的余数分别是a,b本身, 因此依题设可知$a\leqslant b$.我们只需证明:若$a<b$,则导致矛盾.为此,令

$$
k=\min\{a,b-a\},
$$

则$b-a\geqslant k$,同时$a\geqslant k$,于是$b\geqslant k+a\geqslant 2k$. 依Sylvester–Schur定理(见本题解后注),存在素数$p>k$整除$\binom{b}{k}$.由

$$
p\mid b(b-1)\cdots\big(b-(k-1)\big)
$$

可知p整除某个因子$b-r$(其中$r\in\{0,1,\cdots,k-1\}$),于是$b-r=up$ (其中$u\geqslant 1$是某个正整数),或$b=up+r$,其中$r\leqslant k-1<p$,因此b除以p的余数是$r\leqslant k-1$.下面区分两种情形:

1° 若$a\leqslant b/2$,则$k=a<p$,于是a除以p的余数是$a=k>r$,即大于b除以p的余数,与题设矛盾.

2° 若$a>b/2$,则$k=b-a$.因为$b=up+r$,所以

$$a-(u-1)p=(b-k)-(u-1)p=p-(up-b)-k=p+r-k,$$

注意$p+r-k\leqslant p-1, u-1\geqslant 0$,可见$a$除以$p$的余数是$p+r-k$.但$p+r-k=r+(p-k)>r$, 从而$a$除以$p$的余数大于$b$除以$p$的余数,也与题设矛盾. □

注 Bertrand(1845)“假设”断言:对于每个正数$n\geqslant 2$,存在素数p满足$n<p<2n$. 它被Чебышев (1852)证明.其后, Sylvester (1912) 和 Schur (1929) 独立地将它推广为:对于每对整数$h,k(h\geqslant k\geqslant 1)$,在整数$h+1,h+2,\cdots,h+k$中至少有一个可被某个素数$p>k$整除. 文献中将此结果称为Sylvester–Schur定理.它还可叙述为:如果整数$n\geqslant 2k$,那么$\binom{n}{k}$有一个大于k的素因子.此定理有多种初等证明,但因篇幅较长,国内初等数论教本一般都不提及. 有关信息读者可参见:

(1) J.Sándor,D.Mitrinović,B.Crstici, Handbook of Number Theory (Vol.I) (Springer,1995),p.426.

(2) W.Narkiewicz , The Development of Prime Number Theory (Springer, 2000), p.118.

(3) P.Erdös,J.Surányi,Topics in The Theory of Numbers (Springer,2003). p.173.

1.23 设n是正整数,p是素数.令

$$a=\big((n-1)!\big)^p n^{p-1},\quad b=(pn-1)!.$$

证明:当且仅当n等于p的幂时,a及b的标准素因子分解式中p的指数相等.

解 按Legendre指数公式,

$$\begin{aligned} e_p(a) &= pe_p((n-1)!) + (p-1)e_p(n) \\ &= p \cdot \frac{(n-1) - s_p(n-1)}{p-1} + (p-1)e_p(n) \\ &= \frac{pn - p - ps_p(n-1)}{p-1} + (p-1)e_p(n), \\ e_p(b) &= \frac{(pn-1) - s_p(pn-1)}{p-1}, \end{aligned}$$

因此

$$\begin{aligned} & e_p(b) - e_p(a) \\ = & \frac{(pn-1) - s_p(pn-1)}{p-1} \\ & -\frac{pn - p - ps_p(n-1)}{p-1} - (p-1)e_p(n) \\ = & \frac{(p-1) - s_p(pn-1) + ps_p(n-1)}{p-1} - (p-1)e_p(n) \\ = & 1 - \frac{s_p(pn-1) - ps_p(n-1)}{p-1} - (p-1)e_p(n). \end{aligned} \tag{1.23.1}$$

设$n-1 = d_0p^m + d_1p^{m-1} + \cdots + d_m$($p$进制表示),则

$$s_p(n-1) = d_0 + d_1 + \cdots + d_m,$$

并且

$$\begin{aligned} pn - 1 &= p(d_0p^m + d_1p^{m-1} + \cdots + d_m + 1) - 1 \\ &= d_0p^{m+1} + d_1p^m + \cdots + d_mp + (p-1) \quad (\text{这是}p\text{进制表示}), \end{aligned}$$

从而

$$s_p(pn-1) = d_0 + d_1 + \cdots + d_m + (p-1) = s_p(n-1) + (p-1).$$

于是

$$\begin{aligned} & s_p(pn-1) - ps_p(n-1) \\ = & s_p(n-1) + (p-1) - ps_p(n-1) \\ = & (p-1)\big(1 - s_p(n-1)\big). \end{aligned}$$

由此及式(1.23.1)推出

$$e_p(b)-e_p(a)=s_p(n-1)-(p-1)e_p(n).$$

此外,由问题1.20(2)中的公式可知

$$e_p(b)-e_p(a)=s_p(n-1)-(p-1)\cdot\frac{s_p(n-1)-s_p(n)+1}{p-1}=s_p(n)-1.$$

由此立得:$e_p(a)=e_p(b)\Leftrightarrow s_p(n)=1\Leftrightarrow n=p^{\alpha}(\alpha\in\mathbb{N}_0)$. □

1.24 (1) 设n为正整数,p为素数,则当且仅当$n=ap^s+p^s-1\,(0\leqslant a<p,s\geqslant 0)$时,

$$p\nmid\binom{n}{m}\quad(m=0,1,\cdots,n)\tag{1.24.1}$$

(2) 设k是给定的正整数.证明:当且仅当$k=q^s$(其中q是奇素数,指数$s\geqslant 1$)时, 对于所有满足条件$k\leqslant n\leqslant 2k$的整数n,$\binom{n}{k}$与k互素.

解 (1) 由Legendre指数公式,当且仅当

$$\frac{n-s_p(n)}{p-1}=\frac{m-s_p(m)}{p-1}+\frac{n-m-s_p(n-m)}{p-1}$$

即

$$s_p(n)=s_p(m)+s_p(n-m)\tag{1.24.2}$$

时式(1.24.1)成立.设$m\leqslant n$,并有p进制表示

$$\begin{aligned}n&=n_1p^{\sigma-1}+n_2p^{\sigma-2}+\cdots+n_{\sigma-1}p+n_\sigma,\\ m&=m_1p^{\sigma-1}+m_2p^{\sigma-2}+\cdots+m_{\sigma-1}p+m_\sigma,\end{aligned}$$

其中$\sigma\geqslant 1,0<n_1<p,0\leqslant n_i<p(i=2,\cdots,\sigma),0\leqslant m_j<p(j=1,2,\cdots,\sigma)$.那么依问题1.20(5),当且仅当作($p$进制计算)$m+(n-m)$不产生进位时等式(1.24.2)成立;这个条件等价于计算$n-m$不产生借位.显然,当$n_i=p-1(i=2,3,\cdots,\sigma)$,即

$$\begin{aligned}n&=n_1p^{\sigma-1}+(p-1)(p^{\sigma-2}+\cdots+p+1)\\ &=n_1p^{\sigma-1}+p^{\sigma-1}-1\quad(0\leqslant n_1<p,\sigma\geqslant 1)\end{aligned}$$

时不产生借位;反之,若$n_\sigma < p-1$,则对于$m_\sigma = p-1$的整数m(即m的p进制表示中, 最低位数字为$p-1$),为计算$n-m$,最低位数字相减将产生借位,因此$n_\sigma = p-1$. 类似地, 可知$n_i = p-1(i=2,3,\cdots,\sigma)$.于是问题得证.

(2) (i) 由Legendre指数公式,k与$\binom{n}{k}(k\leqslant n\leqslant 2k)$ 互素,等价于对于k的任何素因子p,

$$s_p(k)+s_p(n-k)=s_p(n)\quad (k\leqslant n\leqslant 2k). \tag{1.24.3}$$

(ii) 首先设$k=q^s$,其中q是奇素数,$s\geqslant 1$.我们来证明:对于任何$n\in\{k,k+1,\cdots,2k\}$,总有$q\nmid\binom{n}{k}$(从而k与$\binom{n}{k}$ 互素);为此我们只需证明:对于上述所有n,

$$s_q(k)+s_q(n-k)=s_q(n). \tag{1.24.4}$$

若$n=q^s$,或$n=2q^s$,则$s_q(k)=1,s_q(n-k)=0$或1,$s_q(n)=1$或2,因此等式(1.24.4)成立. 若$k<n<2k$,则$n=k+(n-k)=q^s+(n-k)$,其中$0<n-k<k=q^s$,于是$n-k$的q进制表示的最高阶至多是$s-1$,从而

$$s_q(n)=1+s_q(n-k)=s_q(k)+s_q(n-k).$$

因此等式(1.24.4)也成立.

(iii) 反之,设k与$\binom{n}{k}(k\leqslant n\leqslant 2k)$互素.我们来证明$k=q^s$ (其中q是奇素数,指数$s\geqslant 1$).

设p是k的最小素因子,并且$p^s\parallel k$,那么等式(1.24.3)成立,并且k有p进制表示

$$k=a_sp^s+a_{s+1}p^{s+1}+\cdots+a_tp^t\quad (s\leqslant t,a_s,a_t>0).$$

我们来证明$s=t$.用反证法.设$s<t$.我们取

$$n=k+(p-a_s)p^s.$$

显然$n-k=(p-a_s)p^s<p\cdot p^s=p^{s+1}<k$(即$n<2k$),并且$s_p(n-k)=p-a_s$;还有

$$
\begin{aligned}
n &= (a_sp^s+a_{s+1}p^{s+1}+\cdots+a_tp^t)+p^{s+1}-a_sp^s\\
&= p^{s+1}+a_{s+1}p^{s+1}+\cdots+a_tp^t,
\end{aligned}
$$

所以

$$
\begin{aligned}
s_p(n) &= 1+(a_{s+1}+\cdots+a_t)=1+s_p(k)-a_s\\
&= s_p(k)+(p-a_s)-(p-1)\\
&= s_p(k)+s_p(n-k)-(p-1),
\end{aligned}
$$

这与式(1.24.3)矛盾.因此$s=t$,从而$k=ap^s$,其中$1\leqslant a<p$.如果k至少有两个素因子, 那么因为p是最小素因子,所以$a>p$,我们又得到矛盾,所以$a=1$,从而$k=p^s$.最后,如果$p=2$, 那么$k=2^s$.我们取$n=2k=2^{s+1}, n-k=2^s$,则有$s_2(n)=s_2(k)=s_2(n-k)=1$,可见式(1.24.3) 不成立,从而$p=2$与$\binom{n}{k}$不互素(这也可直接验证).因此p是奇素数.于是本题得证. □

1.25 (1) 对于整数n和素数p,分别求α(通过n和p表示),使得:

(i) $p^{\alpha}\Big\|\prod\limits_{i=1}^{n}(2i)$.

(ii) $p^{\alpha}\Big\|\prod\limits_{i=1}^{n}(2i+1)$.

(2) 对于每个整数$k\geqslant 0$,定义集合

$$I_k=\{i\in\mathbb{N}\,|\,1\leqslant i\leqslant n, 2^k\|i\}.$$

证明:

$$|I_k|=\left[\frac{n}{2^{k+1}}+\frac{1}{2}\right].$$

(3) 设n是正整数.证明:

$$\sum_{k=1}^{\infty}\left(\left[\frac{2n+1}{2^k}\right]-\left[\frac{n}{2^k}\right]\right)=n.$$

解 (1) (i) 我们有

$$\prod_{i=1}^{n}(2i) = 2^n \prod_{i=1}^{n} i = 2^n \cdot n!.$$

于是,若$p=2$,则

$$\alpha = n + \sum_{k=1}^{\infty}\left[\frac{n}{2^k}\right];$$

若$p>2$,则

$$\alpha = \sum_{k=1}^{\infty}\left[\frac{n}{p^k}\right].$$

(ii) 当$p=2$时,显然$\alpha=0$.当$p>2$时,因为

$$Q = \prod_{i=1}^{n}(2i+1) = \left(\prod_{i=1}^{2n+1} i\right)\left(\prod_{i=1}^{n}(2i)\right)^{-1} = \frac{(2n+1)!}{2^n n!}, \tag{1.25.1}$$

所以

$$\alpha = \sum_{k=1}^{\infty}\left[\frac{2n+1}{p^k}\right] - \sum_{k=1}^{\infty}\left[\frac{n}{p^k}\right].$$

(2) 在$1,2,\cdots,n$中,2^k的倍数有$[n/2^k]$个,2^{k+1}的倍数有$[n/2^{k+1}]$个,因此

$$|I_k| = \left[\frac{n}{2^k}\right] - \left[\frac{n}{2^{k+1}}\right].$$

由问题4.4(1)可知

$$[x] + \left[x+\frac{1}{2}\right] = [2x],$$

在其中令$x=n/2^{k+1}$,得到

$$|I_k| = \left[\frac{n}{2^k}\right] - \left[\frac{n}{2^{k+1}}\right] = \left[\frac{n}{2^{k+1}}+\frac{1}{2}\right] \quad (k \geqslant 0). \tag{1.25.2}$$

(3) 由式(1.25.1)可知整除Q的2的最大幂指数等于0, 也等于

$$\sum_{k=1}^{\infty}\left[\frac{2n+1}{2^k}\right] - \sum_{k=1}^{\infty}\left[\frac{n}{2^k}\right] - n,$$

因此

$$\sum_{k=1}^{\infty}\left[\frac{2n+1}{2^k}\right]-\sum_{k=1}^{\infty}\left[\frac{n}{2^k}\right]-n=0,$$

由此立得题中的公式. □

1.26 (1) 设$a_1<a_2<\cdots<a_n$是任意给定的正整数,证明:

$$\frac{V_n(a_1,a_2,\cdots,a_n)}{V_n(1,2,\cdots,n)}$$

(其中$V_n(x_1,\cdots,x_n)$表示Vandermond行列式)是一个整数.

(2) 若$k_1,k_2,\cdots,k_n$是两两不相等的正整数,则下式是一个整数:

$$\prod_{i\neq j}\frac{k_i-k_j}{i-j}.$$

解 (1) (i) 首先证明下列命题:

辅助命题 如果$f_i(x)=a_{i1}+a_{i2}x+\cdots+a_{ii}x^{i-1}(i=1,2,\cdots,n)$,那么对于任何复数$x_1,x_2,\cdots,x_n$,

$$\begin{vmatrix}f_1(x_1)&f_1(x_2)&\cdots&f_1(x_n)\\f_2(x_1)&f_2(x_2)&\cdots&f_2(x_n)\\\vdots&\vdots&&\vdots\\f_n(x_1)&f_n(x_2)&\cdots&f_n(x_n)\end{vmatrix}=a_{11}a_{22}\cdots a_{nn}V_n(x_1,\cdots,x_n),$$

事实上,我们有矩阵等式

$$\begin{pmatrix}a_{11}&0&0&\cdots&0\\a_{21}&a_{22}&0&\cdots&0\\a_{31}&a_{32}&a_{33}&\cdots&0\\\vdots&\vdots&\vdots&&\vdots\\a_{n1}&a_{n2}&a_{n3}&\cdots&a_{nn}\end{pmatrix}\begin{pmatrix}1&1&\cdots&1\\x_1&x_2&\cdots&x_n\\x_1^2&x_2^2&\cdots&x_n^2\\\vdots&\vdots&&\vdots\\x_1^{n-1}&x_2^{n-1}&\cdots&x_n^{n-1}\end{pmatrix}$$

$$=\begin{pmatrix}f_1(x_1)&f_1(x_2)&\cdots&f_1(x_n)\\f_2(x_1)&f_2(x_2)&\cdots&f_2(x_n)\\\vdots&\vdots&&\vdots\\f_n(x_1)&f_n(x_2)&\cdots&f_n(x_n)\end{pmatrix}.$$

两边取行列式,即得所要的结果.

(ii) 在辅助命题中取

$$f_1(x)=1,\quad f_i(x)=x(x-1)(x-2)\cdots(x-i+2)\quad(i=2,\cdots,n).$$

那么$a_{11}=a_{22}=\cdots=a_{nn}=1$,所以

$$\begin{vmatrix}1 & 1 & \cdots & 1\\ f_2(a_1) & f_2(a_2) & \cdots & f_2(a_n)\\ f_3(a_1) & f_3(a_2) & \cdots & f_3(a_n)\\ \vdots & \vdots & & \vdots\\ f_n(a_1) & f_n(a_2) & \cdots & f_n(a_n)\end{vmatrix}=V_n(a_1,a_2,\cdots,a_n).$$

将此式左边的行列式记作D_n.设$i\geqslant 2$.因为对于任何正整数m,

$$f_i(m)=m(m-1)(m-2)\cdots(m-i+2)=(i-1)!\binom{m}{i-1}$$

(注意:当正整数$m<i-1$时,$\binom{m}{i-1}=0$),所以对于任何正整数m, $(i-1)!$整除$f_i(m)$. 在行列式D_n的第2行提出公因子$1!=1$, 第3行提出公因子$2!,\cdots\cdots$, 第n行提出公因子$(n-1)!$,可知$\prod\limits_{i=1}^{n-1}i!$整除行列式$D_n$.又由Vandermonde行列式计算公式可知

$$V_n(1,2,\cdots,n)=\prod_{i=1}^{n-1}i!,$$

于是本题得证.

(2) 将$k_1,k_2,\cdots,k_n$按递增次序重新编号为$a_1<a_2<\cdots<a_n$, 注意$k_i-k_j=-(k_j-k_i)$,并且k_i-k_j与k_j-k_i成对地出现,所以

$$\prod_{i\neq j}(k_i-k_j)=\pm\left(\prod_{1\leqslant i<j\leqslant n}(a_i-a_j)\right)^2=\pm\big(V_n(a_1,a_2,\cdots,a_n)\big)^2,$$

其中符号适当选取.同理,

$$\prod_{i\neq j}(i-j)=\pm\left(\prod_{1\leqslant i<j\leqslant n}(i-j)\right)^2=\pm\big(V_n(1,2,\cdots,n)\big)^2,$$

其中符号适当选取.于是由本题(1)立得结论. □

第2章 同　　余

推荐问题: **2.3/2.5(3)/2.11/2.12/2.13/2.19/2.23/2.30**.

2.1 (1) 证明:$2^{2\,700} \equiv 1 \pmod{2\,701}$.

(2) 证明:对于任何正整数k,同余方程

$$(9k^2+3k+1)x \equiv 111 \pmod{6k+1}$$

总有解.

解 (1) 题中的同余式可改写为

$$2^{37\cdot 73-1} \equiv 1 \pmod{37\cdot 73}.$$

因为37是素数,所以

$$2^{36} \equiv 1 \pmod{37}. \tag{2.1.1}$$

又因为$2^9=512=7\cdot 73+1$,所以

$$2^9 \equiv 1 \pmod{73},$$

从而

$$2^{36} \equiv 1 \pmod{73}. \tag{2.1.2}$$

注意整数37与73互素,所以由式(2.1.1)和(2.2.2)得到

$$2^{36} \equiv 1 \pmod{37\cdot 73}.$$

最后,注意$37\cdot 73=2\,701=36\cdot 75+1$,由上式可得

$$2^{36\cdot 75} \equiv 1 \pmod{37\cdot 73}.$$

即知

$$2^{37\cdot 73-1} \equiv 1 \pmod{37\cdot 73}.$$

(2)只需证明对于任何正整数$k, d=(9k^2+3k+1, 6k+1)=1$.因为

$$4(9k^2+3k+1)=(6k+1)^2+3,$$

所以$d|3$,从而d只有两个可能的值:1或3;但因为对于任何正整数k, $3\nmid 6k+1$, 所以$d=1$. □

2.2 (1) 设$a\equiv b\pmod{k}$, d是a,b的任意公因子,则

$$\frac{a}{d}\equiv\frac{b}{d}\pmod{\frac{k}{(k,d)}}. \tag{2.2.1}$$

(2) 证明:若整数c满足同余式

$$185c\equiv 1\,295\pmod{259},$$

则$c\equiv 0\pmod{7}$.

解 (1) 由$a\equiv b\pmod{k}$可知$a-b=mk$,其中$m\in\mathbb{Z}$,由此可推出

$$\left(\frac{a}{d}-\frac{b}{d}\right)\frac{d}{(k,d)}=m\cdot\frac{k}{(k,d)}.$$

因为$k/(k,d)$与$d/(k,d)$互素,所以

$$\frac{k}{(k,d)}\,\Big|\,\frac{a}{d}-\frac{b}{d},$$

即得式(2.2.1).

(2) 在本题(1)中取$a=185, b=1\,295, k=259$,则有

$$185=5\cdot 37,\quad 1\,295=5\cdot 7\cdot 37,\quad (37,259)=37.$$

于是

$$\frac{185}{37}c\equiv\frac{1\,295}{37}\pmod{\frac{259}{37}},$$

即

$$5c\equiv 35\pmod{7}.$$

再次应用本题(1),有

$$\frac{5}{5}c\equiv\frac{35}{5}\pmod{\frac{7}{(5,7)}},$$

即得$c\equiv 7\equiv 0\pmod{7}$. □

2.3 设p是奇素数,r_i是用p除整数$(i^{p-1}-1)/p(i=1,2,\cdots,p-1)$所得到的余数,证明:

$$r_1+2r_2+\cdots+(p-1)r_{p-1}\equiv\frac{p+1}{2}\pmod p.$$

解 由Euler定理可知$(i^{p-1}-1)/p(i=1,2,\cdots,p-1)$是整数.设

$$\frac{i^{p-1}-1}{p}=a_ip+r_i\quad(a_i\in\mathbb{Z}),$$

则有

$$\frac{i^p-i}{p}=ia_ip+ir_i,$$

于是

$$\frac{i^p-i+(p-i)^p-(p-i)}{p}=ia_ip+ir_i+(p-i)a_{p-i}p+(p-i)r_{p-i},$$

由此推出

$$\frac{i^p+(p-i)^p}{p}=ia_ip+ir_i+(p-i)a_{p-i}p+(p-i)r_{p-i}+1.\tag{2.3.1}$$

又因为p是奇素数,所以

$$i^p+(p-i)^p=\binom{p}{0}p^p-\binom{p}{1}p^{p-1}i+\cdots+\binom{p}{p-1}pi^{p-1},$$

于是$p^2\mid i^p+(p-i)^p$,从而

$$p\,\Big|\,\frac{i^p+(p-i)^p}{p}.$$

由此及式(2.3.1)推出

$$ir_i+(p-i)r_{p-i}+1\equiv 0\pmod p\quad(i=1,2,\cdots,p-1).$$

将这$p-1$个同余式相加,注意$i=1$时,ir_i给出$1\cdot r_1$,而$i=p-1$时,$(p-i)r_{p-i}$也给出

$$(p-(p-1))r_{p-(p-1)}=1\cdot r_1,$$

等等(其余类似),所以得到

$$2\big(r_1+2r_2+\cdots+(p-1)r_{p-1}\big)+(p-1)\equiv 0\pmod p,$$

于是

$$r_1+2r_2+\cdots+(p-1)r_{p-1}\equiv-\frac{p-1}{2}\pmod{p},$$

最后,应用

$$-\frac{p-1}{2}\equiv-\frac{p-1}{2}+p\pmod{p},$$

即可将上式化为题中的形式. □

2.4 设$F_m=2^{2^m}+1(m\geqslant 0)$是第$m$个Fermat数,证明

$$F_m^{F_{m+1}-1}\equiv 1\pmod{F_{m+1}}\quad(m\geqslant 2).$$

解 我们将应用基本关系式:当$r\geqslant 3$时,

$$F_m^{2^r}=(F_m^{2^2})^{2^{r-2}}.\qquad(2.4.1)$$

(i) 因为

$$\begin{aligned}F_m^2&=(2^{2^m}+1)^2\\&=2^{2^{m+1}}+2\cdot 2^{2^m}+1\\&=F_{m+1}+2\cdot 2^{2^m}\\&\equiv 2\cdot 2^{2^m}\pmod{F_{m+1}},\end{aligned}$$

所以

$$F_m^{2^2}\equiv(2\cdot 2^{2^m})^2\equiv 4\cdot 2^{2^{m+1}}\equiv 4(F_{m+1}-1)\equiv-2^2\pmod{F_{m+1}}.$$

于是由式(2.4.1)得到

$$F_m^{2^r}\equiv(-2^2)^{2^{r-2}}\equiv 2^{2^{r-1}}\pmod{F_{m+1}}.$$

在此式中令$r=2^{m+1}-1$,即得

$$F_m^{2^{2^{m+1}-1}}\equiv 2^{2^{2^{m+1}-2}}\pmod{F_{m+1}}.$$

因为

$$F_m^{2^{2^{m+1}-1}}=F_m^{2^{2^{m+1}}/2}=F_m^{(F_{m+1}-1)/2},$$

所以由上式得到

$$F_m^{(F_{m+1}-1)/2} \equiv 2^{2^{2^{m+1}-2}} \pmod{F_{m+1}}. \tag{2.4.2}$$

(ii) 因为$m \geqslant 2$时$2^{m+1} \geqslant m+4$,所以

$$\frac{2^{2^{m+1}-2}}{2^{m+2}} = 2^{2^{m+1}-m-4} \in \mathbb{N},$$

即$2^{m+2} \mid 2^{2^{m+1}-2}$,因此存在正整数$c$使得

$$2^{2^{m+1}-2} = c2^{m+2} = 2c \cdot 2^{m+1}.$$

于是

$$2^{2^{2^{m+1}-2}} = 2^{2c \cdot 2^{m+1}} = (2^{2^{m+1}})^{2c}.$$

将此代入式(2.4.2)的右边,并且注意

$$2^{2^{m+1}} \equiv -1 \pmod{F_{m+1}},$$

立得

$$F_m^{(F_{m+1}-1)/2} \equiv (2^{2^{m+1}})^{2c} \equiv (-1)^{2c} \equiv 1 \pmod{F_{m+1}},$$

于是本题得证. □

2.5 (1) 设p, q是两个不同的素数,则

$$p^{q-1} + q^{p-1} \equiv 1 \pmod{pq}.$$

(2) 设正整数m, n互素,则

$$n^{\phi(m)} + m^{\phi(n)} \equiv 1 \pmod{mn}.$$

(3) 设$m = m_1 m_2 \cdots m_s$,其中$m_j > 1$两两互素.证明

$$\sum_{j=1}^{s} m_j^{\phi(m)/\phi(m_j)} \equiv s-1 \pmod{m}.$$

解 这3个题解法类似,并且题(2)蕴涵题(1),题(3)蕴涵题(2).

(1) 由Fermat(小)定理,$p^{q-1}\equiv 1 \pmod q$,又显然有$q^{p-1}\equiv 0 \pmod q$,所以

$$p^{q-1}+q^{p-1}\equiv 1 \pmod q.$$

类似地,

$$p^{q-1}+q^{p-1}\equiv 1 \pmod p.$$

因为p,q互素,所以

$$p^{q-1}+q^{p-1}\equiv 1 \pmod{pq}.$$

(2) 由Euler定理可知$n^{\phi(m)}\equiv 1 \pmod m$, 又显然有

$$m^{\phi(n)}\equiv 0 \pmod m,$$

所以

$$n^{\phi(m)}+m^{\phi(n)}\equiv 1 \pmod m.$$

同理可得

$$n^{\phi(m)}+m^{\phi(n)}\equiv 1 \pmod n.$$

因为$(m,n)=1$,所以$n^{\phi(m)}+m^{\phi(n)}\equiv 1 \pmod{mn}$.

(3) 设$j\neq 1$,则$(m_j,m_1)=1$,所以由Euler定理,

$$m_j^{\phi(m_1)}\equiv 1 \pmod{m_1} \quad (j\neq 1).$$

于是

$$\begin{aligned} & m_j^{\phi(m_1)\cdots\phi(m_{j-1})\phi(m_{j+1})\cdots\phi(m_s)} \\ \equiv\ & 1^{\phi(m_2)\cdots\phi(m_{j-1})\phi(m_{j+1})\cdots\phi(m_s)} \\ \equiv\ & 1 \pmod{m_1}. \end{aligned}$$

因为Euler函数是积性函数,所以

$$\phi(m_1)\cdots\phi(m_{j-1})\phi(m_{j+1})\cdots\phi(m_s)=\frac{\phi(m)}{\phi(m_j)},$$

于是得到

$$m_j^{\phi(m)/\phi(m_j)}\equiv 1 \pmod{m_1} \quad (j\neq 1).$$

此外我们还有

$$m_1^{\phi(m)/\phi(m_1)} \equiv 0 \pmod{m_1}.$$

将上述s个同余式相加,得到

$$\sum_{j=1}^{s} m_j^{\phi(m)/\phi(m_j)} \equiv s-1 \pmod{m_1}.$$

类似地,可证

$$\sum_{j=1}^{s} m_j^{\phi(m)/\phi(m_j)} \equiv s-1 \pmod{m_k} \quad (k=1,2,\cdots,s).$$

因为$m_1, m_2, \cdots, m_s$两两互素,所以

$$m_1 m_2 \cdots m_s \,\Big|\, \sum_{j=1}^{s} m_j^{\phi(m)/\phi(m_j)} - (s-1),$$

即得

$$\sum_{j=1}^{s} m_j^{\phi(m)/\phi(m_j)} \equiv s-1 \pmod{m}. \qquad \square$$

2.6 设m是正整数.

(1) 证明:对于任何正整数a,

$$a^m \equiv a^{m-\phi(m)} \pmod{m}. \tag{2.6.1}$$

(2) 若$a \geqslant 2, (a,m)=(a-1,m)=1$.则

$$\sum_{j=1}^{\phi(m)-1} a^j \equiv -1 \pmod{m}.$$

解 (1) (i) 首先设p是m的素因子,$p^a \,\|\, m$,其中$a \geqslant 1$. 我们证明:

$$p^a \mid a^m - a^{m-\phi(m)}. \tag{2.6.2}$$

若$(p,a)=1$,则$(p^a,a)=1$,于是

$$a^{\phi(p^a)} \equiv 1 \pmod{p^a}.$$

设$m=p^a m'$,其中$(m',p)=1$,那么$\phi(m)=\phi(p^a)\phi(m')$,于是

$$\left(a^{\phi(p^a)}\right)^{\phi(m')} \equiv 1^{\phi(m')} \equiv 1 \pmod{p^a},$$

即得

$$a^{\phi(m)} \equiv 1 \pmod{p^a}.$$

因此

$$p^a \mid a^{\phi(m)}-1,$$

从而(注意$m-\phi(m)\in\mathbb{N}$)

$$p^a \mid (a^{\phi(m)}-1)\cdot a^{m-\phi(m)} = a^m - a^{m-\phi(m)},$$

可见,此时式(2.6.2)已成立.

下面设$(p,a)>1$,那么素数$p\mid a$.由$p^a \parallel m$可知

$$\phi(p^a)\mid\phi(m),$$

即

$$p^{a-1}(p-1)\mid\phi(m),$$

因此$p^{a-1}\mid\phi(m)$.又显然$p^{a-1}\parallel m$,所以

$$p^{a-1}\mid m-\phi(m)(>0).$$

从而$m-\phi(m)\geqslant p^{a-1}\geqslant a$(关于最后一步$p^{a-1}\geqslant a$,请参见问题1.7解后的注),由此推出$p^a\mid p^{m-\phi(m)}$.又注意到$p\mid a$可知$p^{m-\phi(m)}\mid a^{m-\phi(m)}$.合起来即得

$$p^a \mid a^{m-\phi(m)}.$$

进而得到

$$p^a \mid a^{m-\phi(m)}(a^{\phi(m)-1}) = a^m - a^{m-\phi(m)}.$$

因此式(2.6.2)也成立.

(ii) 设$m=p_1^{a_1}\cdots p_s^{a_s}$是$m$的标准素因子分解式,那么依步骤(i)中的结论可知

$$p_i^{a_i} \mid a^m - a^{m-\phi(m)} \quad (i=1,\cdots,s).$$

因为p_i两两互素,所以$p_1^{a_1}\cdots p_s^{a_s}\mid a^m-a^{m-\phi(m)}$,即式(2.6.1) 得证.

(2) 因为$(a,m)=1$,所以由Euler定理得到

$$a^{\phi(m)}-1\equiv 0 \pmod{m}.$$

又因为

$$a^{\phi(m)}-1=(a-1)(a^{\phi(m)-1}+a^{\phi(m)-2}+\cdots+1),$$

并且$(a-1,m)=1$,所以由上式推出

$$a^{\phi(m)-1}+a^{\phi(m)-2}+\cdots+1\equiv 0 \pmod{m}. \qquad \square$$

2.7 (1) (广义Euler定理) 设$n=p_1^{a_1}\cdots p_s^{a_s}$是正整数$n(>1)$的标准素因子分解式,令

$$\Phi(n)=\begin{cases}1 & 当n=1时,\\ [p_1^{a_1-1}(p_1-1),\cdots,p_s^{a_s-1}(p_s-1)] & 当n>1时.\end{cases}$$

若整数a与n互素,则$a^{\Phi(n)}\equiv 1 \pmod{n}$.

(2) 设r是模$m(>2)$的二次剩余,则$r^{\Phi(m)/2}\equiv 1 \pmod{m}$.

解 (1) 不妨认为$n>1$.因为$(a,p_i^{a_i})=1$,所以由Euler定理可知

$$a^{p_i^{a_i-1}(p_i-1)}\equiv 1 \pmod{p_i^{a_i}},$$

两边$\Phi(n)/p_i^{a_i-1}(p_i-1)\ (\in\mathbb{N})$次方,可得

$$a^{\Phi(n)}\equiv 1 \pmod{p_i^{a_i}},$$

即

$$p_i^{a_i}\mid a^{\Phi(n)}-1 \quad (i=1,\cdots,s),$$

因为p_i两两互素,所以

$$n=p_1^{a_1}\cdots p_s^{a_s}\mid a^{\Phi(n)}-1,$$

即$a^{\Phi(n)}\equiv 1 \pmod{n}$.

(2) 因为r是模m二次剩余,所以存在整数k使得

$$k^2 \equiv r \pmod{m},$$

并且$(k,m)=1$.由广义Euler定理,

$$k^{\Phi(m)} \equiv 1 \pmod{m}.$$

于是(注意当$m>2$时$2\mid\Phi(m)$)

$$r^{\Phi(m)/2} \equiv (k^2)^{\Phi(m)/2} \equiv k^{\Phi(m)} \equiv 1 \pmod{m}. \qquad \square$$

2.8 设素数$p>5$,则至少存在一个素数$q\neq p$使得

$$(p-1)! \equiv -1 \pmod{pq}.$$

解 下面给出两个证明,思路一致,推理技巧也类似,主要差别在于解法2应用了命题: 当合数$m>4$时$m\mid(m-1)!$.

解法 **1** 我们只需证明不定方程

$$(n-1)!+1=n^k \tag{2.8.1}$$

的正整数解仅是$(n,k)=(2,1),(3,1),(5,2)$.

若上述命题成立,则对于素数$p>5$, $(p-1)!+1$不可能等于p^k(其中指数k大于1).因而$(p-1)!+1$的标准素因子分解式中至少含有两个不同的素数.而由Wilson定理可知p是其中之一,因此至少还存在另一个素数q与p一起出现在这个分解式中.

上述命题之证:当$n=1$时,不存在正整数k使等式(2.8.1)成立.当$n=2$时,直接得出$k=1$.当$n\geqslant 3$时,$(n-1)!+1$是奇数,所以n应是奇数.当$n=3$和5时,分别直接求出对应的$k=1$和2.

现在设奇数$n\geqslant 7$.因为

$$(n-1)/2 \leqslant n-4,$$

所以

$$(n-1)/2 \,\Big|\, (n-4)!,$$

从而$n-1 \mid 2(n-4)!$;又因为

$$2 \mid (n-2)(n-3),$$

所以

$$n-1 \mid (n-2)(n-3)\cdot(n-4)! = (n-2)!.$$

由方程(2.8.1)可知

$$n^k-1=(n-1)!=(n-1)\cdot(n-2)!,$$

所以

$$(n-1)^2 \mid n^k-1. \tag{2.8.2}$$

特别,由此推出$k \geqslant 2$.另外,我们有

$$\begin{aligned} n^k-1 &= \left((n-1)+1\right)^k-1 \\ &= (n-1)^k+\binom{k}{1}(n-1)^{k-1}+\cdots+ \\ &\quad \binom{k}{k-2}(n-1)^2+\binom{k}{k-1}(n-1), \end{aligned}$$

由此及式(2.8.2)推出

$$(n-1)^2 \,\Big|\, \binom{k}{k-1}(n-1)=k(n-1),$$

从而$n-1 \mid k$, 由此可见$k \geqslant n-1$,并且

$$n^k-1 \geqslant n^{n-1}-1 > (n-1)!,$$

这表明等式(2.8.1)不可能成立.因此,当$n \geqslant 5$时,方程(2.8.1)没有正整数解.

解法2 我们只需证明:不存在素数$p>5$满足方程

$$(p-1)!+1=p^k, \tag{2.8.3}$$

其中指数$k \geqslant 1$.

证明如下:若$k=1$,则$(p-1)!=p-1$,所以$(p-2)!=1$,于是$p-2=1$,即$p=3$,这不在我们考虑之列. 下面可设$k \geqslant 2$.

由式(2.8.3)可知$(p-1)!=p^k-1$.方程两边除以$p-1$得到

$$\begin{aligned}(p-2)! &= p^{k-1}+p^{k-2}+\cdots+p+1\\ &= (p^{k-1}-1)+(p^{k-2}-1)+\cdots+(p-1)+(k-1)+1\\ &= (p^{k-1}-1)+(p^{k-2}-1)+\cdots+(p-1)+k.\end{aligned}$$

因为,当合数$m>4$时$m\mid(m-1)!$(参见本题解后的注),所以,当素数$p>5$时$p-1\mid(p-2)!$. 此外,$p-1\mid p^l-1(l \geqslant 1)$.于是从上式推出$p-1\mid k$.因此$k \geqslant p-1$. 于是

$$p^k-1 \geqslant p^{p-1}-1>(p-1)!,$$

所以等式(2.8.3)不可能成立. □

注 由Wilson定理可知:p为素数,当且仅当$(p-1)! \equiv -1 \pmod p$.我们还可进一步证明:若合数$m>4$,则$m\mid(m-1)!$.为此我们区分下列不同情形分别讨论:

(i) 如果m不是素数幂,那么可以写成$m=ab$,其中$(a,b)=1$,于是$a \neq b$,并且都小于m,因此它们是集合$\mathscr{A}=\{1,2,\cdots,m-1\}$中的不同的数,作为阶乘的因子出现在$(m-1)!=(m-1)\cdot(m-2)\cdots 1$中,所以$m=ab\mid(m-1)!$.

(ii) 如果$m=p^k(k>2)$(素数幂),那么$p,p^{k-1}\in\{1,2,\cdots,m-1\}$,并且$p \neq p^{k-1}$,从而$m=p\cdot p^{k-1}\mid(m-1)!$.

(iii) 如果$m=p^2$,但$p \neq 2$,那么$p \geqslant 3$,于是$2p=2\cdot(m/p)=(2/p)\cdot m<m$,并且$p \neq 2p$,因此$p$和$2p$是集合$\mathscr{A}$中的不同的数, 从而$p\cdot(2p)\mid(m-1)!$,当然$m=p^2\mid(m-1)!$.

(iv) 最后,若$m=2^2=4$,则$m=4 \nmid (m-1)!=3!$,这是我们要排除的情形(即设定$m>4$). 至此上述命题得证.

2.9 (1) 若方程

$$x_1^3+x_2^3+x_3^3+x_4^3+x_5^3=0$$

有整数解,则至少有一个$x_i\equiv 0 \pmod 7$.

(2) 若p是素数,同余方程

$$x^6+x^5+x^4+x^3+x^2+x+1\equiv 0 \pmod p,$$

有解,则$p=7$或$p\equiv 1 \pmod 7$.

(3) 设n是正整数,则当且仅当$6\nmid n$时,

$$1^n+2^n+3^n+4^n+5^n+6^n\equiv 0 \pmod 7.$$

(4) 设$\sigma>0$是奇数.证明:若方程

$$2^\sigma+3^\sigma+\cdots+(x-1)^\sigma=y.$$

有正整数解(x,y) $(x\geqslant 3)$,则当x为偶数时,$y\equiv 0 \pmod{x+1}$;当x为奇数时,$y\equiv -1 \pmod x$.

解 (1) 如果x_i中有一个为零,则结论显然成立.现在设x_i全不为零.

对于任何整数$k\not\equiv 0 \pmod 7$,总有$k^3\equiv 1$或$-1 \pmod 7$ (可设$k=7m+n,n=1,2,\cdots,6;m\in\mathbb{Z}$,逐个验证).因此若所有$x_i\not\equiv 0 \pmod 7$,则

$$\begin{aligned}x_1^3+x_2^3+x_3^3+x_4^3+x_5^3\equiv 5\cdot 1,\ \text{或}\,4\cdot 1+(-1),\ \text{或}\,3\cdot 1+2(-1),\\ \text{或}\,2\cdot 1+3(-1),\ \text{或}\,1+4(-1),\ \text{或}\,5(-1)\quad\not\equiv 0 \pmod 7,\end{aligned}$$

但因为题中方程有整数解$(x_1,\cdots,x_5)$,,所以这些$x_i(\neq 0)$满足同余方程

$$x_1^3+x_2^3+x_3^3+x_4^3+x_5^3\equiv 0 \pmod 7.$$

我们得到矛盾.于是题中结论成立.

(2) 用a表示题设同余方程的解.若$a\equiv 1 \pmod p$,则由题设可知$7\equiv 0 \pmod p$,即$p\,|\,7$.因此素数$p=7$.

下面设$a \not\equiv 1 \pmod p$.我们来证明此时$p \equiv 1 \pmod 7$.用反证法.设$p \not\equiv 1 \pmod 7$,则$7 \nmid p-1$,即$(p-1,7)=1$.于是存在整数x,y使得$7x+(p-1)y=1$,从而

$$a = a^{7x+(p-1)y} = a^{7x} \cdot a^{(p-1)y}. \qquad (2.9.1)$$

现在由$(a-1)(a^6+a^5+\cdots+1)=a^7-1$(注意$a-1 \not\equiv 1 \pmod p$),从题设同余方程得到$a^7-1 \equiv 0 \pmod p$,即知

$$a^{7x} \equiv 1 \pmod p;$$

又由Fermat定理可知

$$a^{(p-1)y} \equiv 1 \pmod p,$$

所以由式(2.9.1)推出$a \equiv 1 \pmod p$.我们得到矛盾.

(3) 令$n=6k+r$,其中k为正整数,$0 \leqslant r \leqslant 5$.因为7是素数,与$1,2,\cdots,6$互素,所以由Fermat(小)定理可知

$$1^n+2^n+3^n+4^n+5^n+6^n \equiv 1^r+2^r+3^r+4^r+5^r+6^r \pmod 7.$$

若$r=0$,即$6 \mid n$,则

$$S_r = 1^r+2^r+3^r+4^r+5^r+6^r \equiv 6 \not\equiv 0 \pmod 7.$$

若$r=1,2,3,4,5$,即$6 \nmid n$,则

$$S_1 = (1+6)+(2+5)+(3+4) \equiv 0 \pmod 7.$$

$$\begin{aligned} S_2 &= 1^2+2^2+3^2+(7-3)^2+(7-2)^2+(7-1)^2 \\ &\equiv 1^2+2^2+3^2+3^2+2^2+1^2 \\ &\equiv 2(1^2+2^2+3^2) \equiv 2 \cdot 14 \equiv 0 \pmod 7. \end{aligned}$$

类似地,

$$\begin{aligned} S_3 &= 1^3+2^3+3^3+(7-3)^3+(7-2)^3+(7-1)^3 \\ &\equiv 1^3+2^3+3^3+(-3)^3+(-2)^3+(-1)^3 \equiv 0 \pmod 7. \\ S_4 &= 1^4+2^4+3^4+(7-3)^4+(7-2)^4+(7-1)^4 \\ &\equiv 2(1^4+2^4+3^4) \equiv 2 \cdot 98 \equiv 0 \pmod 7. \\ S_5 &= 1^5+2^5+3^5+(7-3)^5+(7-2)^5+(7-1)^5 \\ &\equiv 1^5+2^5+3^5+(-3)^5+(-2)^5+(-1)^5 \equiv 0 \pmod 7. \end{aligned}$$

于是本题得证.

(4) 当σ是奇数时,

$$a^\sigma + b^\sigma = (a+b)(a^{\sigma-1} - a^{\sigma-2}b + \cdots + (-1)^{\sigma-1}b^{\sigma-1}),$$

所以对于正整数$a, b(a+b \neq 0), a+b \mid a^\sigma + b^\sigma$.

设$(x,y)(x \geqslant 3)$是题中方程的正整数解.若x是偶数,则$x-1 \geqslant 3$,方程左边项数是偶数$x-2 \geqslant 2$,于是

$$2+(x-1) \mid 2^\sigma + (x-1)^\sigma,\ 3+(x-2) \mid 3^\sigma + (x-2)^\sigma, \cdots,$$
$$\frac{x}{2} + \left(\frac{x}{2}+1\right) \,\Big|\, \left(\frac{x}{2}\right)^\sigma + \left(\frac{x}{2}+1\right)^\sigma,$$

从而$x+1 \mid y$,即

$$y \equiv 0 \pmod{x+1}.$$

若x是奇数,则当$x=3$时,方程左边是2^σ, 显然

$$2^\sigma = (3-1)^\sigma \equiv -1 \pmod 3.$$

当$x \geqslant 5$时,

$$1^\sigma + 2^\sigma + 3^\sigma + \cdots + (x-1)^\sigma = y+1$$

有解(x,y),并且左边的项数是偶数$x-1 \geqslant 4$,所以,可类似地证明

$$y+1 \equiv 0 \pmod x,$$

即得$y \equiv -1 \pmod x$. □

2.10 (1) 若$n \geqslant 3$是奇数,则$1^n + 2^n + \cdots + (n-1)^n \equiv 0 \pmod n$.

(2) 若$2^\sigma \,\|\, n$,其中$\sigma \geqslant 1$,则$1^n + 2^n + \cdots + (n-1)^n \equiv \dfrac{n}{2} \pmod{2^\sigma}$.

解 (1) 因为指数n是奇数,同余式左边项数$n-1 \geqslant 2$是偶数,所以可用类似于问题2.9(4)的方法证明,细节由读者补出.

(2) 设$n = 2^\sigma m$,其中m是奇数.由Euler定理,对于奇数$\mu = 1, 3, \cdots, n-3, n-1$, 有

$$\mu^{\phi(2^\sigma)} \equiv 1 \pmod{2^\sigma},$$

其中$\phi(2^\sigma)=2^\sigma-2^{\sigma-1}=2^{\sigma-1}$,所以

$$\mu^{2^{\sigma-1}}\equiv 1 \pmod{2^\sigma}.$$

于是对于奇数$\mu=1,3,\cdots,n-3,n-1$,有

$$\mu^n\equiv\mu^{2^\sigma m}\equiv(\mu^{2^{\sigma-1}})^{2m}\equiv 1^{2m}\equiv 1 \pmod{2^\sigma}.$$

将它们相加得到

$$1^n+3^n+\cdots+(n-1)^n\equiv\frac{n}{2} \pmod{2^\sigma}. \tag{2.10.1}$$

对于$\nu=2,4,\cdots,n-4,n-2$(偶数),即$\nu=n-2s$,其中$s=1,2,\cdots,n/2-1$,有$\nu=2^\sigma m-2s=2(2^{\sigma-1}m-s)$,于是

$$\nu^n=2^n(2^{\sigma-1}m-s)^n=(2^{2^\sigma})^m(2^{\sigma-1}m-s)^n\equiv 0 \pmod{2^\sigma}.$$

将它们相加得到

$$2^n+4^n+\cdots+(n-4)^n+(n-2)^n\equiv 0 \pmod{2^\sigma}. \tag{2.10.2}$$

将式(2.10.1)和(2.10.2)相加,立得所要的同余式. □

2.11 若n是正整数,p是奇素数,则

$$\sum_{k=1}^{p-1}k^n\equiv\begin{cases}0 \pmod p & \text{当}p-1\nmid n\text{时},\\ -1 \pmod p & \text{当}p-1\mid n\text{时}.\end{cases}$$

解 若$p-1\mid n$,则$n=(p-1)s$(s为正整数),从而当$1\leqslant k\leqslant p-1$时,

$$k^n=(k^{p-1})^s\equiv 1^s=1 \pmod p.$$

于是

$$\sum_{k=1}^{p-1}k^n\equiv\sum_{k=1}^{p-1}1=p-1\equiv -1 \pmod p.$$

现在设$p-1\nmid n$.令g是模p的一个原根,那么$g,g^2,\cdots,g^{p-1}$组成模p的简化剩余系,对于每个$k\in\{1,2,\cdots,p-1\}$,存在正整数a_k使得$k\equiv g^{a_k}$, 于是

$$\sum_{k=1}^{p-1}k^n\equiv\sum_{k=1}^{p-1}g^{a_kn} \pmod p.$$

因为$\{a_1n,a_2n,\cdots,a_{p-1}n\}=\{1\cdot n,2\cdot n,\cdots,(p-1)\cdot n\}$(在模$p-1$的意义下),所以

$$\sum_{k=1}^{p-1}k^n\equiv\sum_{k=1}^{p-1}(g^n)^k \pmod p.$$

又因为

$$(g^n-1)\sum_{k=1}^{p-1}(g^n)^k=(g^n)^p-g^n=g^n\big((g^n)^{p-1}-1\big),$$

所以

$$(g^n-1)\sum_{k=1}^{p-1}k^n\equiv g^n\cdot\big((g^n)^{p-1}-1\big) \pmod p.$$

注意,由$p-1\nmid n$可知$g^n\not\equiv 1 \pmod p$;此外还有$(g^n)^{p-1}\equiv 1 \pmod p$,所以由上式推出

$$\sum_{k=1}^{p-1}k^n\equiv 0 \pmod p.$$ □

2.12 (1) 设正整数$n\equiv 2 \pmod 3$,证明:n^2+n+1的任何奇素因子$p\equiv 1 \pmod 3$.

(2) 证明:若整数$n>1$,则$3^n\not\equiv 1 \pmod{2^n-1}$.

解 (1) 若奇素数$p\,|\,n^2+n+1$,则由

$$p\,|\,4(n^2+n+1)=(2n+1)^2+3,$$

可知同余式$x^2\equiv -3 \pmod p$可解,即Legendre符号

$$\left(\frac{-3}{p}\right)=1. \tag{2.12.1}$$

显然$n\equiv 2 \pmod 3$蕴涵$n^2+n+1\not\equiv 0 \pmod 3$,所以只可能$p\equiv 1 \pmod 3$或$p\equiv 2 \pmod 3$.若$p\equiv 2 \pmod 3$,则由二次互反律,有

$$\begin{aligned}\left(\frac{-3}{p}\right)&=\left(\frac{-1}{p}\right)\left(\frac{3}{p}\right)\\&=\left(\frac{-1}{p}\right)\left(\frac{p}{3}\right)(-1)^{(p-1)/2\cdot(3-1)/2}\\&=(-1)^{(p-1)/2}\left(\frac{p}{3}\right)(-1)^{(p-1)/2}=\left(\frac{p}{3}\right),\end{aligned}$$

又因为$p \equiv 2 \pmod 3$蕴涵$(p,3)=1$,所以由Euler判别准则可知

$$\left(\frac{p}{3}\right) \equiv p^{(3-1)/2} \equiv p \equiv 2 \equiv -1 \pmod 3.$$

于是

$$\left(\frac{-3}{p}\right) = -1.$$

这与式(2.12.1)矛盾.因此$p \equiv 1 \pmod 3$.

(2) 如果n是偶数$(n=2m)$,那么$2^n-1=(2^2)^m-1$能被$2^2-1=3$整除,但$3 \nmid 3^n-1$,所以结论成立.

如果n是奇数,即$n=2m+1>1$(其中$m \geqslant 1$),那么当$m=1$时,$n=3$,显然$2^3-1 \nmid 3^3-1$.下面设$m \geqslant 2$.那么

$$\begin{aligned} 2^{2m}-2^2 &= (2^2)^m-2^2 = 2^2\big((2^2)^{m-1}-1\big) \\ &= 2^2(2^2-1)\big((2^2)^{m-1}+\cdots+1\big) \end{aligned}$$

所以$2^2(2^2-1) \mid 2^{2m}-2^2$.于是由$2^4 \equiv 2^2 \pmod{12}$推出

$$2^{2m}-2^2 \equiv 0 \pmod{12},$$

从而$2^{2m+1} \equiv 2^3 \pmod{12}$,即

$$2^n-1 \equiv 7 \pmod{12}. \tag{2.12.2}$$

如果2^n-1只有素因子3,那么因为$3 \nmid 3^n-1$,可知题中结论已成立.因此可以认为2^n-1有大于3的素因子p.又因为大于3的素数p除以12的余数只可能是1,5,7,11,即±1 和±5(不然p是合数),如果2^n-1的所有大于3的素因子除以12的余数都是±1,那么将有

$$2^n-1 \equiv \pm1 \pmod{12},$$

这与式(2.12.2)矛盾.因此2^n-1有大于3的素因子$p=12k\pm5$(即p除以12的余数是+5或-5).

现在用反证法.设$2^n-1 \mid 3^n-1$,那么上述素数

$$p = 12k \pm 5 \mid 3^n-1,$$

于是

$$3^{2m+1}=3^n\equiv 1 \pmod p,$$

从而

$$(3^{m+1})^2\equiv 3 \pmod p,$$

即3是模p二次剩余,因此

$$\left(\frac{3}{p}\right)=1. \tag{2.12.3}$$

另外,由Euler判别准则,当$p=12k+5$时,

$$\left(\frac{p}{3}\right)=\left(\frac{5}{3}\right)=\left(\frac{-1}{3}\right)\equiv(-1)^{(3-1)/2} \pmod 3,$$

所以

$$\left(\frac{p}{3}\right)=-1;$$

类似地,当$p=12k-5$时,

$$\left(\frac{p}{3}\right)=1.$$

于是,由二次互反律得到当$p=12k\pm5$时,

$$\left(\frac{3}{p}\right)=\left(\frac{p}{3}\right)(-1)^{(p-1)/2\cdot(3-1)/2}=\left(\frac{p}{3}\right)(-1)^{(p-1)/2}=-1.$$

这与式(2.12.3)矛盾.因此$2^n-1\nmid 3^n-1$. □

2.13 (1) 设p是奇素数,正整数$k\mid p-1$,则同余方程

$$x^k-1\equiv 0 \pmod p$$

有k个根(模p意义).

(2) 设素数$p>3$,则

$$\prod_{n=1}^{p}(n^2+n+1)\equiv\begin{cases}0 \pmod p & 若p\equiv 1 \pmod 3,\\ 3 \pmod p & 若p\not\equiv 1 \pmod 3.\end{cases}$$

解 (1) 因为$k\mid p-1$,所以可设$p=kl+1(l\in\mathbb{N})$.于是

$$x^{p-1}-1=(x^k)^l-1=(x^k-1)\big((x^k)^{l-1}+\cdots+1\big)=(x^k-1)g(x),$$

其中$g(x)$是次数为$p-1-k$的整系数多项式.依Fermat(小)定理,同余方程

$$x^{p-1}-1\equiv 0 \pmod p$$

在$\{1,2,\cdots,p-1\}$中恰有$p-1$个根;而同余方程

$$x^k-1\equiv 0 \pmod p \quad 和 \quad g(x)\equiv 0 \pmod p$$

在$\{1,2,\cdots,p-1\}$中根的个数分别至多是k和$p-1-k$.若

$$x^k-1\equiv 0 \pmod p$$

的根的个数小于k,那么$x^{p-1}-1\equiv 0 \pmod p$的根的个数将小于$p-1$,所以前者恰有$k$个根.

(2) (i) 记$P=\prod\limits_{n=1}^{p}(n^2+n+1)$,那么

$$P=(1^2+1+1)\prod_{n=1}^{p}(n^2+n+1)=3\prod_{n=2}^{p}(n^2+n+1).$$

由Wilson定理,

$$\prod_{n=2}^{p}(n-1)=(p-1)!\equiv -1 \pmod p,$$

所以

$$-\prod_{n=2}^{p}(n-1)\equiv 1 \pmod p,$$

于是

$$P\equiv 3\cdot\left(-\prod_{n=2}^{p}(n-1)\right)\cdot\prod_{n=2}^{p}(n^2+n+1) \pmod p,$$

即

$$P\equiv -3\prod_{n=2}^{p}\left((n-1)(n^2+n+1)\right) \pmod p.$$

记集合$\mathscr{A}=\{2,\cdots,p\}$,可得

$$P\equiv -3\prod_{n\in\mathscr{A}}(n^3-1) \pmod p. \tag{2.13.1}$$

(ii) 首先设$p \equiv 1 \pmod 3$,则$3 \mid p-1$.依本题(1),同余方程

$$x^3 - 1 \equiv 0 \pmod p$$

在$\{1, 2, \cdots, p-1\}$中恰有3个根,其中一个显然是$x = 1$,于是存在整数$n \in \mathscr{A}$, 使得$n^3 - 1 \equiv 0 \pmod p$,从而由式(2.13.1)推出$P \equiv 0 \pmod p$.

(iii) 现在设$p \not\equiv 1 \pmod 3$.我们来证明

$$\prod_{n \in \mathscr{A}} (n^3 - 1) \equiv -1 \pmod p, \tag{2.13.2}$$

那么由式(2.13.1)即得$P \equiv 3 \pmod p$.

因为$p - 1 \geqslant 5 - 1 = 4 > 3$,并且素数$3 \nmid p - 1$,所以$(p-1, 3) = 1$,从而存在整数$x, y$使得

$$3x + (p-1)y = 1. \tag{2.13.3}$$

设n是集合$\mathscr{A}$中任意一个数.若$n^3 \equiv 1 \pmod p$,那么注意

$$n^{p-1} \equiv 1 \pmod p,$$

由式(2.13.3)可知

$$n = n^{3x+(p-1)y} = (n^3)^x \cdot (n^{p-1})^y \equiv 1^x \cdot 1^y \equiv 1 \pmod p, \tag{2.13.4}$$

这与$\mathscr{A}$的定义矛盾.因此

$$n^3 \not\equiv 1 \pmod p \quad (n \in \mathscr{A}). \tag{2.13.5}$$

此外,若对于$\mathscr{A}$中任意两个整数$n_1 \neq n_2$,有$n_1^3 \equiv n_2^3 \pmod p$,那么注意

$$n_1^{p-1} \equiv n_2^{p-1} \equiv 1 \pmod p,$$

则类似于式(2.13.4)的推导可得

$$\begin{aligned} n_1 &= n_1^{3x+(p-1)y} = (n_1^3)^x \cdot (n_1^{p-1})^y \\ &\equiv (n_2^3)^x \cdot (n_2^{p-1})^y = n_2^{3x+(p-1)y} = n_2 \pmod p \end{aligned}$$

(注:在同余式中等号与同余号等效,所以上述式子中将两者混用),因为n_1,n_2同属于$\mathscr{A}$,所以$n_1=n_2$,我们再次得到矛盾.因此

$$n_1^3 \not\equiv n_2^3 \pmod p \quad (n_1,n_2\in\mathscr{A}, n_1\neq n_2). \tag{2.13.6}$$

由式(2.13.5)和(2.13.6)可知,当n遍历$\mathscr{A}$中每个数时,n^3除以p所得余数恰分别同余于$\mathscr{A}$中的一个数而不重复,从而n^3-1除以p所得余数r 恰分别同余于集合

$$\mathscr{A}'=\{2-1,3-1,\cdots,p-1\}=\{1,2,\cdots,p-1\}$$

中的一个数而不重复.因此

$$\prod_{n\in\mathscr{A}}(n^3-1)\equiv\prod_{r\in\mathscr{A}'}r=1\cdot2\cdots(p-1)=(p-1)!\equiv-1 \pmod p$$

(最后一步依据Wilson定理),此即式(2.13.2). □

注 1° 与本题(1)有关的进一步的结果(即二项同余方程的可解性),可见维诺格拉陀夫的《数论基础》(高等教育出版社,1952),第74页;或P.Erdös,J.Surányi: Topics in the theory of numbers(Springer,2003),p.84.

2° 本题(2)可加以扩充,例如可用同样的方法证明:设p,q都是奇素数, 并且$p>q$,则

$$\prod_{n=1}^{p}\left(\sum_{k=0}^{q-1}n^k\right)\equiv\begin{cases}0 \pmod p & 若p\equiv1 \pmod q,\\ q \pmod p & 若p\not\equiv1 \pmod q).\end{cases}$$

关于进一步的结果,请参见朱玉扬的《基础数论中一些问题的研究》(中国科学技术大学出版社,2017),2.3节.

2.14 (1) 设a,n,s都是正整数,$a\geqslant2$.证明:

(1) 当且仅当$n\mid s$时,$a^s\equiv1 \pmod{a^n-1}$.

(2) $\phi(a^n-1)\equiv0 \pmod n$.

解 (1) 若$n\mid s$,则$s=mn, m\in\mathbb{N}$,于是由

$$a^s-1=(a^n)^m-1=(a^n-1)\big((a^n)^{m-1}+(a^n)^{m-2}+\cdots+1\big)$$

推出$a^n-1\,|\,a^s-1$,即

$$a^s \equiv 1 \pmod{a^n-1}.$$

反之,若

$$a^s \equiv 1 \pmod{a^n-1},$$

则

$$a^n-1\,|\,a^s-1,$$

所以$s \geqslant n$. 于是$s=mn+r$,其中$0 \leqslant r < n$.若$r \neq 0$,则

$$a^s-1=a^{mn+r}-a^{mn}+a^{mn}-1=a^{mn}(a^r-1)+(a^{mn}-1).$$

注意$a^n-1\,|\,a^{mn}-1$,所以

$$a^n-1\,|\,a^{mn}(a^r-1).$$

显然a的任何素因子不整除a^n-1,所以$a^n-1 \nmid a^{mn}$,从而$a^n-1\,|\,a^r-1$.但$0<r<n$,所以$0<a^r-1<a^n-1$,我们得到矛盾.因此$r=0$,由此得知$n\,|\,s$.

或者:因为

$$a^n \equiv 1 \pmod{a^n-1},$$

所以

$$a^{nm} \equiv 1^m \equiv 1 \pmod{a^n-1};$$

进而得到

$$a^{nm}\cdot a^r \equiv 1\cdot a^r \pmod{a^n-1},$$

即

$$a^s \equiv a^r \pmod{a^n-1},$$

于是

$$a^r \equiv 1 \pmod{a^n-1}.$$

若$0<r<n$,则$a^r-1>0$,并且$a^n-1 \leqslant a^r-1$,得到矛盾.

(2) 因为$(a, a^n-1)=1$,所以由Euler定理得到

$$a^{\phi(a^n-1)} \equiv 1 \pmod{a^n-1}.$$

由此及本题(1)立知$n \mid \phi(a^n-1)$. □

2.15 若对于素数$p \geqslant 3$,存在整数$r(p)$满足

$$r(p) \equiv (p-1)! \quad \left(\bmod \frac{p(p-1)}{2}\right), \quad 0 \leqslant r(p) < \frac{p(p-1)}{2}.$$

则$r(p)+1=p$.

解 因为$p \geqslant 3$是奇数,所以由Wilson定理有$(p-1)! \equiv -1 \pmod p$,而由题设,$(p-1)! \equiv r(p) \pmod p$,因此

$$r(p) \equiv -1 \pmod p.$$

又因为$(p-1)! \equiv 0 \pmod{(p-1)/2}$,所以

$$r(p) \equiv 0 \quad \left(\bmod \frac{p-1}{2}\right).$$

此外,依孙子定理,同余方程组

$$x \equiv -1 \pmod p, \quad x \equiv 0 \quad \left(\bmod \frac{p-1}{2}\right)$$

模$p(p-1)/2$有唯一解,并且显然$x=p-1$就是一个解.因为

$$0 \leqslant r(p) < p(p-1)/2,$$

所以$r(p)=p-1$,即$r(p)+1=p$. □

2.16 解同余方程:

(1) $x^2+4x+8 \equiv 0 \pmod 3$.

(2) $x^2+8x+16 \equiv -1 \pmod{17}$.

(3) $2x^2+3x+1 \equiv 0 \pmod 7$.

(4) $x^{94}+1\,200x^{38}+400x^{12}+100x^2 \equiv 0 \pmod 7$.

解 (1) 原方程等价于

$$y^2 \equiv -1 \pmod 3,$$

其中$y = x + 2$.因为当$a = 3k + 1$或$a = 3k + 2$时,$a^2 \equiv 1 \pmod 3$,当$3 \mid a$时,$a^2 \equiv 0 \pmod 3$,所以上述方程无解.

(2) 原方程等价于

$$y^2 \equiv -1 \pmod{17},$$

其中$y = x + 4$.因为素数$17 \equiv 1 \pmod 4$,Legendre符号

$$\left(\frac{-1}{17}\right) = (-1)^{(17-1)/2} = 1,$$

所以方程有解.由Wilson定理可知对于素数$p \equiv 1 \pmod 4$,

$$\left(\left(\frac{p-1}{2}\right)!\right)^2 \equiv -1 \pmod p \tag{2.16.1}$$

(参见本题解后的注),因此得到一个解

$$y = \left(\frac{17-1}{2}\right)! = 8! \equiv 13 \pmod{17},$$

另一个解是$y = 17 - 13 = 4$.于是由$x = y - 4$推出原方程的解是

$$x \equiv 9 \pmod{17},$$

和

$$x \equiv 0 \pmod{17}.$$

(3) 原方程等价于

$$y^2 \equiv 1 \pmod 7,$$

其中$y = 4x + 3$.素数$7 \equiv 3 \pmod 4$,Legendre符号

$$\left(\frac{1}{7}\right) = 1,$$

所以方程有解.显然两个解是$y \equiv 1 \pmod 7$和$y \equiv 7-1 \equiv 6 \pmod 7$. 由

$$4x+3 \equiv 1 \pmod 7 \quad 和 \quad 4x+3 \equiv 6 \pmod 7,$$

解得$x \equiv 1 \pmod 7$和$x \equiv 6 \pmod 7$.

(4) 将系数模7,原式等价于

$$x^{94}+3x^{38}+x^{12}+2x^2 \equiv 0 \pmod 7.$$

由Fermat(小)定理,$x^7 \equiv x \pmod 7$,所以

$$x^{94}=x^{7\cdot 13+3} \equiv x^{13}\cdot x^3 = x^{16} = x^{7\cdot 2+2} \equiv x^2\cdot x^2 = x^4 \pmod 7.$$

类似地,

$$x^{38} \equiv x^2 \pmod 7, \quad x^{12} \equiv x^6 \pmod 7.$$

因此原式等价于

$$x^4+3x^2+x^6+2x^2 \equiv 0 \pmod 7,$$

即

$$x^6+x^4+5x^2 \equiv 0 \pmod 7.$$

如果$7 \mid x$,那么$x \equiv 0 \pmod 7$,所以$x=0$是同余方程的一个解.如果$7 \nmid x$,那么$x^6 \equiv 1 \pmod 7$,原式等价于

$$x^4+5x^2+1 \equiv 0 \pmod 7.$$

我们只需检验$x = \pm 1, \pm 2, \pm 3$是否满足方程.又因为方程只含x的偶次幂,所以只需检验$x=1,2,3$.检验得知其中只有$x=1$满足方程,从而$x=-1$也满足方程.于是原方程的解是$0,1,6 \pmod 7$. □

注 同余式(2.16.1)之证(对此还可参见问题2.20解法1的步骤(vi)):由Wilson定理,

$$1\cdot 2\cdots\left(\frac{p-1}{2}-1\right)\left(\frac{p-1}{2}\right)\cdot$$
$$\left(\frac{p-1}{2}+1\right)\cdots((p-1)-1)\cdot(p-1) \equiv -1 \pmod p.$$

因为

$$
\begin{aligned}
&(-1)(p-1) \equiv 1 \pmod p,\\
&(-1)\big((p-1)-1\big) \equiv 2 \pmod p, \cdots,\\
&(-1)\left(\frac{p-1}{2}+1\right) \equiv \left(\frac{p-1}{2}\right) \pmod p
\end{aligned}
$$

(总共$p-1$个同余式),所以

$$\left(1\cdot 2\cdots\left(\frac{p-1}{2}-1\right)\left(\frac{p-1}{2}\right)\right)^2\cdot(-1)^{(p-1)/2} \equiv -1 \pmod p.$$

因为$p\equiv 1 \pmod 4$,所以$(-1)^{-(p-1)/2+1}=-1$,于是得到式(2.16.1).

2.17 求所有整数x,y,z,使得满足条件$2\leqslant x\leqslant y\leqslant z$,并且

$$xy\equiv 1 \pmod z,\quad xz\equiv 1 \pmod y,\quad yz\equiv 1 \pmod x.$$

解 由题中的同余式可知$(x,y)=(x,z)=(y,z)=1$.因此

$$2\leqslant x<y<z.$$

由所给同余式还可推出

$$
\begin{aligned}
&xy+xz+yz-1\equiv 0 \pmod x,\\
&xy+xz+yz-1\equiv 0 \pmod x,\\
&xy+xz+yz-1\equiv 0 \pmod x.
\end{aligned}
$$

于是

$$xy+xz+yz-1\equiv 0 \pmod{xyz}.$$

令$xy+xz+yz-1=k(xyz)$,其中$k\geqslant 1$.由此由除法可得

$$\frac{1}{x}+\frac{1}{y}+\frac{1}{z}=\frac{1}{xyz}+k>1.$$

因为$x<y<z,1/x>1/y,1/x>1/z$,所以

$$1<\frac{1}{x}+\frac{1}{y}+\frac{1}{z}<\frac{3}{x},$$

从而$x=2$.由此及上式(并且注意$1/z<1/y$)推出

$$\frac{1}{2}<\frac{1}{y}+\frac{1}{z}<\frac{2}{y},$$

从而$y=3$.进而由此及上式可知,z的值仅可能是4或5, 即数组(x,y,z)仅可能取$(2,3,4)$或$(2,3,5)$;但x,z互素, 所以本题仅一解$(x,y,z)=(2,3,5)$.

□

2.18 对于素数p和整数$a\geqslant b\geqslant 0$,证明:

$$\binom{pa}{pb}\equiv\binom{a}{b}\pmod{p}. \tag{2.18.1}$$

解 因为当$k=1,2,\cdots,p-1$,

$$\binom{p}{k}\equiv 0\pmod{p},$$

所以,在$\mathbb{Z}_p[x]$(系数为域$\mathbb{Z}_p$中的元素的多项式的集合)中,

$$(1+x)^p=1+x^p.$$

于是,在$\mathbb{Z}_p[x]$中,

$$\begin{aligned}\sum_{k=0}^{pa}\binom{pa}{k}x^k &= (1+x)^{pa}=\left((1+x)^p\right)^a\\ &= (1+x^p)^a=\sum_{j=0}^{a}\binom{a}{j}x^{pj}.\end{aligned}$$

比较等式两边$x^{pb}(b=0,1,\cdots,a)$的系数,即得式(2.18.1). □

注 对于正整数m,用$\mathbb{Z}_m$表示模m的m个剩余类的集合,适当定义加法和乘法,$\mathbb{Z}_m$称作模m剩余类环;当$m=p$是素数时,$\mathbb{Z}_p$是一个域.对此可参见,潘承洞与潘承彪的《初等数论》(北京大学出版社,1992),117页.

2.19 设p是一个奇素数,整数a,b与p互素,则对于任意整数c,存在整数x,y 使得$ax^2+by^2\equiv c\pmod{p}$.

解 因为$(a,p)=1$,所以$ax\equiv ax'\pmod{p}\ \Leftrightarrow\ x\equiv x'\pmod{p}$.因此$(p+1)/2$个整数

$$ax^2,\quad x=0,1,\cdots,\frac{p-1}{2} \tag{2.19.1}$$

模p互不同余.同理,因为$(b,p)=1$,所以$(p+1)/2$个整数

$$-c-by^2,\quad y=0,1,\cdots,\frac{p-1}{2} \tag{2.19.2}$$

也模p互不同余.这两组整数总共$p+1$个,而模p剩余类只含p个互不同余的数,因而其中存在两个数模p同余;这两个数不可能同属于式(2.19.1)之列(因为此列中数模p互不同余), 同理,也不可能同属于式(2.19.2)之列.于是存在一个x_0和一个y_0使得

$$ax_0^2 \equiv -c-by_0^2 \pmod p,$$

即对于素数p,同余式

$$ax^2+by^2 \equiv c \pmod p$$

有解x_0,y_0. □

注 在Lagrange四平方和定理的一种证明中用到下列结果:对于素数p,存在整数x,y使得$1+x^2+y^2\equiv 0 \pmod p$.本题正是这个结果的扩充,并且证明也是类似的.

2.20 证明:若素数$p\equiv 3(\bmod 4)$,则

$$\prod_{1\leqslant x<y\leqslant (p-1)/2}(x^2+y^2)\equiv (-1)^{[(p+1)/8]} \pmod p.$$

解 *解法1* (i) 预备知识(可参见任何一本标准的初等数论教程,例如,潘承洞与潘承彪的《初等数论》(北京大学出版社,1992),第四章,§5等).

设素数$p\equiv 3(\bmod 4)$.记$p=4k+3$,则$(p-1)/2=2k+1$.因为模p的最小(按绝对值而言)既约剩余系

$$-\frac{p-1}{2},-\frac{p-1}{2}+1,\cdots,-1,1,\cdots,\frac{p-1}{2}-1,\frac{p-1}{2}$$

中,模p二次剩余及二次非剩余各占一半;由模p二次剩余的Euler判别法可知,其中任意一数u是模p二次剩余,当且仅当$-u$是模p二次非剩余(即u

与$-u$不可能同为模p二次剩余, 或同为模p二次非剩余).因为每个模p二次剩余与且仅与

$$1^2, \cdots, \left(\frac{p-1}{2}-1\right)^2, \left(\frac{p-1}{2}\right)^2$$

中的一个数同余,所以每个模p二次非剩余与且仅与

$$-1^2, \cdots, -\left(\frac{p-1}{2}-1\right)^2, -\left(\frac{p-1}{2}\right)^2$$

中的一个数同余.我们将此事实表述为:每个模p二次剩余唯一地表示为x^2, 每个模p二次非剩余唯一地表示为$-y^2$,其中$x, y \in \{1, 2, \cdots, (p-1)/2\}$.

(ii) 下文中有时将模p二次剩余(非剩余)简称为剩余(非剩余),并省略记号$(\bmod p)$.对于素数$p = 4k+3$,定义集合

$$A = \{(x, y) \mid 1 \leqslant x, y \leqslant 2k+1, x^2 + y^2 \equiv 1 \pmod p\},$$
$$B = \{(x, y) \mid 1 \leqslant x, y \leqslant 2k+1, x^2 + y^2 \equiv -1 \pmod p\}.$$

那么,若$|A| = r$,则$|B| = r+1$.

事实上,如果在数列(即模p的一个既约剩余系)

$$1, 2, \cdots, p-2, p-1 \tag{2.20.1}$$

中存在相邻两数u和$u+1$,其中u是非剩余,$u+1$是剩余,那么依步骤(i)中所说, $u \equiv -y^2, u+1 \equiv x^2$,其中$1 \leqslant x, y \leqslant 2k+1$.于是

$$x^2 + y^2 \equiv x^2 - (-y^2) \equiv (u+1) - u \equiv 1.$$

即$(x, y) \in A$.反之,若$(x, y) \in A$,则$x^2 + y^2 \equiv 1$,其中$1 \leqslant x, y \leqslant 2k+1$,那么在数列(2.20.1)中存在数$v$,使得$y^2 \equiv v$,于是$-y^2 \equiv -v \equiv p - v$;并且还有

$$x^2 \equiv 1 - y^2 \equiv 1 + (p - v).$$

记$u = p - v$,则u和$u+1$是数列(2.20.1)中相邻两数,其中$u \equiv -y^2$是非剩余,$u+1 \equiv x^2$是剩余. 于是我们证明了:集合A中(x, y)的组数等于数

列(2.20.1)中所有由相邻两数形成的(非剩余,剩余)的组数. 类似地,可证明:集合B中(x,y)的组数等于数列(2.20.1)中所有由相邻两数形成的(剩余,非剩余)的组数. 因为(依Euler判别法可知)数列(2.20.1)中的数以剩余开始,以非剩余结束,所以$|B|=|A|+1$.

(iii) 对于每个正整数d,定义集合

$$A'=\{(x,y)\mid 1\leqslant x,y\leqslant 2k+1, x^2+y^2\equiv d^2\,(\bmod p)\},$$
$$B'=\{(x,y)\mid 1\leqslant x,y\leqslant 2k+1, x^2+y^2\equiv -d^2\,(\bmod p)\}.$$

那么$|A'|=r, |B'|=r+1$.

事实上,作变换$x\equiv\pm dx_1, y\equiv\pm dy_1$,其中每个双重号的选取使得$x$, x_1,y,y_1全属于$[1,2k+1]$,从而保证$x^2+y^2\equiv d^2$与$x_1^2+y_1^2\equiv 1$的解之间的一一对应.于是$|A'|=|A|$.类似地,可证$|B'|=|B|$.由此及步骤(ii)的结果立知$|A'|=r, |B'|=r+1$.

(iv) 由步骤(iv)的结果可知,当$1\leqslant x,y\leqslant (p-1)/2$时,$x^2+y^2$表示每个剩余(即$d^2$) r次,表示每个非剩余(即$-d^2$) $r+1$次.因为(x,y)的总数是$((p-1)/2)^2$, 剩余和非剩余各有$(p-1)/2$个,所以

$$r\cdot\frac{p-1}{2}+(r+1)\cdot\frac{p-1}{2}=\left(\frac{p-1}{2}\right)^2,$$

由此解得$r=(p-3)/4=(4k+3-3)/4=k$.

(v) 现在增加限制$x<y$.对于任意二次剩余a, $x^2+y^2\equiv a$的解(x,y)的组数等于k. 设这些解中有α组满足$x<y$, β组满足$x=y$, γ组满足$x>y$.在OXY平面的第一象限中, 整点(x,y)落在直线$y=x$的下方(即$x>y$) $\Leftrightarrow$ 整点(y,x)落在直线$y=x$的上方(即$x<y$),因此$\alpha=\gamma$.此外,如果$x=y$,则依步骤(ii)中所见,在数列(2.20.1) 中存在数u满足$u\equiv -y^2\equiv -x^2, u+1\equiv x^2$,于是$2u+1\equiv 0(\bmod p)$, 从而只可能$u=(p-1)/2$.因此$\beta\leqslant 1$,即$\beta=0$或1. 现在由$\alpha+\beta+\gamma=k$即可推出,对于任意二次剩余$a$, $x^2+y^2\equiv a\,(x<y)$的解(x,y)的组数等于$[k/2]$.类似地,对于任意二次非剩余a, $x^2+y^2\equiv a\,(x<y)$的解(x,y)的组数等于$[(k+1)/2]$.

(vi) 所有二次剩余之积

$$P_1 \equiv 1^2 \cdot 2^2 \cdots \left(\frac{p-1}{2}\right)^2 \equiv \left(\left(\frac{p-1}{2}\right)!\right)^2 \pmod p,$$

所有二次非剩余之积

$$\begin{aligned} P_2 &\equiv (-1^2)\cdot(-2^2)\cdots\left(-\left(\frac{p-1}{2}\right)^2\right) \\ &\equiv (-1)^{(p-1)/2}\left(\left(\frac{p-1}{2}\right)!\right)^2 \pmod p. \end{aligned}$$

注意:对于数列(2.20.1)中的首末两数,正数与倒数第二个数,等等,有

$$1 \equiv -(p-1), \quad 2 \equiv -(p-2), \cdots, \frac{p-1}{2} \equiv -\left(\frac{p-1}{2}+1\right) \pmod p,$$

由此得到

$$(p-1)! \equiv (-1)^{(p-1)/2}\left(\left(\frac{p-1}{2}\right)!\right)^2 \pmod p,$$

由Wilson定理可知$(p-1)! \equiv -1 \pmod p$,并且$(p-1)/2 = 2k+1$,所以

$$\left(\left(\frac{p-1}{2}\right)!\right)^2 \equiv 1 \pmod p.$$

于是

$$P_1 \equiv 1 \pmod p, \quad P_2 \equiv -1 \pmod p.$$

因此由步骤(v)中的结果可知

$$\prod_{1\leqslant x<y\leqslant (p-1)/2} (x^2+y^2) \equiv P_1^{[k/2]} \cdot P_2^{[(k+1)/2]} \equiv (-1)^{[(p+1)/8]} \pmod p.$$

解法 2 用P表示题中的乘积,记$p = 4k+3$.因为p是奇素数, $x, y \in \{1, 2, \cdots, (p-1)/2\}$,所以$P$的每个因子中的$x^2$和$y^2$都是模$p$的平方剩余.若$g$是模$p$的原根,$h = g^2$,则每个平方剩余都与

$$1, h, h^2, \cdots, h^{2k}$$

中的一个而且仅是一个同余.注意$x^2+y^2 = y^2+x^2$,因此

$$P \equiv \prod_{0\leqslant i<j\leqslant 2k} (h^i+h^j) \pmod p.$$

于是

$$
\begin{aligned}
& P\cdot\prod_{0\leqslant i<j\leqslant 2k}(h^i-h^j)\\
\equiv & \prod_{0\leqslant i<j\leqslant 2k}(h^i+h^j)\prod_{0\leqslant i<j\leqslant 2k}(h^i-h^j)\\
\equiv & \prod_{0\leqslant i<j\leqslant 2k}(h^{2i}-h^{2j}) \pmod p.
\end{aligned}
$$

若用$V(a_1,a_2,\cdots,a_n)$表示$a_1,a_2,\cdots,a_n$生成的Vandermonde行列式, 则有

$$
P\cdot V(1,h,h^2,\cdots,h^{2k})\equiv V(1,h^2,h^6,\cdots,h^{4k}) \pmod p. \tag{2.20.2}
$$

因为

$$
h^{2k+1}=g^{4k+2}\equiv 1 \pmod p,
$$

所以

$$
V(1,h^2,h^6,\cdots,h^{4k})\equiv V(1,h^2,\cdots,h^{2k},h,h^3,\cdots,h^{2k-1}) \pmod p.
$$

在行列式$V(1,h^2,\cdots,h^{2k},h,h^3,\cdots,h^{2k-1})$中,经过

$$
k+(k-1)+\cdots+2+1=\frac{1}{2}k(k+1)
$$

次初等列变换,可知

$$
V(1,h^2,\cdots,h^{2k},h,h^3,\cdots,h^{2k-1})=(-1)^{[(k+1)/2]}V(1,h,h^2,\cdots,h^{2k}),
$$

由此及式(2.20.2)得到

$$
P\cdot V(1,h,h^2,\cdots,h^{2k})\equiv(-1)^{k(k+1)/2}V(1,h,h^2,\cdots,h^{2k}) \pmod p.
$$

因为$p\nmid V(1,h,h^2,\cdots,h^{2k})$所以

$$
P\equiv(-1)^{k(k+1)/2}\equiv(-1)^{[(k+1)/2]}\equiv(-1)^{[(p+1)/8]} \pmod p. \qquad \square
$$

注 由解法1中的步骤(i)可知,$p\equiv 3 \pmod 4$ 对于本问题是必要的条件.

2.21 设c是一个正整数,p是任意奇素数,求

$$S=\sum_{n=0}^{(p-1)/2}\binom{2n}{n}c^n \pmod p$$

的最小(按绝对值)剩余.

解 记$q=(p-1)/2$.那么对每个整数j,

$$2j+1\equiv -2(q-j) \pmod p.$$

于是

$$\begin{aligned}\binom{2n}{n} &= \frac{(2n)!}{n!^2}=\frac{2^n\cdot n!\cdot 1\cdot 3\cdots(2n-1)}{n!^2}\\ &= \frac{2^n\cdot 1\cdot 3\cdots(2n-1)}{n!}\\ &\equiv \frac{2^n\cdot(-2)^n\cdot q(q-1)\cdots(q-n+1)}{n!}\\ &= (-4)^n\binom{q}{n},\end{aligned}$$

从而

$$\sum_{n=0}^{q}\binom{2n}{n}c^n\equiv\sum_{n=0}^{q}\binom{q}{n}(-4c)^n=(1-4c)^q.$$

因此,若$p\mid 1-4c$,则$S\equiv 0 \pmod p$;并且由平方剩余的Euler判别法则可知:若$1-4c$是模p平方剩余,则$S\equiv 1 \pmod p$; 若$1-4c$是模p平方非剩余,则$S\equiv -1 \pmod p$. □

2.22 设p是素数,令

$$l_k(x,y)=a_kx+b_ky \quad (k=1,2,\cdots,p^2)$$

是整系数齐次线性多项式.设对于每个两数不同时被p整除的整数对(ξ,η),值集$\{l_k(\xi,\eta)\,(1\leqslant k\leqslant p^2)\}$恰好$p$次给出模$p$的剩余类. 证明:集合$\{(a_k,b_k)\,(1\leqslant k\leqslant p^2)\}$模$p$恒等于集合$\{(m,n)\,(0\leqslant m,n\leqslant p-1)\}$.

解 解法1 注意题中两个集合中出现的表达式(a_k,b_k)和(m,n)的个数都是p^2.只需证明:对于每对数$(m,n)\,(0\leqslant m,n\leqslant p-1)$,恰好有一

个$k\,(1\leqslant k\leqslant p^2)$使得$a_k\equiv m, b_k\equiv n\pmod p$. 用反证法.设结论不成立.那么存在下标$i\neq j\,(i,j\in\{1,\cdots,p^2\})$使得

$$a_i\equiv a_j,\quad b_i\equiv b_j\pmod p.$$

设$x,y\in\{0,1,\cdots,p-1\}, k\in\{1,2,\cdots,p^2\}$.考虑满足

$$l_k(x,y)\equiv l_i(x,y)\pmod p \tag{2.22.1}$$

的三元组(k,x,y),其中$(x,y)\neq(0,0)$.依假设,对于每个固定的数对$(x,y)\neq(0,0)$, 值集$\{l_k(x,y)\,(1\leqslant k\leqslant p^2)\}$中$l_i(x,y)$(作为模$p$剩余类中的一员) 恰好出现$p$次.因此满足式(2.22.1)的$k$的个数是$p$,从而上述三元组$(k,x,y)$的总数等于$p(p^2-1)$.

另外,考虑对于固定的k,满足式(2.22.1)的$(x,y)\neq(0,0)$的个数.
如果$k=i$或者$k=j$,那么(2.22.1)是恒等式,因此(x,y)可取除$(0,0)$外的数组,因此,此时满足式(2.22.1)的(k,x,y)的总数是$2(p^2-1)$.对于每个其他的k(即$k\notin\{i,j\}$,共p^2-2个值),将方程(2.22.1)改写为

$$(a_k-a_i)x\equiv-(b_k-b_i)y\pmod p. \tag{2.22.2}$$

若$p|a_k-a_i$,则可取$x=1,2,\cdots,p-1; y=p$.若$p|b_k-b_i$,则可取$y=1,2,\cdots,p-1; x=p$. 若$p\nmid a_k-a_i$,并且$p\nmid b_k-b_i$,则对于每个$y\in\{1,\cdots,p-1\}$,x的同余方程(2.22.2)至少有一个解,并且这些解模p互不同余.总之,至少有$p-1$个非零数组(x,y)满足式(2.22.1).于是在此情形满足式(2.22.1)的(k,x,y)至少有$(p^2-2)(p-1)$个.合起来, 满足式(2.22.1)的三元组(k,x,y)的个数至少是

$$2(p^2-1)+(p^2-2)(p-1)=p(p^2-1)+p(p-1)>p(p^2-1).$$

我们得到矛盾.

解法 2 只需证明:对于任何$(u,v)\in\mathbb{Z}^2$,存在$k\in\{1,2,\cdots,p^2\}$,使得$a_k\equiv u, b_k\equiv v\pmod p$.

由几何级数求和公式可知,当$a\in\mathbb{Z}, n\in\mathbb{N}$,

$$\sum_{m=1}^{n}\mathrm{e}^{2\pi\mathrm{i}ma/n}=\begin{cases}0 & 若n\nmid a,\\ n & 若n\mid a\end{cases} \tag{2.22.3}$$

(其中i=$\sqrt{-1}$),并且注意$\mathrm{e}^{2\pi \mathrm{i}s}=1\,(s\in\mathbb{Z})$. 于是由题设可知,对于任何整数组$(\xi,\eta)\not\equiv(0,0)\pmod p$,

$$\sum_{k=1}^{p^2}\mathrm{e}^{2\pi\mathrm{i}l_k(\xi,\eta)/p}=p\cdot\sum_{m=1}^{p}\mathrm{e}^{2\pi\mathrm{i}m/p}=0.$$

两边乘以$\mathrm{e}^{-2\pi\mathrm{i}(u\xi+v\eta)/p}$,得到:当$(\xi,\eta)\not\equiv(0,0)\pmod p$时,

$$\sum_{k=1}^{p^2}\mathrm{e}^{2\pi\mathrm{i}\big((a_k-u)\xi+(b_k-v)\eta\big)/p}=0.$$

当$(\xi,\eta)\equiv(0,0)\pmod p$时,则

$$\sum_{k=1}^{p^2}\mathrm{e}^{2\pi\mathrm{i}\big((a_k-u)\xi+(b_k-v)\eta\big)/p}=\sum_{k=1}^{p^2}1=p^2.$$

于是由上二式得到

$$S=\sum_{\xi=0}^{p-1}\sum_{\eta=0}^{p-1}\sum_{k=1}^{p^2}\mathrm{e}^{2\pi\mathrm{i}\big((a_k-u)\xi+(b_k-v)\eta\big)/p}=p^2.$$

改变求和次序,

$$S=\sum_{k=1}^{p^2}\left(\Big(\sum_{\xi=0}^{p-1}\mathrm{e}^{2\pi\mathrm{i}(a_k-u)\xi/p}\Big)\cdot\Big(\sum_{\eta=0}^{p-1}\mathrm{e}^{2\pi\mathrm{i}(b_k-v)\eta/p}\Big)\right)=p^2.$$

由式(2.22.3)(注意由函数$\mathrm{e}^{2\pi\mathrm{i}t}$的特性,其中求和范围可换为$0\leqslant m\leqslant n-1$)可知,当且仅当恰有一个下标$k$同时满足$a_k-u\equiv 0, b_k-v\equiv 0, \pmod p$,上式成立.于是本题得证. □

2.23 (1) 设整数$m>1$,证明:对于任何与m互素的正整数a,存在不大于$\sqrt{m}$的正整数x和y,使得$ay\equiv\pm x\pmod m$之一成立.

(2) 设$a_1,\cdots,a_n$是n个给定整数, m是任意给定的正整数,则存在不全为零的整数$x_1,\cdots,x_n$满足下列条件:

$$|x_k|\leqslant\sqrt[n]{m}\quad(k=1,\cdots,n),$$

$$a_1x_1+\cdots+a_nx_n\equiv 0\pmod m.$$

(3) 设$a_1, a_2, \cdots, a_n$是正实数,$m = a_1a_2\cdots a_n$是整数.证明:同余式

$$a_1x_1 + a_2x_2 + \cdots + a_nx_n \equiv 0 \pmod m$$

有一组非零解$(x_1, x_2, \cdots, x_n)$满足$|x_i| \leqslant a_i (i = 1, 2, \cdots, n)$.

解 (1) **解法1** 令$s = [\sqrt{m}]+1$.考虑s^2个不同的整数$ay+x(x, y = 0, 1, 2, \cdots, s-1)$,因为$s^2 > m$,所以其中有两个数$ay_1 + x_1$和$ay_2 + x_2$,当除以$m$时余数相同,从而

$$a(y_1 - y_2) \equiv x_2 - x_1 \pmod m.$$

因为$|y_1-y_2|$和$|x_1-x_2|$都不大于$s-1$,所以仅当它们都等于零时才被m整除.因为a与m互素,所以由上面同余式推出仅当$y_1 = y_2$时$x_1 = x_2$,从而$|y_1 - y_2| \neq 0, |x_1 - x_2| \neq 0$.于是$x = |x_1 - x_2|, y = |y_1 - y_2|$合乎要求.

解法2 这是本题 (3) 的推论.事实上,我们在题 (3) 中取$n = 2$,以及$a_1 = a$(与m互素),$a_2 = \pm 1$.那么存在不全为零的整数x_1, x_2满足

$$|x_1| \leqslant \sqrt{m},\ |x_2| \leqslant \sqrt{m},\ ax_1 \pm x_2 \equiv 0 \pmod m.$$

若$x_1 = 0$,则$x_2 \neq 0$,并且$\pm x_2 \equiv 0 \pmod m$,但这与$|x_2| \leqslant \sqrt{m}$ 矛盾;类似地,若$x_2 = 0$,则$x_1 \neq 0$,并且$ax_1 \equiv 0 \pmod m$,因为a与m互素, $|x_1| \leqslant \sqrt{m}$,也产生矛盾.因此x_1, x_2全不为零.于是我们可取$y = |x_1|, x = \pm x_2$.

(2) **解法1** 考虑区间$[0, 1]$中的点

$$\left\{\frac{a_1}{m}x_1 + \frac{a_2}{m}x_2 + \cdots + \frac{a_n}{m}x_n\right\},$$

其中$x_1, x_2, \cdots, x_n$独立地取值$0, 1, \cdots, [\sqrt[n]{m}]$.这些点的总数是

$$(1 + [\sqrt[n]{m}])^n > m.$$

将区间$[0, 1]$等分为m个小区间:

$$\frac{u}{m} \leqslant x < \frac{u+1}{m} \quad (u = 0, 1, \cdots, m-1).$$

依抽屉原理,存在两个数组$(x'_1,x'_2,\cdots,x'_n)\neq(x''_1,x''_2,\cdots,x''_n)$,其中每个$x'_i$,$x''_j\in\{0,1,\cdots,[\sqrt[n]{m}]\}$,使得

$$\left\{\frac{a_1}{m}x'_1+\frac{a_2}{m}x'_2+\cdots+\frac{a_n}{m}x'_n\right\} \text{ 和 } \left\{\frac{a_1}{m}x''_1+\frac{a_2}{m}x''_2+\cdots+\frac{a_n}{m}x''_n\right\}$$

落在同一个小区间中.于是

$$\left|\left\{\frac{a_1}{m}x'_1+\frac{a_2}{m}x'_2+\cdots+\frac{a_n}{m}x'_n\right\}-\left\{\frac{a_1}{m}x''_1+\frac{a_2}{m}x''_2+\cdots+\frac{a_n}{m}x''_n\right\}\right|<\frac{1}{m},$$

从而存在某个整数k使得

$$\left|\left(\frac{a_1}{m}x'_1+\frac{a_2}{m}x'_2+\cdots+\frac{a_n}{m}x'_n\right)-\left(\frac{a_1}{m}x''_1+\frac{a_2}{m}x''_2+\cdots+\frac{a_n}{m}x''_n\right)-k\right|<\frac{1}{m},$$

令

$$x_1=x'_1-x''_1,x_2=x'_2-x''_2,\cdots,x_n=x'_n-x''_n,$$

则它们不全为零,并且满足

$$|a_1x_1+a_2x_2+\cdots+a_nx_n-mk|<1.$$

因为左边是一个非负整数,所以

$$a_1x_1+a_2x_2+\cdots+a_nx_n-mk=0,$$

即

$$a_1x_1+\cdots+a_nx_n\equiv 0 \pmod m,$$

并且由$x'_i,x''_j\in\{0,1,\cdots,[\sqrt[n]{m}]\}$可知

$$|x_k|\leqslant\sqrt[n]{m}\quad(k=1,\cdots,n).$$

解法2 考虑$n+1$个以$x_1,\cdots,x_n,y$为变量的线性不等式组

$$\begin{aligned}&\left|\frac{a_1}{m}x_1+\cdots+\frac{a_n}{m}x_n-y\right|<X^{-n},\\&|x_i|<X\quad(i=1,\cdots,n),\end{aligned}$$

其中$X=\sqrt[n]{m}$.那么系数行列式的绝对值$|\Delta|=1$,并且

$$X^{-n}\cdot\underbrace{X\cdots X}_{n}=1.$$

因此,依Minkowski线性形定理(见本题解后的注),存在不全为零的整数$x_1,\cdots,x_n,y$满足不等式组

$$\left|\frac{a_1x_1+\cdots+a_nx_n}{m}-y\right|<\frac{1}{m},$$
$$|x_i|<\sqrt[n]{m}\quad(i=1,\cdots,n).$$

由其中第一个不等式可知

$$|(a_1x_1+\cdots+a_nx_n)-my|<1.$$

因为

$$(a_1x_1+\cdots+a_nx_n)-my\in\mathbb{Z},$$

所以

$$(a_1x_1+\cdots+a_nx_n)-my=0,$$

即得

$$a_1x_1+\cdots+a_nx_n\equiv 0\pmod m.$$

(3) 这是本题(2)的推广.

解法1 因为集合$\{a_1x_1+a_2x_2+\cdots+a_nx_n\mid x_i\in\{0,1,\cdots,[a_i]\}\ (i=1,2,\cdots,n)\}$的元素个数为$(1+[a_1])(1+[a_2])\cdots(1+[a_n])>a_1a_2\cdots a_n=m$,模$m$剩余类的个数为$m$,所以依抽屉原理,存在两个不同的$n$元组$(x_1',x_2',\cdots,x_n')$和$(x_1'',x_2'',\cdots,x_n'')$, 使得

$$a_1x_1'+a_2x_2'+\cdots+a_nx_n'$$

和

$$a_1x_1''+a_2x_2''+\cdots+a_nx_n''$$

属于同一个剩余类,于是

$$(x_1,x_2,\cdots,x_n)=(x_1',x_2',\cdots,x_n')-(x_1'',x_2'',\cdots,x_n'')$$

满足

$$a_1x_1+a_2x_2+\cdots+a_nx_n\equiv 0\pmod m,$$

并且

$$|x_i| = |x_i' - x_i''| \leqslant [a_i] \leqslant a_i \quad (i = 1, 2, \cdots, n).$$

解法 2 应用Minkowski线性形定理.考虑$n+1$个以$x_1, \cdots, x_n, y$ 为变量的线性不等式组

$$\left|\frac{a_1}{m}x_1 + \cdots + \frac{a_n}{m}x_n - y\right| < m^{-1},$$
$$|x_i| < a_i \quad (i = 1, \cdots, n).$$

(由读者完成证明). □

注 Minkowski线性形定理:设

$$L_i(x_1, \cdots, x_n) = a_{i1}x_1 + a_{i2}x_2 + \cdots + a_{in}x_n \quad (i = 1, 2, \cdots, n)$$

是$x_1, x_2, \cdots, x_n$的实系数线性形,系数行列式$\Delta = \det(a_{ij}) \neq 0$.若

$$\lambda_1, \lambda_2, \cdots, \lambda_n > 0$$

满足

$$\lambda_1\lambda_2\cdots\lambda_n \geqslant |\Delta|,$$

则存在不全为零的整数$x_1, x_2, \cdots, x_n$使得

$$|L_1(x_1, \cdots, x_n)| \leqslant \lambda_1, \ |L_i(x_1, \cdots, x_n)| < \lambda_i \quad (i = 2, \cdots, n).$$

请参见华罗庚的《数论导引》(科学出版社,1975),609页.

2.24 (1) 设$n, m, k_1, \cdots, k_m$是正整数,$a_{i,j}(1 \leqslant i \leqslant m, 1 \leqslant j \leqslant n)$是整数.$\Lambda$表示满足下列同余式的整点$\mathbf{u} = (u_1, \cdots, u_n)'$的集合:

$$\sum_{j=1}^{n} a_{ij}u_j \equiv 0 \pmod{k_i} \quad (i = 1, \cdots, m). \qquad (1.24.1)$$

对于任何两个整点$\mathbf{a} = (a_1, \cdots, a_n)$和$\mathbf{b} = (b_1, \cdots, b_n)$,若$\mathbf{a} - \mathbf{b} \in \Lambda$,则称它们关于模$\Lambda$同余.互相同余的整点形成的集合称为一个模$\Lambda$同余类.证明:$\mathbb{Z}^n$被分拆为至多$k_1 \cdots k_m$个同余类.

(2) 设p是一个素数,整数$c_1,\cdots,c_n$满足

$$0\leqslant c_j<p\quad(j=1,\cdots,n),\quad(c_1,\cdots,c_n)\neq(0,\cdots,0).$$

定义集合

$$\mathbf{M}=\mathbf{M}(c_1,\cdots,c_n)=\{(u_1,\cdots,u_n)\in\mathbb{Z}^n\mid u_1c_1+\cdots+u_nc_n\equiv 0\pmod p\},$$

那么$\mathbb{Z}^n$模$\mathbf{M}$同余类的个数等于p.

解 (1) 点$k_1\cdots k_m(1,1,\cdots,1)\in\mathbb{Z}^n$显然属于$\Lambda$,所以集合$\Lambda$非空.容易验证题中定义的同余关系是$\mathbb{Z}^n$上的等价关系.设$l_i\in\{0,1,\cdots,k_i-1\}\ (i=1,\cdots,m)$.对于每组数$(l_1,\cdots,l_m\}$, 将$\mathbb{Z}^n$中满足

$$\sum_{j=1}^n a_{ij}u_j\equiv l_i\pmod{k_i}\quad(i=1,\cdots,m)$$

的点$(u_1,\cdots,u_n)$的集合记作$M(l_1,\cdots,l_m)$.显然$M(0,\cdots,0)=\Lambda$. 还易见同一个集合$M(l_1,\cdots,l_m)$中任意两点之差属于Λ,从而属于同一个同余类. 但两个集合$M(l_1,\cdots,l_m)$和$M(l'_1,\cdots,l'_m)$(其中$(l_1,\cdots,l_m)\neq(l_1,\cdots,l_m)$)中,若各有一点,其差不满足同余式(1.24.1),则此两个集合是不同的两个同余类;不然属于同一个同余类.因此$\mathbb{Z}^n$模Λ的同余类的个数不超过集合$M(l_1,\cdots,l_m)$的个数,即$k_1k_2\cdots k_m$.

(2) 我们将满足

$$u_1c_1+\cdots+u_nc_n\equiv l\pmod p\quad(l=0,1,\cdots,p-1)$$

的点$(u_1,\cdots,u_n)\in\mathbb{Z}^n$归为一个集合$\mathscr{M}_l$. 显然$l=0$给出$\mathbf{M}(c_1,\cdots,c_n)$;同一集合中任意两点之差属于$\mathbf{M}(c_1,\cdots,c_n)$,任何两个不同集合中两点之差不属于$\mathbf{M}(c_1,\cdots,c_n)$.因此这$p$个集合就是$\mathbb{Z}^n$关于$\mathbf{M}(c_1,\cdots,c_n)$的全部同余类. □

注 同余方程组(1.24.1)中各个同余方程的模k_i一般是不相等的.对于下列形式的线性同余方程组(未知元x_j是整数)

$$\sum_{j=1}^n a_{ij}x_j\equiv b_i\pmod m\quad(i=1,\cdots,m),$$

可以用类似于通常解线性方程组的方法研究其解法.对此可参见,K.H. Rosen,Elementary number theory and its applications,6-th ed.(Addison-Wesley,2011),§.4.5.

2.25 设p是素数,$x_1,x_2,\cdots,x_p$ 是非负整数,满足同余方程组:

$$\begin{aligned} x_1+x_2+\cdots+x_p &\equiv 0 \pmod p \\ x_1^2+x_2^2+\cdots+x_p^2 &\equiv 0 \pmod p \\ &\vdots \\ x_1^{p-1}+x_2^{p-1}+\cdots+x_p^{p-1} &\equiv 0 \pmod p, \end{aligned}$$

证明:存在$k,l\in\{1,\cdots,p-1\},k\neq l$,使得$x_k-x_l\equiv 0 \pmod p$.

解 同余方程组的系数行列式是Vandermonde行列式

$$\Delta=\begin{pmatrix} 1 & 1 & \cdots & 1 \\ x_1 & x_2 & \cdots & x_p \\ \vdots & \vdots & & \vdots \\ x_1^{p-1} & x_2^{p-1} & \cdots & x_p^{p-1} \end{pmatrix}=\prod_{1\geqslant i>j\geqslant p}(x_i-x_j).$$

将行列式的第$2,\cdots,p$列全加到第1列,并且应用题中的同余条件可知

$$\Delta\equiv 0 \pmod p,$$

即

$$\prod_{1\geqslant i>j\geqslant p}(x_i-x_j)\equiv 0 \pmod p.$$

因为p是素数,由此立得结论. □

2.26 设正整数a,b,c两两互素,无平方因子,并且$-bc,-ca,-ab$分别是模a、模b、模c二次剩余.证明:二次形$ax^2+by^2+cz^2$分别模a、模b、模c同余于两个线性因子之积.

解 用$\overline{a}$表示满足$\overline{a}\,a\equiv 1 \pmod c$的整数(将$\overline{a}$称作$a$的算术逆),并设

整数r满足$-ab \equiv r^2 \pmod c$(依题设,$\overline{a}$和r都存在).那么

$$\begin{aligned} ax^2+by^2+cz^2 &\equiv ax^2+by^2 \equiv \overline{a}(a^2x^2+aby^2) \\ &\equiv \overline{a}(a^2x^2-r^2y^2) \equiv \overline{a}(ax+ry)(ax-ry) \\ &\equiv (x+\overline{a}ry)(ax-ry) \pmod c. \end{aligned}$$

模b和模a的情形可类似地证明. □

2.27 (1) 设p是素数,则对于任何整数$k \geqslant 0$有

$$(1+x)^{p^k} \equiv 1+x^{p^k} \pmod p.$$

(2) 证明:$(1+x)^n$的展开式中奇系数的个数等于$2^{s_2(n)}$,其中$s_2(n)$是n在2进制下的数字和.

(3) 设p是素数,a_i, b_i是整数,$0 \leqslant a_i \leqslant b_i (i=1,2,\cdots,m)$, 还设($p$进制表示)

$$\begin{aligned} a &= a_1p^{m-1}+a_2p^{m-2}\cdots+a_m, \\ b &= b_1p^{m-1}+b_2p^{m-2}\cdots+b_m, \end{aligned}$$

则

$$\binom{b}{a} \equiv \binom{b_1}{a_1}\binom{b_2}{a_2}\cdots\binom{b_m}{a_m} \pmod p.$$

解 (1) 因为

$$\binom{p}{k} = \frac{p(p-1)\cdots(p-k+1)}{k(k-1)\cdots 1} \in \mathbb{N} \quad (k=1,2,\cdots,p-1),$$

素数p整除分子,但不整除分母,因此$p \mid \binom{p}{k}$.据此由二项式公式推出

$$(1+x)^p \equiv 1+x^p \pmod p \quad (x \in \mathbb{Z}).$$

进而有

$$(1+x)^{p^2} = \left((1+x)^p\right)^p \equiv (1+x^p)^p \equiv 1+(x^p)^p \equiv 1+x^{p^2} \pmod p;$$

应用数学归纳法可知,一般地,

$$(1+x)^{p^k} \equiv 1+x^{p^k} \pmod p \quad (k \in \mathbb{N})$$

(还可参见问题2.18的解法).

(2) 应用本题(2)的结果,

$$(1+x)^{2^k} \equiv 1+x^{2^k} \pmod 2.$$

设(2进制)$n=2^{k_1}+2^{k_2}+\cdots+2^{k_s}$,其中$0 \leqslant k_1<k_2<\cdots<k_s$.则有

$$\begin{aligned}(1+x)^n &= (1+x)^{2^{k_1}}(1+x)^{2^{k_2}}\cdots(1+x)^{2^{k_s}}\\ &\equiv (1+x^{2^{k_1}})(1+x^{2^{k_2}})\cdots(1+x^{2^{k_s}}) \pmod 2.\end{aligned}$$

右边展开后共得2^s个两两互异的加项,系数全为1,并且x的指数都不超过n;而左边展开后系数为偶数的项按模2全不在右边展开式中出现.因此右边展开式所含项数等于左边展开式中系数为奇数的项的项数.显然$s=s_2(n)$,于是本题得证.

(3) 据本题(1)中的公式推出

$$\begin{aligned}(1+x)^b &= (1+x)^{b_1p^{m-1}+b_2p^{m-2}\cdots+b_m}\\ &= ((1+x)^{p^{m-1}})^{b_1}\cdot((1+x)^{p^{m-2}})^{b_2}\cdots(1+x)^{b_m}\\ &\equiv (1+x^{p^{m-1}})^{b_1}(1+x^{p^{m-2}})^{b_2}\cdots(1+x)^{b_m}\\ &\equiv \prod_{i=1}^{m}\sum_{k=0}^{b_i}\binom{b_i}{k}x^{kp^{m-i}} \pmod p.\end{aligned}$$

右边展开后包含一项,是在每个因子

$$\sum_{k=0}^{b_i}\binom{b_i}{k}x^{kp^{m-i}} \quad (i=1,2,\cdots,m)$$

中分别取下标$k=a_1,a_2,\cdots,a_m$的项相乘而得到:

$$\binom{b_1}{a_1}x^{a_1p^{m-1}}\cdot\binom{b_2}{a_2}x^{a_2p^{m-2}}\cdots\binom{b_m}{a_m}x^{a_m},$$

显然它等于

$$\begin{aligned}&\binom{b_1}{a_1}\cdot\binom{b_2}{a_2}\cdots\binom{b_m}{a_m}x^{a_1p^{m-1}+a_2p^{m-2}+\cdots+a_m}\\=&\binom{b_1}{a_1}\cdot\binom{b_2}{a_2}\cdots\binom{b_m}{a_m}x^a,\end{aligned}$$

而左边展开后次数为a的项是$\binom{b}{a}x^a$.上述两项模p同余,因此其系数也模p同余, 从而得到所要的结果. □

2.28 (1) 设p是素数,还设(p进制表示)

$$\begin{aligned}a&=a_0+a_1p+a_2p^2+\cdots,\\b&=b_0+b_1p+b_2p^2+\cdots,\end{aligned}$$

则

$$\binom{b}{a}\equiv\binom{b_0}{a_0}\binom{b_1}{a_1}\binom{b_2}{a_2}\cdots\pmod{p}.\tag{2.28.1}$$

(2) 设p为素数.证明:对于给定的正整数$b=b_1p^{m-1}+b_2p^{m-2}+\cdots+b_m$,使得$p\nmid\binom{b}{r}$的整数$r$的个数是$\prod\limits_{i=1}^{m}(1+b_i)$.

解 (1) 本题是问题2.27(3)的扩充,注意,此处同余式右边终止于$\min\{\sigma,\tau\}$(σ,τ分别是a,b对于p的阶数;如果约定$\binom{k}{0}=1$,则不妨认为a,b有相同的阶数).此外,可直接验证: 对于$u,v\in\mathbb{N}$,有

$$v\binom{u}{v}=u\binom{u-1}{v-1}.\tag{2.28.2}$$

下面区分不同情形讨论:

(i) 设$a_0,b_0\neq 0$.对b用数学归纳法.当$b=1$结论显然成立.设$b>1$,并且

$$\binom{b-1}{a-1}\equiv\binom{b_0-1}{a_0-1}\binom{b_1}{a_1}\cdots\pmod{p}.$$

由此及式(2.28.2)以及$b\equiv b_0\pmod{p}$,得到

$$\begin{aligned}a\binom{b}{a}&\equiv b\binom{b-1}{a-1}\equiv b_0\binom{b_0-1}{a_0-1}\binom{b_1}{a_1}\binom{b_2}{a_2}\cdots\\&\equiv a_0\binom{b_0}{a_0}\binom{b_1}{a_1}\binom{b_2}{a_2}\cdots\pmod{p}.\end{aligned}$$

又因为$a \equiv a_0 \pmod p$,所以

$$a_0\binom{b}{a} \equiv a\binom{b}{a} \equiv a_0\binom{b_0}{a_0}\binom{b_1}{a_1}\binom{b_2}{a_2}\cdots \pmod p.$$

注意$a_0 \not\equiv 0 \pmod p$,由此推出

$$\binom{b}{a} \equiv \binom{b_0}{a_0}\binom{b_1}{a_1}\binom{b_2}{a_2}\cdots \pmod p.$$

于是完成归纳证明,从而(2.28.1)成立.

(ii) 设$a_0 \neq 0, b_0 = 0$.那么$\binom{b_0}{a_0} = 0$,并且$b = b_1p + \cdots \equiv 0 \pmod p \Rightarrow \binom{b}{a} \equiv 0 \pmod p$,因此(2.28.1)成立.

(iii) 设$a_0 = b_0 = 0$.那么可设$b = pn, a = ps$.因而

$$b! = (pn)! = p^n n! B_n,$$

其中

$$B_n = \big((p-1)!\big)^n \equiv (-1)^n \pmod p. \tag{2.28.3}$$

由此推出

$$\begin{aligned}\binom{b}{a} &= \frac{b!}{a!(b-a)!} = \frac{(pn)!}{(ps)!\big(p(n-s)\big)!}\\ &= \frac{p^n n! B_n}{p^s s! B_s p^{n-s}(n-s)! B_{n-s}} = \binom{n}{s}\frac{B_n}{B_s B_{n-s}},\end{aligned}$$

由式(2.28.3)可知

$$\binom{b}{a} \equiv \binom{n}{s} \pmod p.$$

因为$n < b, s < a$,所以应用数学归纳法可知(2.28.1)成立.

(iv) 设$a_0 = 0, b_0 \neq 0$.因为

$$\begin{aligned}\binom{b}{a} &= \frac{b!}{a!(b-a)!}\\ &= \frac{b(b-1)\cdots(b-b_0+1)\cdot(b-b_0)!}{a!\big((b-a)(b-a-1)\cdots(b-a-b_0+1)\cdot(b-a-b_0)!\big)}\\ &= \frac{(b-b_0)!}{a!(b-b_0-a)!}\cdot\frac{b(b-1)\cdots(b-b_0+1)}{(b-a)(b-a-1)\cdots(b-a-b_0+1)}\\ &= \binom{b-b_0}{a}\cdot\frac{b(b-1)\cdots(b-b_0+1)}{(b-a)(b-a-1)\cdots(b-a-b_0+1)},\end{aligned}$$

所以

$$\begin{aligned}&(b-a)(b-a-1)\cdot(b-a-b_0+1)\cdot\binom{b}{a}\\=\ &b(b-1)\cdots(b-b_0+1)\cdot\binom{b-b_0}{a},\end{aligned}$$

从而

$$\begin{aligned}&(b-a)(b-a-1)\cdot(b-a-b_0+1)\cdot\binom{b}{a}\\\equiv\ &b(b-1)\cdots(b-b_0+1)\cdot\binom{b-b_0}{a}\pmod{p}.\end{aligned}$$

由$a_0=0$可知$a\equiv 0 \pmod{p}$,因而

$$(b-a)(b-a-1)\cdot(b-a-b_0+1)\equiv b(b-1)\cdots(b-b_0+1)\pmod{p},$$

并且显然

$$b(b-1)\cdots(b-b_0+1)\not\equiv 0\pmod{p},$$

从而

$$\binom{b}{a}\equiv\binom{b-b_0}{a}\pmod{p}.$$

对于p进制数$b'=b-b_0$,最低位数字$b'_0=0$,并且已设$a_0=0$,所以归结到情形(iii),于是有

$$\binom{b}{a}\equiv\binom{b-b_0}{a}\equiv\binom{b'_0}{a_0}\binom{b_1}{a_1}\cdots\pmod{p}.$$

注意$\binom{b_0}{a_0}=\binom{b'_0}{a_0}=1$,所以式(2.28.1)在此情形也成立.

(2) 设$r=a_1p^{m-1}+a_2p^{m-2}+\cdots+a_m$.由本题(1)可知

$$p\nmid\binom{b}{r}\Leftrightarrow p\nmid\binom{b_1}{a_1}\binom{b_2}{a_2}\cdots\binom{b_m}{a_m}\Leftrightarrow p\nmid\binom{b_i}{a_i}\quad(i=1,\cdots,m).$$

若$0\leqslant n\leqslant b_i$,则由$b_i$的定义知$b_i,n,b_i-n\in\{0,1,\cdots,p-1\}$. 由Legendre指数公式得到

$$\begin{aligned}e_p\left(\binom{b_i}{n}\right)&=e_p(b_i!)-e_p(n!)-e_p((b_i-n)!)\\&=\frac{b_i-s_p(b_i)}{p-1}-\frac{n-s_p(n)}{p-1}-\frac{(b_i-n)-s_p(b_i-n)}{p-1}\\&=\frac{s_p(n)+s_p(b_i-n)-s_p(b_i)}{p-1}=\frac{n+(b_i-n)-b_i}{p-1}=0;\end{aligned}$$

因此$0\leqslant n\leqslant b_i \Rightarrow p\nmid\binom{b_i}{n}$.反之, 若$n>b_j$,则$\binom{b_j}{n}=0$,从而$p\mid\binom{b_j}{n}$.因此

$$p\nmid\binom{b_i}{a_i}\ (i=1,\cdots,m)\Leftrightarrow 0\leqslant n\leqslant b_i\quad (i=1,\cdots,m).$$

因此,所求的r的个数等于$(1+b_1)(1+b_2)\cdots(1+b_m)$. □

2.29 (1) 设p为素数,$n=a_1p^{k-1}+a_2p^{k-2}+\cdots+a_k$是正整数$n$的$p$进制表示.令$r_p(n)=a_1!a_2!\cdots a_k!$, $\mu(n)=e_p(n!)$(即$n!$的标准素因子分解式中p的指数).证明:

$$\frac{n!}{(-p)^{\mu(n)}}\equiv r_p(n)\pmod p.$$

(2) 设m,n是正整数,p是素数,并且$p^m\|n!$.则

$$\frac{n!}{p^m}\equiv(-1)^m\prod_{k=0}^{[\log n/\log p]}\left(\left[\frac{n}{p^k}\right]-p\left[\frac{n}{p^{k+1}}\right]\right)!\pmod p.$$

解 容易看出上面两个问题实际是一样的,只是叙述形式不同.下面对于两种叙述形式的问题分别给出一种解答(所以实际上给出两种解法).

(1) 对n用数学归纳法.$n=1$时结论显然成立.下面进行归纳证明的第二步骤.区分两种情形:

(i) 设$p\nmid n+1$.那么在n的p进制表示中$0<a_k<p-1$,并且$e_p(n+1)=0$.于是

$$\begin{aligned}\frac{(n+1)!}{(-p)^{\mu(n+1)}} &= \frac{n!(n+1)}{(-p)^{\mu(n)+e_p(n+1)}}\\ &= \frac{n!}{(-p)^{\mu(n)}}\cdot\frac{n+1}{(-p)^{e_p(n+1)}}=\frac{n!}{(-p)^{\mu(n)}}\cdot(n+1),\end{aligned}$$

依归纳假设得到

$$\frac{(n+1)!}{(-p)^{\mu_p(n+1)}}\equiv(n+1)r_p(n)\pmod p.\tag{2.29.1}$$

因为

$$n+1=a_1p^{k-1}+a_2p^{k-2}+\cdots+a_{k-1}p+(a_k+1),\tag{2.29.2}$$

其中$a_k+1<p$,所以

$$\begin{aligned} r_p(n+1) &= a_1!a_2!\cdots(a_k+1)! \\ &= (a_1!a_2!\cdots a_k!)(a_k+1) = (a_k+1)r_p(n), \end{aligned}$$

又由式(2.29.2)可知$a_k+1\equiv n+1 \pmod p$,所以由式(2.29.1)推出

$$\frac{(n+1)!}{(-p)^{\mu(n+1)}} \equiv (a_k+1)r_p(n) \equiv r_p(n+1) \pmod p.$$

(ii) 设$p\,|\,n$.可设(比如)

$$n = a_1p^{k-1} + \cdots + a_{k-t}p^t, \tag{2.29.3}$$

其中$t\geqslant 1, 0<a_{k-t}<p$.于是$n-1$的$p$进制表示是

$$\begin{aligned} n-1 &= a_1p^{k-1} + \cdots + (a_{k-t}-1)p^t + (p-1)p^{t-1} + \cdots + \\ & (p-1)p + (p-1), \end{aligned}$$

从而

$$\begin{aligned} r_p(n-1) &= a_1!\cdots(a_{k-t}-1)!\big((p-1)!\big)^t \\ &= (a_1!\cdots(a_{k-t}-1)!0!^t)\cdot\big((p-1)!\big)^t \\ &= \frac{r_p(n)}{a_{k-t}}\cdot\big((p-1)!\big)^t. \end{aligned}$$

因为$(p-1)!\equiv -1 \pmod p$,所以

$$a_{k-t}r_p(n-1) \equiv (-1)^t r_p(n). \tag{2.29.4}$$

现在应用归纳假设有

$$\begin{aligned} \frac{n!}{(-p)^{\mu(n)}} &= \frac{(n-1)!\cdot n}{(-p)^{\mu(n-1)+e_p(n)}} = \frac{(n-1)!}{(-p)^{\mu(n-1)}}\cdot\frac{n}{(-p)^t} \\ &\equiv (-1)^t r_p(n-1)\cdot\frac{n}{p^t}. \end{aligned}$$

由式(2.29.3)可知$n/p^t\equiv a_{k-t} \pmod p$,所以最终由式(2.29.4)得到

$$\frac{n!}{(-p)^{\mu(n)}} \equiv (-1)^t r_p(n-1)a_{k-t} \equiv r_p(n) \pmod p.$$

于是完成归纳证明.

(2) 因为$p^m \| n!$,所以$n!$的素因子分解式中p的指数$u(n!) = m$;同时还有公式

$$u(n!) = \sum_{i=1}^{\infty} \left[\frac{n}{p^i}\right],$$

注意当$p^i > n$时$[n/p^i] = 0$,上式求和实际上直到$i = [\log n/\log p]$为止.于是我们有

$$m = \sum_{i=1}^{\sigma} \left[\frac{n}{p^i}\right], \quad \sigma = \left[\frac{\log n}{\log p}\right]. \qquad (2.29.5)$$

显然$[n/p^\sigma] = 1$.令$k_1 = [n/p]$, 那么在$1, 2, \cdots, n$中,p的倍数是$p, 2p, \cdots, k_1p$,于是

$$\begin{aligned} n! &= \big(1\cdot 2\cdots(p-1)p\big)\cdot\big((p+1)(p+2)\cdots(2p-1)(2p)\big)\cdots \\ &\quad \big((k_1-1)p+1)((k_1-1)p+2)\cdots(k_1p-1)(k_1p)\big)\cdot \\ &\quad \big((k_1p+1)(k_1p+2)\cdots(n-1)(n)\big). \end{aligned}$$

因为

$$\begin{aligned} & (k_1p+1)(k_1p+2)\cdots(n-1)(n) \\ \equiv\ & (1)(2)\cdots(n-k_1p-1)(n-k_1p) \\ \equiv\ & (n-k_1p)! \pmod p, \\ & p(2p)\cdots(k_1p) = k_1!p^{k_1}, \end{aligned}$$

并且由Wilson定理,

$$\begin{aligned} & 1\cdot 2\cdots(p-1) \equiv -1 \pmod p, \\ & (p+1)(p+2)\cdots(2p-1) \equiv -1 \pmod p, \\ & \qquad\qquad \vdots \\ & (k_1-1)p+1)((k_1-1)p+2)\cdots(k_1p-1) \equiv -1 \pmod p, \end{aligned}$$

所以

$$\frac{n!}{p^{k_1}} \equiv (-1)^{k_1} k_1!(n-k_1p)! \pmod p.$$

若$\sigma > 1$,则$n \geqslant p^2$,从而$k_1 \geqslant p$.于是我们可对$k_1!$实施同样的操作:在1,2,$\cdots$,k_1中p的倍数是$p, 2p, \cdots, k_2 p$,其中

$$k_2 = [k_1/p] = \left[[n/p]/p\right] = [n/p^2]$$

(参见问题4.2(1)),$1 \leqslant k_2 < k_1$,于是

$$\frac{k_1!}{p^{k_2}} \equiv (-1)^{k_2} k_2!(k_1 - k_2 p)! \pmod p,$$

从而

$$\frac{n!}{p^{k_1+k_2}} \equiv (-1)^{k_1+k_2} k_2!(n - k_1 p)!(k_1 - k_2 p)! \pmod p.$$

继续对$k_2!$实施同样的操作,等等.因为k_i是严格单调递减的,所以这种操作进行σ次后,将得到$k_\sigma = [n/p^\sigma] = 1$,并且

$$\begin{aligned}&\frac{n!}{p^{k_1+k_2+\cdots+k_\sigma}}\\ \equiv\ &(-1)^{k_1+k_2+\cdots+k_\sigma}(n - k_1 p)!(k_1 - k_2 p)!\cdots(k_{\sigma-1} - k_\sigma p)! \pmod p.\end{aligned}$$

最后,由式(2.29.5)可知$k_1 + k_2 + \cdots + k_\sigma = m$,并且注意当$k = \sigma$时

$$\left[\frac{n}{p^k}\right] - p\left[\frac{n}{p^{k+1}}\right] = 1,$$

于是得到所要的公式. □

2.30 (1) 设整数a与素数p互素.求所有使得下式成立的p:

$$\left(\frac{a}{p}\right) = \left(\frac{p-a}{p}\right).$$

(2) 若素数$p \equiv 1 \pmod 4$,则

$$\sum_{k=1}^{(p-1)/2} \left(\frac{k}{p}\right) = 0,$$

即在集合$\{1, 2, \cdots, (p-1)/2\}$中,模$p$二次剩余与二次非剩余各占一半.

(3) 若素数$p \equiv 1 \pmod 4$,则

$$\sum_{k=1}^{p-1} k\left(\frac{k}{p}\right) = 0.$$

(4) 设素数$p\equiv 1 \pmod 4$.证明:模p的最小正二次剩余r之和

$$\sum_{r}{}^{*} r=\frac{p(p-1)}{4}.$$

解 (1) 因为

$$\left(\frac{p-a}{p}\right)=\left(\frac{-a}{p}\right)=\left(\frac{-1}{p}\right)\left(\frac{a}{p}\right),$$

所以题中的等式等价于

$$\left(\frac{-1}{p}\right)=1,$$

即

$$(-1)^{(p-1)/2}=1.$$

因此$p\equiv 1 \pmod 4$.

(2) 由本题(1)可知

$$\left(\frac{k}{p}\right)=\left(\frac{p-k}{p}\right),$$

所以

$$\sum_{k=1}^{(p-1)/2}\left(\frac{k}{p}\right)=\sum_{k=1}^{(p-k)/2}\left(\frac{p-k}{p}\right),$$

从而

$$\sum_{k=1}^{(p-1)/2}\left(\frac{k}{p}\right)+\sum_{k=1}^{(p-k)/2}\left(\frac{p-k}{p}\right)=2\sum_{k=1}^{(p-1)/2}\left(\frac{k}{p}\right).$$

又因为当$k=1,2,\cdots,(p-1)/2$时,$p-k=p-1,p-2,\cdots,(p+1)/2$,所以

$$\sum_{k=1}^{(p-1)/2}\left(\frac{k}{p}\right)+\sum_{k=1}^{(p-k)/2}\left(\frac{p-k}{p}\right)=\sum_{s=1}^{p-1}\left(\frac{s}{p}\right),$$

注意对于奇素数p,在集合$\{1,2,\cdots,p-1\}$中模p二次剩余和二次非剩余各占一半,所以

$$\sum_{s=1}^{p-1}\left(\frac{s}{p}\right)=0. \tag{2.30.1}$$

于是

$$2\sum_{k=1}^{(p-1)/2}\left(\frac{k}{p}\right)=0,$$

由此即得所要的结论.

(3) 因为当$p=1,2,\cdots,p-1$时,$p-k=p-1,p-2,\cdots,1$,所以

$$\begin{aligned}\sum_{k=1}^{p-1}k\left(\frac{k}{p}\right) &= \sum_{k=1}^{p-1}(p-k)\left(\frac{p-k}{p}\right)\\ &= \sum_{k=1}^{p-1}(p-k)\left(\frac{-k}{p}\right)=\sum_{k=1}^{p-1}(p-k)\left(\frac{-1}{p}\right)\left(\frac{k}{p}\right)\\ &= p\sum_{k=1}^{p-1}\left(\frac{-1}{p}\right)\left(\frac{k}{p}\right)-\sum_{k=1}^{p-1}k\left(\frac{-1}{p}\right)\left(\frac{k}{p}\right).\end{aligned}$$

注意$p\equiv 1 \pmod 4$蕴涵

$$\left(\frac{-1}{p}\right)=(-1)^{(p-1)/2}=1,$$

所以

$$\sum_{k=1}^{p-1}k\left(\frac{k}{p}\right)=p\sum_{k=1}^{p-1}\left(\frac{k}{p}\right)-\sum_{k=1}^{p-1}k\left(\frac{k}{p}\right).$$

最后,应用等式(2.30.1),我们有

$$\sum_{k=1}^{p-1}k\left(\frac{k}{p}\right)=-\sum_{k=1}^{p-1}k\left(\frac{k}{p}\right),$$

由此立得所要结果.

(4) 模p的最小正二次剩余就是集合$\mathscr{A}=\{1,2,\cdots,p-1\}$中模$p$的二次剩余.

因为素数$p\equiv 1 \pmod 4$,Legendre符号

$$\left(\frac{-1}{p}\right)=1,$$

因此-1是模p二次剩余.于是若$r \in \mathscr{A}$是模p的最小正二次剩余,则$-r = (-1) \cdot r$也是模p的二次剩余;从而由$p - r \equiv -r \pmod{p}$推出$p - r \in \mathscr{A}$也是模p的最小正二次剩余.因此

$$\sum_r{}^* r = \sum_r{}^* (p - r).$$

因为模p的二次剩余的个数为$\dfrac{p-1}{2}$,所以

$$\sum_r{}^* (p - r) = p\sum_r{}^* 1 - \sum_r{}^* r = p \cdot \frac{p-1}{2} - \sum_r{}^* r.$$

于是

$$\sum_r{}^* r = \frac{p(p-1)}{2} - \sum_r{}^* r,$$

从而模p的最小正二次剩余之和

$$\sum_r{}^* r = \frac{p(p-1)}{4}. \qquad \square$$

注 由本题(4),注意在集合$\mathscr{A}$中包含全部模p的二次剩余和二次非剩余,所以模p的最小正非二次剩余r之和等于$\mathscr{A}$中元素之和减去最小正二次剩余r之和,即等于

$$\big(1 + 2 + \cdots + (p-1)\big) - \frac{p(p-1)}{4} = \frac{p(p-1)}{4}.$$

2.31 设素数$p \equiv 3 \pmod{4}$,证明:

$$\sum_{k=1}^{p-1} k^2 \left(\frac{k}{p}\right) = p\sum_{k=1}^{p-1} k \left(\frac{k}{p}\right).$$

解 因为集合$\{k \mid k = 1, 2, \cdots, p-1\}$与集合$\{p - k \mid k = 1, 2, \cdots, p-1\}$相等,所以

$$\sum_{k=1}^{p-1} k^2 \left(\frac{k}{p}\right) = \sum_{k=1}^{p-1} (p-k)^2 \left(\frac{p-k}{p}\right) = -\sum_{k=1}^{p-1} (p-k)^2 \left(\frac{-k}{p}\right).$$

注意,当$p\equiv 3 \pmod 4$时,

$$\left(\frac{-k}{p}\right)=\left(\frac{-1}{p}\right)\left(\frac{k}{p}\right)=(-1)^{(p-1)/2}\left(\frac{k}{p}\right)=-\left(\frac{k}{p}\right),$$

所以

$$\sum_{k=1}^{p-1}k^2\left(\frac{k}{p}\right)=-\sum_{k=1}^{p-1}(p-k)^2\left(\frac{k}{p}\right)=-\sum_{k=1}^{p-1}(p^2-2pk+k^2)\left(\frac{k}{p}\right).$$

应用式(2.30.1),得到

$$\sum_{k=1}^{p-1}k^2\left(\frac{k}{p}\right)=2p\sum_{k=1}^{p-1}k\left(\frac{k}{p}\right)-\sum_{k=1}^{p-1}k^2\left(\frac{k}{p}\right),$$

由此立可推出所要的等式. □

2.32 设p是奇素数,计算下列Legendre符号之和

$$S=\left(\frac{1\cdot 2}{p}\right)+\left(\frac{2\cdot 3}{p}\right)+\cdots+\left(\frac{(p-2)(p-1)}{p}\right).$$

解 因为p是奇素数,所以p与$1,2,\cdots,p-1$中每个数互素,因此当$n=1,2,\cdots,p-1$时,分别存在正整数n'(即n的算术逆)满足

$$nn'\equiv 1 \pmod p,$$

并且这些n'两两不等,都与p互素,还有

$$\begin{aligned}\left(\frac{n(n+1)}{p}\right) &= \left(\frac{n(n+nn')}{p}\right)=\left(\frac{n^2(1+n')}{p}\right)\\ &= \left(\frac{n^2}{p}\right)\left(\frac{1+n'}{p}\right)=\left(\frac{1+n'}{p}\right).\end{aligned}$$

于是(注意n与n'是一一对应的)

$$S=\sum_{n=1}^{p-2}\left(\frac{n(n+1)}{p}\right)=\sum_{n=1}^{p-2}\left(\frac{1+n'}{p}\right).$$

因为,当n遍历$\{1,2,\cdots,p-1\}$时,n'也遍历$\{1,2,\cdots,p-1\}$(当然n'的次序被“打乱”).因为

$$(p-1)(p-1)\equiv 1 \pmod p,$$

所以$(p-1)'=p-1$,从而当n遍历$\{1,2,\cdots,p-2\}$时,n'也遍历$\{1,2,\cdots,p-2\}$,而$1+n'$遍历$\{2,3,\cdots,p-1\}$,于是

$$\begin{aligned} S &= \sum_{n=1}^{p-2}\left(\frac{n(n+1)}{p}\right)=\sum_{n=1}^{p-2}\left(\frac{1+n'}{p}\right) \\ &= \sum_{k=2}^{p-1}\left(\frac{k}{p}\right)=\sum_{k=1}^{p-1}\left(\frac{k}{p}\right)-\left(\frac{1}{p}\right)=\sum_{k=1}^{p-1}\left(\frac{k}{p}\right)-1. \end{aligned}$$

由式(2.30.1)可知上式右边第一项为零,所以$S=-1$. □

2.33 设a,b为整数,p为素数.证明:

$$\left(\frac{a}{p}\right)=\left(\frac{b}{p}\right)$$

成立的充分必要条件是存在非零整数z满足$a\equiv bz^2 \pmod p$.

解 (1) 不妨认为$p\nmid ab$.因为

$$\begin{aligned} \left(\frac{a}{p}\right)=\left(\frac{b}{p}\right) &\Leftrightarrow \left(\frac{a}{p}\right)\left(\frac{b}{p}\right)=\left(\frac{b}{p}\right)^2 \\ &\Leftrightarrow \left(\frac{a}{p}\right)\left(\frac{b}{p}\right)=1 \Leftrightarrow \left(\frac{ab}{p}\right)=1. \end{aligned}$$

后者等价于$y^2\equiv ab \pmod p$可解.设b'是b(模p)的算术逆,即

$$bb'\equiv 1 \pmod p,$$

则此等价于$b(b'y)^2\equiv a \pmod p$可解. □

2.34 设p是奇素数,g是模p的一个原根,a是一个正整数. 证明:若$p\nmid a$,则

$$\mathrm{ind}_g a\equiv\sum_{i=1}^{p-2}(1-g^i)^{p-2}a^i \pmod p,$$

其中$\mathrm{ind}_g a$是a模p关于g的指标,即满足同余式$a\equiv g^k \pmod p$ 的最小的正整数k.

解 记$k=\mathrm{ind}_g a$.由原根性质可知(按模p意义)

$$\{g^i\,|\,i=1,\cdots,p-2\}=\{2,3,\cdots,p-1\},$$

因而

$$\{1-g^i \mid i=1,\cdots,p-2\}=\{2,3,\cdots,p-1\}.$$

因为$g^{p-1}\equiv 1 \pmod p$,所以(下文混用模p同余和平常等号)

$$\begin{aligned} S &= \sum_{i=1}^{p-2}(1-g^i)^{p-2}a^i \equiv \sum_{i=1}^{p-1}(1-g^i)^{p-2}g^{ki} \\ &\equiv \sum_{i=1}^{p-1}(1-g^i)^{p-2}\big(1-(1-g^i)\big)^k \equiv \sum_{s=2}^{p-1}s^{p-2}(1-s)^k \\ &= \sum_{s=2}^{p-1}s^{p-2}\sum_{i=0}^{k}\binom{k}{i}(-1)^i s^i, \end{aligned}$$

因为

$$\sum_{i=0}^{k}\binom{k}{i}(-1)^i 1^i=(1-1)^k=0,$$

所以

$$\begin{aligned} S &= \sum_{s=2}^{p-1}s^{p-2}\sum_{i=0}^{k}\binom{k}{i}(-1)^i s^i+1^{p-2}\cdot\sum_{i=0}^{k}\binom{k}{i}(-1)^i 1^i \\ &= \sum_{s=1}^{p-1}s^{p-2}\sum_{i=0}^{k}\binom{k}{i}(-1)^i s^i=\sum_{i=0}^{k}(-1)^i\binom{k}{i}\sum_{s=1}^{p-1}s^{i+p-2}. \end{aligned}$$

设m是给定正整数.当$(p-1)\nmid m$时,

$$\sum_{s=1}^{p-1}s^m=\sum_{i=0}^{p-2}(g^i)^m=\sum_{i=0}^{p-2}(g^m)^i=\frac{(g^m)^{p-1}-1}{g^m-1}\equiv 0 \pmod p; \qquad (2.34.1)$$

当$(p-1)\mid m$时,

$$\sum_{s=1}^{p-1}s^m=\sum_{i=0}^{p-2}(g^i)^m=\sum_{i=0}^{p-2}(g^m)^i\equiv\sum_{i=0}^{p-2}1\equiv -1 \pmod p. \qquad (2.34.2)$$

于是,当$i\in\{0,\cdots,k\}, i\neq 1$时,

$$\sum_{s=1}^{p-1}s^{i+p-2}\equiv 0 \pmod p,$$

当$i=1$时,

$$\sum_{s=1}^{p-1} s^{i+p-2} \equiv -1 \pmod p.$$

由此推出$S=(-1)\binom{k}{1}\cdot(-1)=k=\mathrm{ind}_g a$. □

注 关于式(2.34.1)和(2.34.2)的证明,还可见问题2.11.

第3章 素　　数

推荐问题: **3.3/3.7/3.10/3.12/3.15/3.16/3.22**.

3.1 设$P = p_1p_2\cdots p_n$是前$n(>2)$个素数之积.证明:若P可表示为正整数d,d'之积:$P=dd'$,并且$1 < d-d' < (p_n+2)^2$,那么$d-d'$是一个大于p_n的素数.

解 因为d,d'的素因子属于集合$\{p_1,\cdots,p_n\}$,但d,d'没有公因子,所以$p_j \nmid d-d'(j=1,\cdots,n)$,从而$d-d'>p_n$.我们证明$d-d'$是素数.设不然,则至少有两个素数(相等或不相等)$p,q$整除$d-d'$.因为任何$p_j(j=1,\cdots,n)$不整除$d-d'$,所以$p,q$大于$p_n$;注意$p_n+1$是偶数,可见$p,q\geqslant p_n+2$,于是$d-d'\geqslant(p_n+2)^2$,这与题设矛盾.因此$d-d'$是素数. □

3.2 设整数$n>2$.证明:数列$2,3,4,\cdots,n$中的一个数与数列中的其他数都互素的充分必要条件是它是大于$n/2$的素数.

解 如果p是数列中大于$n/2$的素数,那么数列中不超过$n/2$的数不可能以p为素因子,从而与p互素;若数列中超过$n/2$的数以p为素因子,则此数$\geqslant 2>n$,将不属于我们的数列.因此充分性得证.

必要性:因为上述数列中每个数的真因子仍然在这个数列中,所以具有所说性质的整数必定是某个素数p.如果$p\leqslant n/2$,那么数$2p\leqslant n$,从而包含在上述数列中, p不可能与它互素.因此必定$p>n/2$. □

注 由Bertrand“假设”(已被证明),上述素数p确实存在.

3.3 设整数$h\geqslant 2, n=2^h+1$.证明:n是素数的充要条件是

$$3^{(n-1)/2} \equiv -1 \pmod{n}.$$

解 (i) 设$3^{(n-1)/2}\equiv -1 \pmod{n}$,即

$$3^{2^{h-1}} \equiv -1 \pmod{n}.$$

两边平方,得到$3^{2^h} \equiv 1 \pmod{n}$.于是$2^h = n-1 \mid \phi(n)$,因而$\phi(n) \geqslant n-1$.但由$\phi(n)$的定义,显然$\phi(n) \leqslant n-1$.于是$\phi(n) = n-1$.仍然由$\phi(n)$的定义推出$n$是素数.

(ii) 反之,设$n = 2^h+1\ (h \geqslant 2)$是素数.那么我们有$n \equiv 1 \pmod{4}$.还可断言$h$必为偶数.这是因为,若$h = 2k+1$(其中$k$为某个正整数),则

$$n = 2^h + 1 = 4^k \cdot 2 + 1 \equiv 0 \pmod{3}.$$

注意n是素数,从而$n = 3$.这与$n \equiv 1 \pmod{4}$矛盾.于是我们可记$h = 2s$(其中s为某个正整数).依二次互反律得到

$$\left(\frac{3}{n}\right) = \left(\frac{n}{3}\right)(-1)^{((3-1)/2)\cdot((n-1)/2)} = \left(\frac{n}{3}\right) = \left(\frac{2^{2s}+1}{3}\right)$$

注意$2^{2s} + 1 = 4^s + 1 \equiv 2 \pmod{3}$,我们得到

$$\left(\frac{3}{n}\right) = \left(\frac{2}{3}\right) = \left(\frac{-1}{3}\right) = (-1)^{(3-1)/2} = -1.$$

又由Euler判别法则,对于奇素数n有

$$3^{(n-1)/2} \equiv \left(\frac{3}{n}\right) \pmod{n},$$

于是得到$3^{(n-1)/2} \equiv -1 \pmod{n}$. □

3.4 设整数$n \geqslant 2$.证明:n是素数,当且仅当$\phi(n) \mid (n-1)$,并且$(n+1) \mid \sigma(n)$.

解 显然不必考虑$n = 2$的情形.

(i) 若n为素数,则$\phi(n) = n-1, \sigma(n) = n+1$,因此$\phi(n) \mid (n-1), (n+1) \mid \sigma(n)$.

(ii) 反之,设$n > 2$,并且

$$\phi(n) \mid (n-1), \quad \text{同时} \quad (n+1) \mid \sigma(n). \tag{3.4.1}$$

因为$\phi(n)$是偶数,所以$n-1$也是偶数,从而n是奇数.设p是n的任意一个奇素因子, 并且$p^r \mid n, r \geqslant 2$,那么由定义可知$\phi(n)$含有因子$p^r(1-1/p) =$

$p^{r-1}(p-1)$,所以$p^{r-1} \mid \phi(n)$.将此与式(3.4.1)结合得到$p^{r-1} \mid (n-1)$.我们得到矛盾(按奇偶性).因此$r=1$.

现在可设

$$n = p_1 p_2 \cdots p_s,$$

其中p_j是两两互异的奇素数.这样我们得到

$$\phi(n) = (p_1 - 1) \cdots (p_s - 1),$$
$$\sigma(n) = (p_1 + 1) \cdots (p_s + 1).$$

因为$p_j \pm 1$是偶数,所以 $2^s \mid \phi(n), 2^s \mid \sigma(n)$. 如果$s > 1$, 那么$4 \mid \phi(n)$,结合式(3.4.1)得知$4 \mid n-1$,从而$4 \nmid (n+1)$(不然将有$4 \mid (n+1)-(n-1)=2$).但因为$n+1$是偶数,所以$2 \mid (n+1)$,结合$2^s \mid \sigma(n)$推出

$$2^{s-1} \,\Big|\, \frac{\sigma(n)}{n+1}.$$

由此得到

$$\begin{aligned} 2^{s-1} &\leqslant \frac{\sigma(n)}{n+1} < \frac{\sigma(n)}{n} = \frac{(p_1+1)\cdots(p_s+1)}{p_1 \cdots p_s} \\ &= \left(1+\frac{1}{p_1}\right)\cdots\left(1+\frac{1}{p_s}\right) < \left(1+\frac{1}{3}\right)^s = \left(\frac{4}{3}\right)^s. \end{aligned}$$

我们再次得到矛盾.因此$s=1$,从而n是素数. □

3.5 (1) 设整数$n > 1$.证明:如果n不能被任何不超过$\sqrt[3]{n}$的素数整除,那么或者n是超过$\sqrt[3]{n}$的素数,或者n是两个超过$\sqrt[3]{n}$的素数之积.

(2) 设$x > 1$.还设区间$(\sqrt[3]{x}, \sqrt{x}]$中的全部素数是$q_1, \cdots, q_s$.证明: 不超过x并且是两个大于$\sqrt[3]{x}$的素数之积的正整数的个数

$$N(x) = \sum_{i=1}^{s} \left(\pi\left(\frac{x}{q_i}\right) - \pi(q_i) + 1 \right).$$

解 (1) 只需证明此时n不可能是3个或3个以上的素数(未必互异)之积. 用反证法.设

$$n = p_1 p_2 \cdots p_s \quad (s \geqslant 3).$$

因为由假设,n的素因子都大于$\sqrt[3]{n}$,所以$p_i > \sqrt[3]{n}(i = 1, \cdots, s)$,从而$n > (\sqrt[3]{n})^s \geqslant (\sqrt[3]{n})^3 = n$,我们得到矛盾.

(2) 记$\mathscr{A} = \{q_1, q_2, \cdots, q_s\}$.设$n = pq \leqslant x$,其中$p, q$是两个大于$\sqrt[3]{x}$的素数.因为$p, q$不可能都超过$\sqrt{x}$,所以不妨认为$q$不超过$\sqrt{x}$,即$q \in \mathscr{A}$,于是

$$q \leqslant p \leqslant \frac{x}{q}.$$

满足这个不等式的素数p的个数是

$$\pi\left(\frac{x}{q}\right) - \pi(q) + 1.$$

因为$q \in \mathscr{A}$可取值$q_1, \cdots, q_s$,所以正整数n的个数

$$N(x) = \sum_{q \in \mathscr{A}} \left(\pi\left(\frac{x}{q}\right) - \pi(q) + 1\right) = \sum_{i=1}^{s} \left(\pi\left(\frac{x}{q_i}\right) - \pi(q_i) + 1\right). \qquad \square$$

3.6 设p_j表示第j个素数.证明:

(1) 当$n > 6$时,$p_n^2 < p_{n-1}p_{n-2}p_{n-3}$.

(2) 对于任何整数k, n,

$$p_1^k + p_2^k + \cdots + p_n^k > n^{k+1}.$$

解 (1) 由Bertrand“假设”,我们有

$$p_{n-1} < p_n < 2p_{n-1}, \quad p_{n-2} < p_{n-1} < 2p_{n-2}.$$

于是

$$p_n^2 < (2p_{n-1})(2p_{n-1}) < (2p_{n-1})(2 \cdot 2p_{n-2}) = 8p_{n-1}p_{n-2},$$

现在设$n \geqslant 8$.那么$8 < 11 = p_5$,并且$n \geqslant 8$蕴涵$p_{n-3} \geqslant p_5$,所以

$$p_n^2 < p_5 p_{n-1} p_{n-2} \leqslant p_{n-1}p_{n-2}p_{n-3} \quad (n \geqslant 8).$$

对于$n = 6, 7$的情形,可以直接验证.

(2) (i) 因为$p_{i+1}-p_i \geqslant 2$,所以

$$\begin{aligned} p_n &= (p_n-p_{n-1})+(p_{n-1}-p_{n-2})+\cdots+(p_2-p_1)+p_1 \\ &\geqslant (n-1)\cdot 2-2, \end{aligned}$$

即得$p_n \geqslant 2n$.于是

$$\begin{aligned} \frac{1}{n}\sum_{i=1}^{n} p_i &\geqslant \frac{1}{n}\sum_{i=1}^{n} 2i > \frac{1}{n}\sum_{i=1}^{n}(2i-1) \\ &= \frac{1}{n}\left(2\cdot\frac{n(n+1)}{2}-n\right)=n. \end{aligned}$$

(ii) 另外,依幂平均不等式,

$$\frac{1}{n}\sum_{i=1}^{n} p_i \leqslant \left(\frac{1}{n}\sum_{i=1}^{n} p_i^k\right)^{1/k},$$

所以

$$\sum_{i=1}^{n} p_i^k \geqslant n\left(\frac{1}{n}\sum_{i=1}^{n} p_i\right)^k.$$

由此及步骤(i)中所得不等式即可推出$\sum\limits_{i=1}^{n} p_i^k > n^{k+1}$. □

3.7 证明:第n个素数

$$p_n = 2+\sum_{m=2}^{2^{2^n}}\left[\left[n\left(1+\sum_{j=2}^{m}\left[\frac{(j-1)!+1}{j}-\left[\frac{(j-1)!}{j}\right]\right]\right)^{-1}\right]^{1/n}\right].$$

解 由Wilson定理,

$$\left[\frac{(j-1)!+1}{j}-\left[\frac{(j-1)!}{j}\right]\right]=\begin{cases}1 & \text{若}j\text{是素数},\\ 0 & \text{若}j\text{是合数}.\end{cases}$$

因此只需证明

$$2+\sum_{m=2}^{2^{2^n}}\left[\left[\frac{n}{1+\pi(m)}\right]^{1/n}\right]=p_n.$$

显然若$\pi(m) > n-1$,则

$$\left[\left[\frac{n}{1+\pi(m)}\right]^{1/n}\right] = 0;$$

而当$\pi(m) \leqslant n-1$时,

$$\frac{n}{1+\pi(m)} \geqslant 1.$$

由问题4.10(1)可知

$$\left[\left[\frac{n}{1+\pi(m)}\right]^{1/n}\right] = \left[\left(\frac{n}{1+\pi(m)}\right)^{1/n}\right].$$

因为$\max\{\sqrt[n]{n}\ (n \geqslant 1)\} = \sqrt[3]{3}$ (读者容易用微分学方法证明),所以,当$\pi(m) \leqslant n-1$时,

$$1 \leqslant \left(\frac{n}{1+\pi(m)}\right)^{1/n} < n^{1/n} \leqslant \sqrt[3]{3} < 2,$$

从而

$$\left[\left[\frac{n}{1+\pi(m)}\right]^{1/n}\right] = 1.$$

注意$p_n \leqslant 2^{2^n}$.当$m = 2, 3, \cdots, p_n - 1$时(总共$p_n - 2$个值), $\pi(m) \leqslant n-1$;当$m \in \{p_n, \cdots, 2^{2^n}\}$时,$\pi(m) > n-1$.因此

$$2 + \sum_{m=2}^{2^{2^n}} \left[\left[\frac{n}{1+\pi(m)}\right]^{1/n}\right] = 2 + (p_n - 2) = p_n. \qquad \square$$

3.8 (1) 试应用级数$\sum\limits_{n=1}^{\infty} \dfrac{1}{1+an}$ (其中$a > 0$给定)证明素数个数无穷.

(2) 设$a_n\ (n \geqslant 1)$是一个无穷正整数列,其中任意两数互素.证明:如果

$$\sum_{n=1}^{\infty} \frac{1}{a_n} = \infty,$$

则$a_n\ (n \geqslant 1)$中包含无穷多个素数.

解 (1) 设素数个数有限,那么级数$\sum\limits_{p}\frac{1}{p}$收敛(其中$p$表示素数).于是存在某个素数$q$,使得

$$S=\sum_{p\geqslant q}\frac{1}{p}<1$$

(注意S实际上是有限级数).令

$$a=\prod_{p<q}p,$$

那么对于所有$n\geqslant 1$,以及任何小于q的素数p,都有$p\nmid 1+an$, 从而每个整数$1+an$都是某些(有限个)不小于q的素数p之积.于是

$$\begin{aligned}J &= \sum_{n\geqslant 1}\frac{1}{1+an}\\ &\leqslant \sum_{p\geqslant q}\frac{1}{p}+\sum_{p_1,p_2\geqslant q}\frac{1}{p_1p_2}+\sum_{p_1,p_2,p_3\geqslant q}\frac{1}{p_1p_2p_3}+\cdots\\ &= S+S^2+S^3+\cdots.\end{aligned}$$

因为$S<1$,所以级数J收敛.但同时有

$$J\geqslant\sum_{n\geqslant 1}\frac{1}{n+an}=\frac{1}{1+a}\sum_{n\geqslant 1}\frac{1}{n}=\infty.$$

于是得到矛盾.因此素数个数无穷.

(2) 用反证法.设题中结论不成立,那么存在正整数n_0,使得$a_n(n\geqslant n_0)$都是合数.设对于每个$a_n(n\geqslant n_0)$,其最小素因子是p_n,那么$a_n\geqslant p_n^2(n\geqslant n_0)$,于是

$$\sum_{n=n_0}^{\infty}\frac{1}{a_n}\leqslant\sum_{n=n_0}^{\infty}\frac{1}{p_n^2}\leqslant\sum_{n=1}^{\infty}\frac{1}{n^2}<\infty,$$

从而级数

$$\sum_{n=1}^{\infty}\frac{1}{a_n}=\sum_{n=1}^{n_0-1}\frac{1}{a_n}+\sum_{n=n_0}^{\infty}\frac{1}{a_n}$$

收敛.这与题设矛盾.因此具有上述性质的n_0不存在.特别可知,对于a_1,至少存在正整数k_1,使得a_{1+k_1}是素数;同理,对于a_{1+k_1},至少存在正整数k_2,使得$a_{1+k_1+k_2}$是素数;等等.这个过程无限进行下去,即得$a_n(n\geqslant 1)$中的无穷多个素数. □

3.9 (1) 证明:对于每个整数$N \geqslant 1$,集合$S_N = \{n^2+2 \,|\, 6 \leqslant n \leqslant 6N\}$中素数至多占1/6.

(2) 证明:存在区间$[n^2,(n+1)^2]$(n为正整数),其中至少含有1 000个素数.

解 (1) 每个正整数$n \geqslant 6$可表示为$n=6k, n=6k+1, n=6k+2, n=6k+3, n=6k+4, n=6k+5$的形式.每种形式的数中,对应的$n^2+2$的值分别是2的倍数,3的倍数,2的倍数,$6K+5$形式的数,2的倍数, 以及3的倍数.其中只有$n=6k+3$形式的数给出$n^2+2=6K+5$,此时$n^2+2$才有可能是素数.因此得到结论.

(2) 用反证法.设每个区间$[n^2,(n+1)^2]$中所含素数个数都少于1 000,那么满足$n^2<p\leqslant(n+1)^2$的素数p的个数等于

$$\pi\big((n+1)^2\big)-\pi(n^2)<1\,000,$$

于是

$$\begin{aligned}\sum_p \frac{1}{p} &= \sum_{n=1}^{\infty}\sum_{n^2<p\leqslant(n+1)^2}\frac{1}{p}<\sum_{n=1}^{\infty}\frac{1}{n^2}\sum_{n^2<p\leqslant(n+1)^2}1\\ &= \sum_{n=1}^{\infty}\frac{1}{n^2}\left(\pi\big((n+1)^2\big)-\pi(n^2)\right)<1\,000\sum_{n=1}^{\infty}\frac{1}{n^2}<\infty.\end{aligned}$$

但已知级数$\sum\limits_p 1/p$是发散的.所以得到矛盾. □

3.10 证明:

(1) $\pi(x)=\sum\limits_{2\leqslant n\leqslant x}\cos^2\left(\dfrac{(n-1)!+1}{n}\pi\right)$.

(2) $\pi(x)=\sum\limits_{2\leqslant n\leqslant x}\left[\dfrac{(n-1)!+1}{n}-\left[\dfrac{(n-1)!}{n}\right]\right]$.

解 (1) 由Wilson定理,当且仅当n是素数时,$n\,|\,(n-1)!+1$. 因此(p表示素数)

$$\sum_{2\leqslant n\leqslant x}\cos^2\left(\frac{(n-1)!+1}{n}\pi\right)=\sum_{p\leqslant x}(\pm 1)^2=\pi(x).$$

(2) (i) 首先注意:若$n\neq 4$不是素数,则$n\mid(n-1)!$.事实上,此时或者$n=ab$, 其中$2\leqslant a<b\leqslant n-1$,从而$a,b$都是$(n-1)!$的因子,所以$n\mid(n-1)!$; 或者$n=p^2\neq 4$,其中$p>2$是素数,于是$n\mid 2p^2=p\cdot 2p$.因为$2p\leqslant(p-1)p<p^2-1=n-1$ 以及$p\leqslant n-1$,所以$2p,p$都是$(n-1)!$的因子,所以$2p^2\mid(n-1)!$,从而$n\mid(n-1)!$.

(ii) 若n是素数,则由Wilson定理,存在正整数k使得$(n-1)!+1=kn$,于是

$$\left[\frac{(n-1)!+1}{n}-\left[\frac{(n-1)!}{n}\right]\right]=\left[k-\left[k-\frac{1}{n}\right]\right]=[k-(k-1)]=1.$$

若n是合数,并且$n\geqslant 6$,则依(i)中的结论可知$n\mid(n-1)!$,于是存在正整数k使得$(n-1)!+1=kn$,从而

$$\left[\frac{(n-1)!+1}{n}-\left[\frac{(n-1)!}{n}\right]\right]=\left[k+\frac{1}{n}-k\right]=0.$$

若$n=4$,则

$$\left[\frac{(n-1)!+1}{n}-\left[\frac{(n-1)!}{n}\right]\right]=\left[\frac{3!+1}{4}-\left[\frac{3!}{4}\right]\right]=0.$$

于是

$$\sum_{2\leqslant n\leqslant x}\left[\frac{(n-1)!+1}{n}-\left[\frac{(n-1)!}{n}\right]\right]=\sum_{p\leqslant x}1=\pi(x).\qquad\square$$

3.11 设

$$f(x)=\sum_{n=1}^{\infty}\frac{\pi(x^{1/n})}{n}\quad(x\geqslant 1).$$

证明:

$$\pi(x)=\sum_{n=1}^{\infty}\frac{\mu(n)}{n}f(x^{1/n}).$$

解 首先注意,当$n>\log x/\log 2$时$\pi(x^{1/n})=0$,所以$f(x)$实际是通过一个有限级数表示的.我们有

$$\begin{aligned}S&=\sum_{n=1}^{\infty}\frac{\mu(n)}{n}f(x^{1/n})=\sum_{n=1}^{\infty}\left(\frac{\mu(n)}{n}\sum_{m=1}^{\infty}\frac{\pi(x^{1/mn})}{m}\right)\\&=\sum_{n=1}^{\infty}\sum_{m=1}^{\infty}\frac{\mu\left(\frac{mn}{m}\right)}{mn}\pi(x^{1/mn}).\end{aligned}$$

记$r=mn, d=mn/m$,则$r=md$;对于每个给定的正整数r, d遍历r的所有因子.于是

$$S=\sum_{r=1}^{\infty}\frac{\pi(x^{1/r})}{r}\sum_{d\,|\,r}\mu(d).$$

因为

$$\sum_{d\,|\,r}\mu(d)=\begin{cases}0 & 若r>1,\\ 1 & 若r=1,\end{cases}$$

所以$S=\pi(x)$. □

3.12 设$x>0$是一个实数,$p_1,p_2,\cdots,p_r$是所有不超过$\sqrt{x}$的素数.证明:

$$\pi(x)=\pi(\sqrt{x})+\sum_{n\,|\,p_1\cdots p_r}\mu(n)\left[\frac{x}{n}\right]-1.$$

解 因为任何不超过x的合数都以某个$p_j(j\in\{1,\cdots,r\})$为素因子,所以不超过x的正整数若能被某个p_j整除,则或为合数,或为某个素数p_j本身.于是所有不超过x并且不被任何素数$p_1,\cdots,p_r$整除的正整数,或者是$(\sqrt{x},x]$中的素数, 或者就是整数1.因为不超过x并且大于$\sqrt{x}$的素数个数是$\pi(x)-\pi(\sqrt{x})$,所以

$$\pi(x)-\pi(\sqrt{x})+1=\varphi(x;p_1,p_2,\cdots,p_r),\tag{3.12.1}$$

其中$\varphi(x;p_1,p_2,\cdots,p_r)$表示所有不超过$x$并且不被任何素数$p_1,\cdots,p_r$ 整除的正整数的个数.

另外,由逐步淘汰原理,所有不超过x并且不被任何素数$p_1,\cdots,p_r$整除的正整数的个数

$$\begin{aligned}&\varphi(x;p_1,p_2,\cdots,p_r)\\=\ &[x]-\sum_{1\leqslant i\leqslant r}\left[\frac{x}{p_i}\right]+\sum_{1\leqslant i<j\leqslant r}\left[\frac{x}{p_ip_j}\right]-\\&\sum_{1\leqslant i<j<k\leqslant r}\left[\frac{x}{p_ip_jp_k}\right]+\cdots+(-1)^r\left[\frac{x}{p_1\cdots p_r}\right].\end{aligned}$$

依Möbius函数$\mu(n)$的定义可知

$$\varphi(x;p_1,p_2,\cdots,p_r)=\sum_{n\,|\,p_1\cdots p_r}\mu(n)\left[\frac{x}{n}\right].$$

由此及式(3.12.1)立得题中的公式. □

注 本题中的结果称为Legendre公式,可用于计算$\pi(x)$.

3.13 设$x>0$是一个实数,$p_1,p_2,\cdots,p_r$是所有不超过$\sqrt[3]{x}$的素数,$q_1,q_2,\cdots,q_s$是所有满足$\sqrt[3]{x}<q_i\leqslant\sqrt{x}$的素数.证明:

$$\pi(x)=\pi(\sqrt[3]{x})+\sum_{n\,|\,p_1\cdots p_r}\mu(n)\left[\frac{x}{n}\right]-\sum_{i=1}^{s}\left(\pi\left(\frac{x}{q_i}\right)-\pi(q_i)+1\right)-1.$$

解 设n是任意一个不超过x并且不被任何$p_j(j=1,\cdots,r)$整除的正整数. 若$n>1$,p是它的任意一个素因子,则$p>\sqrt[3]{x}$,即上述$n(>1)$的素因子总大于$\sqrt[3]{x}$.依问题3.5(1)可知,n或是一个(大于$\sqrt[3]{x}$的)素数,或是两个大于$\sqrt[3]{x}$的素数之积.因为区间$(\sqrt[3]{x},x]$中素数个数是$\pi(x)-\pi(\sqrt[3]{x})$, 并且由问题3.5(2)可知,不超过x并且是两个大于$\sqrt[3]{x}$的素数之积的正整数的个数是

$$N(x)=\sum_{i=1}^{s}\left(\pi\left(\frac{x}{q_i}\right)-\pi(q_i)+1\right),$$

因此,不超过x并且不被任何$p_j(j=1,\cdots,r)$整除的正整数n的个数等于

$$1+\big(\pi(x)-\pi(\sqrt[3]{x})\big)+N(x)$$

(其中加项1是由整数$n=1$产生).另外,上述正整数n的个数是

$$\varphi(x;p_1,p_2,\cdots,p_r)=\sum_{n\,|\,p_1\cdots p_r}\mu(n)\left[\frac{x}{n}\right]$$

(参见问题3.12),所以

$$1+\big(\pi(x)-\pi(\sqrt[3]{x})\big)+N(x)=\varphi(p_1p_2\cdots p_r,x),$$

于是

$$\pi(x)=\pi(\sqrt[3]{x})+\sum_{n\,|\,p_1\cdots p_r}\mu(n)\left[\frac{x}{n}\right]-\sum_{i=1}^{s}\left(\pi\left(\frac{x}{q_i}\right)-\pi(q_i)+1\right)-1.\quad\square$$

注 本题中的结果称为Meissel公式,在计算$\pi(x)$时比问题3.12中的Legendre公式要简便些.

3.14 (1) 设整数$p>1,d>0$.证明:p和$p+d$都是素数的充分必要条件是

$$(p-1)!\left(\frac{1}{p}+\frac{(-1)^d d!}{p+d}\right)+\frac{1}{p}+\frac{1}{p+d}$$

是整数.

(2) 设整数$n\geqslant 2$.证明:$(n,n+2)$是一对孪生素数的充分必要条件是

$$4\big((n-1)!+1\big)+n\equiv 0 \pmod{n(n+2)}.$$

(3) 设$\pi_2(x)$表示使$(p,p+2)$为一对孪生素数的$p\leqslant x$的个数.证明:

$$\pi_2(x)=2+\sum_{7\leqslant m\leqslant x}\sin\left(\frac{m+2}{2}\left[\frac{m!}{m+2}\right]\pi\right)\cdot\sin\left(\frac{m}{2}\left[\frac{(m-2)!}{m}\right]\pi\right).$$

解 (1) (i) 因为

$$\begin{aligned}&(p-1)!\left(\frac{1}{p}+\frac{(-1)^d d!}{p+d}\right)+\frac{1}{p}+\frac{1}{p+d}\\ =\ &\frac{(p-1)!+1}{p}+\frac{(-1)^d d!(p-1)!+1}{p+d},\\ &(p+1-d)!\\ =\ &(p+d-1)(p+d-2)\cdots 9p+d-d)(p-1)!\\ \equiv\ &(-1)^d d!(p-1)! \pmod p,\end{aligned}$$

所以题中的充分必要条件等价于

$$\frac{(p-1)!+1}{p}+\frac{(p+d-1)!+1}{p+d}\in\mathbb{Z}. \tag{3.14.1}$$

(ii) 若$p,p+d$都是素数,则由Wilson定理可知式(3.14.1)左边两个加项都是整数,所以条件(3.14.1)是必要的.

反之,设条件(3.14.1)成立,但p或$p+d$不是素数.那么由Wilson定理可知式(3.14.1)左边两个加项中必有一个不是整数.因为已知式(3.14.1)左

边是一个整数,所以推出这两个加项都不是整数,或(依Wilson定理)等价地说p和$p+d$都不是素数.又因为p的每个因子都是$(p-1)!$的因子,所以$\big((p-1)!+1\big)/p$是既约分数. 类似地,

$$\frac{(p+d-1)!+1}{p+d}$$

也是既约分数.我们引用下列的:

辅助命题 若a/b和a'/b'是既约分数,并且$a/b+a'/b'$是一个整数,则$b\,|\,b'$,并且$b'\,|\,b$.

辅助命题的证明:因为

$$a/b+a'/b'=(ab'+a'b)/bb'$$

是一个整数,所以$bb'\,|\,ab'+a'b$, 于是$b\,|\,ab'+a'b$.注意a,b互素,所以由$b|\,ab'$推出$b\,|\,b'$.同理$b'\,|\,b$.

据辅助命题可知$(p+d)\,|\,d$,显然这不可能.于是条件(3.14.1)蕴涵p和$p+d$都是素数.

(2) (i) 设

$$4\big((n-1)!+1\big)+n\equiv 0 \pmod{n(n+2)}. \tag{3.14.2}$$

那么直接验证可知$n\neq 2,4$;于是推出

$$(n-1)!+1\equiv 0 \pmod{n}.$$

由此应用Wilson定理得知n是素数.此外由式(3.14.2)还可推出

$$4(n-1)!+2\equiv 0 \pmod{n+2}.$$

用$(n+1)n$乘两边得到

$$4\big((n+1)!+1\big)+(n+2)(2n-2)\equiv 0 \pmod{n+2}.$$

因此

$$4\big((n+1)!+1\big)\equiv 0 \pmod{n+2}.$$

由此再次应用Wilson定理得知$n+2$是素数.于是条件(3.14.2)保证$(n, n+2)$是一对孪生素数.

(ii) 反之,设n和$n+2$都是素数.那么(直接验证)$n \neq 2$.应用Wilson定理(注意$n+2$是素数)可知

$$(n+1)!+1 \equiv 0 \pmod{n+2},$$

于是

$$(n+1)!+1 = k_1(n+2),$$

其中k_1是整数.因为$(n+1)n = (n+2)(n-1)+2$,所以

$$\begin{aligned}(n+1)!+1 &= (n+1)n \cdot (n-1)!+1 \\ &= \big((n+2)(n-1)+2\big)(n-1)!+1 \\ &= \big((n-1)(n-1)!\big)(n+2)+2(n-1)!+1 \\ &= k_2(n+2)+2(n-1)!+1,\end{aligned}$$

其中k_2是整数.于是我们得到

$$2(n-1)!+1 = k(n+2), \tag{3.14.3}$$

其中k是整数.注意n为素数,依Wilson定理有$(n-1)!+1 \equiv 0 \pmod{n}$.由此及式(3.14.2) 可见

$$2k+1 \equiv 0 \pmod{n}.$$

应用此式及式(3.14.3)可得

$$4(n-1)!+2 = 2nk+4k \equiv 4k \equiv -2 \equiv -(n+2) \pmod{n}.$$

并且由式(3.14.3)还可推出

$$4(n-1)!+2 = 2k(n+2) \equiv 0 \equiv -(n+2) \pmod{n+2}.$$

因为n和$n+2$互素,所以由上面二式得到

$$4(n-1)!+2 \equiv -(n+2) \pmod{n(n+2)}.$$

由此立得式(3.14.1).

(3) 由问题1.18解后的注2°可知,若$m > 5$是合数,则$(m-2)!/m$是偶数,因而

$$\sin\left(\frac{m}{2}\left[\frac{(m-2)!}{m}\right]\pi\right) = 0.$$

另一方面,若$m = p$是素数,则由Wilson定理,$(p-2)! \equiv -(p-1)! \equiv 1 \pmod p$. 因此存在整数$k$使得$(p-2)! = kp+1$,因而

$$\left[\frac{(m-2)!}{m}\right] = k = \frac{(p-2)!-1}{p}.$$

于是,若$p > 5$,则$4 \mid (p-2)!$,从而

$$\begin{aligned} & \sin\left(\frac{m}{2}\left[\frac{(m-2)!}{n}\right]\pi\right) \\ = & \sin\left(\frac{p}{2}\left(\frac{(p-2)!}{p}\right)\pi\right) \\ = & \sin\left(\frac{\pi}{2}\left((p-2)!-1\right)\right) = -1. \end{aligned}$$

由上述两种不同情形的结果可知,对于下标$m > 5$,若m或$m+2$中有一个是合数,则题中公式右边的相应加项等于零;若m和$m+2$都是素数,则相应加项等于$(-1)(-1) = 1$. 此外,当$m = 3$和5时,显然有孪生素数对$(3,5)$和$(5,7)$,所以题中公式右边出现加项2.于是题中公式得证. □

3.15 设$a_k(k = 1,2,\cdots,n)$是正整数,满足条件$1 < a_1 < a_2 < \cdots < a_n < x$,并且

$$\sum_{k=1}^{n}\frac{1}{a_k} \leqslant 1.$$

还设y是所有小于x并且不被任何a_k整除的正整数的个数.证明:

$$y > \frac{cx}{\log x},$$

其中c是某个与x和a_k无关的正常数.

解 整数a_k的不超过x的倍数总共有$[x/a_k]$个.因此,依题设, 所有a_k $(k = 1,2,\cdots,n)$的不超过x的倍数的总数不超过

$$\sum_{k=1}^{n}\left[\frac{x}{a_k}\right] \leqslant \sum_{k=1}^{n}\frac{x}{a_k} = x\sum_{k=1}^{n}\frac{1}{a_k} \leqslant x.$$

由素数定理(或Чебышев 估计),可取常数x_0,使得当$x \geqslant x_0$时$x/2$和x间的素数个数至少是$x/(3\log x)$.当$x < x_0$时,显然有$y \geqslant 1$.现在设$x \geqslant x_0$,区分两种情形.

(a) 设大于$x/2$的a_k的个数小于$x/(6\log x)$.那么至少存在$x/(6\log x)$个素数(并且它们不等于任何a_k(如果a_k中存在素数))$p \in (x/2, x)$.这些素数不被任何a_k整除,所以$y \geqslant x/(6\log x)$.

(b) 设大于$x/2$的a_k的个数至少是$x/(6\log x)$.那么

$$\sum_{a_k \leqslant x/2} \frac{1}{a_k} = \sum_{k=1}^{n} \frac{1}{a_k} - \sum_{a_k > x/2} \frac{1}{a_k} \leqslant 1 - \frac{1}{x} \cdot \frac{x}{6\log x} = 1 - \frac{1}{6\log x}.$$

因此,被某个a_k整除并且不超过$x/2$的整数的个数

$$\begin{aligned} w &\leqslant \sum_{a_k \leqslant x/2} \left[\frac{x/2}{a_k}\right] \leqslant \sum_{a_k \leqslant x/2} \frac{x/2}{a_k} \\ &= \frac{x}{2} \sum_{a_k \leqslant x/2} \frac{1}{a_k} \leqslant \frac{x}{2}\left(1 - \frac{1}{6\log x}\right) \\ &= \frac{x}{2} - \frac{x}{12\log x}. \end{aligned}$$

这表明

$$\begin{aligned} y &\geqslant \left[\frac{x}{2}\right] - w \geqslant \left[\frac{x}{2}\right] - \left(\frac{x}{2} - \frac{x}{12\log x}\right) \\ &= \left[\frac{x}{2}\right] - \frac{x}{2} + \frac{x}{12\log x} \geqslant \frac{x}{12\log x} - 1. \end{aligned}$$

因此存在正常数c使得$y > cx/(\log x)$. □

注 1° 素数定理:不超过x的素数个数

$$\pi(x) \sim \frac{x}{\log x} \quad (x \to \infty).$$

它有两个常用等价形式:

$$\pi(x) \sim \frac{\vartheta(x)}{\log x} \sim \frac{\psi(x)}{\log x} \quad (x \to \infty),$$

其中$\vartheta(x) = \sum\limits_{p \leqslant x} \log x$, $\psi(x) = \sum\limits_{p^m \leqslant x} \log x$ (p表示素数).

2° Чебышев 估计:当$x \geqslant 2$时,

$$\left(\frac{\log 2}{3}\right)\frac{x}{\log x} < \pi(x) < (6\log 2)\frac{x}{\log x}.$$

对于上述两个定理,可参见,潘承洞与潘承彪的《初等数论》(北京大学出版社,1992),第8章.

3.16 设$\omega(n)$表示自然数n的(不同的)素因子的个数(特别,$\omega(1)=0$).

(1) 求$\lim\limits_{n\to\infty}\omega(n)/n$.

(2) 设$n=p_1p_2\cdots p_r$,其中$p_1<p_2<\cdots<p_r$是最初r个素数.那么

$$\omega(n)\sim\frac{\log n}{\log\log n}\quad(n\to\infty).$$

解 (1) **解法1** 显然$\omega(n)\leqslant\pi(n)$,所以

$$0<\frac{\omega(n)}{n}\leqslant\frac{\pi(n)}{n}.$$

由素数定理得到

$$\frac{\pi(n)}{n}=\frac{n}{\log n}\big(1+o(1)\big)\cdot\frac{1}{n}\to 0\quad(n\to\infty),$$

所以

$$\lim_{n\to\infty}\frac{\omega(n)}{n}=0.$$

解法2 (i) 用$d(n)$表示自然数n的所有因子的个数.设

$$n=p_1^{\alpha_1}\cdots p_s^{\alpha_s}\tag{3.16.1}$$

是n的标准素因子分解式,那么它的全部因子是

$$p_1^{\sigma_1}\cdots p_s^{\sigma_s},$$

其中每个σ_j独立地取值$0,1,\cdots,\alpha_j$.因此

$$d(n)=(\alpha_1+1)\cdots(\alpha_s+1).\tag{3.16.2}$$

用p^α表示$p_i^{\alpha_i}(i=1,\cdots,s)$中的任意一个.那么

$$p^{\alpha/2}\geqslant 2^{\alpha/2}=\mathrm{e}^{\alpha\log 2/2}\geqslant\frac{\log 2}{2}\alpha\geqslant\frac{\alpha+1}{4}\log 2;$$

并且如果$p^{1/2}\geqslant 2$,那么

$$p^{\alpha/2}\geqslant 2^\alpha\geqslant\alpha+1.$$

于是由式(3.16.2)得到(其中$p\in\{p_1,\cdots,p_s\}$)

$$\begin{aligned}\frac{d(n)}{n^{1/2}}&=\prod_{p^{1/2}<2}\frac{\alpha+1}{p^{\alpha/2}}\cdot\prod_{p^{1/2}\geqslant 2}\frac{\alpha+1}{p^{\alpha/2}}\\&\leqslant\prod_{p^{1/2}<2}\frac{\alpha+1}{\dfrac{\alpha+1}{4}\log 2}\cdot\prod_{p^{1/2}\geqslant 2}\frac{\alpha+1}{\alpha+1}\\&=\prod_{p^{1/2}<2}\frac{4}{\log 2}=C,\end{aligned}$$

因为n的满足$p^{1/2}<2$的素因子p至多是2个,所以$C\leqslant 8/(\log 2)$.于是

$$d(n)\leqslant Cn^{1/2}.\tag{3.16.3}$$

(ii) 因为1不是n的素因子,所以$\omega(n)<d(n)$.于是

$$0<\frac{\omega(n)}{n}<\frac{d(n)}{n},$$

由此及式(3.16.3)立得$\lim\limits_{n\to\infty}\omega(n)/n=0$.

(2) 设$n=p_1p_2\cdots p_r$如题设,那么$\omega(n)=r=\pi(p_r)$. 由素数定理,

$$\omega(n)\sim\frac{\vartheta(p_r)}{\log p_r},$$

其中$\vartheta(x)=\sum\limits_{p\leqslant x}\log p\,(p$为素数).因为

$$\vartheta(p_r)=\log p_1+\log p_2+\cdots+\log p_r=\log n,$$

并且$\vartheta(p_r)\sim p_r$(参见问题3.15解后的注),所以

$$\log p_r\sim\log\log n,$$

因此

$$\omega(n) \sim \frac{\log n}{\log\log n} \quad (n \to \infty). \qquad \square$$

注 关于$\omega(n)$的渐近性质,见华罗庚的《数论导引》(科学出版社,1975),第5 章. 还可见J.Sándor,D.Mitrinović,B.Crstici,Handbook of Number Theory (Vol.I) (Springer,1995),p.167.

3.17 设

$$f(n) = \sum_{\substack{p|n \\ p^\alpha \leqslant n < p^{\alpha+1}}} p^\alpha.$$

证明:

$$\overline{\lim_{n\to\infty}} \frac{\log\log n}{n\log n} f(n) = 1.$$

解 (i) 由$f(n)$的定义,显然有

$$f(n) \leqslant \sum_{p|n} n = n\sum_{p|n} 1 = n\omega(n),$$

其中$\omega(n)$表示自然数n的(不同的)素因子的个数.因为$\omega(n)$至多是

$$\big(1+o(1)\big)\cdot(\log n/\log\log n),$$

所以

$$\begin{aligned} \frac{\log\log n}{n\log n} f(n) &\leqslant \frac{\log\log n}{n\log n}\cdot n\omega(n) \\ &\leqslant \frac{\log\log n}{n\log n}\cdot n\big(1+o(1)\big)\frac{\log n}{\log\log n}, \end{aligned}$$

于是

$$\overline{\lim_{n\to\infty}} \frac{\log\log n}{n\log n} f(n) \leqslant 1.$$

(ii) 为证明相反的不等式,只需证明存在一个无穷整数列$n_k (k \geqslant 1)$使得

$$\lim_{k\to\infty} \frac{\log\log n_k}{n_k\log n_k} f(n_k) \geqslant 1. \qquad (3.17.1)$$

为此选取参数k,并且构造某个由不超过k的素数形成的合数$n = n_k$. 还设m是另一个整数(与k有关,见后文式(3.16.4)),并用c, c_i表示与k无关的常数.

对于不超过k的素数p,因为

$$m < p^u < km \Leftrightarrow \frac{\log m}{\log p} < u < \frac{\log k}{\log p} + \frac{\log m}{\log p},$$

并且$\log k/\log p \geqslant 1$,所以每个素数$p \leqslant k$有一个幂$(p^u)$介于$m$和$km$之间.对于给定的$\varepsilon > 0$,取常数$c$(仅与$\varepsilon$有关)使得

$$(1+\varepsilon)^{[c\log k]} > k,$$

那么$[c\log k]$个区间$[m(1+\varepsilon)^{i-1}, m(1+\varepsilon)^i](i = 1, \cdots, [c\log k])$ 覆盖区间$[m, km]$.由素数定理,不超过k的素数的个数$\sim k/\log k$,所以它们的个数不少于$[c_1 k/\log k]$,并且它们各有某个幂落在$[m, km]$中(显然这些幂两两不等).取常数c_3满足

$$c\log k \cdot \frac{c_3 k}{(\log k)^2} < \frac{c_1 k}{2\log k},$$

那么由抽屉原理可知,存在某个区间$[m(1+\varepsilon)^{i-1}, m(1+\varepsilon)^i]$, 使得至少有$l = [c_3 k/(\log k)^2]$个素数$p \leqslant k$,它们各有某个幂位于此区间中. 从这些素数中取$l$个,记为$p_1, \cdots, p_l$,令

$$P = p_1 p_2 \cdots p_l.$$

如果

$$P < \varepsilon m, \tag{3.17.2}$$

那么存在P的某个倍数sP落在区间$[m(1+\varepsilon)^i, m(1+\varepsilon)^{i+1}]$中. (因若不然,则任何$rp (r \in \mathbb{N})$不属于此区间,从而将有某个正整数$t$,使得$[tP, (t+1)P] \supset [m(1+\varepsilon)^i, m(1+\varepsilon)^{i+1}]$, 比较此二区间长度得到$P > m\varepsilon(1+\varepsilon)^i > m\varepsilon$,与式(3.17.2)矛盾.) 定义

$$n = n_k = sP.$$

设p是$p_1, \cdots, p_l$中的任意一个,那么$p \mid n$,并且它的某个幂$p^u \in [m(1+\varepsilon)^{i-1}, m(1+\varepsilon)^i]$,即

$$m(1+\varepsilon)^{i-1} \leqslant p^u \leqslant m(1+\varepsilon)^i,$$

同时由n的定义知

$$m(1+\varepsilon)^i \leqslant n \leqslant m(1+\varepsilon)^{i+1}.$$

因此$p^u \leqslant n < p^{u+1}$.由此可知

$$f(n) = p_1^{u_1} + \cdots + p_l^{u_l} \geqslant l \cdot m(1+\varepsilon)^{i-1} = l \cdot m\varepsilon \cdot \frac{(1+\varepsilon)^{i-1}}{\varepsilon}.$$

当$\varepsilon > 0$充分小时,可使$(1+\varepsilon)^{i-1}/\varepsilon > s(1-\varepsilon)^2$. 于是由式(3.17.2)及上式得到

$$f(n) > l \cdot n(1-\varepsilon)^2. \tag{3.17.3}$$

我们来通过n估计l.由P的定义可知$P \leqslant k^l$.我们选取

$$m = k^{l+1}, \tag{3.17.4}$$

那么当$k > 1/\varepsilon$时就可保证式(3.17.2)成立.此外,因为$n \in [m(1+\varepsilon)^i, m(1+\varepsilon)^{i+1}]$,所以当$\varepsilon > 0$充分小(注意$i \leqslant [c \log k]$),

$$n \leqslant m(1+\varepsilon)^{i+1} < k^{l+2}, \tag{3.17.5}$$

于是

$$l \geqslant \frac{\log n}{\log k} - 2.$$

又由式(3.17.5)及l的定义可知$n < k^k$,于是

$$k \geqslant \frac{\log n}{\log \log n}$$

(这容易用反证法推出).由上面两个不等式推出:当$\varepsilon > 0$充分小

$$l \geqslant (1-\varepsilon)\frac{\log n}{\log \log n}.$$

由此及式(3.17.3)得到:当$\varepsilon > 0$充分小(由$k > 1/\varepsilon$,等价地,k充分大)

$$f(n) > (1-\varepsilon)^3 \frac{n \log n}{\log \log n}.$$

注意$n = n_k$,由此可知式(3.17.1)成立.于是本题得证. □

3.18 证明:若$p(x)$是不超过x的最大素数,则

$$p(x) \sim x \quad (x \to \infty).$$

解 (i) 由素数定理,$\pi(x) = (x/\log x)\big(1+o(1)\big)$ $(x \to \infty)$, 于是

$$\begin{aligned} \log \pi(x) &= \log\left(\frac{x}{\log x} \cdot \big(1+o(1)\big)\right) \\ &= \log x - \log\log x + \log\big(1+o(1)\big) \quad (x \to \infty), \end{aligned} \tag{3.18.1}$$

从而

$$\log \pi(x) \sim \log x \quad (x \to \infty).$$

特别,取$x = p_n$(第n个素数),则$\log n \sim \log p_n$ $(n \to \infty)$. 仍然由素数定理可知$p_n \sim \pi(p_n)\log p_n = n \log p_n$,所以

$$p_n \sim n\log n \quad (n \to \infty). \tag{3.18.2}$$

(ii) 设$p(x)$在素数序列中的序号是m,即$p(x) = p_m$.那么$m = \pi(x)$,由式(3.18.2)得到

$$p(x) \sim \pi(x)\log \pi(x) \quad (x \to \infty)$$

于是,由式(3.18.1)可知

$$p(x) \sim \frac{x}{\log x} \cdot \Big(\log x - \log\log x + \log\big(1+o(1)\big)\Big) \sim x \quad (x \to \infty). \qquad \square$$

3.19 设p表示素数.证明:

(1) $\sqrt[n]{n!} \leqslant \prod\limits_{p \leqslant n} p^{1/(p-1)} \quad (n \geqslant 2)$.

(2) $\prod\limits_{p \leqslant n} p \leqslant 4^n \quad (n \geqslant 2)$.

解 (1) 我们有

$$n! = \prod_{p \leqslant n} p^{u(p)},$$

其中

$$u(p) = \sum_{j=1}^{\infty} \left[\frac{n}{p^j}\right] \leqslant n\sum_{j=1}^{\infty} \frac{1}{p^j}.$$

因为

$$\sum_{j=1}^{\infty}\frac{1}{p^j}=\frac{1}{p}\left(1+\frac{1}{p}+\frac{1}{p^2}+\cdots\right)=\frac{1}{p-1},$$

所以$u(p)\leqslant n/(p-1)$,于是

$$n!\leqslant\prod_{p\leqslant n}p^{n/(p-1)},$$

从而

$$\sqrt[n]{n!}\leqslant\prod_{p\leqslant n}p^{n/(p-1)}.$$

(2) 对n用数学归纳法.当$n=1$和$n=2$时,题中不等式显然成立.设$n\geqslant 3$,并且对所有不超过$n-1$的正整数m有

$$\prod_{p\leqslant m}p\leqslant 4^m.$$

要证明

$$\prod_{p\leqslant n}p\leqslant 4^n. \tag{3.19.1}$$

记$P_n=\prod\limits_{p\leqslant n}p$.若$n$是偶数,则$P_n=P_{n-1}$,从而

$$\prod_{p\leqslant n}p=\prod_{p\leqslant n-1}p\leqslant 4^{n-1}<4^n.$$

于是不等式(3.19.1)得证.现在设n是奇数,令$n=2k+1$(其中k是正整数),那么每个满足$k+2\leqslant p\leqslant 2k+1$的素数$p$(由Bertrand“假设”, 它们存在)都是

$$\binom{2k+1}{k}=\frac{(2k+1)(2k)(2k-1)(2k-2)\cdots(k+2)}{1\cdot 2\cdot 3\cdots k}$$

的因子.因为

$$2^{2k+1}=(1+1)^{2k+1}<\binom{2k+1}{k}+\binom{2k+1}{k+1}=2\binom{2k+1}{k},$$

所以

$$\binom{2k+1}{k}<4^k.$$

于是

$$\prod_{k+2\leqslant p\leqslant 2k+1} p < 4^k.$$

又由归纳假设,

$$\prod_{p\leqslant k+1} p = P_{k+1} < 4^{k+1}.$$

因此得到

$$\begin{aligned} P_n &= \prod_{p\leqslant k+1} p \cdot \prod_{k+2\leqslant p\leqslant 2k+1} p \\ &< 4^{k+1}\cdot 4^k = 4^{2k+1} = 4^n. \end{aligned}$$

即此时不等式(3.19.1)也成立.于是完成归纳证明. □

3.20 证明:具有下列性质的常数$c > 1$:对于任何满足$n > c^k$的正整数n和k, $\binom{n}{k}$的不同素因子的个数至少是k.

解 (i) 令$t = [1, 2, \cdots, k]$(最小公倍数).我们首先证明:当$n > t + k$时$\binom{n}{k}$至少有k个不同的素因子.

设素数$p \leqslant k$,那么存在整数$s \geqslant 1$使得$p^s \leqslant k < p^{s+1}$,并且数$k!$的(素因子)分解式中$p$的指数等于

$$u(p) = \sum_{i=1}^{s}\left[\frac{k}{p^i}\right].$$

又因为整数$1, 2, \cdots, k$的各个分解式中,p的最大指数(出现在p^s的分解式中)是s,因此, 数t的分解式中p的指数等于s.此外,因为$n > t + k$,所以

$$n > n-1 > \cdots > n-k+1 > t+k-k+1 = t+1 > k,$$

可见在连续k个数$n, n-1, \cdots, n-k+1$中,至少有$[k/p^i]$个数是p^i的倍数,明显地写出, 它们是

$$\xi_1 = 1\cdot p^i, \xi_2 = 2\cdot p^i, \cdots, \xi_{[k/p^i]} = [k/p^i]\cdot p^i.$$

这些数中,又有$[k/p^{i+1}]$个数是p^{i+1}的倍数.因此,至少有$[k/p^i]-[k/p^{i+1}]$个数ξ_l 恰含因子p^i.由于t含因子p^s, $s \geqslant i$,因此,(ξ_l, t)的分解式中p的指数等于i. 于是

$$(n, t)(n-1, t)\cdots(n-k+1, t)$$

的分解式中p的指数至少是(注意$[k/p^{s+1}]=0$)

$$\sum_{i=1}^{s} i\left(\left[\frac{k}{p^i}\right]-\left[\frac{k}{p^{i+1}}\right]\right)=u(p).$$

这对于每个素数$p\leqslant k$都成立,因此

$$k!\mid (n,t)(n-1,t)\cdots(n-k+1,t).$$

又因为

$$\begin{aligned}\binom{n}{k} &= \frac{n(n-1)\cdots(n-k+1)}{k!}\\ &= \frac{n}{(n,t)}\frac{n-1}{(n-1,t)}\cdots\frac{n-k+1}{(n-k+1,t)}\cdot\\ &\quad \frac{(n,t)(n-1,t)\cdots(n-k+1,t)}{k!}\end{aligned}$$

(右边是两个整数之积),所以

$$\frac{n}{(n,t)}\frac{n-1}{(n-1,t)}\cdots\frac{n-k+1}{(n-k+1,t)}\Bigg|\binom{n}{k}. \tag{3.20.1}$$

我们证明上式(整除号)左边的k个因子两两互素.事实上,若当$i\neq j$ $(0\leqslant i,j\leqslant k-1)$时

$$(n-i,n-j)=q,$$

则$q|n-i,q|n-j$,所以$q|(n-i)-(n-j)=i-j$.由$0<|i-j|<k$可知$q|t$.于是$q|(n-i,t),q|(n-j,t)$.我们可设

$$n-i=qA,\ n-j=qB,\ (n-i,t)=qC,\ (n-j,t)=qD,$$

其中A,B,C,D是正整数,$(A,B)=1$.于是

$$\frac{n-i}{(n-i,t)}=\frac{qA}{qC}=\frac{A}{C},$$
$$\frac{n-j}{(n-j,t)}=\frac{qB}{qD}=\frac{B}{D}.$$

因为上面二式左边都是整数,所以$C|A,D|B$.于是

$$\left(\frac{n-i}{(n-i,t)},\frac{n-j}{(n-j,t)}\right)=\left(\frac{A}{C},\frac{B}{D}\right)=(A,B)=1.$$

因此k个数$(n-i)/(n-i,t)$ $(i=0,1,\cdots,k-1)$两两互素.又因为$n>t+k$,所以当$i=0,1,\cdots,k-1$时,有$n-i>t+k-i>t,(n-i,t)\leqslant t$,从而$k$个数$(n-i)/(n-i,t)$ 都大于1.分别取这k个数的某个素因子,由式(3.20.1),即可得到$\binom{n}{k}$的k个不同的素因子.

(ii) 现在确定常数$c>1$.

解法1 设

$$t=[1,2,\cdots,k]=\prod_{p\leqslant k}p^{f(p)},$$

其中$f(p)$是t的分解式中素因子p的指数.于是

$$p^{f(p)}\leqslant k<p^{f(p)+1},$$

或者

$$f(p)\leqslant\frac{\log k}{\log p}<f(p)+1,$$

所以

$$f(p)=\left[\frac{\log k}{\log p}\right].$$

由此得到

$$t=\prod_{p\leqslant k}p^{[\log k/\log p]}.$$

因此

$$\log t\leqslant\sum_{p\leqslant k}\log p\cdot\frac{\log k}{\log p}=\pi(k)\log k,$$

由此可应用素数定理.例如,由 Чебышев 估计(见问题3.15解后的注):当$k\geqslant 2$时,

$$\log t\leqslant(6\log 2)k,\quad t\leqslant(2^6)^k.$$

因此,可取$c=2^6+1=65$.

解法2 由步骤(i)可知

$$t=\prod_{p^s\leqslant k<p^{s+1}}p^s.$$

因为当$s=1$时,$p\leqslant k<p^2\Leftrightarrow\sqrt{k}<p\leqslant k$; 当$s>1$时,$p\leqslant\sqrt[s]{k}\leqslant\sqrt{k}$,并且$p^s\leqslant k$.因此

$$t\leqslant\left(\prod_{p\leqslant\sqrt{k}}k\right)\left(\prod_{\sqrt{k}<p\leqslant k}p\right).$$

应用估值

$$\prod_{p\leqslant k}p\leqslant 4^k\quad(k\geqslant 2)$$

(见问题3.19(2))得到

$$t<\left(k^{\sqrt{k}-1}\right)\cdot 4^k,$$

从而

$$t+k<\left(k^{\sqrt{k}-1}\right)\cdot 4^k+k<\left(k^{\sqrt{k}}\right)\cdot 4^k=\left(4k^{1/\sqrt{k}}\right)^k.$$

因为函数$x^{1/\sqrt{x}}$在$x=\mathrm{e}^2$时取最大值$\mathrm{e}^{2/\mathrm{e}}<2.1$, 所以可取$c=9$. □

注 应用素数定理可以证明:$\log[1,2,\cdots,n]\sim n\,(n\to\infty)$.对此可参见朱尧辰的《无理数引论》(中国科学技术大学出版社,2012),80页.

3.21 设S是$\{1,2,\cdots,n\}$的一个子集,若它的任何一对不同的元素互素, 则称它是例外集.证明:若S_n是具有极大元素和的例外集(即当n固定,在所有例外集中, S_n的元素和最大),则当n充分大时,S_n的每个元素至多有两个不同的素因子.

解 设$k\geqslant 2$.$S\subseteq\{1,2,\cdots,n\}$称为$k$例外集,如果它的任何$k$个不同元素互素.我们来证明下列比本题稍强一点的命题:

命题 若S_n是具有极大元素和的k例外集,则当n充分大时,S_n的每个元素至多有两个不同的素因子.

(i) 首先注意:由S_n的元素和的极大性,每个素数$p\leqslant n$必须有一个倍数(可能就是p本身)在S_n中出现.我们将素数$p\leqslant n$分为两类:

$$P=\{p\leqslant n\,|\,存在m>1使得pm\in S_n\},$$
$$Q=\{p\leqslant n\,|\,仅是p\in S_n\}.$$

设给定$x>0$.我们来估计$p\in P(p>x)$的个数.对于每个这样的p,存在$m>1$使得$mp\in S_n$,于是有素数$q|m$.每个这样的素数$q\leqslant m$,注意$pm\leqslant$

n,所以$q \leqslant n/p \leqslant n/x$;此外,当考虑所有素数$p \in P(p > x)$时,依$S_n$的定义,在这样对应的素数$q$ 形成的集合中,每个q至多重复出现$k-1$次.因此素数$p \in P(p > x)$的个数至多是$(k-1)\pi(n/x)$.由此即可推出:若$1 < x < y \leqslant n$,则素数$q \in Q(x < q \leqslant y)$的个数至少是

$$\pi(y) - \pi(x) - (k-1)\pi\left(\frac{n}{x}\right). \tag{3.21.1}$$

(ii) 现在用反证法证明上述命题.设存在$t \in S_n$至少有三个不同的素因子,记$t = u^{\alpha}u^{\beta}w^{\gamma}r$,其中$u < v < w$是素数,$\alpha, \beta, \gamma, r$是正整数. 我们将适当替换$S_n$中的元素,使得元素和加大,从而得到矛盾.

我们首先试图找到两个适当的素数$p, q \in Q$,并且用up, vq替换t, p, q.为此必须$p \leqslant n/u, q \leqslant n/v$;而去掉$t, p, q$使$S_n$的原元素和减少

$$t + p + q \leqslant n + \frac{n}{u} + \frac{n}{v} \leqslant n + \frac{n}{2} + \frac{n}{3} = \frac{11}{6}n$$

(注意,总有$p \geqslant 2, q \geqslant 3$或$p \geqslant 3, q \geqslant 2$).如果我们能找到$u, v$使得

$$up > cn, \quad vq > cn, \tag{3.21.2}$$

(其中$c = 11/12$),那么用up, vq替换t, p, q后元素和将得到补偿,并且超过原元素和.显然,如果至少有Q的两个元素$p \in (cn/u, n/u]$和$q \in (cn/v, n/v]$(当然保证了$p \neq q$),那么上述过程可行.由步骤(i)中的讨论,依式(3.21.1),为此只需

$$\pi\left(\frac{n}{u}\right) - \pi\left(\frac{cn}{u}\right) \geqslant (k-1)\pi\left(\frac{u}{c}\right) + 2,$$

以及

$$\pi\left(\frac{n}{v}\right) - \pi\left(\frac{cn}{v}\right) \geqslant (k-1)\pi\left(\frac{v}{c}\right) + 2,$$

即可.而由素数定理(Чебышев 估计),当$v \leqslant \delta\sqrt{n}$时上述两个不等式成立,从而满足条件(3.21.2),此处δ是适当的与k有关的常数,例如可取$\delta = 1/(3k)$. 此时我们得到矛盾.

如果$v > \delta\sqrt{n}$,那么上面的推理无效.此时我们有

$$u \leqslant \frac{n}{vw} < \frac{n}{v^2} < \frac{1}{\delta^2}. \tag{3.21.3}$$

我们试图找到一个素数$p \in \mathbb{Q}$,并且以pu^j和vw替换t和p,其中j是某个适当的指数.于是必须$pu^j \leqslant n$,即

$$p \leqslant n/u^j. \tag{3.21.4}$$

由于替换产生的元素和的损失至多是$p+n$,但添加的两数之和是$pu^j + vw > pu^j + \delta\sqrt{n} \cdot \delta\sqrt{n} = pu^j + \delta^2 n$.因此如果$pu^j + \delta^2 n > p + n$,即

$$p(u^j - 1) > (1 - \delta^2)n, \tag{3.21.5}$$

那么上述替换将产生更大的元素和,从而得到矛盾.由式(3.21.4)和(3.21.5),只需找到素数$p \in \mathbb{Q}$满足

$$\frac{1-\delta^2}{u^j - 1} n < p \leqslant \frac{n}{u^j} \tag{3.21.6}$$

即可.注意由式(5.12.3)有$u < \delta^{-2}$;又因为$u \geqslant 2$,所以存在u的一个幂属于区间$(2, \delta^{-6}]$,即以此作为上述的u^j.依式(3.21.1),当

$$\pi\left(\frac{n}{u^j}\right) - \pi\left(\frac{1-\delta^2}{u^j-1} n\right) > (k-1)\pi\left(\frac{u^j - 1}{1-\delta^2}\right) \tag{3.21.7}$$

时满足不等式(3.21.6)的素数p存在.因为式(3.21.7)左边有阶$n/\log n$,而右边保持有界, 所以当n充分大时所要的素数$p \in \mathbb{Q}$确实存在.于是上述命题得证. □

3.22 设m, n是正整数.证明:存在无穷多个素数p满足

$$\left(\binom{pm}{m}, n\right) = 1.$$

解 由算术级数的素数定理(Dirichlet定理,见本题解后的注),存在无穷多个素数p具有$p = Am!n + 1\ (A \in \mathbb{N})$的形式.特别由此可知

$$(p, n) = 1. \tag{3.22.1}$$

对于这种形式的p,可将整数

$$\lambda = (pm)(pm-1)(pm-2)\cdots(pm-m+1)$$

表示为

$$\lambda = (pm)f(pm), \tag{3.22.2}$$

其中

$$\begin{aligned} f(x) &= (x-1)\cdots\big(x-(m-1)\big) \\ &= x^{m-1}+c_1x^{m-2}+\cdots+c_{m-1}x+(-1)^{m-1}(m-1)!, \end{aligned}$$

并且系数$c_i \in \mathbb{Z}$.因为$pm = Am(m!n)+m$,所以

$$\begin{aligned} f(pm) &= \big(Am(m!n)+m\big)^{m-1}+c_1\big(Am(m!n)+m\big)^{m-2}+\cdots+ \\ &\quad c_{m-1}\big(Am(m!n)+m\big)+(-1)^{m-1}(m-1)!, \end{aligned}$$

应用二项式定理可将上式化简为

$$\begin{aligned} f(pm) &= A_1(m!n)+m^{m-1}+c_1m^{m-2}+\cdots+ \\ &\quad c_{m-1}m+(-1)^{m-1}(m-1)! \\ &= A_1(m!n)+f(m) = A_1(m!n)+(m-1)!, \end{aligned}$$

其中A_1是一个整数.于是由式(3.22.2)得到

$$\lambda = Cm!n + pm!,$$

其中C为整数,注意$\lambda > 0$,所以$C \in \mathbf{N}$.由此可知$\binom{pm}{m} = Cn + p$, 从而由式(3.22.1)得到

$$\left(\binom{pm}{m}, n\right) = (Cn+p, n) = (p, n) = 1. \qquad \square$$

注 算术级数的素数定理(Dirichlet定理):若a, b是互素正整数,则形如$an+b$形式的素数个数无穷.若用$\pi(x;a,b)$表示不超过x的$an+b$形式的素数个数,则

$$\pi(x;a,b) \sim \frac{1}{\phi(a)} \cdot \frac{x}{\log x} \quad (x \to \infty),$$

其中$\phi(x)$是Euler函数.对此可参见华罗庚的《数论导引》(科学出版社, 1975),第9章, § 8.

3.23 证明:对于每个正数K,存在无穷多个正整数m和N,使得在整数$m+1,m+4,m+9,\cdots,m+N^2$中至少有$KN/\log N$个素数.

解 (i) 设$p_1=3,p_2=7,p_3=11,\cdots$,以及$p_l$是(按递增次序)第$l$个$4k+3$形式的素数,并令

$$Q=3\cdot 5\cdots p_l.$$

还设c是一个正整数,使得$-c$对于模$3,5,\cdots,p_l$都是二次非剩余.c是唯一存在的.事实上,由中国剩余定理(孙子定理),同余方程组

$$c\equiv 1 \pmod{p_k} \quad (k=1,2,\cdots,l)$$

有唯一解c.因为$(p-1)/2$是奇数,所以

$$(-c)^{(p_k-1)/2}\equiv -1 \pmod{p_k} \quad (k=1,2,\cdots,l)$$

从而依Euler判别法则知$-c$是模p_k二次非剩余.

下面我们来求出$m=c+kQ$形式的m以满足要求.

考虑任意一个$i,1\leqslant i\leqslant N$.由$c$的取法可知$(i^2+c,Q)=1$.依算术级数的素数定理,对于固定的$Q$,当$N$充分大时, 在算术级数$i^2+c+kQ\ (k\in\mathbb{N})$的最初$N^2$项(于是这些数都不超过$i^2+c+N^2Q$) 中素数个数渐近地等于

$$\frac{1}{\phi(Q)}\cdot\frac{N^2Q+i^2+c}{\log(N^2Q+i^2+c)}\sim\frac{1}{\phi(Q)}\cdot\frac{N^2Q}{\log(N^2Q)}>\frac{Q}{3\phi(Q)}\cdot\frac{N^2}{\log N}.$$

令$i=1,2,\cdots,N$,将得到的素数合在一起,可知在整数集

$$A=\{i^2+c+kQ\,|\,1\leqslant i\leqslant N,1\leqslant k\leqslant N^2\}$$

中素数个数(对于不同的i值,可能有相同的素数出现,需重复计算)至少是

$$N\cdot\frac{Q}{3\phi(Q)}\cdot\frac{N^2}{\log N}=\frac{Q}{3\phi(Q)}\cdot\frac{N^3}{\log N}.$$

因为$c+kQ\ (1\leqslant k\leqslant N^2)$取$N^2$个值,所以可将$A$表示为$N^2$个子集

$$A_m=\{i^2+m\,|\,1\leqslant i\leqslant N\} \quad (m=c+kQ,k=1,2,\cdots,N^2)$$

的并集.依抽屉原理,存在一个$m = c + kQ$,使得子集$A_m = \{m+1, m+4, m+9, \cdots, m+N^2\}$中至少有

$$\frac{1}{N^2} \cdot \frac{Q}{3\phi(Q)} \cdot \frac{N^3}{\log N} = \frac{Q}{3\phi(Q)} \cdot \frac{N}{\log N}$$

个素数.因为A_m中的整数两两互异,所以这些素数没有重复.

(ii) 我们有

$$\frac{Q}{\phi(Q)} = \prod_{i=1}^{l} \frac{p_i}{p_i - 1} > \prod_{i=1}^{l} \left(1 + \frac{1}{p_i}\right) > \sum_{i=1}^{l} \frac{1}{p_i}.$$

注意级数$\sum\limits_p 1/p$发散,所以可选取Q,使得

$$\frac{Q}{3\phi(Q)} > K.$$

于是依步骤(i)中所证,对于每个充分大的N,存在m,使得整数$m+1, m+4, m+9, \cdots, m+N^2$中至少有$K \cdot (N/\log N)$个素数. □

3.24 证明:存在实数A,使得对于所有整数$n \geqslant 1$, $[A^{3^n}]$都是素数.

解 我们要引用下列关于素数分布的Ingham定理:用p_n表示第n个素数,那么存在一个常数$c > 0$,使得对于所有$n \geqslant 1$, $p_{n+1} - p_n < cp_n^{5/8}$.

(i) 首先证明:存在常数$M > 0$,使得对于所有整数$m \geqslant M$,在m^3和$(m+1)^3 - 1$ 之间存在一个素数.

这是因为,若取$m > c^8$,并且设p_r是小于m^3的素数中的最大者.那么依Ingham定理有

$$p_r < m^3 < p_{r+1} < p_r + cp_r^{5/8},$$

由此及$c < m^{1/8}$,以及$p_r < m^3$,可得

$$p_{r+1} < m^3 + m^{1/8} \cdot (m^3)^{5/8} = m^3 + m^2 < (m+1)^3 - 1,$$

于是$m^3 < p_{r+1} < (m+1)^3 - 1$.因此可取$M = c^8$.

(ii) 我们归纳地构造素数列$q_1, q_2, \cdots$如下:首先取素数$q_1 \geqslant M$. 若素数q_n已定义,则取素数q_{n+1}满足不等式

$$q_n^3 < q_{n+1} < (q_n + 1)^3 - 1.$$

依步骤(i)的结果,q_{n+1}存在.现在令

$$a_n = q_n^{3^{-n}}, \quad b_n = (q_n + 1)^{3^{-n}} \quad (n = 1, 2, \cdots). \tag{3.24.1}$$

那么

$$a_{n+1} = q_{n+1}^{3^{-n-1}} > (q_n^3)^{3^{-n-1}} = q_n^{3^{-n}} = a_n,$$

即数列a_n单调增加.同理可证b_n单调减少.此外由定义,对所有n, $a_n < b_n$,所以

$$a_n < b_1, \quad b_n > a_1 \quad (n \geqslant 1), \tag{3.24.2}$$

即a_n上有界,而b_n下有界.于是这两个数列都收敛.设

$$A = \lim_{n\to\infty} a_n, \quad B = \lim_{n\to\infty} b_n,$$

那么由式(3.24.2)推出

$$a_n < A \leqslant B < b_n \quad (n \geqslant 1),$$

从而

$$a_n^{3^n} < A^{3^n} \leqslant B^{3^n} < b_n^{3^n} \quad (n \geqslant 1).$$

由此及式(3.24.1)得到

$$q_n < A^{3^n} < q_n + 1 \quad (n \geqslant 1).$$

于是素数$q_n = [A^{3^n}]\,(n \geqslant 1)$. □

注 文献中有许多关于$a_n = p_{n+1} - p_n$的估计的记录.对此可参见J.Sándor,D.Mitrinović,B.Crstici,Handbook of Number Theory (Vol.I) (Springer,1995).

第4章 函数[x]

推荐问题: **4.1/4.4(1)/4.6(2)/4.11/4.13**.

4.1 若$x_1,\cdots,x_n$是任意n个实数,则

$$[x_1]+\cdots+[x_n]\leqslant[x_1+\cdots+x_n]\leqslant[x_1]+\cdots+[x_n]+n-1.$$

解 因为$x_i=[x_i]+\{x_i\},0\leqslant\{x_i\}<1,[x_i]\leqslant x_i$,所以

$$\begin{aligned}
&[x_1]+\cdots+[x_n]\\
\leqslant\ & x_1+\cdots+x_n\\
=\ & ([x_1]+\cdots+[x_n])+(\{x_1\}+\cdots+\{x_n\})\\
<\ & [x_1]+\cdots+[x_n]+n.
\end{aligned}\tag{4.1.1}$$

按定义,$[x_1+\cdots+x_n]$是不超过$x_1+\cdots+x_n$的最大整数,现在由(4.1.1)有

$$[x_1]+\cdots+[x_n]\leqslant x_1+\cdots+x_n,$$

所以

$$[x_1]+\cdots+[x_n]\leqslant[x_1+\cdots+x_n],$$

于是题中不等式的左半边成立.又因为

$$[x_1+\cdots+x_n]\leqslant x_1+\cdots+x_n,$$

并且由(4.1.1)有

$$x_1+\cdots+x_n<[x_1]+\cdots+[x_n]+n,$$

所以

$$[x_1+\cdots+x_n]<[x_1]+\cdots+[x_n]+n.$$

此严格不等式两边都是整数,所以

$$[x_1+\cdots+x_n]\leqslant[x_1]+\cdots+[x_n]+n-1,$$

即题中不等式的右半边也成立. □

注 按数学归纳法,实际只需证明$[x_1]+[x_2]\leqslant[x_1+x_2]\leqslant[x_1]+[x_2]+1$.这个不等式通常看作函数$[x]$的一个基本性质.

4.2 (1) 设n是正整数,则对于任意实数x,

$$\left[\frac{[x]}{n}\right]=\left[\frac{x}{n}\right].$$

(2) 设实数$x>1,y>0$,则

$$\left[\frac{y}{x}\right]\leqslant\frac{[y]}{[x]}.$$

(3) 设$a\geqslant 1,n$是整数,$0\leqslant n\leqslant a$.则$[a]>\dfrac{n}{n+1}a$.

解 (1) 我们给出4个不同思路的解法.

解法1 在问题4.1中令$x_1=\cdots=x_n=x/n$,则得

$$n\left[\frac{x}{n}\right]\leqslant[x]\leqslant n\left[\frac{x}{n}\right]+n-1,$$

于是

$$\left[\frac{x}{n}\right]\leqslant\frac{[x]}{n}\leqslant\left[\frac{x}{n}\right]+\frac{n-1}{n}<\left[\frac{x}{n}\right]+1,$$

从而$\left[\dfrac{[x]}{n}\right]=\left[\dfrac{x}{n}\right]$.

解法2 我们有$x=[x]+\alpha$,其中$\alpha=\{x\}\in[0,1)$; 又由Euclid除法可知,$[x]=qn+r$,其中$0\leqslant r<n$.于是$[x]/n=q+r/n$,其中$0\leqslant r/n<1$,从而

$$\left[\frac{[x]}{n}\right]=q.$$

此外,还有

$$x/n=([x]+\alpha)/n=(qn+r+\alpha)/n=q+(r+\alpha)/n,$$

其中

$$0\leqslant r+\alpha<(n-1)+1=n,$$

所以

$$\left[\frac{x}{n}\right]=q.$$

因此

$$\left[\frac{[x]}{n}\right]=\left[\frac{x}{n}\right].$$

解法 3 因为$x=[x]+\alpha$,其中$\alpha=\{x\}\in[0,1)$,所以

$$[nx]=\big[n([x]+\alpha)\big]=\big[n[x]+n\alpha\big]=n[x]+[n\alpha],$$

从而

$$\frac{[nx]}{n}=[x]+\frac{[n\alpha]}{n}.$$

两边取整数部分,得到

$$\left[\frac{[nx]}{n}\right]=\left[[x]+\frac{[n\alpha]}{n}\right]=[x]+\left[\frac{[n\alpha]}{n}\right].$$

注意$0\leqslant[n\alpha]\leqslant n\alpha<n$,所以$[[n\alpha]/n]=0$,于是得到

$$\left[\frac{[nx]}{n}\right]=[x].$$

在此式中用x/n代替x,即得所要的等式.

解法 4 若x是整数或者$n=1$,则题中等式显然成立.下面设x不是整数, 并且$n>1$.

(i) 若$x>0$,则在区间$[1,x]$中n的倍数是

$$n,2n,\cdots,\left[\frac{x}{n}\right]n,$$

共$[x/n]$个.在区间$\big[1,[x]\big]$中n的倍数是

$$n,2n,\cdots,\left[\frac{[x]}{n}\right]n,$$

共$\big[[x]/n\big]$个.因为$\big(1,[x]\big]\subseteq(1,x]$,并且在区间$([x],x)$中没有整数,所以

$$\left[\frac{[x]}{n}\right]=\left[\frac{x}{n}\right].$$

(ii) 若$x<0$,则$-x>0$,依步骤(i)的结果,我们有

$$\left[\frac{[-x]}{n}\right]=\left[\frac{-x}{n}\right].$$

因为(应用数轴可知)$[-x]=-([x]+1)$,所以由上式得到

$$\left[-\frac{[x]+1}{n}\right]=\left[\frac{-x}{n}\right].$$

类似地,由此及

$$\left[-\frac{[x]+1}{n}\right]=-\left(\left[\frac{[x]+1}{n}\right]+1\right),\quad \left[\frac{-x}{n}\right]=-\left(\left[\frac{x}{n}\right]+1\right),$$

推出

$$\left[\frac{[x]+1}{n}\right]=\left[\frac{x}{n}\right].$$

因此我们只需证明

$$\left[\frac{[x]+1}{n}\right]=\left[\frac{[x]}{n}\right]. \tag{4.2.1}$$

为此注意

$$\left[\frac{[x]+1}{n}\right]=\left[\frac{[x]}{n}+\frac{1}{n}\right]\geqslant\left[\frac{[x]}{n}\right]+\left[\frac{1}{n}\right]=\left[\frac{[x]}{n}\right],$$

以及

$$\left[\frac{[x]+1}{n}\right]\leqslant\frac{[x]+1}{n}=\frac{[x]}{n}+\frac{1}{n},$$

合起来就是

$$\left[\frac{[x]}{n}\right]\leqslant\left[\frac{[x]+1}{n}\right]\leqslant\frac{[x]}{n}+\frac{1}{n}.$$

由此可知:若

$$\left[\frac{[x]}{n}\right]\leqslant\left[\frac{[x]+1}{n}\right]<\frac{[x]}{n},$$

则式(4.2.1)成立;若

$$\frac{[x]}{n}\leqslant\left[\frac{[x]+1}{n}\right]\leqslant\frac{[x]}{n}+\frac{1}{n},$$

则有

$$\frac{[x]}{n}\leqslant\left[\frac{[x]+1}{n}\right]<\frac{[x]}{n}+1,$$

从而式(4.2.1)也成立.于是本题得证.

(2) 因为$x>1$,所以$[x]\geqslant 1$.在问题4.1中取$n=[x], x_1=\cdots=x_n=\dfrac{y}{x}$,则有

$$n\left[\frac{y}{x}\right]\leqslant\left[n\cdot\frac{y}{x}\right],$$

即

$$[x]\left[\frac{y}{x}\right]\leqslant\left[\frac{[x]}{x}\cdot y\right].$$

因为$0<\dfrac{[x]}{x}\cdot y<y$,所以

$$\left[\frac{[x]}{x}\cdot y\right]\leqslant[y],$$

于是

$$[x]\left[\frac{y}{x}\right]\leqslant[y],\quad \text{或}\quad \left[\frac{y}{x}\right]\leqslant\frac{[y]}{[x]}.$$

(3) 不妨认为$n>0$,还可设$a\notin\mathbb{Z}$.于是$a=[a]+\{a\}$,其中$0<\{a\}<1$,可见题中不等式等价于$[a]>n\{a\}$.因为整数$n\leqslant a$,所以

$$n\leqslant[a]<\frac{[a]}{\{a\}}$$

于是原题得证. □

4.3 (1) 设n为正整数,x为任意实数,则

$$0\leqslant[x]-n\left[\frac{x}{n}\right]\leqslant n-1.$$

(2) 设n为正整数,x为任意实数,则

$$0\leqslant\frac{1}{n}[nx]-[x]\leqslant 1-\frac{1}{n}.$$

(3) 令$\delta(x)=[2x]-2[x]$,证明

$$\delta(x)=\begin{cases}1 & \text{当}\{x\}\geqslant\dfrac{1}{2}\text{时},\\[2ex] 0 & \text{当}\{x\}<\dfrac{1}{2}\text{时}.\end{cases}$$

解 (1) **解法1** 在问题4.1中取$x_1=\cdots=x_n=\frac{x}{n}$,得到

$$n\left[\frac{x}{n}\right]\leqslant[x]\leqslant n\left[\frac{x}{n}\right]+n-1,$$

由此立可推出所要的不等式.

解法2 我们有

$$x=n\cdot\frac{x}{n}=n\left[\frac{x}{n}\right]+n\left\{\frac{x}{n}\right\},$$

因此

$$[x]=n\left[\frac{x}{n}\right]+\left[n\left\{\frac{x}{n}\right\}\right],$$

或

$$[x]-n\left[\frac{x}{n}\right]=\left[n\left\{\frac{x}{n}\right\}\right]$$

注意

$$0\leqslant n\left\{\frac{x}{n}\right\}\leqslant n,$$

所以

$$0\leqslant\left[n\left\{\frac{x}{n}\right\}\right]\leqslant n-1,$$

由此推出所要的不等式.

(2) 等价于本题(1).例如,在题(1)中用nx代x,然后用n除得到的不等式,即得本题中的不等式.

(3) 在本题(1)中取$n=2$,并用$2x$代替x,可得

$$0\leqslant[2x]-2[x]\leqslant 1.$$

因为$[2x]-2[x]$是整数,所以$[2x]-2[x]=0$或1.注意,

$$[2x]-2[x]=(2x-\{2x\})-2(x-\{x\})=2\{x\}-\{2x\}$$

所以

$$[2x]-2[x]=2\{x\}-\{2x\}\in\{0,1\}.$$

若$\{x\}\geqslant\frac{1}{2}$,则$2\{x\}\geqslant 1$,并且$\{2x\}<1$,所以$2\{x\}\neq\{2x\}$,从而只能$2\{x\}-\{2x\}=1$;若$\{x\}<\frac{1}{2}$,则$2\{x\}$和$\{2x\}$ 都小于1,所以只能$2\{x\}-\{2x\}=0$.于是本题得证. □

4.4 (1) 若x是任意实数,n是正整数,则

$$[x]+\left[x+\frac{1}{n}\right]+\left[x+\frac{2}{n}\right]+\cdots+\left[x+\frac{n-1}{n}\right]=[nx].$$

(2) 设整数$n\geqslant 2$,则对每个正整数$k<n$,

$$\left[\frac{n-1}{k}\right]+\left[\frac{n-2}{k}\right]+\cdots+\left[\frac{n-k}{k}\right]=n-k.$$

解 (1) 下面给出4个解法,其中解法1和解法2类似,解法3及解法4各有特色.

解法1 因为$x=[x]+\{x\}$,其中$0\leqslant\{x\}<1$,所以存在整数$\sigma\in\{1,\cdots,n\}$,使得$(\sigma-1)/n\leqslant\{x\}<\sigma/n$. 于是$\sigma-1\leqslant n\{x\}<\sigma$,从而

$$[n\{x\}]=\sigma-1,$$

并且

$$\left[x+\frac{k}{n}\right]=\begin{cases}[x] & \text{当}0\leqslant k\leqslant n-\sigma\text{时},\\ [x]+1 & \text{当}n-\sigma+1\leqslant k\leqslant n-1\text{时}.\end{cases}$$

由此得到

$$\begin{aligned}\sum_{k=0}^{n-1}\left[x+\frac{k}{n}\right] &= \sum_{k=0}^{n-\sigma}\left[x+\frac{k}{n}\right]+\sum_{k=n-\sigma+1}^{n-1}\left[x+\frac{k}{n}\right]\\ &= (n-\sigma+1)[x]+(\sigma-1)([x]+1)\\ &= n[x]+\sigma-1=n[x]+[n\{x\}]=[n[x]]+[n\{x\}]\\ &= [n[x]+n\{x\}]=[n([x]+\{x\})]=[nx].\end{aligned}$$

解法2 如果$x=[x]+\{x\}$,其中

$$0\leqslant\{x\}<\frac{1}{n},$$

那么题中要证的等式两边都等于$n[x]$,所以本题已得证. 下面设

$$x=[x]+\{x\},\quad \frac{1}{n}\leqslant\{x\}<1.$$

记$a=n\{x\}$,则

$$x=[x]+\frac{a}{n},\quad a\in[1,n).$$

于是

$$\begin{aligned}
&[x]+\left[x+\frac{1}{n}\right]+\left[x+\frac{2}{n}\right]+\cdots+\left[x+\frac{n-1}{n}\right]\\
=&\sum_{k=0}^{n-1}\left[[x]+\frac{a+k}{n}\right]=\sum_{k=0}^{n-1}\left([x]+\left[\frac{a+k}{n}\right]\right)\\
=&n[x]+\sum_{j=1}^{n}\left[\frac{a+n-j}{n}\right]\\
=&n[x]+\sum_{j=1}^{[a]}\left[\frac{a+n-j}{n}\right]+\sum_{j=[a]+1}^{n}\left[\frac{a+n-j}{n}\right]\\
=&n[x]+\sum_{j=1}^{[a]}\left[1+\frac{a-j}{n}\right]+\sum_{j=[a]+1}^{n}\left[1-\frac{j-a}{n}\right]\\
=&n[x]+\sum_{j=1}^{[a]}1=n[x]+[a].
\end{aligned}$$

同时还有

$$[nx]=\left[n\left([x]+\frac{a}{n}\right)\right]=[n[x]+a]=n[x]+[a],$$

所以题中等式成立.

解法 3 由Euclid除法,

$$[nx]=nq+r,\quad 0\leqslant r<n.$$

于是

$$nq+r=[nx]\leqslant nx<[nx]+1<nq+r+1.$$

由此推出

$$q+\frac{r}{n}\leqslant x<q+\frac{r+1}{n},$$

从而

$$q+\frac{r+1}{n}\leqslant x+\frac{i}{n}<q+\frac{r+i+1}{n}.$$

因此,当$i=0,1,\cdots,n-r-1$时,

$$\left[x+\frac{i}{n}\right]=q;$$

当$i=n-r,n-r+1,\cdots,n-1$时,

$$\left[x+\frac{i}{n}\right]=q+1.$$

于是

$$\sum_{i=1}^{n-1}\left[x+\frac{i}{n}\right]=(n-r)q+r(q+1)=nq+r=[nx].$$

解法 4 设x是任意实数.令

$$f(x)=[nx]-\left([x]+\left[x+\frac{1}{n}\right]+\left[x+\frac{2}{n}\right]+\cdots+\left[x+\frac{n-1}{n}\right]\right).$$

那么只需证明$f(x)=0$.因为

$$\begin{aligned}&f\left(x+\frac{1}{n}\right)\\=&[nx+1]-\left[x+\frac{1}{n}\right]-\left[x+\frac{2}{n}\right]-\cdots-\left[x+\frac{n-1}{n}\right]-[x+1]\\=&[nx]-\left([x]+\left[x+\frac{1}{n}\right]+\left[x+\frac{2}{n}\right]+\cdots+\left[x+\frac{n-1}{n}\right]\right),\end{aligned}$$

所以

$$f\left(x+\frac{1}{n}\right)=f(x)\quad(x\in\mathbb{R}).$$

这表明$f(x)$是周期为$1/n$的周期函数.注意,当$x\in[0,1/n)$时,$f(x)=0$, 可见对任何实数x, $f(x)=0$.

(2) **解法 1** 由本题(1)可知,若x是任意实数,k是正整数,则

$$[x]+\left[x+\frac{1}{k}\right]+\left[x+\frac{2}{k}\right]+\cdots+\left[x+\frac{k-1}{k}\right]=[kx].$$

在其中取$x=(n-k)/k$,则得

$$\left[\frac{n-k}{k}\right]+\left[\frac{n-k+1}{k}\right]+\cdots+\left[\frac{n-k+(k-1)}{k}\right]=n-k.$$

这正是所要证的等式.

解法2 (i) 若$k \geqslant n/2$, 则$n/k \leqslant 2$,所以当$1 \leqslant i \leqslant k(< n)$时,

$$0 < \frac{n-i}{k} < \frac{n}{k} \leqslant 2,$$

从而

$$\left[\frac{n-i}{k}\right] \leqslant 1.$$

注意$(n-i)/k \geqslant 1 \Leftrightarrow i \leqslant n-k$,我们得到

$$\sum_{i=1}^{k}\left[\frac{n-i}{k}\right] = \sum_{i=1}^{n-k}\left[\frac{n-i}{k}\right] = \sum_{i=1}^{n-k} 1 = n-k.$$

(ii) 若$k < n/2$,则$n > 2k(> k)$,所以有正整数a使得$n = ak + r$,其中$0 \leqslant r < k$.由此可知

$$\begin{aligned}
&\sum_{i=1}^{k}\left[\frac{n-i}{k}\right] = \sum_{i=1}^{k}\left[\frac{ak+r-i}{k}\right] \\
= &\sum_{i=1}^{r}\left[\frac{ak+r-i}{k}\right] + \sum_{i=r+1}^{k}\left[\frac{ak+r-i}{k}\right] \\
= &\sum_{i=1}^{r}\left[\frac{ak+r-i}{k}\right] + \sum_{i=r+1}^{n}\left[\frac{(a-1)k+(k+r-i)}{k}\right] \\
= &\sum_{i=1}^{r} a + \sum_{i=r+1}^{k}(a-1) \\
= &ra + (k-r)(a-1) \\
= &ak + r - k = n - k.
\end{aligned}$$

于是本题得证. □

4.5 设$f(x) = \{x\} - 1/2$,证明:

$$\sum_{k=0}^{n-1} f\left(x + \frac{k}{n}\right) = f(nx).$$

解 应用$\{a\}=a-[a]$,得到

$$\begin{aligned}\sum_{k=0}^{n-1} f\left(x+\frac{k}{n}\right) &= \sum_{k=0}^{n-1}\left(x+\frac{k}{n}-\frac{1}{2}\right)-\sum_{k=0}^{n-1}\left[x+\frac{k}{n}\right] \\ &= \sum_{k=0}^{n-1}\left(x-\frac{1}{2}\right)+\sum_{k=0}^{n-1}\frac{k}{n}-\sum_{k=0}^{n-1}\left[x+\frac{k}{n}\right] \\ &= n\left(x-\frac{1}{2}\right)+\frac{1}{n}\cdot\frac{n(n-1)}{2}-\sum_{k=0}^{n-1}\left[x+\frac{k}{n}\right].\end{aligned}$$

对最后式的第三项应用问题4.4(1),即知上式等于

$$nx-\frac{1}{2}-[nx]=\{nx\}-\frac{1}{2}=f(nx).$$ □

4.6 (1) 求所有实数对(a,b),满足

$$a[bn]=b[an] \quad (\forall n\in\mathbb{N}).$$

(2) 若$x_1,x_2,\cdots,x_k$是正实数,并且对所有正整数n,

$$[n(x_1+x_2+\cdots+x_k)]=[nx_1]+[nx_2]+\cdots+[nx_k],$$

则$x_1,x_2,\cdots,x_k$中至多有一个不是整数.

解 (1) 显然,若$ab=0$,或$a=b$,或a,b都是整数,则

$$a[bn]=b[an] \quad (\forall n\in\mathbb{N}). \tag{4.6.1}$$

我们证明:满足式(4.6.1)的实数对(a,b)就只有上述3种情形.为此我们只需证明:若$ab\neq 0,a\neq b$,并且式(4.6.1)成立,则a,b都是整数.

(i) 首先证明:若$ab\neq 0,a\neq b$,并且式(4.6.1)成立,则

$$[2^i a]=2^i[a], \quad [2^i b]=2^i[b] \quad (i\in\mathbb{N}) \tag{4.6.2}$$

对i应用数学归纳法.先考虑$i=1$的情形.在式(4.6.1)中取$n=1$,则有

$$a[b]=b[a], \tag{4.6.3}$$

记$[a]=m,[b]=k$,那么$m\leqslant a<m+1,k\leqslant b<k+1$,于是

$$2m\leqslant 2a<2m+2,\quad 2k\leqslant 2b<2k+2.$$

因此,或者$2m\leqslant 2a<2m+1$,或者$2m+1\leqslant 2a<2m+2$;于是

$$[2a]=2m=2[a],\quad \text{或者}\quad [2a]=2m+1=2[a]+1. \tag{4.6.4}$$

类似地,可知

$$[2b]=2k=2[b],\quad \text{或者}\quad [2b]=2k+1=2[b]+1. \tag{4.6.5}$$

依式(4.6.4)和(4.6.5),我们面对下列4种可能情形:

情形1. $[2a]=2[a],\quad [2b]=2[b]+1.$ (4.6.6)

那么,在式(4.6.1)中取$n=2$,则有

$$a[2b]=b[2a],$$

将式(4.6.6)代入上式,得到

$$a(2[b]+1)=b\cdot 2[a],\quad 2a[b]+a=2b[a],$$

由此及式(4.6.3)推出$a=0$,这与假设矛盾.

情形2. $[2a]=2[a]+1,\quad [2b]=2[b].$

那么,可类似地导出$b=0$,与假设矛盾.

情形3. $[2a]=2[a]+1,\quad [2b]=2[b]+1.$

那么,也可类似地导出$a=b$,与假设矛盾.

因此,我们得知只可能:

情形4. $[2a]=2m=2[a],\quad [2b]=2k=2[b].$

上式成立,于是,我们证明了式(4.6.2)当$i=1$时成立.

下面设$s\geqslant 1$,式(4.6.2)当$i=s$时成立,即

$$[2^sa]=2^s[a](=2^sm),\quad [2^sb]=2^s[b](=2^sk).$$

那么

$$2^s m=[2^s a]\leqslant 2^s a<[2^s a]+1=2^s m+1,\quad 2^s k\leqslant 2^s b<2^s k+1,$$

于是

$$2^{s+1}m\leqslant 2^{s+1}a<2^{s+1}m+2,\quad 2^{s+1}k\leqslant 2^{s+1}b<2^{s+1}k+2,$$

类似地,得出式(4.6.4)和式(4.6.5)的推理,我们由此得到

$$[2^{s+1}a]=2^{s+1}m=2^{s+1}[a],\quad \text{或者}\quad [2^{s+1}a]=2^{s+1}m+1=2^{s+1}[a]+1;$$
$$[2^{s+1}b]=2^{s+1}k=2^{s+1}[b],\quad \text{或者}\quad [2^{s+1}b]=2^{s+1}k+1=2^{s+1}[b]+1.$$

在式(4.6.1)中取$n=2^{s+1}$,则有$a[2^{s+1}b]=b[2^{s+1}a]$.应用此式及式(4.6.3)可推出:在$([2^{s+1}a],[2^{s+1}b])$取值可能的4种组合中,只有

$$[2^{s+1}a](=2^{s+1}m)=2^{s+1}[a],\quad [2^{s+1}b](=2^{s+1}k)=2^{s+1}[b]$$

成立.于是我们完成了式(4.6.2)的归纳证明.

(ii) 由式(4.6.2)得到

$$2^i[a]=[2^i a]\leqslant 2^i a<[2^i a]+1=2^i[a]+1\quad (i\geqslant 1),$$

所以

$$[a]\leqslant a<[a]+\frac{1}{2^i}\quad (i\geqslant 1).$$

令$i\to\infty$,立得$a=[a]$,因此a是整数.同理可证,b也是整数.

(2) 设$x_i=[x_i]+r_i(i=1,2,\cdots,k),0\leqslant r_i<1\,(i=1,2,\cdots,k)$,那么题中等式等价于(对于任何正整数$n$)

$$[n(r_1+r_2+\cdots+r_k)]=[nr_1]+[nr_2]+\cdots+[nr_k].\tag{4.6.7}$$

我们只需证明:若式(4.6.7)成立,则$r_1,r_2,\cdots,r_k$中至多有一个不等于零.下面用反证法证明.

(i) 设(例如)$r_1,r_2\neq 0$.首先证明:对于任何正整数n,

$$[n(r_1+r_2)]=[nr_1]+[nr_2].\tag{4.6.8}$$

若$k=2$,则式(4.6.7)就是式(4.6.8),所以自然成立.若$k\geqslant 3$,但式(4.6.8)不成立.因为对于任何$a,b>0$,

$$[a+b]\geqslant[a]+[b], \tag{4.6.9}$$

所以我们有

$$[n(r_1+r_2)]>[nr_1]+[nr_2].$$

反复应用不等式(4.6.9),并且最后应用上式,可得

$$\begin{aligned}
&\quad [n(r_1+r_2+\cdots+r_k)]\\
&= [n(r_1+r_2)+n(r_3+\cdots+r_k)]\\
&\geqslant [n(r_1+r_2)]+[n(r_3+\cdots+r_k)]\\
&\geqslant [n(r_1+r_2)]+[nr_3]+[n(r_4+\cdots+r_k)]\\
&\geqslant \cdots\geqslant[n(r_1+r_2)]+[nr_3]+[n(r_4]+\cdots+[nr_k]\\
&> [nr_1]+[nr_2]+\cdots+[nr_k],
\end{aligned}$$

这与式(4.6.7)矛盾.因此对于$k\geqslant 3$的情形,式(4.6.8)也成立.

(ii) 用2进制表示,有

$$r_1=2^{-a_1}+\cdots+2^{-a_s},\quad r_2=2^{-b_1}+\cdots+2^{-b_t},$$

其中正整数a_i以及b_j分别单调增加,还可设$b_t\geqslant a_s$.如果$r_1+r_2\geqslant 1$, 那么式(4.6.7)在$n=1$时显然不成立.因此$r_1+r_2<1$.我们取正整数

$$n=2^{b_t}-1.$$

那么,对此n值,式(4.6.8)的左边

$$\begin{aligned}
&\quad [n(r_1+r_2)]\\
&= \left[\sum_{i=1}^{s}2^{b_t-a_i}+\sum_{j=1}^{t}2^{b_t-b_j}-(r_1+r_2)\right]\\
&= \sum_{i=1}^{s}2^{b_t-a_i}+\sum_{j=1}^{t}2^{b_t-b_j}-1
\end{aligned}$$

(这里用到$r_1+r_2<1$);而式(4.6.8)的右边

$$\begin{aligned}[nr_1]+[nr_2] &= \left[\sum_{i=1}^{s}2^{b_t-a_i}-r_1\right]+\left[\sum_{j=1}^{t}2^{b_t-b_j}-r_2\right]\\ &= \sum_{i=1}^{s}2^{b_t-a_i}-1+\sum_{j=1}^{t}2^{b_t-b_j}-1\\ &= \sum_{i=1}^{s}2^{b_t-a_i}+\sum_{j=1}^{t}2^{b_t-b_j}-2\end{aligned}$$

(这里用到$0\leqslant r_1,r_2<1$).可见对所选择的n值,式(4.6.8)不成立. 于是我们得到矛盾.因此本题得证. □

4.7 (1) 设$a\leqslant x<b$, $b-a\leqslant 1$.证明:$[x]\geqslant[a]$; 并且若区间(a,b)不含整数,则$[x]=[a]$,若(a,b)含整数,则$[x]$取值为$[a]$或$[a]+1$之一.

(2) 设$s>1$是整数,令

$$\delta(t)=\frac{t}{s-1}-\left[\frac{t}{s}\right]-1.$$

证明:

(i) $\delta\big(t+s(s-1)\big)=\delta(t)+1$.

(ii) 当$s\leqslant t\leqslant s(s-1)$时, $\delta(t)\leqslant\left\{\dfrac{t}{s-1}\right\}$.

解 (1) 若区间(a,b)不含整数,则$[a]\leqslant a<x$.因为在$[a]$和a之间,以及a和x之间不含任何整数,所以$[a]$和x之间不含任何整数,可见$[a]$是不超过x的最大整数,于是$[x]=[a]$.

若(a,b)中含整数,则因为区间(a,b)的长度$b-a\leqslant 1$,所以(a,b)中只可能含一个整数,我们将此整数记为ξ.于是$[a]\leqslant a<\xi$,并且在两个整数$[a]$和ξ之间没有任何整数,所以

$$\xi=[a]+1.$$

如果$\xi\in(a,x]$,那么ξ与x之间没有任何整数,所以ξ是不超过x的最大整数, 从而$[x]=\xi=[a]+1$.如果$\xi\in(x,b)$,那么$[a]$与x之间没有任何整数,所

以$[x]=[a]$. 合起来可知$[x]\geqslant[a]$,并且$[x]$的取值只可能是$[a]$或$[a]+1$之一.

(2) (i) 我们有

$$\begin{aligned}
&\delta\big(t+s(s-1)\big)\\
=\ &\frac{t+s(s-1)}{s-1}-\left[\frac{t+s(s-1)}{s}\right]-1\\
=\ &s+\frac{t}{s-1}-\left[(s-1)+\frac{t}{s}\right]-1\\
=\ &s+\frac{t}{s-1}-(s-1)-\left[\frac{t}{s}\right]-1\\
=\ &\frac{t}{s-1}-\left[\frac{t}{s}\right]=\delta(t)+1.
\end{aligned}$$

(ii) $t=0$时不等式显然成立.下面设$t>0$.我们有

$$\left[\frac{t}{s}\right]+1=\left[\frac{t}{s}+1\right],$$

以及

$$\begin{aligned}
\frac{t}{s}+1 &= \frac{t}{s-1}+\frac{t}{s}-\frac{t}{s-1}+1\\
&= \frac{t}{s-1}+\left(1-\frac{t}{s(s-1)}\right).
\end{aligned}$$

因为$s\leqslant t\leqslant s(s-1)$,所以

$$\frac{1}{s-1}\leqslant\frac{t}{s(s-1)}\leqslant 1,$$

从而

$$0\leqslant 1-\frac{t}{s(s-1)}\leqslant 1-\frac{1}{s-1}<1,$$

于是

$$\frac{t}{s-1}\leqslant\frac{t}{s-1}+\left(1-\frac{t}{s(s-1)}\right)\leqslant\frac{t}{s-1}+1.$$

依本题(1)推出

$$\left[\frac{t}{s}\right]+1\geqslant\left[\frac{t}{s-1}\right],$$

从而

$$\delta(t) \leqslant \frac{t}{s-1} - \left[\frac{t}{s-1}\right] = \left\{\frac{t}{s-1}\right\}. \qquad \square$$

注 由本题(1)可知:$a \leqslant x < a+1$并不蕴涵$[x]=[a]$;而是$[x] \geqslant [a]$.

4.8 设$x>0, n$是正整数,证明:

$$[nx] \geqslant \frac{[x]}{1} + \frac{[2x]}{2} + \cdots + \frac{[nx]}{n}.$$

解 下面给出7种解法.其中解法1最简单.

解法1 若x是整数,则题中不等式成为等式.下面设$x>0$不是整数.还可设$n \geqslant 2$.依问题8.8(1),存在有理数θ使得$[kx]=[k\theta](k=1,2,\cdots,n-1,n)$,并且$[nx]=n\theta$.于是,

$$\begin{aligned}
[nx] &= n\theta = \frac{\theta}{1} + \frac{2\theta}{2} + \cdots + \frac{n\theta}{n} \\
&\geqslant \frac{[\theta]}{1} + \frac{[2\theta]}{2} + \cdots + \frac{[n\theta]}{n} \\
&= \frac{[x]}{1} + \frac{[2x]}{2} + \cdots + \frac{[nx]}{n}.
\end{aligned}$$

解法2 存在整数$k>1, n \geqslant 1$使得

$$\frac{k-1}{n} \leqslant x < \frac{k}{n}.$$

设$(n,k)=d$,则$n=n_1 d, k=k_1 d, (n_1,k_1)=1$;并且$k/n=k_1/n_1$.设对于$i<n_1$,

$$ik_1 \equiv a_i \pmod{n_1}, \tag{4.8.1}$$

其中$a_i \in \{1,2,\cdots,n_1\}$.那么当$i<n_1$时,

$$[ix] \leqslant \left[i \cdot \frac{k}{n}\right] = \left[i \cdot \frac{k_1}{n_1}\right] = i \cdot \frac{k_1}{n_1} - \frac{a_i}{n_1} = i \cdot \frac{k}{n} - \frac{a_i}{n_1}. \tag{4.8.2}$$

又因为$n_1 k_1 \equiv n_1 \pmod{n_1}$,所以$a_{n_1}=n_1$.又由$x<k/n$可知

$$n_1 x < (n_1/n)k \leqslant k,$$

于是推出

$$[n_1x]\leqslant k-1\leqslant n_1\cdot\frac{k}{n}-1=n_1\cdot\frac{k}{n}-\frac{a_{n_1}}{n_1},$$

这表明式(4.8.2)对于$i=n_1$也成立.于是我们有

$$\begin{aligned}\sum_{i=1}^{n}\frac{[ix]}{i} &= \sum_{i=1}^{n_1}\frac{[ix]}{i}+\sum_{i=n_1+1}^{n}\frac{[ix]}{i}\\ &\leqslant \sum_{i=1}^{n_1}\frac{1}{i}\left(i\cdot\frac{k}{n}-\frac{a_i}{n_1}\right)+\sum_{i=n_1+1}^{n}\frac{[ix]}{i}\\ &\leqslant n_1\cdot\frac{k}{n}-\frac{1}{n_1}\sum_{i=1}^{n_1}\frac{a_i}{i}+\sum_{i=n_1+1}^{n}\frac{ix}{i}\\ &= n_1\cdot\frac{k}{n}-\frac{1}{n_1}\sum_{i=1}^{n_1}\frac{a_i}{i}+(n-n_1)x.\end{aligned}\tag{4.8.3}$$

因为集合$\{1,2,\cdots,n_1\}=\{a_1,a_2,\cdots,a_{n_1}\}$,所以由排序不等式(见本题解后的注1°)得到

$$\sum_{i=1}^{n_1}\frac{a_i}{i}=\sum_{i=1}^{n_1}\frac{1}{i}\cdot a_i\geqslant\sum_{i=1}^{n_1}\frac{1}{i}\cdot i=n_1.$$

由此及式(4.8.3)(并注意$(k-1)/n\leqslant x<k/n$)立得

$$\sum_{i=1}^{n}\frac{[ix]}{i}\leqslant n_1\cdot\frac{k}{n}-\frac{1}{n_1}\cdot n_1+(n-n_1)\frac{k}{n}=k-1=[nx].$$

解法3 记$\varphi(k)=[kx](k\in\mathbb{N}),\varphi(0)=0$. 由式(4.6.9)可知

$$\varphi(k)\geqslant\varphi(i)+\varphi(k-i)\quad(0\leqslant i\leqslant k).\tag{4.8.4}$$

在其中令$i=0,1,\cdots,k$,将得到的$k+1$个不等式相加,有

$$(k+1)\varphi(k)\geqslant 2\big(\varphi(1)+\varphi(2)+\cdots+\varphi(k)\big),$$

于是

$$\frac{k+1}{2}\varphi(k)\geqslant\varphi(1)+\varphi(2)+\cdots+\varphi(k).\tag{4.8.5}$$

将等式

$$\frac{1}{k(k+1)}=\frac{1}{k}-\frac{1}{k+1}(>0)$$

与上述不等式(边边)相乘,得到

$$\frac{1}{2k}\varphi(k) \geqslant \left(\frac{1}{k}-\frac{1}{k+1}\right)\big(\varphi(1)+\varphi(2)+\cdots+\varphi(k)\big).$$

在此不等式中令$k=1,2,\cdots,n$,将所得n个不等式相加,有

$$\begin{aligned}
&\frac{1}{2}\sum_{k=1}^{n}\frac{1}{k}\varphi(k)\\
\geqslant\ &\sum_{k=1}^{n}\left(\frac{1}{k}-\frac{1}{k+1}\right)\big(\varphi(1)+\varphi(2)+\cdots+\varphi(k)\big)\\
=\ &\sum_{k=1}^{n}\frac{1}{k}\big(\varphi(1)+\varphi(2)+\cdots+\varphi(k)\big)-\\
&\sum_{k=2}^{n+1}\frac{1}{k}\big(\varphi(1)+\varphi(2)+\cdots+\varphi(k-1)\big)\\
=\ &\sum_{k=1}^{n}\frac{1}{k}\varphi(k)-\frac{1}{n+1}\big(\varphi(1)+\varphi(2)+\cdots+\varphi(n)\big),
\end{aligned}$$

由此得出

$$\sum_{k=1}^{n}\frac{1}{k}\varphi(k) \leqslant \frac{2}{n+1}\big(\varphi(1)+\varphi(2)+\cdots+\varphi(n)\big). \tag{4.8.6}$$

又在不等式(4.8.5)中令$k=n$,然后两边乘以$2/(n+1)$,得到

$$\varphi(n) \geqslant \frac{2}{n+1}\big(\varphi(1)+\varphi(2)+\cdots+\varphi(n)\big),$$

由此不等式及式(4.8.6)立知

$$\varphi(n) \geqslant \varphi(1)+\frac{1}{2}\varphi(2)+\cdots+\frac{1}{n-1}\varphi(n-1)+\frac{1}{n}\varphi(n).$$

解法4 对n用数学归纳法.当$n=1$时命题显然成立.设命题对于不超过n的自然数成立,即

$$\varphi(k) \geqslant \varphi(1)+\frac{1}{2}\varphi(2)+\cdots+\frac{1}{k}\varphi(k) \quad (k=1,2,\cdots,n-1),$$

要证明对于自然数n命题也成立.为此在式(4.8.4)中令$k=n, i=1,2,\cdots,n-1$,将由此得到的$n-1$个不等式相加,有

$$(n-1)\varphi(n) \geqslant 2\big(\varphi(1)+\varphi(2)+\cdots+\varphi(n-1)\big)=2\Phi,$$

其中已记$\Phi=\varphi(1)+\varphi(2)+\cdots+\varphi(n-1)$.由归纳假设,

$$\begin{aligned}\Phi &\geqslant \varphi(1)+\left(\varphi(1)+\frac{1}{2}\varphi(2)\right)+\left(\varphi(1)+\frac{1}{2}\varphi(2)+\frac{1}{3}\varphi(3)\right)+\cdots+\\ &\quad \left(\varphi(1)+\frac{1}{2}\varphi(2)+\cdots+\frac{1}{n-1}\varphi(n-1)\right),\end{aligned}$$

所以

$$\begin{aligned}2\Phi &= \left(\varphi(1)+\varphi(2)+\cdots+\varphi(n-1)\right)+\varphi(1)+\varphi(2)+\cdots+\varphi(n-1)\\ &\geqslant n\varphi(1)+\left(1+\frac{n-2}{2}\right)\varphi(2)+\left(1+\frac{n-3}{3}\right)\varphi(3)+\cdots+\\ &\quad \left(1+\frac{1}{n-1}\right)\varphi(n-1)\\ &= n\left(\varphi(1)+\frac{1}{2}\varphi(2)+\cdots+\frac{1}{n-1}\varphi(n-1)\right)\\ &= n\left(\varphi(1)+\frac{1}{2}\varphi(2)+\cdots+\frac{1}{n-1}\varphi(n-1)+\frac{1}{n}\varphi(n)\right)-\varphi(n).\end{aligned}$$

于是

$$\begin{aligned}(n-1)\varphi(n) &\geqslant 2\Phi\\ &\geqslant n\left(\varphi(1)+\frac{1}{2}\varphi(2)+\cdots+\frac{1}{n-1}\varphi(n-1)+\frac{1}{n}\varphi(n)\right)-\varphi(n).\end{aligned}$$

从而

$$n\varphi(n)\geqslant n\left(\varphi(1)+\frac{1}{2}\varphi(2)+\cdots+\frac{1}{n-1}\varphi(n-1)+\frac{1}{n}\varphi(n)\right).$$

由此立得所要证明的不等式.于是完成归纳证明.

解法 5 对n用数学归纳法,当$n=1$时命题显然成立. 现在进行归纳证明的第二步.设对于每个$k=1,2,\cdots,n-1$有

$$\varphi(k)\geqslant\varphi(1)+\frac{1}{2}\varphi(2)+\cdots+\frac{1}{k}\varphi(k). \tag{4.8.7}$$

要证明当$k=n$时,此不等式也成立.

如果存在某个$k\in\{1,2,\cdots,n-1\}$有不等式

$$\varphi(n)\geqslant\varphi(k)+\frac{1}{k+1}\varphi(k+1)+\cdots+\frac{1}{n}\varphi(n),$$

那么由此及(4.8.7)中对应于此k值的不等式,立即推出题中的不等式对于n也成立.

下面设对于任何$k=1,2,\cdots,n-1$,

$$\varphi(n)<\varphi(k)+\frac{1}{k+1}\varphi(k+1)+\cdots+\frac{1}{n}\varphi(n). \tag{4.8.8}$$

要证明题中的不等式对n也成立.用反证法.设

$$\varphi(n)<\varphi(1)+\frac{1}{2}\varphi(2)+\cdots+\frac{1}{n}\varphi(n),$$

那么

$$2\varphi(n)<2\left(\varphi(1)+\frac{1}{2}\varphi(2)+\cdots+\frac{1}{n}\varphi(n)\right).$$

将不等式(4.8.8)(其中$k=2,3,\cdots,n-1$,共$n-2$个)与上式相加,得到

$$\begin{aligned}n\varphi(n) &< 2\left(\varphi(1)+\frac{1}{2}\varphi(2)+\cdots+\frac{1}{n}\varphi(n)\right)+\\ &\quad \left(\varphi(2)+\frac{1}{3}\varphi(3)+\cdots+\frac{1}{n}\varphi(n)\right)+\\ &\quad \left(\varphi(3)+\frac{1}{4}\varphi(4)+\cdots+\frac{1}{n}\varphi(n)\right)+\cdots+\\ &\quad \left(\varphi(n-1)+\frac{1}{n}\varphi(n)\right).\end{aligned}$$

因为上式右边等于(首先将各括号中的第一加项相加)

$$\begin{aligned}&\big(2\varphi(1)+\varphi(2)+\cdots+\varphi(n-1)\big)+\\ &2\left(\frac{1}{2}\varphi(2)+\frac{1}{3}\varphi(3)+\cdots+\frac{1}{n}\varphi(n)\right)+\\ &\left(\frac{1}{3}\varphi(3)+\frac{1}{4}\varphi(4)+\cdots+\frac{1}{n}\varphi(n)\right)+\\ &\left(\frac{1}{4}\varphi(4)+\cdots+\frac{1}{n}\varphi(n)\right)+\cdots+\left(\frac{1}{n}\varphi(n)\right)\\ =\ &\big(2\varphi(1)+\varphi(2)+\cdots+\varphi(n-1)\big)+\\ &2\cdot\frac{1}{2}\varphi(2)+(2+1)\cdot\frac{1}{3}\varphi(3)+(2+2)\cdot\frac{1}{4}\varphi(4)+\cdots+\\ &\big(2+(n-2)\big)\cdot\frac{1}{n}\varphi(n)\\ =\ &2\big(\varphi(1)+\varphi(2)+\cdots+\varphi(n-1)\big)+\varphi(n),\end{aligned}$$

所以

$$n\varphi(n) < 2\big(\varphi(1) + \varphi(2) + \cdots + \varphi(n-1)\big) + \varphi(n). \tag{4.8.9}$$

又在不等式(4.8.4)中取$k = n, i = 1, 2, \cdots, n-1$,然后将所得$n-1$个不等式相加,有

$$2\big(\varphi(1) + \varphi(2) + \cdots + \varphi(n-1)\big) \leqslant (n-1)\varphi(n).$$

由此及不等式(4.8.9)推出

$$n\varphi(n) < (n-1)\varphi(n) + \varphi(n) = n\varphi(n),$$

于是得到矛盾,从而完成归纳证明.

解法6 令

$$x_k = \frac{[x]}{1} + \frac{[2x]}{2} + \cdots + \frac{[kx]}{k} \quad (k \geqslant 1)$$

则有递推关系式

$$x_k = x_{k-1} + \frac{[kx]}{k} \quad (k \geqslant 2). \tag{4.8.10}$$

题中的不等式可改写为

$$x_n \leqslant [nx]. \tag{4.8.11}$$

我们对n用数学归纳法来证明不等式(L3.5.11).当$n=1$时,显然$x_1 = [1x]/1$.设

$$x_k \leqslant [kx] \quad (k = 1, 2, \cdots, n-1). \tag{4.8.12}$$

要证明当$k = n$时不等式(4.8.12)也成立.依递推关系式(4.8.10),有

$$\begin{aligned}
&nx_n = nx_{n-1} + [nx] = (n-1)x_{n-1} + x_{n-1} + [nx],\\
&(n-1)x_{n-1} = (n-2)x_{n-2} + x_{n-2} + [(n-1)x],\\
&(n-2)x_{n-2} = (n-3)x_{n-3} + x_{n-3} + [(n-2)x],\\
&\qquad\qquad \vdots\\
&3x_3 = 2x_2 + x_2 + [3x],\\
&2x_2 = x_1 + x_1 + [2x].
\end{aligned}$$

将上列各式相加,得到

$$\begin{aligned} nx_n &= x_{n-1}+x_{n-2}+\cdots+x_2+x_1+x_1+ \\ &\quad [nx]+[(n-1)x]+\cdots+[2x]. \end{aligned}$$

应用归纳假设(4.8.12),由此推出

$$\begin{aligned} nx_n &\leqslant [(n-1)x]+[(n-2)x]+\cdots+[2x]+[x]+[x]+ \\ &\quad [nx]+[(n-1)x]+\cdots+[2x] \\ &= \big([(n-1)x]+[x]\big)+\big([(n-2)x]+[2x]\big)+\cdots+ \\ &\quad \big([2x]+[(n-2)x]\big)+\big([x]+[(n-1)x]\big)+[nx]. \end{aligned}$$

由式(4.8.9)可知

$$nx_n \leqslant [nx]+[nx]+\cdots+[nx]+[nx]+[nx]=n[nx],$$

因此$x_n \leqslant [nx]$.此即不等式(4.8.11).于是完成归纳证明.

解法 7 由式(4.6.9)可知,当$i+j \leqslant n, i,j \geqslant 0$时$\varphi(i+j) \geqslant \varphi(i)+\varphi(j)$.因此,若

$$i_1+i_2+\cdots+i_n=n \quad (0 \leqslant i_k \leqslant n),$$

则

$$\varphi(n) \geqslant \varphi(i_1)+\varphi(i_2)+\cdots+\varphi(i_n).$$

由组合矩阵论中的一个结果(见本题解后的注2°)可知,存在一个$n! \times n$矩阵$\boldsymbol{A}_n=(a_{jk})$,其所有元素属于集合$\{0,1,\cdots,n\}$,每行元素之和等于$n$,并且在全部$n \times n!$个元素中,恰有$n!$个1,$n!/2$个2,$\cdots\cdots$,$n!/n$个$n$.于是

$$\varphi(n) \geqslant \varphi(a_{j1})+\varphi(a_{j2})+\cdots+\varphi(a_{jn}) \quad (j=1,2,\cdots,n!).$$

将此$n!$个不等式相加,可得

$$n!\varphi(n) \geqslant n!\varphi(1)+\frac{n!}{2}\varphi(2)+\cdots+\frac{n!}{n}\varphi(n).$$

由此立得所要的不等式. □

注 1° 排序不等式:设$n \geqslant 2$,实数$x_1,x_2,\cdots,x_n$和$y_1,y_2,\cdots,y_n$满足

$$x_1 \leqslant x_2 \leqslant \cdots \leqslant x_n, \quad y_1 \leqslant y_2 \leqslant \cdots \leqslant y_n;$$

还设$z_1, z_2, \cdots, z_n$是$y_1, y_2, \cdots, y_n$按任意顺序的一个排列,记

$$\mathscr{A}_n = x_1y_n + x_2y_{n-1} + \cdots + x_ny_1,$$
$$\mathscr{B}_n = x_1y_1 + x_2y_2 + \cdots + x_ny_n,$$
$$\mathscr{C}_n = x_1z_1 + x_2z_2 + \cdots + x_nz_n$$

(它们分别称为两组实数x_i和y_i的反序和,顺序和及乱序和).则

$$\mathscr{A}_n \leqslant \mathscr{C}_n \leqslant \mathscr{B}_n,$$

并且当且仅当$x_1 = x_2 = \cdots = x_n$,或$y_1 = y_2 = \cdots = y_n$时$\mathscr{A}_n = \mathscr{C}_n = \mathscr{B}_n$.

这个不等式可用数学归纳法证明,对此可参见朱尧辰的《极值问题的初等解法》(中国科学技术大学出版社,2015年),201页.

2° 解法7用到下列结果:

辅理 设$n \geqslant 1$.那么存在一个$n! \times n$矩阵$\boldsymbol{A}^{(n)} = (a_{jk})$,其所有元素属于集合$\{0, 1, \cdots, n\}$,每行元素之和等于$n$,并且在全部$n \cdot n!$个元素中,恰有$n!$个$1, n!/2$个$2, \cdots\cdots, n!/n$个$n$.

证 对n用数学归纳法.显然$1! \times 1$矩阵$\boldsymbol{A}^{(1)} = (1)$合乎要求. $2! \times 2$矩阵

$$\boldsymbol{A}^{(2)} = \begin{pmatrix} 1 & \boldsymbol{A}^{(1)} \\ 2 & 0 \end{pmatrix} = \begin{pmatrix} 1 & 1 \\ 2 & 0 \end{pmatrix}$$

也合乎要求.设$n! \times n$矩阵$\boldsymbol{A}^{(n)} = (a_{ij})$具有性质:

(i) 所有元素属于集合$\{0, 1, \cdots, n\}$;
(ii) 各行元素之和等于n;
(iii) 在全部$n \cdot n!$个元素中,恰有$n!$个$1, n!/2$个$2, \cdots\cdots, n!/n$个n.
(iv) 第1列出现元素$1, 2, \cdots, n$恰好各$(n-1)!$次.

其中性质 (iv) 是我们附加的,显然 $\boldsymbol{A}^{(1)}$ 和 $\boldsymbol{A}^{(2)}$ 具有此性质.设$\mathbf{a}_i = (a_{i1}, a_{i2}, \cdots, a_{in})$是$\boldsymbol{A}^{(n)}$的第$i$行,定义

$$\widetilde{\mathbf{a}}_i = (a_{i1} + 1, a_{i2}, \cdots, a_{in}) \quad (i = 1, 2, \cdots, n!).$$

令$n\cdot n!\times n$矩阵

$$\widetilde{\boldsymbol{A}}^{(n)}=\begin{pmatrix}\widetilde{\mathbf{a}}_1\\ \vdots\\ \widetilde{\mathbf{a}}_1\\ \vdots\\ \widetilde{\mathbf{a}}_{n!}\\ \vdots\\ \widetilde{\mathbf{a}}_{n!}\end{pmatrix},$$

其中每个$\widetilde{\mathbf{a}}_i$重复n次.记$n!\times(n+1)$矩阵

$$\boldsymbol{P}=\begin{pmatrix}1 & \\ \vdots & \boldsymbol{A}^{(n)}\\ 1 & \end{pmatrix}$$

以及$n\cdot n!\times(n+1)$矩阵

$$\boldsymbol{Q}=\begin{pmatrix} & 0\\ \widetilde{\boldsymbol{A}}^{(n)} & \vdots\\ & 0\end{pmatrix},$$

那么矩阵

$$\boldsymbol{A}^{(n+1)}=\begin{pmatrix}\boldsymbol{P}\\ \boldsymbol{Q}\end{pmatrix}$$

就是具有相应性质的$(n+1)!\times(n+1)$矩阵.

事实上,性质(i)和(ii)(其中n换成$n+1$)显然成立,性质(iv)(其中n换成$n+1$)也容易直接验证. 我们来证明满足相应的性质(iii).因为矩阵$\boldsymbol{P}$中第1列含$n!$个元素1,由归纳假设可知第2列到第$n+1$列(即矩阵$\boldsymbol{A}^{(n)}$)含$n!$个元素1,所以矩阵$\boldsymbol{P}$中元素1的个数是$2n!$.对于矩阵$\boldsymbol{Q}$,由于$\mathbf{a}_i$换成$\widetilde{\mathbf{a}}_i$共被换掉$n\cdot(n-1)!$个元素1,所以$\boldsymbol{Q}$中剩下的元素1的个数为$n\cdot n!-n(n-1)!$.于是在矩阵$\boldsymbol{A}^{(n+1)}$的元素中1出现的次数等于

$$2n!+n\cdot n!-n(n-1)!=n!+n\cdot n!=(n+1)!.$$

对于值为$k(\geqslant 2)$的元素个数,由归纳假设可知,在矩阵$\boldsymbol{P}$中为$n!/k$,类似于刚才的推理可知在矩阵$\boldsymbol{Q}$中为

$$n\cdot\frac{n!}{k}-n(n-1)!,$$

因此,在矩阵$\boldsymbol{A}^{(n+1)}$中元素k的个数为

$$\begin{aligned}&\frac{n!}{k}+n\cdot\frac{n!}{k}-n(n-1)!\\=\ &(n+1)\cdot\frac{n!}{k}-n!\\=\ &n!\left(\frac{n+1}{k}-1\right)=\frac{(n+1)!}{k}.\end{aligned}$$

因此,矩阵$\boldsymbol{A}^{(n+1)}$具有所有要求的性质.于是完成归纳证明.

4.9 设整数$a>1$无平方因子,实数$\alpha>0$满足$a\alpha^2<1/4$.证明:当

$$n\geqslant\left[\frac{\alpha}{\sqrt{1-2\alpha\sqrt{a}}}\right]+1$$

时,

$$\left[n\sqrt{a}-\frac{\alpha}{n}\right]=\left[n\sqrt{a}+\frac{\alpha}{n}\right]. \tag{4.9.1}$$

解 只需证明:当式(4.9.1)成立时,区间$(n\sqrt{a}-\alpha/n,n\sqrt{a}+\alpha/n]$中不含任何整数.用反证法.设整数$k$满足不等式

$$n\sqrt{a}-\frac{\alpha}{n}<k\leqslant\sqrt{a}+\frac{\alpha}{n}.$$

因为$a\alpha^2<1/4$,所以$\alpha<1/(2\sqrt{a})$,从而$\alpha/\sqrt{a}<1/2<n^2$,于是$n\sqrt{a}-\alpha/n>0$.将上式两边平方,得到

$$n^2a+\frac{\alpha^2}{n^2}-2\alpha\sqrt{a}<k^2\leqslant n^2a+\frac{\alpha^2}{n^2}+2\alpha\sqrt{a}. \tag{4.9.2}$$

仍然由$a\alpha^2<1/4$可知$-2\alpha\sqrt{a}>-1$,从而

$$\frac{\alpha^2}{n^2}-2\alpha\sqrt{a}>-1;$$

又由式(4.9.1)可知

$$\frac{\alpha^2}{n^2}+2\alpha\sqrt{a}<1.$$

于是由不等式(4.9.2)推出

$$n^2a-1<k^2<n^2a+1.$$

由此可见$k^2 = n^2a$.显然k是大于1的整数,所以a有平方因子,与题设矛盾. □

4.10 (1) 设$\alpha \geqslant 0, k$是正整数则$[\alpha^{1/k}]=\big[[\alpha]^{1/k}\big]$.

(2)设整数$n \geqslant 2$.求

$$A_n=[\sqrt{1}]+[\sqrt{2}]+[\sqrt{3}]+\cdots+[\sqrt{n^2-1}].$$
$$B_n=[\sqrt[3]{1}]+[\sqrt[3]{2}]+[\sqrt[3]{3}]+\cdots+[\sqrt[3]{n^3-1}].$$

解 (1) 因为点$m^k(m=0,1,\cdots)$将$[0,\infty)$分划为无穷个区间,所以存在唯一的整数$m \geqslant 0$使得

$$m^k \leqslant [\alpha] \leqslant \alpha < (m+1)^k.$$

于是

$$m \leqslant [\alpha]^{1/k} \leqslant \alpha^{1/k} < m+1.$$

由此立得$[\alpha^{1/k}]=\big[[\alpha]^{1/k}\big]$.

(2) (i) 对于给定的正整数k,

$$\begin{aligned} & [\sqrt{u}]=k \\ \Leftrightarrow\ & k \leqslant \sqrt{u} < k+1 \\ \Leftrightarrow\ & k^2 \leqslant u < (k+1)^2. \end{aligned}$$

由$k \leqslant \sqrt{n^2-1} < k+1$可知$k=n-1$,即$[\sqrt{n^2-1}]=n-1$. 并且满足$[\sqrt{u}]=n-1$的$u$的最大值等于$n^2-1$.因此

$$\begin{aligned} A_n &= \sum_{k=1}^{n-1} k\big((k+1)^2-k^2\big) \\ &= \sum_{k=1}^{n-1} k(2k+1) = 2\sum_{k=1}^{n-1} k^2 + \sum_{k=1}^{n-1} k \\ &= 2\cdot\frac{(n-1)n(2n-1)}{6}+\frac{(n-1)n}{2} \\ &= \frac{n(n-1)(4n+1)}{6}. \end{aligned}$$

(ii) 类似地,对于给定的正整数k,

$$[\sqrt[3]{u}]=k\Leftrightarrow k^3\leqslant u<(k+1)^3.$$

由$k\leqslant[\sqrt[3]{n^3-1}]<k+1$可知$k=n-1$,即$[\sqrt[3]{n^3-1}]=n-1$.并且满足$[\sqrt[3]{u}]=n-1$的$u$的最大值等于$n^3-1$. 由此推出

$$B_n=(n-1)n^2(3n+1)/4$$

(细节由读者补出). □

4.11 设n是任意正整数,证明:

(1) $[\sqrt{4n+1}]=[\sqrt{4n+2}]=[\sqrt{4n+3}]$.

(2) $[\sqrt{n}+\sqrt{n+1}]=[\sqrt{4n+2}]$.

(3) $[\sqrt{n}+\sqrt{n+1}+\sqrt{n+2}]=[\sqrt{9n+8}]$.

(4) $[\sqrt[3]{n}+\sqrt[3]{n+1}]=[\sqrt[3]{8n+3}]$.

解 (1) 令$a=[\sqrt{4n+1}]$,则$a\leqslant[\sqrt{4n+1}]<a+1$;因为$a>0$,所以$a^2\leqslant 4n+1<(a+1)^2$.注意完全平方数$\not\equiv 2,3 \pmod 4$,而紧接在$4n+1$后的两个相邻整数除以4所得余数分别是2和3,可见$(a+1)^2$不是紧接在$4n+1$后的整数,于是有

$$a^2\leqslant 4n+1<4n+2<4n+3<(a+1)^2,$$

从而

$$a\leqslant\sqrt{4n+1}<\sqrt{4n+2}<\sqrt{4n+3}<a+1.$$

由此立得$[\sqrt{4n+1}]=[\sqrt{4n+2}]=[\sqrt{4n+3}]$.

(2) **解法1** 因为

$$(\sqrt{n}+\sqrt{n+1})^2-(\sqrt{4n+2})^2=2\sqrt{n(n+1)}-(2n+1),$$
$$(2\sqrt{n(n+1)})^2-(2n+1)^2=-1<0,$$

所以

$$\sqrt{n}+\sqrt{n+1}<\sqrt{4n+2}.$$

因此,只需证明区间$[\sqrt{n}+\sqrt{n+1},\sqrt{4n+2}]$中不含任何整数(于是$\sqrt{n}+\sqrt{n+1}$和$\sqrt{4n+2}$含在同一个端点为整数的$(k,k+1)$形式的区间中), 即可得到所要的结果.用反证法.设正整数m满足

$$\sqrt{n}+\sqrt{n+1}\leqslant m\leqslant\sqrt{4n+2},$$

那么

$$(\sqrt{n}+\sqrt{n+1})^2\leqslant m^2\leqslant(\sqrt{4n+2})^2,$$

化简整理得到

$$4n(n+1)\leqslant(m^2-2n-1)^2\leqslant 4n(n+1)+1.$$

注意$n(n+1)$不可能是完全平方数,所以$4n(n+1)$也不可能是完全平方数,从而上述不等式左边不可能出现等式,即有

$$4n(n+1)<(m^2-2n-1)^2\leqslant 4n(n+1)+1.$$

但$4n(4n+1)$与$4n(n+1)+1$是相邻整数,所以

$$(m^2-2n-1)^2=4n(n+1)+1=(2n+1)^2,$$

于是可解出

$$m^2=2(2n+1),$$

我们得到矛盾.

解法 2 设$n\in[k^2,(k+1)^2)$,其中k是正整数,于是$n=k^2+r$,其中r是正整数,并且

$$0\leqslant r<(k+1)^2-k^2=2k+1.$$

因为r是整数,所以$0\leqslant r\leqslant 2k$.

(i) 首先计算$[\sqrt{4n+2}]$.我们有

$$\begin{aligned}\sqrt{4n+2} &= \sqrt{4(k^2+r)+2}\\ &\leqslant \sqrt{4(k^2+2k)+2}\\ &= \sqrt{4k^2+8k+2}<2k+2\end{aligned}$$

以及

$$\sqrt{4n+2} \geqslant \sqrt{4k^2+2} > 2k,$$

于是

$$2k < \sqrt{4n+2} < 2k+2. \tag{4.11.1}$$

可见$[\sqrt{4n+2}] = 2k$或$2k+1$.

若$r \geqslant k$,则

$$4k^2+4r+2 \geqslant 4k^2+4k+1,$$

即

$$4n+2 \geqslant (2k+1)^2,$$

于是$\sqrt{4n+2} \geqslant 2k+1$;结合式(4.11.1)有

$$2k+1 \leqslant \sqrt{4n+2} < 2k+2,$$

可知$[\sqrt{4n+2}] = 2k+1$.

若$r < k$,则

$$4k^2+4r+2 < 4k^2+4k+1,$$

即

$$4n+2 < (2k+1)^2,$$

于是$\sqrt{4n+2} < 2k+1$;结合式(4.11.1)有

$$2k < \sqrt{4n+2} < 2k+1,$$

可知$[\sqrt{4n+2}] = 2k$.

合起来即得

$$[\sqrt{4n+2}] = \begin{cases} 2k+1 & \text{当}r \geqslant k\text{时}, \\ 2k & \text{当}r < k\text{时}. \end{cases}$$

(ii) 现在计算$[\sqrt{n}+\sqrt{n+1}]$.

若$r \geqslant k$,则由$n = k^2 + r$可知

$$\begin{aligned}
& (\sqrt{n} + \sqrt{n+1})^2 \\
\geqslant\ & (\sqrt{k^2+k} + \sqrt{k^2+k+1})^2 \\
=\ & 2k^2 + 2k + 1 + 2\sqrt{(k^2+k)(k^2+k+1)} \\
>\ & 2k^2 + 2k + 1 + 2(k^2+k) = (2k+1)^2,
\end{aligned}$$

从而

$$\sqrt{n} + \sqrt{n+1} > 2k+1.$$

又由$n < (k+1)^2$及$n \in \mathbb{N}$可知

$$n+1 \leqslant (k+1)^2,$$

从而

$$\sqrt{n} + \sqrt{n+1} < 2k+2.$$

于是$[\sqrt{n} + \sqrt{n+1}] = 2k+1$.

若$r < k$,则$r \leqslant k-1$,于是由$n = k^2 + r$可知

$$\begin{aligned}
\sqrt{n} + \sqrt{n+1} &= \sqrt{k^2+r} + \sqrt{k^2+r+1} \\
&\leqslant \sqrt{k^2+k-1} + \sqrt{k^2+k} \\
&< 2\sqrt{k^2+k+1} = 2\left(k + \frac{1}{2}\right) \\
&= 2k+1.
\end{aligned}$$

又由$n \geqslant k^2$可知

$$\sqrt{n} + \sqrt{n+1} > k + k = 2k.$$

于是$[\sqrt{n} + \sqrt{n+1}] = 2k$.

合起来即得

$$[\sqrt{n} + \sqrt{n+1}] = \begin{cases} 2k+1 & \text{当}r \geqslant k\text{时}, \\ 2k & \text{当}r < k\text{时}. \end{cases}$$

比较步骤(i)和(ii)的结果即得所要的等式.

(3) **解法1** 记$\alpha=\sqrt{n}+\sqrt{n+1}+\sqrt{n+2}$,则

$$\alpha^2=3n+3+2\big(\sqrt{n(n+1)}+\sqrt{n(n+2)}+\sqrt{(n+1)(n+2)}\big). \quad (4.11.2)$$

当$n\geqslant 1$时,

$$\left(n+\frac{2}{5}\right)^2<n(n+1)<\left(n+\frac{1}{2}\right)^2,$$

所以

$$n+\frac{2}{5}<\sqrt{n(n+1)}<n+\frac{1}{2};$$

类似地,

$$n+\frac{7}{10}<\sqrt{n(n+2)}<n+1,$$
$$n+\frac{7}{5}<\sqrt{n(n+2)}<n+\frac{3}{2};$$

由上述三个不等式及式(4.11.2)得知

$$9n+8<\alpha^2<9n+9,$$

可见$[\alpha]=[\sqrt{9n+8}]$,于是得到所要的等式.

解法2 当$n=0,1,2$时等式显然成立.下面设整数$n\geqslant 3$.由算术—几何平均不等式可知

$$\begin{aligned}&\frac{1}{3}(\sqrt{n}+\sqrt{n+1}+\sqrt{n+2})\\>&\sqrt[3]{\sqrt{n}\sqrt{n+1}\sqrt{n+2}}\\=&\sqrt[6]{n(n+1)(n+2)}\\=&\sqrt[6]{n^3+3n^2+2n},\end{aligned}$$

容易验证当$n\geqslant 3$时,$n^3+3n^2+2n>\left(n+\dfrac{8}{9}\right)^3$,所以

$$\frac{1}{3}(\sqrt{n}+\sqrt{n+1}+\sqrt{n+2})>\sqrt{n+\frac{8}{9}}=\frac{\sqrt{9n+8}}{3}. \quad (4.11.3)$$

另外,若α,β,γ是两两不等的实数,则

$$\sqrt[3]{\alpha\beta\gamma}<\frac{\alpha+\beta+\gamma}{3}<\sqrt{\frac{\alpha^2+\beta^2+\gamma^2}{3}}.$$

其中第一个不等式正是算术—几何平均不等式;第二个不等式等价于

$$(\alpha+\beta+\gamma)^2 < 3(\alpha^2+\beta^2+\gamma^2),$$

这可由$2\alpha\beta < \alpha^2+\beta^2$等推出.据此不等式我们得到

$$\begin{aligned}
&\frac{1}{3}(\sqrt{n}+\sqrt{n+1}+\sqrt{n+2})\\
< &\sqrt[3]{(\sqrt{n})^2+(\sqrt{n+1})^2+(\sqrt{n+2})^2}\\
= &\sqrt{\frac{3n+3}{3}}=\sqrt{n+1},
\end{aligned}$$

所以

$$\sqrt{n}+\sqrt{n+1}+\sqrt{n+2} < \sqrt{9n+9}.$$

由此及式(4.11.3)可知

$$\sqrt{9n+8} < \sqrt{n}+\sqrt{n+1}+\sqrt{n+2} < \sqrt{9n+9},$$

于是

$$[\sqrt{n}+\sqrt{n+1}+\sqrt{n+2}]=[\sqrt{9n+8}].$$

(4) 我们有不等式

$$\frac{a+b}{2} > \sqrt[3]{\frac{a^3+b^3}{2}} \quad (a>b>0)$$

(这个不等式等价于$3(a-b)^2>0$).在其中取$a=\sqrt[3]{n^2+1}, b=\sqrt[3]{n}$, 得到

$$\sqrt[3]{n+\frac{1}{2}} > \frac{\sqrt[3]{n^2+1}+\sqrt[3]{n}}{2} > \sqrt{\sqrt[3]{n^2+1}\cdot\sqrt[3]{n}}=\sqrt[6]{n^2+n},$$

又由算术—几何平均不等式可知

$$\frac{\sqrt[3]{n^2+1}+\sqrt[3]{n}}{2} > \sqrt{\sqrt[3]{n^2+1}\cdot\sqrt[3]{n}}=\sqrt[6]{n^2+n},$$

于是

$$\sqrt[3]{n+\frac{1}{2}} > \frac{\sqrt[3]{n^2+1}+\sqrt[3]{n}}{2} > \sqrt[6]{n^2+n}.$$

化简得到

$$\sqrt[3]{8n+4} > \sqrt[3]{n^2+1}+\sqrt[3]{n} > \sqrt[6]{64n^2+64n}.$$

注意,当$n \geqslant 1$时,$\sqrt[6]{64n^2+64n} > \sqrt[3]{8n+3}$,因此

$$\sqrt[3]{8n+4} > \sqrt[3]{n^2+1} + \sqrt[3]{n} > \sqrt[3]{8n+3}.$$

最后注意:区间$(\sqrt[3]{8n+3}, \sqrt[3]{8n+3})$中不存在任何整数(不然,若整数$m$满足$\sqrt[3]{8n+3} < m < \sqrt[3]{8n+4}$,则有$8n+3 < m^3 < 8n+4$,显然此不可能),于是立得$[\sqrt[3]{n} + \sqrt[3]{n+1}] = [\sqrt[3]{8n+3}]$. □

4.12 设n是任意正整数.证明:

(1) $\sum\limits_{k=1}^{n}\left[\dfrac{k}{2}\right] = \left[\dfrac{n^2}{4}\right]$.

(2) $\sum\limits_{k=1}^{n}\left[\dfrac{k}{3}\right] = \left[\dfrac{n(n-1)}{6}\right]$.

解 (1) 我们有

$$S = \sum_{k=1}^{n}\left[\frac{k}{2}\right] = \sum_{k=1}^{n}\left(\frac{k}{2} - \left\{\frac{k}{2}\right\}\right) = \sum_{k=1}^{n}\frac{k}{2} - \sum_{k=1}^{n}\left\{\frac{k}{2}\right\} = S_1 - S_2.$$

显然

$$S_1 = \frac{1}{2} \cdot \frac{n(n+1)}{2} = \frac{n(n+1)}{4}.$$

为计算S_2,记$n = 2m + c$,其中$c = 0$或1(视n为偶数或奇数而定).于是

$$S_2 = \sum_{k=1}^{2m+c}\left\{\frac{k}{2}\right\}.$$

当$k = 1$和2时,得到加项1/2和0,其和为1/2;当$k = 3$和4时,得到加项1/2和0,其和为1/2;等等.若$n = 2m$为偶数(从而$c = 0$),则

$$S_2 = m \cdot \frac{1}{2} = \frac{n}{4};$$

类似地,若$n = 2m + 1$为奇数(从而$c = 1$),则

$$S_2 = m \cdot \frac{1}{2} + \frac{1}{2} = \frac{m+1}{2} = \frac{(2m+1)+1}{4} = \frac{n+1}{4}.$$

于是,当n为偶数时,

$$S = S_1 - S_2 = \frac{n(n+1)}{4} - \frac{n}{4} = \frac{n^2}{4};$$

当n为奇数时,

$$S=\frac{n(n+1)}{4}-\frac{n+1}{4}=\frac{n^2-1}{4}.$$

由S的定义容易验证:$n^2/4$(n为偶数)及$(n^2-1)/4$(n为奇数)都是整数(这也容易直接验证).因此,当n为偶数时,$S=[n^2/4]$成立.当$n=2k+1$(奇数)时,$[n^2/4]=k^2+k=(n^2-1)/4$.因此,$S=[n^2/4]$也成立.

(2) 类似地,题中的和

$$S=\sum_{k=1}^{n}\frac{k}{3}-\sum_{k=1}^{n}\left\{\frac{k}{3}\right\}=S_1-S_2.$$

其中

$$S_1=\frac{n(n+1)}{6}.$$

记$n=3m+c$,其中$c=0,1,2$,分别由$n\equiv 0,1,2 \pmod 3$确定,则

$$S_2=\sum_{k=1}^{3m+c}\left\{\frac{k}{3}\right\}.$$

当$c=0$时,$n=3m$,对于$k=1,2,3$分别得到$\{k/3\}=1/3,2/3,0$,因此

$$S_2=m\left(\frac{1}{3}+\frac{2}{3}\right)=m=\frac{n}{3}.$$

当$c=1$时,$n=3m+1$,因此

$$S_2=m\left(\frac{1}{3}+\frac{2}{3}\right)+\left\{\frac{3m+1}{3}\right\}=m\left(\frac{1}{3}+\frac{2}{3}\right)+\frac{1}{3}=\frac{3m+1}{3}=\frac{n}{3}.$$

当$c=2$时,$n=3m+2$,因此

$$\begin{aligned}S_2&=m\left(\frac{1}{3}+\frac{2}{3}\right)+\left\{\frac{3m+1}{3}\right\}+\left\{\frac{3m+2}{3}\right\}\\&=m+\frac{1}{3}+\frac{2}{3}=m+1=\frac{n-2}{3}+1=\frac{n+1}{3}.\end{aligned}$$

由此推出

$$S=\begin{cases}\dfrac{n(n-1)}{6} & \text{当}c=0,1\text{时},\\ \dfrac{(n+1)(n-2)}{6} & \text{当}c=2\text{时}.\end{cases}$$

由S的定义,上式右边两个表达式(在两种情形)都是整数.当然,这也可直接验证:例如,当$n=3m$时, $n(n-1)/6=m(3m-1)/2$,其分子是一个奇数与一个偶数之积,所以是一个整数; 当$n=3m+1$时,情形类似.因此,当$c=0,1$时,$S=[n(n-1)/6]$成立. 当$n=3m+2$时,$n(n-1)/6=3m(m+1)/2+1/3$,右边第一项是整数,所以$[n(n-1)/6]=3m(m+1)/2$;同时有$(n+1)(n-2)/6=3m(m+1)/2$,从而也有$S=[n(n-1)/6]$. □

4.13 设素数$p\equiv 1 \pmod 4$.证明:

(1) $\displaystyle\sum_{k=1}^{(p-1)/2}\left[\frac{k^2}{p}\right]=\frac{(p-1)(p-5)}{24}$.

(2) $\displaystyle\sum_{k=1}^{(p-1)/4}[\sqrt{kp}]=\frac{p^2-1}{12}$.

解 (1) (i) 记$\sigma=(p-1)/2$.因为$1^2,2^2,\cdots,\sigma^2$ 给出全部模p的二次剩余,所以有表示

$$k^2=p\left[\frac{k^2}{p}\right]+r_k,\quad 0<r_k<p,\quad (k=1,2,\cdots,\sigma).$$

易见$r_1,r_2,\cdots,r_\sigma$给出全部模p的最小正二次剩余.于是

$$\sum_{k=1}^{\sigma}r_k=\sum_{k=1}^{\sigma}\left(k^2-p\left[\frac{k^2}{p}\right]\right)=\sum_{k=1}^{\sigma}k^2-p\sum_{k=1}^{\sigma}\left[\frac{k^2}{p}\right]. \tag{4.13.1}$$

(ii) 由问题2.30(4)可知所有模p的最小正二次剩余之和

$$\sum_{r}{}^{*}r=\frac{p(p-1)}{4}. \tag{4.13.2}$$

由式(4.13.1)和(4.13.2)得到

$$\begin{aligned}p\sum_{k=1}^{\sigma}\left[\frac{k^2}{p}\right] &= \sum_{k=1}^{\sigma}k^2-\sum_{r}{}^{*}r\\ &= \frac{1}{6}\sigma(\sigma+1)(2\sigma+1)-\frac{p(p-1)}{4}\\ &= \frac{p(p^2-1)}{24}-\frac{p(p-1)}{4}=\frac{p(p-1)(p-5)}{24},\end{aligned}$$

由此即可推出所要的等式.

(2) (i) 设素数$p=4n+1$.令$r=r(x,y)=px-y^2$.取$x=1,2,\cdots,n$,对于每个x值,令$y=[\sqrt{(x-1)p}]+1,[\sqrt{(x-1)p}]+2,\cdots,[\sqrt{xp}]$.那么对于上述$(x,y)$有

$$r(x,y)>px-([\sqrt{xp}])^2>0,$$

以及

$$r(x,y)<px-([\sqrt{(x-1)p}]+1)^2<px-(x-1)p=p,$$

即知$0<r<p$.此外,还有$-r\equiv y^2$,即$-r$是一个模p的二次剩余;又因为-1是模p的二次剩余,从而$r=(-1)(-r)$也是一个模p的二次剩余.上述数组(x,y)的个数等于

$$\sum_{x=1}^{n}([\sqrt{xp}]-[\sqrt{(x-1)p}])=[\sqrt{np}]=\left[\sqrt{\frac{p-1}{4}\cdot p}\right]=\frac{p-1}{2},$$

恰等于模p的二次剩余的个数.此外,若

$$r(x_1,y_1)=r(x_2,y_2),$$

则

$$x_1p-y_1^2=x_2p-y_2^2,$$

可知

$$p\,|\,y_1^2-y_2^2=(y_1+y_2)(y_1-y_2);$$

因为

$$|y_1^2-y_2^2|<xp-(x-1)p=p,$$

所以$y_1=y_2$,从而$x_1=x_2$.这表明$r(x,y)$两两互异.于是上面定义的$r(x,y)$恰为所有模p的最小正二次剩余.

(ii) 上述$r(x,y)$之和等于

$$\begin{aligned}&\sum_{x=1}^{n}\sum_{y=[\sqrt{(x-1)p}]+1}^{[\sqrt{xp}]}r(x,y)\\
=&\sum_{x=1}^{n}\sum_{y=[\sqrt{(x-1)p}]+1}^{[\sqrt{xp}]}xp-\sum_{x=1}^{n}\sum_{y=[\sqrt{(x-1)p}]+1}^{[\sqrt{xp}]}y^2\\
=&\ p\sum_{x=1}^{n}x([\sqrt{xp}]-[\sqrt{(x-1)p}])-\sum_{x=1}^{n}\sum_{y=[\sqrt{(x-1)p}]+1}^{[\sqrt{xp}]}y^2.\end{aligned}$$

我们有

$$
\begin{aligned}
& p\sum_{x=1}^{n} x([\sqrt{xp}]-[\sqrt{(x-1)p}]) \\
= & p(-[\sqrt{p}]-[\sqrt{2p}]-\cdots-[\sqrt{(n-1)p}]+n[\sqrt{np}]) \\
= & -p\sum_{x=1}^{n}[\sqrt{xp}]+(n+1)p[\sqrt{np}];
\end{aligned}
$$

并且,当$x=1$时,$1\leqslant y\leqslant[\sqrt{p}]$;当$x=2$时, $[\sqrt{p}]+1\leqslant y\leqslant[\sqrt{2p}]$;$\cdots\cdots$;当$x=n-1$时,$[\sqrt{(n-2)p}]+1\leqslant y\leqslant[\sqrt{(n-1)p}]$;当$x=n$时,$[\sqrt{(n-1)p}]+1\leqslant y\leqslant[\sqrt{np}]=[\sqrt{n(4n+1)}]=2n$.可见

$$
\sum_{x=1}^{n}\sum_{y=[\sqrt{(x-1)p}]+1}^{[\sqrt{xp}]} y^2=\sum_{y=1}^{2n} y^2.
$$

于是

$$
\begin{aligned}
& \sum_{x=1}^{n}\sum_{y=[\sqrt{(x-1)p}]+1}^{[\sqrt{xp}]} r(x,y) \\
= & -p\sum_{x=1}^{n}[\sqrt{xp}]+(n+1)p[\sqrt{np}]-\frac{1}{3}n(2n+1)(4n+1).
\end{aligned}
\tag{4.13.3}
$$

(iii) 由式(4.13.2)和(4.13.3)得到

$$
-p\sum_{x=1}^{n}[\sqrt{xp}]+(n+1)p[\sqrt{np}]-\frac{1}{3}n(2n+1)(4n+1)=\frac{p(p-1)}{4}.
$$

于是

$$
\begin{aligned}
& \sum_{x=1}^{n}[\sqrt{xp}] \\
= & -\frac{p-1}{4}-\frac{1}{3}n(2n+1)+(n+1)[\sqrt{np}] \\
= & -n-\frac{1}{3}n(2n+1)+(n+1)\cdot(2n) \\
= & \frac{4n^2+2n}{3}=\frac{p^2-1}{12}.
\end{aligned}
$$

□

4.14 (1) 设a是方程$x^2-x-1=0$的正根,则对任何正整数n,

(i) $[a^2n]=\big[a[an]\big]+1$.

(ii) $2[a^3n]=\big[a^2[2an]\big]+1$.

(2) 设t是给定正整数,γ是$\gamma^2-t^2-4=0$的正根,

$$\alpha=(2+\gamma-t)/2, \beta=(2+\gamma+t)/2.$$

证明:对于任何正整数n,

$$[n\beta]=\big[\big([n\alpha]+n(t-1)\big)\alpha\big]+1=\big[\big([n\alpha]+n(t-1)+1\big)\alpha\big]-1.$$

解 (1) (i) 因为$a^2=a+1$,所以

$$a^2n=(a+1)n,$$

于是

$$\begin{aligned} a^2n-[a^2n] &= (a+1)n-[(a+1)n] \\ &= an+a-[an]-n \\ &= an-[an]=y, \end{aligned}$$

从而(注意$a(a-1)=1$)

$$\begin{aligned} -\frac{y}{a} &= y(1-a)=y-ya \\ &= (a^2n-[a^2n])-(an-[an])a \\ &= (a^2n-[a^2n])-(a^2n-a[an]) \\ &= a[an]-[a^2n]. \end{aligned}$$

注意

$$0<y<1<a=(1+\sqrt{5})/2,$$

取上式两边的整数部分,即得

$$[a^2n]=\big[a[an]\big]+1.$$

(ii) 因为

$$x(x^2-x-1)=x^3-x^2-x=x^3-(x+1)-x=x^3-2x-1,$$

所以a也是方程$x^3-2x-1=0$的解.令$z=2an-[2an]$,则

$$a^3n-[a^3n]=(2a+1)n-[(2a+1)n]=2an+n-([2an]+n)=z.$$

于是(注意$a(a^2-2)=1$)

$$-\frac{z}{a}=z(2-a^2)=a^2[2an]-2[a^3n].$$

注意$0<z<1<a$,取上式两边的整数部分,即得

$$2[a^3n]=\big[a^2[2an]\big]+1.$$

(2) **解法1** (i) 由商高定理可知γ是无理数.令$\delta=(\gamma-t)/2$,则

$$\alpha=1+\delta,\beta=1+t+\delta.$$

因为$t^2<\gamma^2<(t+2)^2$,所以δ是无理数,并且$0<\delta<1$.

(ii) 我们有

$$[n\beta]=[n(1+t+\delta)]=[n+nt+n\delta]=n+nt+[n\delta]. \tag{4.14.1}$$

并且由

$$[n\alpha]+n(t-1)=[n(1+\delta)]+nt-n=nt+[n\delta] \tag{4.14.2}$$

可知

$$\big([n\alpha]+n(t-1)\big)\alpha=(nt+[n\delta])(1+\delta)=nt+[n\delta]+nt\delta+[n\delta]\delta. \tag{4.14.3}$$

又由$n\delta>[n\delta]>n\delta-1$(注意$\delta$是无理数)和$0<\delta<1$推出

$$n\delta^2=\delta\cdot(n\delta)>[n\delta]\delta>(n\delta-1)\delta=n\delta^2-\delta>n\delta^2-1,$$

于是由式(4.14.3)得到

$$nt+[n\delta]+nt\delta+n\delta^2>\big([n\alpha]+n(t-1)\big)\alpha>nt+[n\delta]+nt\delta+n\delta^2-1. \tag{4.14.4}$$

最后由$\gamma^2=t^2+4$可知

$$(t+2\delta)^2=t^2+4,$$

展开化简得到

$$t\delta+\delta^2=1.$$

所以

$$nt\delta+n\delta^2=n. \tag{4.14.5}$$

由此及式(4.14.4)我们得到

$$nt+[n\delta]+n>\big([n\alpha]+n(t-1)\big)\alpha>nt+[n\delta]+n-1.$$

这蕴涵

$$\big[\big([n\alpha]+n(t-1)\big)\alpha\big]=nt+[n\delta]+n-1.$$

由此及式(4.14.1)立得

$$[n\beta]=\big[\big([n\alpha]+n(t-1)\big)\alpha\big]+1.$$

(iii) 类似地,注意式(4.14.2),我们算出

$$\begin{aligned}\big([n\alpha]+n(t-1)+1\big)\alpha &= (nt+[n\delta]+1)(1+\delta)\\ &= nt+[n\delta]+1+nt\delta+[n\delta]\delta+\delta.\end{aligned}$$

因为(应用式(4.14.5))

$$n=nt\delta+n\delta^2<nt\delta+[n\delta]\delta+\delta\leqslant nt\delta+n\delta^2+\delta<n+1,$$

所以

$$nt+[n\delta]+1+n<\big([n\alpha]+n(t-1)+1\big)\alpha<nt+[n\delta]+1+n+1,$$

于是

$$\big[\big([n\alpha]+n(t-1)+1\big)\alpha\big]=nt+[n\delta]+n+1.$$

由此及式(4.14.1)立得

$$\big[\big([n\alpha]+n(t-1)+1\big)\alpha\big]=[n\beta]+1.$$

解法 2 (i) 如解法1可证α,β,γ都是无理数,并且还可验证$\alpha+\beta=\alpha\beta, 1<\alpha<\beta$,以及$\beta>2$.令

$$A=\{[n\alpha]\,(n\geqslant 1)\},\quad B=\{[n\beta]\,(n\geqslant 1)\}.$$

那么依Beatty定理,$A\cup B=\mathbb{N}$并且$A\cap B=\emptyset$.

(ii) 由$\beta>2$可知集合B中不含连续整数(即它的任何两个元素之差不等于±1), 因此B的各个元素分别位于A的某两个相继元素(即$[k\alpha]$和$[(k+1)\alpha]$)之间. 于是对于每个正整数n,存在正整数m,使得$[m\alpha],[n\beta],[(m+1)\alpha]$是连续整数. 我们需对于给定的$n$确定$m$.因为整数集$C=\{1,2,\cdots,[n\beta]\}$中恰有$n$个属于集合$B$ (它们是$[k\beta],k=1,2,\cdots,n$),所以有$[n\beta]-n$个属于集合A.可见整数集C中属于B的数中最大的是$[n\beta]$(也是C中的最大数),属于A的数中最大的是$\big[([n\beta]-n)\alpha\big]$,从而

$$\big[([n\beta]-n)\alpha\big],\ [n\beta],\ \big[\big(([n\beta]-n)+1\big)\alpha\big]$$

是3个连续整数(即$m=[n\beta]-1$).由式(4.14.1)和(4.14.2)可知

$$[n\beta]-n=[n\alpha]+n(t-1),$$

所以立得

$$\begin{aligned}&\big[\big([n\alpha]+n(t-1)\big)\alpha\big]=[([n\beta]-n)\alpha]=[n\beta]-1,\\&\big[\big([n\alpha]+n(t-1)+1\big)\alpha\big]=\big[\big(([n\beta]-n)+1\big)\alpha\big]=[n\beta]+1.\end{aligned}$$

于是本题得证. □

注 Beatty定理:对实数α,β定义集合$A=\{[n\alpha]\,(n\geqslant 1)\},B=\{[n\beta]\,(n\geqslant 1)\}$. 则当且仅当$\alpha$是无理数,并且$1/\alpha+1/\beta=1$时$A\cup B=\mathbb{N}$ 并且$A\cap B=\emptyset$.

关于Beatty定理的证明,可参见И.М.维纳格拉道夫的《数论基础》(高等教育出版社,1952), 85页.关于进一步的信息,还可见,I.Niven,Diophantine approximations (Interscience Publishers,1963), p.34-45;以及Amer.Math.Monthly,**89**(1982), p.353-361.

第5章 数论函数

推荐问题: **5.4/5.5/5.10/5.11/5.12/5.14(1),(2),(6)**.

5.1 设n为正整数.证明:

(1) $\sum\limits_{k=1}^{n} d(k)=\sum\limits_{k=1}^{n}\left[\frac{n}{k}\right]$.

(2) $\sum\limits_{k=1}^{n} \sigma(k)=\sum\limits_{k=1}^{n}\left[\frac{n}{k}\right] k$.

(3) $\sum\limits_{k=1}^{n} \phi(k)=\frac{1}{2} \sum\limits_{k=1}^{n}\left[\frac{n}{k}\right]\left(\left[\frac{n}{k}\right]+1\right) \mu(k)$.

解 (1) 依$d(k)$的定义,并且交换求和次序,对于给定的d,令$k=md$,那么$k \leqslant n \Rightarrow m \leqslant n/d$,得到

$$\sum_{k=1}^{n} d(k)=\sum_{k=1}^{n} \sum_{d \mid k} 1=\sum_{d=1}^{n} \sum_{m \leqslant n / d} 1=\sum_{d=1}^{n}\left[\frac{n}{d}\right].$$

(2) 类似地,有

$$\sum_{k=1}^{n} \sigma(k)=\sum_{k=1}^{n} \sum_{d \mid k} d=\sum_{d=1}^{n} d \sum_{m \leqslant n / d} 1=\sum_{d=1}^{n}\left[\frac{n}{d}\right] d.$$

(3) 由基本公式

$$\phi(n)=\sum_{d \mid n} \mu(d) \frac{n}{d}$$

得到

$$\sum_{k=1}^{n} \phi(k)=\sum_{k=1}^{n} k \sum_{d \mid k} \frac{\mu(d)}{d}.$$

对于给定的d,令$k=dm$,那么$k/d=m$,并且$k \leqslant n \Rightarrow m \leqslant n/d$,交换求和次序,可知上式等于

$$\sum_{d=1}^{n} \mu(d) \sum_{m \leqslant n / d} m=\sum_{d=1}^{n} \mu(d) \sum_{m \leqslant[n / d]} m=\frac{1}{2} \sum_{d=1}^{n}\left[\frac{n}{d}\right]\left(\left[\frac{n}{d}\right]+1\right) \mu(d). \quad \square$$

5.2 (1) 设$f(n)$是定义在$\mathbb{N}$上的函数.证明:若函数

$$F(k)=\sum_{d|k}f(d)\quad(k=1,2,\cdots),$$

则对于每个$n\in\mathbb{N}$,

$$\sum_{k=1}^{n}F(k)=\sum_{k=1}^{n}\left[\frac{n}{k}\right]f(k).$$

(2) 证明:对于每个正整数n, $\sum\limits_{k=1}^{n}\left[\frac{n}{k}\right]\phi(k)=\frac{1}{2}n(n+1)$.

(3) 证明:对于每个正整数n, $\sum\limits_{k=1}^{n}\left[\frac{n}{k}\right]\lambda(k)=[\sqrt{n}]$.

(4) 证明:对于每个正整数n, $\sum\limits_{k=1}^{n}\left[\frac{n}{k}\right]\Lambda(k)=\log n!$.

(5) 对于每个正整数n, $\sum\limits_{k=1}^{n}\left[\frac{n}{k}\right]\mu(k)=1$.

(6) 证明:对于每个正整数n, $\sum\limits_{k=1}^{2n}d(k)-\sum\limits_{k=1}^{n}\left[\frac{2n}{k}\right]=n$.

解 (1) 按定义有

$$S=\sum_{k=1}^{n}F(k)=\sum_{k=1}^{n}\sum_{d|k}f(d),$$

对于给定的d,满足$d\mid k,1\leqslant k\leqslant n$的整数$k$的个数为$[n/d]$,即不超过$n$的$d$的倍数恰为$d,2d,\cdots,[n/d]d$,所以交换求和次序得到

$$S=\sum_{d=1}^{n}f(d)\sum_{\substack{k\\ d\,|\,k,1\leqslant k\leqslant n}}1=\sum_{d=1}^{n}\left[\frac{n}{d}\right]f(d)$$

(整变量d可改记为k).

(2) 在本题(1)中取$f(n)=\phi(n)$,则$F(k)=\sum\limits_{d|k}\phi(d)$,并且

$$\sum_{k=1}^{n}F(k)=\sum_{k=1}^{n}\left[\frac{n}{k}\right]\phi(k);\tag{5.2.1}$$

又由基本公式$\sum\limits_{d|k}\phi(d)=k$推出

$$\sum_{k=1}^{n}F(k)=\sum_{k=1}^{n}\sum_{d|k}\phi(d)=\sum_{k=1}^{n}k=\frac{1}{2}n(n+1). \tag{5.2.2}$$

由式(5.2.1)和(5.2.2)即得

$$\sum_{k=1}^{n}\left[\frac{n}{k}\right]\phi(k)=\frac{1}{2}n(n+1).$$

(3) 一方面,在本题(1)中取$f(n)=\lambda(x)$,则$F(k)=\sum\limits_{d|k}\lambda(d)$, 并且

$$\sum_{k=1}^{n}F(k)=\sum_{k=1}^{n}\left[\frac{n}{k}\right]\lambda(k). \tag{5.2.3}$$

另一方面,对于整数$\alpha\geqslant 1$和素数p,

$$\sum_{d|p^\alpha}\lambda(d)=1+\lambda(p)+\cdots+\lambda(p^\alpha)=1-1+\cdots+(-1)^\alpha,$$

于是

$$\sum_{d|p^\alpha}\lambda(d)=\begin{cases}1 & 若2\mid\alpha,\\ 0 & 若2\nmid\alpha.\end{cases}$$

因为$\lambda(n)$是积性函数,所以$F(k)=\sum\limits_{d|k}\lambda(d)$也是积性函数,从而

$$F(k)=\sum_{d|k}\lambda(d)=\begin{cases}1 & 若k是完全平方,\\ 0 & 其他.\end{cases}$$

于是

$$\sum_{k=1}^{n}F(k)=\sum_{k=1}^{n}\sum_{d|k}\lambda(d)=\sum_{\substack{1\leqslant k\leqslant n\\ k是完全平方}}1=[\sqrt{n}]. \tag{5.2.4}$$

由式(5.2.3)和(5.2.4)即得

$$\sum_{k=1}^{n}\left[\frac{n}{k}\right]\lambda(k)=[\sqrt{n}].$$

(4) 在本题(1)中取$f(n)=\Lambda(n)$,则$F(k)=\sum\limits_{d|k}\Lambda(d)$,并且

$$\sum_{k=1}^{n}F(k)=\sum_{k=1}^{n}\left[\frac{n}{k}\right]\Lambda(k). \tag{5.2.5}$$

此外,由$\Lambda(k)$的定义,若$k=p_1^{\alpha_1}\cdots p_s^{\alpha_s}$(其中$p_i$是素数,$\alpha_i\geqslant 1$是整数),则

$$F(k)=\sum_{d|k}\Lambda(d)=\sum_{j=1}^{\alpha_1}\log p_1+\cdots+\sum_{j=1}^{\alpha_s}\log p_s=\log(p_1^{\alpha_1}\cdots p_s^{\alpha_s})=\log k.$$

于是

$$\sum_{k=1}^{n}F(k)=\sum_{k=1}^{n}\sum_{d|k}\lambda(d)=\sum_{k=1}^{n}\log k=\log n!. \tag{5.2.6}$$

由式(5.2.5)和(5.2.6)即得所要公式.

(5) 在本题(1)中取$f(n)=\mu(n)$,则$F(k)=\sum\limits_{d|k}\mu(d)$,并且

$$\sum_{k=1}^{n}F(k)=\sum_{k=1}^{n}\left[\frac{n}{k}\right]\mu(k).$$

又因为

$$\sum_{d|k}\mu(d)=\begin{cases}1 & 若k=1,\\ 0 & 若k>1,\end{cases} \tag{5.2.7}$$

所以

$$\sum_{k=1}^{n}F(k)=\sum_{k=1}^{n}\sum_{d|k}\mu(d)=1.$$

于是得到题中的公式.

(6) 在本题(1)中取$f(x)=1\ (x\in\mathbb{N})$,则$F(k)=\sum\limits_{d|k}1=d(k)$,并且

$$\sum_{k=1}^{2n}F(k)=\sum_{k=1}^{2n}\left[\frac{2n}{k}\right]=\sum_{k=1}^{n}\left[\frac{2n}{k}\right]+\sum_{k=n}^{2n}\left[\frac{2n}{k}\right]=\sum_{k=1}^{n}\left[\frac{2n}{k}\right]+n.$$

注意$\sum\limits_{k=1}^{2n}F(k)=\sum\limits_{k=1}^{2n}d(k)$, 即得题中公式. □

注 1° 上面用到的积性函数的性质:若$f(n)$是积性函数, 则$F(n) = \sum\limits_{d|n} f(d)$也是积性函数,其证明可见潘承洞与潘承彪的《初等数论》(北京大学出版社,1992),第42页.

2° 因为$[x/d] = [[x]/d]$,所以本题(1)中的公式也可写为

$$\sum_{k \leqslant x} F(k) = \sum_{k \leqslant x} \left[\frac{x}{k}\right] f(k).$$

据此可知,(例如)本题(5)中的公式也就是

$$\sum_{1 \leqslant k \leqslant x} \mu(k) \left[\frac{x}{d}\right] = 1 \quad (x \geqslant 1).$$

此式的证明还可见华罗庚的《数论导引》(科学出版社,1975),120页.

5.3 (1) 设n是给定正整数,定义集合

$$S_n = \left\{ k \in \mathbb{N} \,\middle|\, \left\{\frac{n}{k}\right\} \geqslant \frac{1}{2} \right\}.$$

设$f(n)$是任意数论函数(算术函数)

$$g(n) = \sum_{k=1}^{n} f(k) \left[\frac{n}{k}\right].$$

证明:

$$\sum_{k \in S_n} f(k) = g(2n) - g(n).$$

(2) 求: $\sum\limits_{k \in S_n} \phi(k)$, $\sum\limits_{k \in S_n} \mu(k)$, $\sum\limits_{k \in S_n} \lambda(k)$, $\sum\limits_{k \in S_n} \Lambda(k)$.

解 (1) 当$k > 2n$时,$\{n/k\} = n/k < 1/2$,所以$S_n \subseteq \{1, 2, \cdots, 2n\}$.由问题4.3(3)可知

$$\chi(k) = \left[\frac{2n}{k}\right] - 2\left[\frac{n}{k}\right] = \begin{cases} 1 & \text{当} k \in S_n \text{时}, \\ 0 & \text{当} k \notin S_n \text{时}. \end{cases}$$

因此

$$\begin{aligned}\sum_{k\in S_n} f(k) &= \sum_{k=1}^{2n}\chi(k)f(k)\\ &= \sum_{k=1}^{2n}\left[\frac{2n}{k}\right]f(k)-2\sum_{k=1}^{2n}\left[\frac{n}{k}\right]f(k)\\ &= g(2n)-2\sum_{k=1}^{2n}\left[\frac{n}{k}\right]f(k).\end{aligned}$$

因为,当$k>n$时,$[n/k]=0$,所以

$$\sum_{k=1}^{2n}\left[\frac{n}{k}\right]f(k)=\sum_{k=1}^{n}\left[\frac{n}{k}\right]f(k)+\sum_{k=n+1}^{2n}\left[\frac{n}{k}\right]f(k)=\sum_{k=1}^{n}\left[\frac{n}{k}\right]f(k)=g(n),$$

于是

$$\sum_{k\in S_n} f(k)=g(2n)-2f(n).$$

(2) (i) 在本题(1)中取$f(n)=\phi(n)$.由问题5.2(2)可知

$$g(n)=\sum_{k=1}^{n}\left[\frac{n}{k}\right]\phi(k)=\frac{n(n+1)}{2},$$

所以

$$\sum_{k\in S_n}\phi(k)=g(2n)-2g(n)=\frac{2n(2n+1)}{2}-2\cdot\frac{n(n+1)}{2}=n^2.$$

(ii) 取$f(n)=\mu(n)$.由问题5.2(5)可知

$$g(n)=\sum_{k=1}^{n}\left[\frac{n}{k}\right]\mu(k)=1,$$

所以

$$\sum_{k\in S_n}\mu(k)=g(2n)-2g(n)=-1.$$

(iii) 取$f(n)=\lambda(n)$.由问题5.2(3)可知

$$g(n)=\sum_{k=1}^{n}\left[\frac{n}{k}\right]\lambda(k)=[\sqrt{n}],$$

所以

$$\sum_{k\in S_n}\lambda(k)=g(2n)-2g(n)=[\sqrt{2n}]-2[\sqrt{n}].$$

(iv) 取$f(n)=\Lambda(n)$.由问题5.2(4)可知

$$g(n)=\sum_{k=1}^{n}\left[\frac{n}{k}\right]\Lambda(k)=\log n!,$$

所以

$$\sum_{k\in S_n}\lambda(k)=g(2n)-2g(n)=\log\frac{(2n)!}{(n!)^2}=\log\binom{2n}{n}.$$ □

5.4 (1) 设$M(x)=\sum\limits_{n\leqslant x}\mu(n)$.证明:

$$\sum_{n\leqslant x}M\left(\frac{x}{n}\right)=1.$$

(2) 设

$$f(n)=\begin{cases}1 & 若n是偶数,\\ 2 & 若n是奇数.\end{cases}$$

计算极限

$$\lim_{x\to\infty}\frac{1}{x}\sum_{n\leqslant x}f(n).$$

解 (1) 我们有

$$S(x)=\sum_{n\leqslant x}M\left(\frac{x}{n}\right)=\sum_{n\leqslant x}\sum_{m\leqslant x/n}\mu(m).$$

满足条件$n\leqslant x,m\leqslant x/n$的整点$(m,n)$位于坐标平面第一象限曲线$XY=x$与坐标轴之间,所以

$$S(x)=\sum_{mn\leqslant x}\mu(m).$$

记$r=mn$,那么$r\leqslant x,m\mid r$,于是

$$S(x)=\sum_{r\leqslant x}\sum_{m\mid r}\mu(m).$$

应用公式(5.2.7)可得

$$S(x)=1+\sum_{2\leqslant r\leqslant x}\sum_{m|r}\mu(m)=1+0=1.$$

(2) 我们有

$$\begin{aligned}S(x) &= \sum_{n\leqslant x}f(n)=\sum_{\substack{n\leqslant x\\ n\text{偶}}}f(n)+\sum_{\substack{n\leqslant x\\ n\text{奇}}}f(n)\\ &= \left[\frac{x}{2}\right]\cdot 1+\left[\frac{x+1}{2}\right]\cdot 2.\end{aligned}$$

于是

$$\frac{x}{2}-1+2\left(\frac{x+1}{2}-1\right)\leqslant S(x)\leqslant\frac{x}{2}+(x+1),$$

即

$$\frac{3x}{2}-2\leqslant S(x)\leqslant\frac{3x}{2}+1.$$

因此,所求极限等于3/2. □

5.5 (1) 设对于两个数论函数f,g,关系式

$$f(n)=\sum_{d\,|\,n}g(d)$$

成立.则对于$x\in\mathbb{R},|x|<1$,有

$$\sum_{n=1}^{\infty}g(n)\frac{x^n}{1-x^n}=\sum_{n=1}^{\infty}f(n)x^n.$$

(2) 设x是实数,$|x|<1$.证明:

$$\sum_{n=1}^{\infty}\phi(n)\frac{x^n}{1-x^n}=\frac{x}{(1-x)^2}.$$

(3) 证明:

$$\sum_{n=1}^{\infty}\frac{\phi(n)}{2^n-1}=2.$$

解 (1) 因为$|x|<1$,所以对于$n=1,2,\cdots$,

$$\frac{x^n}{1-x^n}=x^n\sum_{i=0}^{\infty}(x^n)^i=\sum_{i=0}^{\infty}x^{(i+1)n}=\sum_{j=1}^{\infty}x^{jn}.$$

于是

$$\sum_{n=1}^{\infty}g(n)\frac{x^n}{1-x^n}=\sum_{n=1}^{\infty}g(n)\sum_{j=1}^{\infty}x^{jn}=\sum_{n=1}^{\infty}\sum_{j=1}^{\infty}g(n)x^{jn},$$

交换求和次序,应用$\sum\limits_{d\,|\,k}g(d)=f(k)$,可知

$$\sum_{n=1}^{\infty}g(n)\frac{x^n}{1-x^n}=\sum_{k=1}^{\infty}\left(\sum_{d\,|\,k}g(d)\right)x^k=\sum_{k=1}^{\infty}f(k)x^k.$$

或者:

$$\begin{aligned}
\sum_{n=1}^{\infty}f(n)x^n &= \sum_{n=1}^{\infty}\left(\sum_{d\,|\,n}g(d)\right)x^n\\
&= \sum_{d=1}^{\infty}g(d)\sum_{\tau=1}^{\infty}x^{d\tau}\\
&= \sum_{d=1}^{\infty}g(d)(x^d+x^{2d}+x^{3d}+\cdots)\\
&= \sum_{d=1}^{\infty}g(d)x^d(1+x^d+x^{2d}+\cdots)\\
&= \sum_{d=1}^{\infty}g(d)x^d\cdot\frac{1}{1-x^d}\\
&= \sum_{n=1}^{\infty}g(n)\frac{x^n}{1-x^n}.
\end{aligned}$$

(2) 在本题(1)中取$f(n)=n,g(n)=\phi(n)$,那么有

$$\sum_{d\,|\,n}\phi(d)=n,$$

于是得到

$$\sum_{n=1}^{\infty}\phi(n)\frac{x^n}{1-x^n}=\sum_{n=1}^{\infty}nx^n=\frac{x}{(1-x)^2}.$$

(3) 在本题(2)的公式中取$x=1/2$,即得所要结果. □

5.6 证明:

$$\sum_{n=1}^{\infty}\frac{d(n)}{2^n}=\sum_{n=1}^{\infty}\frac{1}{\phi(2^{n+1})-1}.$$

解 按定义,我们有

$$\begin{aligned}
&\sum_{n=1}^{\infty}\frac{1}{\phi(2^{n+1})-1}\\
=\ &\sum_{n=1}^{\infty}\frac{1}{2^{n+1}-2^n-1}\\
=\ &\sum_{n=1}^{\infty}\frac{1}{2^n-1}\\
=\ &\sum_{n=1}^{\infty}\frac{1}{2^n}\cdot\frac{1}{1-\dfrac{1}{2^n}}\\
=\ &\sum_{n=1}^{\infty}\frac{1}{2^n}\left(\sum_{k=0}^{\infty}\frac{1}{2^{nk}}\right)\\
=\ &\sum_{n=1}^{\infty}\sum_{k=1}^{\infty}\frac{1}{2^{nk}}.
\end{aligned}$$

在最后得到的和中,令$s=nk$,交换求和次序,即得

$$\sum_{n=1}^{\infty}\frac{1}{\phi(2^{n+1})-1}=\sum_{\tau=1}^{\infty}\frac{1}{2^s}\sum_{nk=s}1=\sum_{s=1}^{\infty}\frac{d(s)}{2^s}.$$ □

5.7 对于正整数n,用d_1表示它的偶因子,d_2表示它的奇因子.证明:

$$\frac{\sum\limits_{d_1|n}\phi\left(\dfrac{n}{d_1}\right)}{\sum\limits_{d_2|n}\phi\left(\dfrac{n}{d_2}\right)}=\begin{cases}0 & \text{当}n\text{是奇数时},\\ 1 & \text{当}n\text{是偶数时}.\end{cases}$$

解 将题中分数的分子和分母中的式子分别记作S_1和S_2.令

$$n=2^a m,$$

其中$a \geqslant 0, m$是奇数.因为

$$\sum_{d|n} \phi(d) = n, \tag{5.7.1}$$

所以

$$S_2 = \sum_{d_2|n} \phi\Big(\frac{n}{d_2}\Big) = \sum_{d_2|2^a m} \phi\Big(\frac{2^a m}{d_2}\Big) = \phi(2^a) \sum_{d|m} \phi\Big(\frac{m}{d}\Big),$$

对于奇数m,当d遍历m的(奇)因子时,m/d也遍历m的(奇)因子,所以应用公式(5.7.1)得到

$$S_2 = \phi(2^a) \sum_{\lambda|m} \phi(\lambda) = \phi(2^a)m.$$

仍然由公式(5.7.1)可知

$$S_1 + S_2 = \sum_{d|n} \phi\Big(\frac{n}{d}\Big) = \sum_{\lambda|n} \phi(\lambda) = n,$$

所以

$$S_1 = n - S_2 = n - \phi(2^a)m.$$

于是

$$\frac{S_1}{S_2} = \frac{n - \phi(2^a)m}{\phi(2^a)m} = \frac{2^a m - \phi(2^a)m}{\phi(2^a)m} = \frac{2^a - \phi(2^a)}{\phi(2^a)},$$

注意,当$a = 0$时,n为奇数,上式等于0;当$a > 0$时,n为偶数,上式等于

$$\frac{2^a - 2^{a-1}(2-1)}{2^{a-1}(2-1)} = \frac{2^{a-1}}{2^{a-1}} = 1.$$

于是本题得证. □

5.8 设实数$x > 1$,对于正整数n定义

$$S_n(x) = \sum_{\substack{1 \leqslant k \leqslant x \\ (k,n)=1}} \mu(k) \left[\frac{x}{k}\right].$$

证明:$S_n(x)$表示$n^{[\log_2 x]}$的不超过x的因子t的个数.

解 记$\sigma = [\log_2 x]$.对于实数$y > 1$和正整数n定义

$$T_n(y) = \sum_{\substack{1 \leqslant t \leqslant y \\ t \mid n^\sigma}} 1.$$

若m是任意一个不超过x的正整数,则它可唯一地表示为

$$m = j \cdot t,$$

其中j, t是正整数,$(j, n) = 1$,并且t恰含m的同时是n的因子的那些素因子.设$p^\lambda \parallel t$,那么$2^\lambda \leqslant p^\lambda \leqslant x/j$,所以$\lambda \leqslant \sigma$.由此推出$t \mid n^\sigma$.于是

$$[x] = \sum_{m \leqslant x} 1 = \sum_{\substack{j \leqslant x \\ (j,n)=1}} \sum_{\substack{t \leqslant x/j \\ t \mid n^\sigma}} 1 = \sum_{\substack{j \leqslant x \\ (j,n)=1}} T_n\left(\frac{x}{j}\right),$$

我们引进记号

$$\chi_n(a) = \begin{cases} 1 & 若(a, n) = 1, \\ 0 & 若(a, n) > 1, \end{cases}$$

它称为模n主特征.于是

$$[x] = \sum_{j \leqslant x} \chi_n(j) T_n\left(\frac{x}{j}\right).$$

由此得到

$$\left[\frac{x}{k}\right] = \sum_{j \leqslant x/k} \chi_n(j) T_n\left(\frac{x}{jk}\right).$$

又应用主特征,有

$$S_n(x) = \sum_{1 \leqslant k \leqslant x} \mu(k) \chi_n(k) \left[\frac{x}{k}\right].$$

从上二式得到

$$\begin{aligned} S_n(x) &= \sum_{1 \leqslant k \leqslant x} \mu(k) \chi_n(k) \sum_{j \leqslant x/k} \chi_n(j) T_n\left(\frac{x}{jk}\right) \\ &= \sum_{1 \leqslant k \leqslant x} \sum_{j \leqslant x/k} \chi_n(k) \chi_n(j) \mu(k) T_n\left(\frac{x}{jk}\right), \end{aligned}$$

因为主特征是完全积性函数,所以

$$\chi_n(k) \chi_n(j) = \chi_n(kj) = \chi_n(l),$$

其中记$l=kj$.于是

$$\begin{aligned} S_n(x) &= \sum_{1\leqslant l\leqslant x}\sum_{k|l}\chi_n(l)\mu(k)T_n\left(\frac{x}{l}\right) \\ &= \sum_{1\leqslant l\leqslant x}\chi_n(l)T_n\left(\frac{x}{l}\right)\sum_{k|l}\mu(k), \end{aligned}$$

最后应用公式(5.2.7)立得

$$S_n(x)=\chi_n(1)T_n\left(\frac{x}{1}\right)=T_n(x).$$

于是本题得证. □

注 关于特征概念,请参见华罗庚的《数论导引》(科学出版社,1975),第七章,§2.

5.9 证明:对于任何整数$n\geqslant 2$,

(1) $\sum\limits_{p|n}\dfrac{1}{p}\geqslant\dfrac{\omega(n)}{n^{1/\omega(n)}}$.

(2) $\prod\limits_{p|n}\left(1-\dfrac{1}{p}\right)\leqslant 1-\dfrac{2^{\omega(n)}-1}{n}$,

并且当且仅当n是素数时等式成立.

解 (1) 由$\omega(n)$的定义及算术—几何平均不等式得到

$$\frac{1}{\omega(n)}\sum_{p|n}\frac{1}{p}\geqslant\left(\prod_{p|n}\frac{1}{p}\right)^{1/\omega(n)}=\left(\prod_{p|n}p\right)^{-1/\omega(n)}\geqslant n^{-1/\omega(n)}.$$

由此即可推出所要的不等式.

(2) 题中的不等式等价于

$$n\prod_{p|n}\left(1-\frac{1}{p}\right)\leqslant n-(2^{\omega(n)}-1),$$

即

$$\phi(n)\leqslant n-(2^{\omega(n)}-1).$$

设$p_1 < p_2 < \cdots < p_r$是n的全部不同的素因子,那么依$\phi(n)$的定义可知

$$\begin{aligned}\phi(n) &\leqslant n - \sum_{\substack{p_i|n \\ 1\leqslant i\leqslant r}} 1 - \sum_{\substack{p_ip_j|n \\ 1\leqslant i<j\leqslant r}} 1 - \sum_{\substack{p_ip_jp_k|n \\ 1\leqslant i<j<k\leqslant r}} 1 - \cdots \sum_{p_1p_2\cdots p_r|n} 1 \qquad (1.9.1) \\ &= n - \binom{r}{1} - \binom{r}{2} - \binom{r}{3} - \cdots - \binom{r}{r} = n - (2^r - 1).\end{aligned}$$

于是,题中的不等式成立.当且仅当n无平方因子,即$n = p_1 \cdots p_r$时,(1.9.1)是等式;并且当且仅当$r = 1$时

$$(p_1 - 1)\cdots(p_r - 1) = p_1 \cdots p_r - (2^r - 1)$$

(即$\phi(n) = n - (2^r - 1)$).因此当且仅当n是素数时等式成立. □

5.10 证明:对于任何正整数n, $\phi(n) \geqslant c\sqrt{n}$,其中

$$c = \begin{cases} \dfrac{\sqrt{2}}{2} & \text{当}n\text{是偶数时}, \\ 1 & \text{当}n\text{是奇数时}. \end{cases}$$

解 首先设n是偶数.则n有标准素因子分解式

$$n = 2^a p_1^{a_1} \cdots p_s^{a_s},$$

其中$a, a_i \geqslant 1$, p_i是奇素数.于是

$$\begin{aligned}\phi(n) &= n\prod_{i=1}^{s}\left(1 - \frac{1}{p_i}\right) \\ &= 2^{a-1} \cdot \prod_{i=1}^{s} p_i^{a_i - 1} \cdot \prod_{i=1}^{s}(p_i - 1).\end{aligned}$$

因为$p_i \geqslant 3$,所以

$$p_i - 1 > \sqrt{p_i} \quad (i = 1, \cdots, s).$$

于是

$$\phi(n) \geqslant 2^{a-1} \cdot \prod_{i=1}^{s} p_i^{a_i - 1} \cdot \prod_{i=1}^{s}\sqrt{p_i} \geqslant \frac{2^a}{2} \cdot \prod_{i=1}^{s} p_i^{a_i - 1/2}.$$

又因为$a, a_i \geqslant 1$,所以

$$a \geqslant \frac{a+1}{2}, \quad a_i - \frac{1}{2} \geqslant \frac{a_i}{2} \quad (i = 1, \cdots, s);$$

于是

$$\phi(n) \geqslant \frac{\sqrt{2}}{2} \cdot \left(2^a \prod_{i=1}^{s} p_i^{a_i}\right)^{1/2} = \frac{\sqrt{2}}{2} \cdot \sqrt{n}.$$

若n是奇数,则n有标准素因子分解式

$$n = p_1^{a_1} \cdots p_s^{a_s},$$

类似地,得到

$$\phi(n) \geqslant \left(\prod_{i=1}^{s} p_i^{a_i}\right)^{1/2} = \sqrt{n}. \qquad \square$$

5.11 (1) 设m, n是正整数,p是素数,$(m,n) = p$.证明:

$$\phi(mn) = \frac{p}{p-1}\phi(m)\phi(n).$$

(2) 证明:对于正整数m, n,

$$\phi(mn) = \frac{(m,n)}{\phi\big((m,n)\big)}\phi(m)\phi(n). \tag{5.11.1}$$

解 (1) 这是本题(2)的直接推论.下面是独立的证明.

因为$(m,n) = p$,所以$p \parallel m$与$p \parallel n$中至少有一个成立.不妨设$p \parallel n$. 于是可设$n = kp$,其中$(p,k) = 1$,并且还有$(m,k) = 1$.由此可知$(mp,k) = 1$,从而

$$\phi(mn) = \phi(mkp) = \phi(mp)\phi(k), \tag{5.11.2}$$

以及

$$\phi(n) = \phi(kp) = \phi(k)\phi(p) = \phi(k)(p-1).$$

因此

$$\phi(k) = \frac{\phi(n)}{p-1}. \tag{5.11.3}$$

此外,我们可设$m = m'p^\tau$,其中$(m',p) = 1$,指数$\tau \geqslant 1$),于是

$$\begin{aligned}
\phi(mp) &= \phi(m'p^{\tau+1}) = \phi(m')\phi(p^{\tau+1}) \\
&= \phi(m') \cdot p^{\tau+1}\left(1 - \frac{1}{p}\right) = \phi(m') \cdot p^\tau \left(1 - \frac{1}{p}\right) \cdot p \\
&= \phi(m') \cdot \phi(p^\tau) \cdot p = \phi(m'p^\tau)p = \phi(m)p.
\end{aligned}$$

将此结果及式(5.11.3)代入式(5.11.2),即得所要的公式.

(2) 设$p_1,\cdots,p_r$是所有整除m但不整除n的素数,$q_1,\cdots,q_s$是所有整除n但不整除m的素数,$r_1,\cdots,r_t$是所有同时整除m和n的素数.令

$$P=\prod_{i=1}^{r}\left(1-\frac{1}{p_i}\right),$$

$$Q=\prod_{i=1}^{s}\left(1-\frac{1}{q_i}\right),$$

$$R=\prod_{i=1}^{t}\left(1-\frac{1}{r_i}\right).$$

那么

$$\phi(mn)=mnPQR=\frac{(mPR)(nQR)}{R}=\frac{\phi(m)\phi(n)}{R}. \tag{5.11.4}$$

又因为

$$\phi\big((m,n)\big)=(m,n)R,$$

所以

$$R=\frac{\phi\big((m,n)\big)}{(m,n)},$$

将此代入式(5.11.4),即得式(5.11.1). □

5.12 设f是一个完全加性函数,即$f(1)=0$,并且对于所有正整数m和n, $f(mn)=f(m)+f(n)$.证明:若f当$x\geqslant 0$时单调增加,则存在常数$c\geqslant 0$,使得对于每个整数$n\geqslant 1$, $f(n)=cn$.

解 (i) 如果对任何素数p, $f(p)=0$,则对所有正整数n, $f(n)=0$,因此可取$c=0$.下面设存在素数p使得$f(p)\neq 0$.

(ii)设素数p如步骤(i),于是$f(p)\neq 0$.任取素数$q\neq p$.还设$u_1,u_2,\cdots$是一个严格增加的无穷正整数列,s是使$s\log p/\log q\geqslant 1$的最小整数. 对于每个整数$i\geqslant 1$,显然可取整数$v_i$满足不等式

$$u_i\cdot\frac{\log p}{\log q}<v_i\leqslant(u_i+s)\cdot\frac{\log p}{\log q},$$

并且$v_i \to \infty\,(i \to \infty)$.于是有

$$p^{u_i} < q^{v_i} < p^{u_i+s} \quad (i = 1, 2, \cdots). \tag{5.12.1}$$

由此得到

$$u_i \log p < v_i \log q < (u_i + s) \log p \quad (i = 1, 2, \cdots).$$

两边除以$v_i \log p$,得到

$$\frac{u_i}{v_i} < \frac{\log q}{\log p} < \frac{u_i}{v_i} + \frac{s}{v_i} \quad (i = 1, 2, \cdots),$$

于是

$$0 < \frac{\log q}{\log p} - \frac{u_i}{v_i} < \frac{s}{v_i} \quad (i = 1, 2, \cdots).$$

因此

$$\lim_{i \to \infty} \frac{u_i}{v_i} = \frac{\log q}{\log p}. \tag{5.12.2}$$

(iii) 因为f是单调增加函数,所以从式(5.12.1)得到

$$f(p^{u_i}) \leqslant f(p^{v_i}) \leqslant f(p^{u_i+s}) \quad (i = 1, 2, \cdots),$$

又因为f是完全加性的,所以进而得到

$$u_i f(p) \leqslant v_i f(q) \leqslant (u_i + s) f(p) \quad (i = 1, 2, \cdots).$$

因为$f(p) \neq 0$,两边除以$v_i f(p)$,得到

$$\frac{u_i}{v_i} < \frac{\log q}{\log p} < \frac{u_i}{v_i} + \frac{s}{v_i} \quad (i = 1, 2, \cdots),$$

于是

$$\lim_{i \to \infty} \frac{u_i}{v_i} = \frac{f(q)}{f(p)}. \tag{5.12.3}$$

(iv) 由式(5.12.2)和(5.12.3)得到

$$\frac{f(q)}{f(p)} = \frac{\log q}{\log p}.$$

取$c = f(p)/\log p$,可知:对任意素数q有

$$f(q) = c\log q.$$

由f的完全加性,若$n = \prod\limits_i p_i^{\alpha_i}$是$n$的标准分解式,则

$$f(n) = c\sum_i \alpha_i \log p_i = c\log\left(\prod_i p_i^{\alpha_i}\right) = c\log n. \qquad \square$$

5.13 设f是复值、完全积性的算术函数. 证明:如果存在无穷递增的正整数列$N_k(k \geqslant 1)$使得对于每个$k \geqslant 1$,当$N_k \leqslant n \leqslant N_k + 4\sqrt{N_k}$是$f(n)$取某个非零常数值$A_k$,那么$f$恒等于1.

解 我们证明一个稍强一点的结果,即将题设条件中的常数4换成$2+\varepsilon$, 其中$\varepsilon > 0$任意.于是f在每个区间$I_k = [N_k, N_k + M_k]$中的整数上的值是某个非零常数,这里$M_k = (2+\varepsilon)\sqrt{N_k}$.

(i) 首先证明:对任何n, $f(n) \neq 0$.这是因为$M_k \to \infty$,所以存在$M_k > n$,于是区间$I_k = [N_k, N_k + M_k]$的长度大于n.因为点sn(s为正整数)将$[0,\infty)$分划为无穷多个长度为n的区间,所以存在整数x使得$nx \in I_k = [N_k, N_k + M_k]$.依$f$的性质有$f(n)f(x) = f(nx) = A_k \neq 0$,从而$f(n) \neq 0$.

(ii) 现在考虑区间$I = [N, N+M]$,设f在其上是常数值(非零)算术函数.如果对于某个正整数n存在整数x使得

$$nx, (n+1)x \in I, \tag{5.13.1}$$

那么

$$f(n)f(x) = f(nx) = f((n+1)x) = f(n+1)f(x),$$

于是(5.13.1)蕴涵$f(n) = f(n+1)$.条件(5.13.1)等价于

$$N \leqslant nx < (n+1)x \leqslant N + m,$$

或

$$\frac{N}{n} \leqslant x \leqslant \frac{N+M}{n+1}.$$

因此,若

$$\frac{N+M}{n+1}-\frac{N}{n}\geqslant 1,$$

则x存在.将上述不等式化简,可知n满足不等式

$$n^2+(1-M)n+N\leqslant 0.$$

这表明正整数n介于二次方程$n^2+(1-M)n+N=0$的两个(不相等的)实根之间.这个二次方程有两个不相等的实根的充要条件是判别式大于零,即

$$(M-1)^2>4N.$$

因此我们可取

$$M=(2+\varepsilon)\sqrt{N}. \tag{5.13.2}$$

在条件(5.13.2)之下,满足(5.13.1)的x,n存在,并且整数n满足

$$\frac{M-1-\sqrt{(M-1)^2-4N}}{2}\leqslant n\leqslant\frac{M-1+\sqrt{(M-1)^2-4N}}{2}.$$

由式(5.13.2)可知

$$\frac{M-1-\sqrt{(M-1)^2-4N}}{2}\leqslant c_1M,$$
$$\frac{M-1+\sqrt{(M-1)^2-4N}}{2}\geqslant c_2M,$$

其中$0<c_1<c_2$是仅与ε有关的正常数;即条件(5.13.2)蕴涵存在区间$I'=[c_1M,c_2M]\subseteq I$,而$f$是$I'$上的常数值(非零)算术函数.

对于区间I'重复上面的推理(用I'代替I).由$nx,(n+1)x\in I'$导致整数x满足

$$\frac{c_1M}{n}\leqslant x\leqslant\frac{c_2M}{n},$$

从而n满足不等式

$$n^2+(1-c'M)n-c_2M\leqslant 0\quad(其中c'=c_2-c_1>0).$$

因为$(1-c'M)^2+4c_2>0$,所以存在正整数n满足

$$\begin{aligned}&\frac{-(1-c'M)-\sqrt{(1-c'M)^2+4c_2}}{2}\\ \leqslant\ & n\\ \leqslant\ &\frac{-(1-c'M)+\sqrt{(1-c'M)^2+4c_2}}{2}.\end{aligned}$$

由此推出存在区间$I'' = [c_0, c_4M] \subseteq I'$(其中$c_0, c_4$是仅与$\varepsilon$有关的正常数),而$f$是$I'$上的常数值(非零)算术函数.

总之,我们证明了:在条件(5.13.2)之下,若f是$[N, N+M]$上的常数值(非零)算术函数,则存在区间$[c_0, c_4M]$,在其上f是常数值(非零)算术函数.

(iii) 因为$M_k \to \infty$,所以区间$I_k'' = [c_0, c_4M_k]$覆盖区间$[c_0, \infty]$,于是当$n > c_0$时,f是常数值(非零)算术函数.对于任意正整数m,我们可取正整数$n > c_0$, 则$mn, n \in [c_0, \infty]$,由f的常值性得到

$$f(n) = f(nm) = f(n)f(m),$$

于是$f(m) = 1$. 所以f恒等于1. □

5.14 设$\boldsymbol{M} = \boldsymbol{M}_n = (b_{ij})$是一个$n$阶矩阵.

(1) 设$f(n)$是一个积性函数,定义

$$g(n) = \sum_{d|n} \mu(d) f\left(\frac{n}{d}\right).$$

还设矩阵$\boldsymbol{M}$的元素

$$b_{ij} = f\big((i,j)\big),$$

其中(i,j)表示i和j的最大公因子.证明:

$$\det \boldsymbol{M} = g(1)g(2)\cdots g(n). \tag{5.14.1}$$

(2) 若$b_{ij} = (i,j)^m$ (m是给定正整数),则当$m = 1$时,

$$\det \boldsymbol{M} = \phi(1)\phi(2)\cdots\phi(n);$$

当$m \geqslant 1$时(一般情形),

$$\det \boldsymbol{M} = (n!)^m \prod_{l=1}^{n} \prod_{p|l} (1 - p^{-m}) \quad (p\text{为素数}).$$

(3) 若$b_{ij} = d\big((i,j)\big)$,则$\det \boldsymbol{M} = 1$.

(4) 若$b_{ij}=\sigma\big((i,j)\big)$,则$\det \boldsymbol{M}=n!$.

(5) 若$b_{ij}=\mu\big((i,j)\big)$,求$\det \boldsymbol{M}$.

(6) 若$b_{ij}=[i,j]$(i,j的最小公倍数),则

$$\det \boldsymbol{M}=\prod_{k=1}^{n}(-1)^{\omega(k)}\phi(k)\gamma(k),$$

其中$\omega(k)=\sum\limits_{p|k}1,\gamma(k)=\prod\limits_{p|k}p$ (p为素数).

解 (1) 首先定义n阶矩阵$\boldsymbol{A}=(a_{i,j})$,其元素

$$a_{ij}=\begin{cases}1 & 若 j\mid i,\\ 0 & 若 j\nmid i.\end{cases}$$

那么$\boldsymbol{A}$是一个下三角矩阵,对角元素全为1,从而

$$\det \boldsymbol{A}=1,\quad \det \boldsymbol{A}^{\mathrm{T}}=1. \tag{5.14.2}$$

然后定义n阶矩阵$\boldsymbol{H}=(h_{ij})$,其元素

$$h_{ij}=g(j)a_{ij}.$$

那么$\boldsymbol{H}$也是一个下三角矩阵,对角元素为$h_{jj}=g(j)a_{jj}=g(j)$.于是

$$\det \boldsymbol{H}=\prod_{j=1}^{n}g(j). \tag{5.14.3}$$

(ii) 现在定义n阶矩阵$\boldsymbol{H}\boldsymbol{A}^{\mathrm{T}}=(l_{ij})$.那么

$$\begin{aligned}l_{ij}&=\sum_{k=1}^{n}g(k)a_{ik}a_{jk}=\sum_{k|(i,j)}g(k)=\sum_{k|(i,j)}\sum_{d|k}\mu\left(\frac{k}{d}\right)f(d)\\&=\sum_{d|(i,j)}\sum_{r|((i,i)/d)}\mu(r)f(d)=\sum_{d|(i,j)}f(d)\sum_{r|((i,i)/d)}\mu(r),\end{aligned}$$

于是由式(5.2.7)得到

$$l_{ij}=f\big((i,j)\big)=b_{ij}.$$

由此可知

$$\det \boldsymbol{M}=\det(b_{ij})=\det(l_{ij})=\det(\boldsymbol{H}\boldsymbol{A}^{\mathrm{T}}).$$

但由式(5.14.2)和(5.14.3),有

$$\det(\boldsymbol{H}\boldsymbol{A}^{\mathrm{T}})=\det \boldsymbol{H}\cdot\det \boldsymbol{A}^{\mathrm{T}}=\det \boldsymbol{H}=\prod_{j=1}^{n} g(j),$$

因此

$$\det \boldsymbol{M}=\prod_{j=1}^{n} g(j).$$

(2) 在本题(1)中取$f(n)=n^m$,那么

$$g(n)=\sum_{d|n}\mu(d)f\left(\frac{n}{d}\right)=n^m\sum_{d|n}\mu(d)d^{-m},$$

由积性函数性质(见华罗庚的《数论导引》(科学出版社,1975),第六章,§2,定理3),

$$\sum_{d|n}\mu(d)d^{-m}=\prod_{p|n}(1-p^{-m})\quad (p\text{为素数}),$$

所以

$$g(n)=n^m\prod_{p|n}(1-p^{-m}).$$

于是

$$\det \boldsymbol{M}=\prod_{l=1}^{n} g(l)=\prod_{l=1}^{n}\left(l^m\prod_{p|l}(1-p^{-m})\right)=(n!)^m\prod_{l=1}^{n}\prod_{p|l}(1-p^{-m}).$$

特别,当$m=1$时,

$$g(n)=n\prod_{p|n}(1-p^{-1})=\phi(n),$$

所以$\det \boldsymbol{M}=\phi(1)\phi(2)\cdots\phi(n)$.

(3) 在本题(1)中取$g(n)=1$,那么由Möbius变换,$f(n)=\sum\limits_{d|n}1=d(n)$,于是由本题(1)得到结果.

(4) 在本题(1)中取$g(n)=n$,那么由Möbius变换,$f(n)=\sum\limits_{d|n}n=\sigma(n)$,于是由本题(1)得到结果.

(5) 在本题(1)中取$f(n)=\mu(n)$(这是积性函数),那么对于素数p,

$$g(p)=\sum_{d|p}\mu(d)\mu\left(\frac{p}{d}\right)=\mu(1)\mu(p)+\mu(p)\mu(1)=-2,$$

类似地,

$$g(p^2)=1,\cdots,g(p^m)=0\quad(m\geqslant 3).$$

由此算出

$$\begin{aligned}
&\det \boldsymbol{M}_1=1,\\
&\det \boldsymbol{M}_2=1\cdot(-2)=-2,\\
&\det \boldsymbol{M}_3=1\cdot(-2)\cdot(-2)=4,\\
&\det \boldsymbol{M}_4=1\cdot(-2)\cdot(-2)\cdot 1=4,\\
&\det \boldsymbol{M}_5=1\cdot(-2)\cdot(-2)\cdot 1\cdot(-2)=-8,\\
&\det \boldsymbol{M}_6=1\cdot(-2)\cdot(-2)\cdot 1\cdot(-2)\cdot 4=-32,\\
&\det \boldsymbol{M}_7=1\cdot(-2)\cdot(-2)\cdot 1\cdot(-2)\cdot 4\cdot(-2)=64.
\end{aligned}$$

而当$n\geqslant 8$时,

$$\det \boldsymbol{M}_n=1\cdot(-2)\cdot(-2)\cdot 1\cdot(-2)\cdot 4\cdot(-2)\cdot 0\cdots=0.$$

(6) (i) 因为

$$(i,j)[i,j]=ij,$$

所以

$$\begin{aligned}
\det \boldsymbol{M} &= \det\left(\frac{ij}{(i,j)}\right)=1\cdot 2\cdots n\cdot\det\left(\frac{j}{(i,j)}\right)\\
&= n!\det\left(\frac{j}{(i,j)}\right)=n!n!\det\left(\frac{1}{(i,j)}\right),
\end{aligned}$$

定义n阶矩阵

$$\boldsymbol{G}=(a_{ij})_n,\quad a_{ij}=\frac{1}{(i,j)},$$

则得

$$\det \boldsymbol{M} = (n!)^2 \det \boldsymbol{G}. \tag{5.14.4}$$

(ii) 现在应用本题(1)计算$\det \boldsymbol{G}$.在其中取$f(n)=1/n$(这是积性函数),那么

$$g(n) = \sum_{d|n} \mu(d) f\left(\frac{n}{d}\right) = \frac{1}{n}\sum_{d|n}\mu(d)d,$$

由积性函数性质(见华罗庚的《数论导引》(科学出版社,1975),第六章,§2,定理3),

$$\sum_{d|n}\mu(d)d = \prod_{p|n}(1-p) \quad (p\text{为素数}),$$

所以

$$\begin{aligned} g(n) &= \frac{1}{n}\prod_{p|n}(1-p) = \frac{1}{n}\prod_{p|n}\left(-p\left(1-\frac{1}{p}\right)\right) \\ &= \frac{1}{n}\prod_{p|n}\left(1-\frac{1}{p}\right)\cdot\prod_{p|n}(-p) = \frac{1}{n^2}\cdot n\prod_{p|n}\left(1-\frac{1}{p}\right)\cdot\prod_{p|n}(-p) \\ &= \frac{1}{n^2}\cdot\phi(n)\cdot\prod_{p|n}(-p) = \frac{\phi(n)}{n^2}\prod_{p|n}(-p). \end{aligned}$$

于是由公式(5.14.1)得到

$$\begin{aligned} \det \boldsymbol{G} &= \prod_{j=1}^{n} g(j) = \prod_{j=1}^{n}\left(\frac{\phi(j)}{j^2}\cdot\prod_{p|j}(-p)\right) \\ &= \prod_{j=1}^{n}\left(\frac{\phi(j)}{j^2}\cdot(-1)^{\omega(j)}\cdot\gamma(j)\right) \\ &= \frac{1}{(n!)^2}\prod_{j=1}^{n}\left(\phi(j)\cdot(-1)^{\omega(j)}\cdot\gamma(j)\right). \end{aligned}$$

由此及式(5.14.4),即得所要的公式. □

注 关于Möbius变换,见华罗庚的《数论导引》(科学出版社,1975),第六章,§5.

第6章 不定方程

推荐问题: **6.1(1),(4)/6.2/6.5/6.6/6.8/6.10/6.12/6.16/6.20/6.23/6.32**.

6.1 求下列方程的整数解的一般性公式:

(1) $122x + 74y = 112$.

(2) $3x + 4y + 5z = 6$.

(3) $6x + 10y - 15z = 1$.

(4) $11x_1 + 2x_2 + 4x_3 - 5x_4 = 7$.

解 我们要根据问题的不同特点采用适宜的方法.

(1) **解法1** 因为$(122, 74) = 2 \mid 112$所以方程可解.原方程等价于

$$61x + 37y = 56.$$

实施Euclid算法:

$$\begin{aligned}
61 &= 1 \cdot 37 + 24, \\
37 &= 1 \cdot 24 + 13, \\
24 &= 1 \cdot 13 + 11, \\
13 &= 1 \cdot 11 + 2, \\
11 &= 5 \cdot 2 + 1, \\
2 &= 2 \cdot 1.
\end{aligned}$$

由此得到

$$\begin{aligned}
1 &= 11 - 5 \cdot 2 = 11 - 5 \cdot (13 - 1 \cdot 11) = (-5) \cdot 13 + 6 \cdot 11 \\
&= (-5) \cdot 13 + 6 \cdot (24 - 1 \cdot 13) = 6 \cdot 24 + (-11) \cdot 13 \\
&= 6 \cdot 24 + (-11) \cdot (37 - 1 \cdot 24) = (-11) \cdot 37 + 17 \cdot 24 \\
&= (-11) \cdot 37 + 17 \cdot (61 - 1 \cdot 37) = 17 \cdot 61 + (-28) \cdot 37.
\end{aligned}$$

因此原方程有特解$x_0 = 17 \cdot 56 = 952, y_0 = (-28) \cdot 56 = -1\,568$.于是得到一般解公式

$$x = 952 - 37t, \quad y = -1\,568 + 61t \quad (t \in \mathbb{Z}).$$

解法2 用连分数(参见问题7.6).我们算出

$$\frac{61}{37} = [1;1,1,1,5,2] = \frac{p_5}{q_5}, \quad p_5 = 61,\ q_5 = 37;$$
$$[1;1,1,1,5] = \frac{28}{17} = \frac{p_4}{q_4}, \quad p_4 = 28,\ q_4 = 17.$$

因为$p_5q_4 - q_5p_4 = (-1)^6$,所以

$$61 \cdot 17 - 37 \cdot 28 = 1$$

(计算的其余部分从略).

解法3 用Euler方法.由所给方程解出

$$y = \frac{-61x + 56}{37} = -x + \frac{-24x + 56}{37}. \qquad (y)$$

令$z = (-24x + 56)/37$,则得

$$24x + 37z = 56.$$

由此解出

$$x = \frac{-37z + 56}{24} = -z + \frac{-13z + 56}{24}. \qquad (x)$$

令$u = (-13z + 56)/24$,则得

$$13z + 24u = 56.$$

由此解出

$$z = \frac{-24u + 56}{13} = -2u + \frac{2u + 56}{13}. \qquad (z)$$

令$v = (2u + 56)/13$,则得

$$-2u + 13v = 56.$$

由此解出

$$u = \frac{13v - 56}{2} = 6v + \frac{v - 56}{2}. \tag{u}$$

令$w = (v - 56)/2$,则得

$$v - 2w = 56.$$

显然这个方程有特解$v_0 = 0, w_0 = -28$.

由$v_0 = 0$出发,逐次由式(u)得到$u_0 = -28$;由式(z)得到$z_0 = 56$;由式(x)得到$x_0 = -84$; 最后由式(y)得到$y_0 = 140$.于是求出原方程的一组特解$(x_0, y_0) = (-84, 140)$.一般性公式是:

$$x = -84 - 37\mu, \quad y = 140 + 61\mu \quad (\mu \in \mathbb{Z}).$$

稍作变换,可使此式与解法1中的结果保持一致:

$$\begin{aligned} x &= 952 + (-84 - 952) - 37\mu = 952 - 1\,036 - 37\mu \\ &= 952 - 28 \cdot 37 - 37\mu = 952 - 37t, \\ y &= -1\,568 + (140 + 1\,568) + 61\mu \\ &= -1\,568 + (28 \cdot 61) + 61\mu = -1\,568 + 61t, \end{aligned}$$

其中参数$t = 28 + \mu \in \mathbb{Z}$.

(2) **解法 1** 因为$(3, 4, 5) = 1 \mid 6$,所以方程可解.令

$$3x + 4y = w. \tag{6.1.1}$$

由Euclid算法得到$(-1) \cdot 3 + 1 \cdot 4 = 1$(实际上这也可直接“观察”到),所以$3 \cdot (-w) + 4 \cdot (w) = w$,即得方程(6.1.1)的解的表达式

$$x = -w - 4t, \quad y = w + 3t \quad (t \in \mathbb{Z}).$$

将式(6.1.1)代入原方程,得到

$$w + 5z = 6.$$

显然,此方程有特解$w = 1, z = 1$,所以其一般解为

$$w = 1 - 5s, \quad z = 1 + s \quad (s \in \mathbb{Z}).$$

将参数表达式$w=1-5s$代入上面得到的x,y的表达式,即得原方程的一般解公式:

$$(x,y,z)=(-1+5s-4t,1-5s+3t,1+s)\quad(s,t\in\mathbb{Z}).$$

解法2 由方程可知$3x+4y\equiv 1 \pmod 5$,于是

$$3x+4y=1+5s\quad(s\in\mathbb{Z}).$$

由$(-1)\cdot 3+1\cdot 4=1$可知

$$(-(1+5s))\cdot 3+(1+5s)\cdot 4=1+5s,$$

即上述方程有特解$(x_0,y_0)=(-1-5s,1+5s)$,从而一般解是

$$x=-1-5s+4t,\quad y=1+5s-3t\quad(t\in\mathbb{Z}).$$

将此代入原方程得到$z=1-s$,因此,原方程的一般解是

$$(x,y,z)=(-1-5s+4t,1+5s-3t,1-s)\quad(s,t\in\mathbb{Z}).$$

注意,因为$a\in\mathbb{Z}\Leftrightarrow -a\in\mathbb{Z}$,所以上述表达式与解法1中得到的公式是一致的.

解法3 由解法2中的方程$3x+4y=1+5s$派生出两个方程

$$3\widetilde{x}+4\widetilde{y}=1,\quad 3u+4v=5,$$

由前者得出特解$(\widetilde{x}_0,\widetilde{y}_0)=(-1,1)$; 由后者得出特解$(u_0,v_0)=(3,-1)$.于是$(u_0s,v_0s)=(3s,-s)$满足$3\cdot(3s)+4(-s)=5s$.由此推出

$$(x_0,y_0)=(\widetilde{x}_0,\widetilde{y}_0)+(u_0s,v_0s)=(-1+3s,1-s)$$

是方程$3x+4y=1+5s$的一组特解.由此可求出原方程的另一形式的一般解

$$(x,y,z)=(-1+3s+4t,1-s-3t,1-s)\quad(s,t\in\mathbb{Z}).$$

注意,若令

$$x'=x-8s,y'=y+6s,z'=z,$$

那么原方程等价于

$$3x' + 4y' + 5z' = 6.$$

于是得到一般解$(x', y', z') = (-1 - 5s + 4t, 1 + 5s - 3t, 1 - s)$ $(s, t \in \mathbb{Z})$.这个公式与解法2中的是一致的.

(3) 显然所给方程可解.对所给方程进行模3化简,得到$y \equiv 1 \pmod 3$,于是

$$y = 1 + 3s \quad (s \in \mathbb{Z}).$$

原方程变为

$$6x - 15z = -9 - 30s \quad 即 \quad 2x - 5z = -3 - 10s. \tag{6.1.2}$$

对此方程进行模2化简,得到$z \equiv 1 \pmod 2$,于是

$$z = 1 + 2t \quad (t \in \mathbb{Z}),$$

并且由方程(6.1.2)得到

$$x = 1 - 5s + 5t.$$

合起来即得原方程的一般解

$$(x, y, z) = (1 - 5s + 5t, 1 + 3s, 1 + 2t) \quad (s, t \in \mathbb{Z}).$$

(4) 因为$(33, 6, 12, 15) \mid 21$,所以所给方程可解.此方程等价于

$$11x_1 + 2x_2 + 4x_3 - 5x_4 = 7.$$

用Euler方法.由上面方程解出

$$\begin{aligned} x_2 &= \frac{1}{2}(-11x_1 - 4x_3 + 5x_4 + 7) \\ &= -6x_1 - 2x_3 + 2x_4 + \frac{1}{2}(x_1 + x_4 + 7). \end{aligned}$$

令$y = (x_1 + x_4 + 7)/2$,则得$2y - x_1 - x_4 = 7$.由此解出

$$x_1 = 2y - x_4 - 7,$$

从而

$$x_2 = -6(2y - x_4 - 7) - 2x_3 + 2x_4 + y = -11y - 2x_3 + 8x_4 + 42.$$

令$x_3 = s, x_4 = t$,并将y改记r,得到方程一般解公式

$$(x_1, x_2, x_3, x_4) = (2r - t - 7, -11r - 2s + 8t + 42, s, t) \quad (r, s, t \in \mathbb{Z}),$$

或写成向量形式,记$\mathbf{x} = (x_1, x_2, x_3, x_4)^{\mathrm{T}}$,则有

$$\mathbf{x} = \begin{pmatrix} -7 \\ 0 \\ 0 \\ 0 \end{pmatrix} + r \begin{pmatrix} 2 \\ -11 \\ 0 \\ 0 \end{pmatrix} + s \begin{pmatrix} 0 \\ -2 \\ 1 \\ 0 \end{pmatrix} + t \begin{pmatrix} -1 \\ 8 \\ 0 \\ 1 \end{pmatrix} \quad (r, s, t \in \mathbb{Z}). \qquad \square$$

注 本题(1)的解法1和解法2的关键是求出等式$61 \cdot 17 - 37 \cdot 28 = 1$,其中$1 = \gcd(61, 37)$.一般地,设整数$a > b > 0, \gcd(a, b) = d$.要确定整数$x, y$使得$ax + by = d$,通常应用上面两种方法(Euclid算法和连分数方法).下面是所谓Blankinship方法,即应用矩阵初等变换求出$d = \gcd(a, b)$及关系式$ax + by = d$.

令矩阵

$$\boldsymbol{A} = \begin{pmatrix} a & 1 & 0 \\ b & 0 & 1 \end{pmatrix}.$$

通过初等变换化为

$$\begin{pmatrix} \alpha & x & y \\ 0 & x' & y' \end{pmatrix} \quad 或 \quad \begin{pmatrix} 0 & x' & y' \\ \alpha & x & y \end{pmatrix}.$$

那么α就是$d = \gcd(a, b)$,并且$ax + by = d$.

例如,本题中

$$\boldsymbol{A} = \begin{pmatrix} 61 & 1 & 0 \\ 37 & 0 & 1 \end{pmatrix}.$$

通过行变换得到

$$\begin{pmatrix}24 & 1 & -1\\37 & 0 & 1\end{pmatrix}\to\begin{pmatrix}24 & 1 & -1\\13 & -1 & 2\end{pmatrix}\to\begin{pmatrix}11 & 2 & -3\\13 & -1 & 2\end{pmatrix}$$

$$\to\begin{pmatrix}11 & 2 & -3\\2 & -3 & 5\end{pmatrix}\to\begin{pmatrix}1 & 17 & -28\\2 & -3 & 5\end{pmatrix}\to\begin{pmatrix}1 & 17 & -28\\0 & -37 & 61\end{pmatrix}.$$

于是得到

$$\gcd(61,37)=1=61\cdot 17+37\cdot(-28)=61\cdot 17-37\cdot 28.$$

另一个例子:求$d=\gcd(621,414)$及相应关系式.我们有

$$\boldsymbol{A}=\begin{pmatrix}621 & 1 & 0\\414 & 0 & 1\end{pmatrix}.$$

首先实施第1行减第2行,然后在所得矩阵中实施第2行减第1行的2倍,得到

$$\boldsymbol{A}\sim\begin{pmatrix}207 & 1 & -1\\0 & -2 & 3\end{pmatrix}.$$

即得$\gcd(621,414)=207=621\cdot 1+414\cdot(-1)=621\cdot 1-414\cdot 1.$

6.2 在正整数范围解方程$x^2-y^2=2xyz$.

解 设(x,y,z)是方程的一组正整数解.记$\sigma_0=xy$.若$\sigma_0=1$,则$x=y=1$,于是$2xyz=x^2-y^2=0$,从而$z=0$,此不可能,因此$\sigma_0>1$.设p是σ_0的一个素因子,则

$$(x+y)(x-y)=x^2-y^2=2xyz=2\sigma_0 z\equiv 0 \pmod p,$$

于是,或者$x\equiv y \pmod p$,或者$x\equiv -y \pmod p$.注意$p\mid\sigma=xy$, 所以p同时整除x和y.于是可设

$$x=px_1,\quad y=py_1\quad (x_1,y_1\in\mathbb{N}).$$

将此代入原方程,得到

$$(px_1)^2-(py_1)^2=2(px_1)(py_1)z,$$

于是

$$x_1^2 - y_1^2 = 2x_1y_1z.$$

这表明(x_1, y_1, z)是原方程的一组正整数解,但$\sigma_1 = x_1y_1 < xy = \sigma_0$;并且类似于$\sigma > 1$可知$\sigma_1 > 1$.对于$\sigma_1$和$x_1, y_1$又可重复实施上面对于$\sigma_0, x, y$所进行的操作,将得到正整数组$(x_2, y_2, z)$满足原方程,并且

$$1 < \sigma_2 = x_2y_2 < x_1y_1 = \sigma_1.$$

如此继续,将产生一个无穷递降正整数列$\sigma_0 > \sigma_1 > \sigma_2 > \cdots$,这不可能.因此原方程没有正整数解. □

注 上述证法是Fermat递降法的典型应用.

6.3 求下列方程的所有满足不等式条件的整数解:

(1) $x + 4y + 24z + 120w = 782$, $0 \leqslant x \leqslant 4$, $0 \leqslant y \leqslant 6$, $0 \leqslant z \leqslant 5$.

(2) $35x + 63y + 45z = 1$, $|x| < 9$, $|y| < 5$, $|z| < 7$.

解 (1) 由所给方程得到

$$782 - x = 4(y + 6z + 30w), \tag{6.3.1}$$

因此$x \equiv 2 \pmod 4$.因为限定$0 \leqslant x \leqslant 4$,所以由上式推出$x = 2$.

将$x = 2$代入方程(6.3.1)得到$4(y + 6z + 30w) = 780$,即$y + 6z + 30w = 195$,于是

$$6(z + 5w) = 195 - y, \tag{6.3.2}$$

因此$y \equiv 3 \pmod 6$.因为限定$0 \leqslant y \leqslant 6$,所以由上式推出$y = 3$.

将$y = 3$代入方程(6.3.2)得到

$$5w = 32 - z, \tag{6.3.3}$$

因此$z \equiv 2 \pmod 5$.因为限定$0 \leqslant z \leqslant 5$,所以由上式推出$z = 2$.

最后将$z = 2$代入方程(6.3.3),即得$w = 6$.因此所求的解是

$$(x, y, z, w) = (2, 3, 2, 6).$$

(2) 由原方程可推出

$$1-63y=5(7x+9z), \tag{6.3.4}$$

因此$3y\equiv 1 \pmod 5$.考虑限制条件$|y|<9$,由上式立得y有两个合适的值:$y=-3,2$.

分别将$y=-3$和2代入方程(6.3.4),产生

$$7x+9z=38 \quad (\text{当}y=-3\text{时}), \tag{6.3.5}$$

和

$$7x+9z=-25 \quad (\text{当}y=2\text{时}). \tag{6.3.6}$$

方程(6.3.5)有一般解

$$x=-1-9k, z=5+7k \quad (k\in\mathbb{Z}). \tag{6.3.7}$$

由$x=-1-9k$和$|x|<9$解出$-10/9<k<8/9$,因此整数$k=-1,0$.类似地,由$z=5-7k$和$|z|<7$解出$-12/7<k<2/7$,也定出整数$k=-1,0$(这表明方程(6.3.5)及限制条件$|x|<9,|z|<7$蕴涵$k=-1,0$). 将$k=-1,0$分别代入公式(6.3.7)可知$x=8,z=-2$(当$k=-1$)和$x=-1,z=5$(当$k=0$).因此对应于方程(6.3.5)求得

$$(x,y,z)=(8,-3,2) \text{ 和 } (-1,-3,5).$$

类似地,方程(6.3.6)有一般解

$$x=-10-9t, z=5+7t \quad (t\in\mathbb{Z}). \tag{6.3.8}$$

由$x=-10-9k$,和$|x|<9,|z|<7$解出整数$t=-1$.由此及公式(6.3.8) 求出$x=-1,z=-2$因此对应于方程(6.3.6)求得

$$(x,y,z)=(-1,2,-2).$$

于是本题的全部解是$(x,y,z)=(8,-3,2),(-1,-3,5).(-1,2,-2)$. □

6.4 (1) 设正整数a,b互素,那么所有不小于$ab+1$的整数n都可表示为$n=ax+by$,其中x,y是某些正整数.

(2) 设正整数a,b互素,那么当整数$n > ab-a-b$时,存在非负整数x,y使得$n=ax+by$, 但$n_0=ab-a-b$不可能表示为这种形式.

(3) 设a,b,c是两两互素的正整数,则当整数$n>2abc-a-b-c$时,存在非负整数x,y,z使得$n=bcx+cay+anz$,但$n_0=2abc-a-b-c$不可能表示为这种形式.

(4) 设$a_1,a_2,\cdots,a_k\,(k>1)$是正整数,$(a_1,a_2,\cdots,a_k)=1$.证明:如果整数

$$n \geqslant (a_k-1)\sum_{i=1}^{k-1} a_i,$$

那么存在非负整数$x_1,x_2,\cdots,x_k$使得

$$\sum_{i=1}^{k} a_i x_i = n.$$

解 (1) 这是本题(2)的推论,这里给出它的一个独立证明.因为a,b互素, 所以存在整数u,v使得$au-bv=1$.当$n>ab$时,$anu-bnv=n>ab$,因此

$$\frac{nu}{b}-\frac{nv}{a}>1,$$

从而存在整数t满足$nv/a<t<nu/b$.令$x=nu-bt, y=at-nv$,那么$x>0,y>0$,并且

$$ax+by=a(nu-bt)+b(at-nv)=n.$$

(2) (i) 首先设$n>ab-a-b$.设$(\widehat{x},\widehat{y})$是$ax+by=n$的任意一个特解(但未必是非负整数解),即$a\widehat{x}+b\widehat{y}=n$.那么方程的一般整数解公式是

$$x=\widehat{x}+\frac{b}{d}t, \quad y=\widehat{y}-\frac{a}{d}t \quad (t\in\mathbb{Z}),$$

其中$d=\gcd(a,b)=1$,于是在此有

$$(x,y)=(\widehat{x}+bt,\widehat{y}-at) \quad (t\in\mathbb{Z}).$$

现在取整数t_0满足$0\leqslant \widehat{y}-at_0\leqslant a-1$(显然$t_0$存在).那么

$$a(\widehat{x}+bt_0)=n-(\widehat{y}-at_0)b>(ab-a-b)-(a-1)b=-a,$$

因此$\widehat{x}+bt_0 > -1$.注意$\widehat{x}+bt_0 \in \mathbb{Z}$,即知$\widehat{x}+bt_0 \geqslant 0$.于是非负整数组$(x,y) = (\widehat{x}+bt_0, \widehat{y}-at_0)$给出表示$ax+by = a\widehat{x}+b\widehat{y} = n$.

(ii) 现在证明方程

$$ax + by = ab - a - b$$

没有非负整数解.若不然,则有非负整数组(x,y)满足

$$ab = a(x+1) + b(y+1).$$

因为a,b互素,所以$a\,|\,y+1, b\,|\,x+1$,从而$y+1 \geqslant a, x+1 \geqslant b$, 于是由上式得到$ab \geqslant 2ab$,此不可能.

(3) (i) 首先设$n > 2abc - ab - bc - ca$.我们来证明:存在非负整数x,y,z使得$n = ax+by+cz$.

因为a,b,c两两互素,所以不妨认为$a > 1, b > 2, c > 3$,于是

$$\begin{aligned} & 2abc - ab - bc - ca \\ = \ & abc\left(2 - \frac{1}{a} - \frac{1}{b} - \frac{1}{c} + \frac{1}{abc}\right) \\ > \ & abc\left(2 - \frac{1}{1} - \frac{1}{2} - \frac{1}{3} + \frac{1}{abc}\right) > 0, \end{aligned}$$

从而$2abc - ab - bc - ca > 0$.于是题中给定的n是正整数.

如果$abc\,|\,n$,那么$n = abc \cdot q$,其中q是正整数,于是有$n = (ab)\cdot(cq) + bc\cdot 0 + ca \cdot 0$,因此,非负整数组$(cq,0,0)$合乎要求.

现在设$abc \nmid n$.因为bc, a互素,所以同余式

$$xbc \equiv n \pmod{a} \quad (0 < x < a)$$

有解x_0;同理,存在整数y_0, z_0满足

$$y_0ca \equiv n \pmod{b} \quad (0 < y_0 < b); \quad z_0ab \equiv n \pmod{c} \quad (0 < z_0 < c).$$

令

$$A = x_0bc + y_0ca + z_0ab, \tag{6.4.1}$$

则

$$A \leqslant bc(a-1)+ca(b-1)+ab(c-1)=3abc-a-b-c. \tag{6.4.2}$$

并且

$$A \equiv x_0bc \equiv n \pmod a;\ A \equiv n \pmod b;\ A \equiv n \pmod c.$$

因为a,b,c两两互素,所以$A \equiv n \pmod{abc}$,从而可记

$$n = A + kabc. \tag{6.4.3}$$

由不等式(6.4.2)及题设条件$n > 2abc-a-b-c$可知

$$2abc-a-b-c < n+kabc \leqslant 3abc-a-b-c+kabc,$$

于是$k \geqslant 0$.最后,由式(6.4.1)和(6.4.3)得到

$$n = x_0bc+y_0ca+z_0ab+kabc=(x_0+ka)bc+y_0ca+z_0ab,$$

其中(x_0+ka, y_0, z_0)是非负整数组,正是所要求的n的表示.

(ii) 现在证明:不存在非负整数x,y,z使得

$$2abc-ab-bc-ca=ax+by+cz.$$

证明类似于本题(2)的步骤(ii).设不然,则有

$$2abc=ax+by+cz+ab+bc+ca=bc(x+1)+ca(y+1)+ab(z+1), \tag{6.4.4}$$

其中$x+1, y+1, z+1>0$.于是$a \mid bc(x+1)$,由于a与bc互素,所以$a \mid x+1$,从而$a \leqslant x+1$.类似地,$b \leqslant y+1, c \leqslant z+1$.由此及式(6.4.4)推出$2abc \geqslant 3abc$,此不可能.

(4) 因为$(a_1, a_2, \cdots, a_k)=1$,所以存在整数$z_1, z_2, \cdots, z_k$满足

$$a_1z_1+a_2z_2+\cdots+a_kz_k=n \tag{6.4.5}$$

(参见潘承洞与潘承彪的《初等数论》(北京大学出版社,1992),72页).对于每个整数$z_i(i=1,\cdots,k-1)$存在整数q_i和x_i使得

$$z_i = a_kq_i + x_i,$$

其中

$$0 \leqslant x_i \leqslant a_k - 1 \quad (i = 1, \cdots, k-1). \tag{6.4.6}$$

由此及式(6.4.5)得到

$$\begin{aligned} n &= \sum_{i=1}^{k-1} a_i(a_k q_i + x_i) + a_k z_k \\ &= \sum_{i=1}^{k-1} a_i x_i + a_k \left(\sum_{i=1}^{k-1} a_i q_i + z_k \right). \end{aligned}$$

令

$$x_k = z_k + \sum_{i=1}^{k-1} a_i q_i,$$

可得

$$n = \sum_{i=1}^{k} a_i x_i.$$

此外,由式(6.4.6)和题设可知

$$a_k x_k = n - \sum_{i=1}^{k-1} a_i x_i \geqslant n - (a_k - 1) \sum_{i=1}^{k-1} a_i \geqslant 0,$$

所以$x_k \geqslant 0$.即$(x_1, x_2, \cdots, x_k)$是非负整数组. □

注 设a, b是互素正整数,则对于所有整数$n \geqslant ab+1$,方程$ax+by=n$有正整数解(x, y).这是二元一次不定方程的一个重要性质.可参见柯召,孙琦的《数论讲义》(高等教育出版社,1986),第一章,§.8.

一般地,设$a_1, \cdots, a_n$是互素(即它们的最大公约数等于1)正整数,确定最大的正整数N,使得线性不定方程$a_1x_1 + \cdots + a_nx_n = N$没有非负整数解,称为Frobenius问题(或Frobenius硬币问题,即求最大的不可能用币值为$a_1, \cdots, a_n$硬币完成支付的数额).关于这个问题的系统全面的论述,可见J.L.R.Alfonsin,The Diophantine Frobenius Problems(Oxford University Press,2005).特别,该书给出本题(2)的5种不同证明.

6.5 在正整数范围解方程$x^2 + y^2 + x + y + 1 = xyz$.

解 (i) 首先设(x,y,z)是方程的一组正整数解,并且$x=y$,那么由原方程得到

$$x\big(x(z-2)-2\big)=1,$$

于是$x=y=1,z=5$,即方程有解$(x,y,z)=(1,1,5)$.现在设$z\neq 5$,那么必然$x\neq y$. 此时由原方程得到

$$\begin{aligned}0 &= x^2+y^2+x+y+1-xyz\\ &= (yz-x-1)^2+y^2+(yz-x-1)+y+1-(yz-x-1)yz,\end{aligned}$$

可见

$$(x',y,z)=(yz-x-1,y,z)$$

也是方程的一组解.此外,因为

$$x(yz-x-1)=y^2+y+1>0,$$

所以$x'=yz-x-1>0$.又由对称性,不妨认为$x>y$,即$x\geqslant y+1$,那么

$$x^2\geqslant (y+1)^2>y^2+y+1=x(yz-x-1)=xx',$$

所以$x>x'$.这表明按上述操作,由一组正整数解(x,y,z)可得到另一组正整数解(x',y,z), 其中分量$x>x'$.因此我们将得到无穷正整数解序列$(x_k,y,z)\ (k\geqslant 1)$,其中$x_k(k\geqslant 1)$形成严格递减的无穷正整数列.此不可能.因此对于方程的任何正整数解(x,y,z), 总有$z=5$.

(ii) 由原方程可知x,y同为奇数.令

$$u=\frac{3x-1}{2},\quad v=\frac{3y-1}{2},\tag{6.5.1}$$

那么u,v都是整数.在此变换下,原方程化为

$$u^2-5uv+v^2=-3.\tag{6.5.2}$$

直观验证可知$(u_0,v_0)=(1,1)$及$(u_1,v_1)=(1,4)$都是上述方程的一组(正整数)解,并且$(1,1)$是最小解.设(u_1,v_1)是方程的另外任意一组解,(由对称性)不妨设$u_1>v_1$.那么

$$v_1^2+(5v_1-u_1)^2+3=5v_1(5v_1-u_1),$$

可见$(u_2,v_2)=(v_1,5v_1-u_1)$也是方程(6.5.2)的一组解;并且由

$$(u_1-v_1)(u_1-4v_1)=u_1^2-5u_1v_1+4v_1^2=3v_1^2-3\geqslant 0$$

可知$u_1\geqslant 4v_1$,从而$v_2=5v_1-u_1\leqslant v_1$.于是,按上述操作,

$$\text{从解 }(u_1,v_1)\text{ 得到解 }(u_2,v_2)=(v_1,5v_1-u_1)\quad(\text{其中}v_1\geqslant v_2).$$

重复这种操作,得到解$(u_k,v_k)(k=2,3,\cdots)$,其中分量

$$v_1\geqslant v_2\geqslant v_3\geqslant\cdots$$

是非增无穷正整数列,因而存在某个下标k_0,使得$v_k(k\geqslant k_0)$ 全相等(达到"最小"),即$v_{k_0}=1$.整数组(u_{k_0},v_{k_0})是方程(6.5.2)的一组解,代入方程可解出$u_{k_0}=4$或1.若$(u_{k_0},v_{k_0})=(1,1)$那么按上述操作得到的$(u_k,v_k)(k\geqslant k_0)$全部"停留"在$(1,1)$;若$(u_{k_0},v_{k_0})=(4,1)$,那么按上述操作得到

$$(u_{k_0+1},v_{k_0+1})=(1,1),$$

而且继续按上述操作可知$(u_k,v_k)(k\geqslant k_0+1)$ 也全部"停留"在$(1,1)$.总之,从方程(6.5.2)的任何一组正整数解出发,按上述操作,最终都达到最小解.由此可见,使用逆向操作,从$(1,1)$出发,一定能够达到方程(6.5.2)的任何一组正整数解.容易推出逆向操作是:

$$\text{从解 }(\widehat{u}_1,\widehat{v}_1)\text{ 得到解 }(\widehat{u}_2,\widehat{v}_2)=(5\widehat{u}_1-\widehat{v}_1,\widehat{u}_1)\quad(\text{其中}\widehat{u}_2\geqslant\widehat{u}_1).$$

于是,将$\widehat{u},\widehat{v}$恢复为u,v(但不要与正向操作混淆),有

$$u_{k+1}=5u_k-v_k,v_{k+1}=u_k,$$

即得递推公式

$$u_{k+1}=5u_k-u_{k-1}\quad(k\geqslant 1),\quad u_0=1,u_1=4;\quad v_{k+1}=u_k\quad(k\geqslant 0).$$

这个二阶线性递推序列的通项公式是

$$u_n=\alpha\left(\frac{5+\sqrt{21}}{2}\right)^n+\beta\left(\frac{5-\sqrt{21}}{2}\right)^n\quad(n\geqslant 0),$$

其中

$$\alpha=\frac{3+\sqrt{21}}{2\sqrt{21}},\quad \beta=-\frac{3-\sqrt{21}}{2\sqrt{21}},$$

于是,当$n\geqslant 0$时,

$$u_n=\frac{1}{\sqrt{21}}\left(\frac{3+\sqrt{21}}{2}\Big(\frac{5+\sqrt{21}}{2}\Big)^n-\frac{3-\sqrt{21}}{2}\Big(\frac{5-\sqrt{21}}{2}\Big)^n\right),$$

$$v_n=\frac{1}{\sqrt{21}}\left(\frac{3+\sqrt{21}}{2}\Big(\frac{5+\sqrt{21}}{2}\Big)^{n-1}-\frac{3-\sqrt{21}}{2}\Big(\frac{5-\sqrt{21}}{2}\Big)^{n-1}\right).$$

(iii) 最后由式(6.5.1)以及对称性可知原方程的正整数解是

$$(x,y,z)=\left(\frac{2u_n+1}{3},\frac{2v_n+1}{3},5\right),\left(\frac{2v_n+1}{3},\frac{2u_n+1}{3},5\right).\qquad\square$$

6.6 (1) 证明:当且仅当$z=3$时,方程

$$x^2+y^2+1=xyz \tag{6.6.1}$$

有正整数解;并且求出当$z=3$时方程(6.6.1)的全部正整数解.

(2) 证明:方程$x^2+y^2+z^2=xyz$有无穷多组正整数解(x,y,z).

解 (1) (i) 首先证明:若$z\neq 3$,则方程(6.6.1)没有正整数解.

用反证法.设$z\neq 3$,并且$(x,y,z)\in\mathbb{N}^3$满足方程(6.6.1).如果$x=y$,那么由原方程得到$2x^2+1=x^2z$,或$x^2(z-2)=1$.但$z-2\neq 1$,我们得到矛盾,因此必定$x\neq y$. 不妨认为$x>y$(因为原方程关于x,y对称).并且记$\sigma_0=x+y$.由此可推出

$$\begin{aligned}0&=x^2+y^2+1-xyz=(x-yz)^2+y^2+1+xyz-y^2z^2\\&=(yz-x)^2+y^2+1-(yz-x)yz.\end{aligned}\tag{6.6.2}$$

注意,由原方程有$xyz>x^2$,即知$yz-x\in\mathbb{N}$,因此上式表明$(yz-x,y,z)\in\mathbb{N}^3$也满足方程(6.6.1),并且由$x>y$及原方程可知$x^2>y^2+1=xyz-x^2=x(yz-x)$, 从而$yz<x$,或$\sigma_1=(yz-x)+y<\sigma_0$.应用以上的操作,我们由方程(6.6.1)的一组正整数解(x,y,z)导出它的另一组正整数解(x_1,y_1,z_1),使

得$\sigma_1 = x_1 + y_1 < \sigma_0 = x + y$.对解$(x_1, y_1, z_1)$进行同样的操作,得到新的一组正整数解$(x_2, y_2, z_2)$, 使得$\sigma_2 = x_2 + y_2 < \sigma_1 = x_1 + y_1$,等等.于是产生一个无穷递降正整数列$\sigma_0 > \sigma_1 > \sigma_2 > \cdots$,这不可能.因此$z \neq 3 \Rightarrow$方程(6.6.1) 没有正整数解.

(ii) 现在证明:若$z = 3$,则方程(6.6.1)在正整数范围可解;并且求出方程

$$x^2 + y^2 + 1 = 3xy \tag{6.6.3}$$

的全部正整数解.

设$(x, y) = (a, b)$是它的一组正整数解,由对称性,不妨认为$a \geqslant b$.那么

$$a^2 + b^2 + 1 = 3ab.$$

于是

$$1 + 9a^2 - 6ab + b^2 + a^2 = 9a^2 - 3ab,$$

即

$$(3a - b)^2 + a^2 + 1 = 3(3a - b)a.$$

由$(2a-b)(a-b) = 2a^2-3ab+b^2 = (a^2+b^2+1-3ab)+a^2-1 = a^2-1 \geqslant 0$以及$a \geqslant b$可知$2a - b \geqslant 0$,所以$3a - b \geqslant a$.因此,由一组正整数解$(a, b)$可得到另一组正整数解$(3a - b, a)$,并且新解的两个分量不小于原解的相应分量.易见$(a_0, b_0) = (1, 1)$是方程(6.6.3)的一组("最小")解,按上述操作,得到解$(a_1, b_1) = (2, 1)$,进而得到解$(a_2, b_2) = (5, 2)$,等等.可见方程(6.6.3)有无穷多组正整数解.如果设数列$x_n (n \geqslant 0)$满足递推关系

$$x_{n+1} = 3x_n - x_{n-1} \quad (n \geqslant 2), \quad x_0 = 1, x_1 = 1, \tag{6.6.4}$$

那么$(x, y) = (x_n, x_{n-1})\,(n \geqslant 1)$给出方程(6.6.3)的无穷多组正整数解;并且由方程关于x, y的对称性,$(x, y) = (x_{n-1}, x_n)\,(n \geqslant 1)$也是方程(6.6.3)的正整数解.

另一方面,若$(x, y) = (a, b)\,(a \geqslant b)$是方程(6.6.3)的任意一组正整数解,那么$a^2 + b^2 + 1 - 3ab = 0$,于是

$$\begin{aligned} b^2 + (3b - a)^2 + 1 &= (a^2 + b^2 + 1 - 3ab) + (9b^2 - 3ab) \\ &= 9b^2 - 3ab = 3b(3b - a), \end{aligned}$$

因此$3b-a\in\mathbb{N}$,从而$(x,y)=(b,3b-a)$也是方程(6.6.3)的一组正整数解.由$(a-b)(a-2b)=a^2-3ab+2b^2=(a^2+b^2+1-3ab)+b^2-1=b^2-1\geqslant 0$可知$a-2b\geqslant 0$,因此$b\geqslant 3b-a$,从而可知所得到的新解的分量不超过原解的相应分量. 由解(a,b)得到解$(b,3b-a)$的操作与前述操作是反向的.由此可见最终将由某个解(α,β)达到解$(\beta,3\beta-\alpha)$,后者满足$\beta=3\beta-\alpha$, 即$\alpha=2\beta$.代入方程(6.6.3)得到$\beta=1,\alpha=2$,也就是("最小")解$(a_0,b_0)=(1,1)$.

总之,公式

$$(x,y)=(x_n,x_{n-1})\text{ 及 }(x_{n-1},x_n)\quad(n\geqslant 1) \tag{6.6.5}$$

给出方程(6.6.3)的全部正整数解.换言之,$(x,y,z)=(x_n,x_{n-1},3)$ 及$(x_{n-1},x_n,3)$ $(n\geqslant 1)$都是方程(6.6.1)的正整数解.

(2) 令$x=3u,y=3v,z=3$,则得

$$9u^2+9v^2+9=27uv,$$

或

$$u^2+v^2+1=3uv.$$

依本题(1),上述方程有正整数解

$$(u,v)=(x_n,x_{n-1})\text{ 及 }(x_{n-1},x_n)\quad(n\geqslant 1),$$

于是原方程有无穷多组正整数解

$$(x,y,z)=(3x_n,3x_{n-1},3)\quad(n\geqslant 1),$$

以及分量的置换所产生的解(因为原方程关于变量对称).当然,这未必是方程的全部正整数解. □

注 比方程(6.6.3)更一般的方程

$$x^2+y^2+z^2=3xyz$$

称作Markov方程,它的解的性质的研究是Diophantine逼近论的一个重要课题.本题表明$(x_n,x_{n-1},1)$及它的分量置换给出Markov方程的一部

分解.关于Markov方程的最新的系统完整的专著,可见:Aigner,M.,Markov's theorem and 100 years of the uniqueness conjecture(Springer,2013).

6.7 (1) 求下列方程组的正整数解(x, y, u, v):

$$\begin{cases} x^2 + 1 = uy, \\ y^2 + 1 = vx. \end{cases}$$

(2) 求下列方程组的正整数解(x, y, z):

$$\begin{cases} 2x - 2y + z = 0, \\ 2x^3 - 2y^3 + z^3 + 3z = 0. \end{cases}$$

解 (1) 由方程组可知x, y互素,并且

$$0 < x^2 + y^2 + 1 = x^2 + (y^2 + 1) = x^2 + vx = x(x + v),$$

类似地,

$$0 < x^2 + y^2 + 1 = y^2 + (x^2 + 1) = y^2 + uy = y(y + u).$$

因此$x \mid x^2 + y^2 + 1$, $y \mid x^2 + y^2 + 1$,从而存在$z \in \mathbb{N}$使得

$$x^2 + y^2 + 1 = xyz.$$

依问题6.6(1)可知必然$z = 3$,并且(x, y)如式(6.6.5)给出.此时我们有

$$x^2 + y^2 + 1 = xyz = 3xy,$$

应用

$$x^2 + y^2 + 1 = x(x + v),$$

由此得到$3xy = x(x + v)$;类似地,

$$3xy = y(y + u).$$

于是

$$x + v = 3y, \quad y + u = 3x.$$

由此解出

$$u = 3x - y, \quad v = 3y - x.$$

将式(6.6.5)代入,并且应用递推关系(6.6.4),由$(x, y) = (x_n, x_{n-1})$得到

$$u = 3x_n - x_{n-1} = x_{n+1},$$
$$v = 3x_{n-1} - x_n = 3x_{n-1} - (3x_{n-1} - x_{n-2}) = x_{n-2};$$

类似地,由$(x, y) = (x_{n-1}, x_n)$得到$u = x_{n-2}, \quad v = x_{n+1}$. 于是方程组的正整数解是

$$(x, y, u, v) = (x_n, x_{n-1}, x_{n+1}, x_{n-2},), \text{ 以及}$$
$$(x_{n-1}, x_n, x_{n-2}, x_{n+1}) \quad (n \geqslant 1).$$

(2) 由原方程组(用代入法)消去变量z,得到

$$2(x^3 - y^3) - 8(x - y)^3 - 6(x - y) = 0.$$

因为$z > 0$,所以从第一个方程可知$x < y$,于是由上式推出

$$-(x^2 + xy + y^2) + 4(x - y)^2 + 3 = 0,$$

即得等价方程

$$x^2 + y^2 + 1 = 3xy.$$

依问题6.6(1)(并注意$x < y$),得到$(x, y) = (x_{n-1}, x_n)$,从第一个方程可知

$$z = 2(y - x) = 2(x_n - x_{n-1}).$$

于是方程组的正整数解是

$$(x, y, z) = (x_{n-1}, x_n, 2(x_n - x_{n-1})),$$

其中x_n由式(6.6.4)定义. □

6.8 求下列方程的非零整数解:

(1) $x^2 + y^2 + z^2 = 2xyz.$

(2) $w^2+x^2+y^2+z^2=2wxyz$.

解 (1) 显然x,y,z中若有一个为零,则另两个也为零.因此在此方程的非零整数解意味着x,y,z全不为零.另外,x,y,z中不可能有奇数个负数;若(比如)$x,y<0$,则

$$(-x)^2=x^2,(-y)^2=y^2,(-x)(-y)=xy,$$

所以只需考虑方程的正整数解.

设$x=2^m x_1, y=2^n y_1, z=2^k z_1$,其中$x_1,y_1,z_1$是奇数,并且可以认为$0\leqslant m\leqslant n\leqslant k$(因为原方程关于$x,y,z$对称).于是

$$2^{2m}x_1^2+2^{2n}y_1^2+2^{2k}z_1^2=2^{m+n+k+1}x_1y_1z_1,$$

两边约去因子2^{2m},得到

$$x_1^2+4^{n-m}y_1^2+4^{k-m}z_1^2=2^{n+k-m+1}x_1y_1z_1,$$

其中$n+k-m+1\geqslant 1$.若$m=n=k$,则有

$$x_1^2+y_1^2+z_1^2=2^{m+1}x_1y_1z_1$$

如果原方程有正整数解,那么因为x_1,y_1,z_1都是奇数,所以

$$x_1^2+y_1^2+z_1^2\equiv 3 \pmod 4,$$

但$2\mid 2^{m+1}x_1y_1z_1$,我们得到矛盾.因此原方程无非零整数解.

(2) 类似地,只需考虑方程的正整数解.

显然,对于任何正整数解

$$(w,x,y,z), 2\mid 2wxyz=w^2+x^2+y^2+z^2,$$

所以w,x,y,z 中有偶数个奇数.

若w,x,y,z都是奇数,则$w^2+x^2+y^2+z^2\equiv 0 \pmod 4$,但$4\nmid 2wxyz$,我们得到矛盾.

若w, x, y, z中有两个奇数,则

$$w^2 + x^2 + y^2 + z^2 \equiv 2 \pmod 4,$$

但$2wxyz \equiv 0 \pmod 4$, 我们也得到矛盾.

于是w, x, y, z都是偶数,即

$$2 \mid w, x, y, z.$$

特别,若设$w = 2w_1, x = 2x_1, y = 2y_1, z = 2z_1$,则

$$w_1^2 + x_1^2 + y_1^2 + z_1^2 = 2^3 w_1 x_1 y_1 z_1.$$

这个方程与原方程类似,只是右边的系数2变为2^3.于是可以重复同样的推理:

w_1, x_1, y_1, z_1中有偶数个奇数.若它们都是奇数,那么将有

$$w_1^2 + x_1^2 + y_1^2 + z_1^2 \equiv 4 \pmod 8,$$

但

$$2^3 w_1 x_1 y_1 z_1 \equiv 0 \pmod 8,$$

所以得到矛盾;若w_1, x_1, y_1, z_1中有两个奇数, 则

$$w_1^2 + x_1^2 + y_1^2 + z_1^2 \equiv 2 \pmod 4,$$

仍然得到矛盾.因此w_1, x_1, y_1, z_1 都是偶数,即$2 \mid w_1, x_1, y_1, z_1$,从而

$$2^2 \mid w, x, y, z.$$

进而可设

$$w_1 = 2w_2, x_1 = 2x_2, y_1 = 2y_2, z_1 = 2z_2,$$

得到

$$w_2^2 + x_2^2 + y_2^2 + z_2^2 = 2^5 w_1 x_1 y_1 z_1.$$

重复同样的推理,可知

$$2^3 \mid w, x, y, z.$$

一般地,可知(依归纳法):对于任何正整数n, $2^n \mid w, x, y, z$.这显然不可能.因此原方程没有正整数解,因而没有非零整数解. □

注 本题(2)的解法实质是Fermat递降法的一种变体.

6.9 证明:方程

$$x_1^4 + x_2^4 + \cdots + x_{14}^4 = 1\,599$$

没有非负整数解.

解 *解法* **1** 我们只需证明同余方程

$$x_1^4 + x_2^4 + \cdots + x_{14}^4 \equiv 1\,599 \pmod{16} \tag{6.9.1}$$

没有解.

如果n是偶数,设$n = 2l$ ($l \in \mathbb{Z}$,下同),那么

$$n^4 = 16l^4 \equiv 0 \pmod{16}.$$

如果n是奇数,那么$n^4 - 1 = (n-1)(n+1)(n^2+1)$,并且这3个因子都是偶数.若$n - 1 = 2\cdot(2l+1)$,则$n + 1 = (n-1) + 2 = (4l+2) + 2 = 4(l+1)$;同样,若$n + 1 = 2\cdot(2l+1)$,则$n - 1 = (n+1) - 2 = (4l+2) - 2 = 4l$.因此$n+1$和$n-1$中必有一个是4的倍数.于是

$$n^4 - 1 \equiv 2\cdot 2\cdot 4 \equiv 0 \pmod{16}.$$

即得

$$n^4 \equiv \begin{cases} 0 \pmod{16} & 若n为偶数, \\ 1 \pmod{16} & 若n为奇数. \end{cases}$$

于是,若$x_1, \cdots, x_{14}$中有r个奇数,则

$$x_1^4 + x_2^4 + \cdots + x_{14}^4 \equiv r \pmod{16}.$$

因为$0 \leqslant r \leqslant 14$,所以对于任何非负整数$x_1, \cdots, x_{14}$,

$$x_1^4 + x_2^4 + \cdots + x_{14}^4 \not\equiv 15 \pmod{16};$$

但$1\,599=1\,600-1\equiv 15 \pmod{16}$,所以同余方程(6.9.1)没有解.

解法2 (i) 因为$6^4<1\,599<7^4$,所以$0\leqslant x_i\leqslant 6\,(i=1,\cdots,14)$.设$x_i$中值为$k(k=0,1,\cdots,6)$的个数为$y_k$,那么原方程可改写为

$$0^4\cdot y_0+1^4\cdot y_1+2^4\cdot y_2+\cdots+6^4\cdot y_6=1\,599,$$

化简得到

$$y_1+16y_2+81y_3+256y_4+625y_5+1\,296y_6=1\,599. \qquad (6.9.2)$$

因为$16\equiv 1 \pmod 3), 81\equiv 0 \pmod 3),\cdots,1\,599\equiv 0 \pmod 3)$,所以

$$y_1+y_2+y_4+y_5\equiv 0 \pmod 3.$$

于是可设

$$y_1+y_2+y_4+y_5=3a \quad (a\in\mathbb{N}_0). \qquad (6.9.3)$$

由y_i的意义可知$0\leqslant y_1+y_2+y_4+y_5\leqslant 14$,所以$a$的可能取值是$0,1,2,3,4$.但因为由式(6.9.3),$a=0$蕴涵$y_1=y_2=y_4=y_5=0$,进而由式(6.9.2)得到$81y_3+1\,296y_6=1\,599$,于是$1\,599\equiv 0 \pmod{81}$,这不可能,因此$a$不能取值0,即知

$$a\in\{1,2,3,4\}. \qquad (6.9.4)$$

(ii) 将式(6.9.2)与(6.9.3)相减,得到

$$15y_2+81y_3+255y_4+624y_5+1\,296y_6=1\,599-3a,$$

化简,并写成

$$5(y_2+17y_4)+27(y_3+16y_6)=533-a-208y_5.$$

引进新变量

$$u=y_2+17y_4, \qquad (6.9.5)$$

$$v=y_3+16y_6, \qquad (6.9.6)$$

$$w=533-a-208y_5. \qquad (6.9.7)$$

那么

$$5u+27v=w.$$

将w看作定量,这是u,v的一次不定方程.因为$(5,27)=1$,由辗转相除得到$5\cdot 11+27\cdot(-2)=1$,于是$5\cdot(11w)+27\cdot(-2w)=w$,可见$(u_0,v_0)=(11w,-2w)$是一组特解. 依一般解公式得到

$$u=11w-\frac{27}{(5,27)}t=11w-27t, \tag{6.9.8}$$

$$v=-2w+\frac{5}{(5,27)}t=5t-2w, \tag{6.9.9}$$

其中t是整参数.由式(6.9.5)和(6.9.6)可知$u\geqslant 0,v\geqslant 0$,所以由式(6.9.8)和(6.9.9)推出

$$\frac{2}{5}w\leqslant t\leqslant \frac{11}{27}w. \tag{6.9.10}$$

此外,由式(6.9.2)得到

$$y_5\in\{0,1,2\}. \tag{6.9.11}$$

(iii) 下面就式(6.9.4)和(6.9.11)的不同情形逐个考察方程的解.我们设$(a,y_5)=(1,2)$.

由式(6.9.7)立得$w=116$.对于w的这个值,从$5u+27v=116$可知整数u,v都不可能为零,于是式(6.9.10)实际是严格不等式,从而有

$$\frac{232}{5}<t<\frac{1\,276}{27},\quad 或\quad 46<t<48,$$

因此$t=47$,进而由式(6.9.8)和(6.9.9)得到$u=7,v=3$.然后从式(6.9.5)和(6.9.6)求出

$$y_2=7,\ y_4=0,\ y_3=3,\ y_6=0$$

(例如,由式(6.9.5)有$0\leqslant y_4\leqslant u/17<1$,所以$y_4=0$).最后,由此及$a=1$从式(6.9.3)解出$y_1=-6$;但依定义,$y_1\geqslant 0$,我们得到矛盾.

对于(a,y_5)的其他取值情形,可以类似地讨论,都产生矛盾(我们在此略去冗繁的计算,读者不妨试一下)..总之,原方程没有非负整数解. □

6.10 证明:方程$4xyz-x-y=t^2$没有正整数解(x,y,z,t).

解 用反证法.设(x,y,z,t)是它的一组正整数解,那么

$$4z(4xyz-x-y-t^2)=0,$$

因此

$$16xyz^2-4xz-4yz+1=4zt^2+1,$$

将左边因式分解,化为

$$(4yz-1)(4xz-1)=4zt^2+1,$$

两边同乘z,得到

$$z(4yz-1)(4xz-1)=4z^2t^2+z.$$

所有因式都是非零正整数,可见$4yz-1\,|\,4zt^2+z$,因此

$$(2zt)^2\equiv -z\pmod{4yz-1}.$$

由此可知,对于$4yz-1$的每个素因子p, $-z$都是平方剩余,因此Jacobi符号

$$\left(\frac{-z}{4yz-1}\right)=1. \tag{6.10.1}$$

下面用另一种方法计算上述Jacobi符号.设$2^\alpha\parallel z$,则$z=2^\alpha z'$,其中整数$\alpha\geqslant 0$, z'是奇数(于是z'与$4yz-1$互素).按Jacobi符号计算法则,我们有

$$\left(\frac{-z}{4yz-1}\right)=\left(\frac{-1}{4yz-1}\right)\left(\frac{2^\alpha}{4yz-1}\right)\left(\frac{z'}{4yz-1}\right).$$

右边第一个Jacobi符号等于

$$(-1)^{(4yz-2)/2}=(-1)^{2yz-1}=-1.$$

第二个Jacobi符号当$\alpha=0$时等于1;当$\alpha\geqslant 1$时$z=2^\alpha z'=2z''$, 此符号等于

$$\left(\frac{2^\alpha}{8yz''-1}\right)=\left(\frac{2}{8yz''-1}\right)^\alpha=\left((-1)^{((8yz''-1)^2-1)/8}\right)^\alpha=1.$$

第三个Jacobi符号等于(依二次互反律)

$$(-1)^{(z'-1)(4yz-2)/4}\left(\frac{4yz-1}{z'}\right),$$

注意$z' \mid z, (4yz-2)/2=(2yz-1)$是奇数, 所以第三个Jacobi符号等于

$$(-1)^{(z'-1)/2}\left(\frac{-1}{z'}\right)=(-1)^{(z'-1)/2}\cdot(-1)^{(z'-1)/2}=1.$$

因此我们得到

$$\left(\frac{-z}{4yz-1}\right)=-1.$$

这与式(6.10.1)矛盾.于是原方程没有正整数解. □

6.11 设p是一个奇素数,$\alpha_1,\alpha_2,\cdots,\alpha_r$是任意不超过$p-1$的正整数.证明:方程

$$x_1^{\alpha_1}+x_2^{\alpha_2}+\cdots+x_r^{\alpha_r}=n^p$$

一定有正整数解$x_1,x_2,\cdots,x_r,n$.

解 依Wilson定理,$(p-1)!\equiv -1 \pmod p$,可见

$$m=\frac{(p-1)!+1}{p}\in\mathbb{N}.$$

于是

$$r^{mp}=r^{(p-1)!+1}=r\cdot r^{(p-1)!}=\underbrace{r^{(p-1)!}+\cdots+r^{(p-1)!}}_{r}.$$

注意$\alpha_i \mid (p-1)!\,(i=1,\cdots,r)$,可将上式改写为

$$(r^m)^p=\left(r^{(p-1)!/\alpha_1}\right)^{\alpha_1}+\left(r^{(p-1)!/\alpha_2}\right)^{\alpha_2}+\cdots+\left(r^{(p-1)!/\alpha_r}\right)^{\alpha_r}.$$

因此原方程有正整数解

$$x_i=r^{(p-1)!/\alpha_r}\quad(i=1,\cdots,r),\quad n=r^{((p-1)!+1)/p}. \qquad \square$$

注 取本题的特例:$r=2,\alpha_1=\alpha_2=p-1$,可知方程$x^{p-1}+y^{p-1}=z^p$当$p=3$时有平凡解$(x,y,z)=(2,2,2)$,对于素数$p>3$,有非平凡解

$$(x,y,z)=\left(2^{(p-2)!},2^{(p-2)!},2^{((p-1)!+1)/p}\right).$$

6.12 证明:对于任何整数$k>0$,方程$a^2+b^2=c^k$有正整数解.

解　解法1（"观察法"）直观"尝试"：当$k=1$时，题中方程显然有正整数解，只需取$a=m,b=n,c=m^2+n^2$，其中m,n是任意正整数。当$k=2$时，试令$c=m^2+n^2$，则

$$a^2+b^2=(m^2+n^2)^2=(m^2-n^2)^2+(2mn)^2,$$

因此可取

$$a=|m^2-n^2|,b=2mn.$$

一般地，当$k>1$时，若仍然试令$c=m^2+n^2$，则需解方程

$$a^2+b^2=(m^2+n^2)^k.$$

若能将上式右边化为平方和，则可得a,b。于是自然地想到

$$\begin{aligned}(m^2+n^2)^k &= (m^2+n^2)^{k-1}\cdot(m^2+n^2)\\ &= (m^2+n^2)^{k-1}\cdot(m^2)+(m^2+n^2)^{k-1}\cdot(n^2).\end{aligned}$$

可见需进而考察k。

"正式"解法：当$k=1$时，题中方程显然有正整数解

$$(a,b,c)=(m,n,m^2+n^2)$$

(其中m,n是正整数)。

若$k>1$为奇数，设$k=2\sigma+1$，其中$\sigma\geqslant 1$。原方程可写为

$$a^2+b^2=c^{2\sigma}\cdot c. \tag{6.12.1}$$

令

$$c=m^2+n^2\quad(m,n\in\mathbb{N}), \tag{6.12.2}$$

那么方程(6.12.1)的右边

$$c^{2\sigma}\cdot c=(m^2+n^2)^{2\sigma}\cdot(m^2+n^2)=\big(m(m^2+n^2)^\sigma\big)^2+\big(n(m^2+n^2)^\sigma\big)^2.$$

因此可取$a=m(m^2+n^2)^\sigma,b=n(m^2+n^2)^\sigma$。

若$k>1$为偶数,设$k=2\sigma$,其中$\sigma\geqslant 1$.原方程可写为

$$a^2+b^2=c^{2(\sigma-1)}\cdot c^2. \tag{6.12.3}$$

仍然保留c的取法如式(6.12.2),并将方程(6.12.3)的右边的因子c^2"拆"为两项:

$$c^2=(m^2+n^2)^2=(m^2-n^2)^2+(2mn)^2,$$

那么

$$c^{2(\sigma-1)}\cdot c^2=\left((m^2-n^2)(m^2+n^2)^{\sigma-1}\right)^2+\left((2mn)(m^2+n^2)^{\sigma-1}\right)^2,$$

因此,可取$a=|m^2-n^2|(m^2+n^2)^{\sigma-1}$, $b=2mn(m^2+n^2)^{\sigma-1}$.

总之,对于所有$k>0$,题中方程一定有正整数解.

解法2 这种解法需要一点较专门的知识.

若$k=1$,如解法1,题中方程有正整数解.若$k=2$,则得商高方程,所以方程有正整数解.下面设$k\geqslant 3$,我们来给出方程正整数解的一个公式.

首先设a,b互素.在Gauss整数环$\mathbb{Z}[\mathrm{i}]$中,将题中方程写成

$$(a+b\mathrm{i})(a-b\mathrm{i})=c^k. \tag{6.12.4}$$

并记$\delta=\gcd(a+b\mathrm{i},a-b\mathrm{i})$.那么$\delta$整除$(a+b\mathrm{i})+(a-b\mathrm{i})=2a$, 也整除$(a+b\mathrm{i})-(a-b\mathrm{i})=2b\mathrm{i}$,因此$\delta\mid\gcd(2a,2b)=2$. 但在$\mathbb{Z}[\mathrm{i}]$中,数$2=-\mathrm{i}(1+\mathrm{i})^2$是素数$1+\mathrm{i}$ 的平方(不计单位元素$-\mathrm{i}$).因此只可能$\delta=1,1+\mathrm{i},2$.若$\delta=2$,则由$2=\gcd(a+b\mathrm{i},a-b\mathrm{i})$推出$2\mid a$, $2\mid b$,与a,b互素的假设矛盾; 若$\delta=1+\mathrm{i}$,则由方程(6.12.4)可知$2=(1+\mathrm{i})^2\mid c$.因为$k\geqslant 3$, 所以$c^k\equiv 0\pmod 8$;但a,b互素,所以$a^2+b^2\not\equiv 0\pmod 8$.也得到矛盾.于是$\delta=\gcd(a+b\mathrm{i},a-b\mathrm{i})=1$. 在$\mathbb{Z}[\mathrm{i}]$中唯一因子分解性质成立.于是由方程(6.12.4)得知$a+b\mathrm{i}$ 是某个Gauss整数的n次幂,

$$a+b\mathrm{i}=(m+n\mathrm{i})^k\quad(m,n\in\mathbb{N})$$

(此处略去一个单位元素,它本质上不影响解的公式),于是

$$a-b\mathrm{i}=(m-n\mathrm{i})^k,$$

从而$c^k=(a+b\mathrm{i})(a+b\mathrm{i})=(m^2+n^2)^k$,因此得到

$$c=m^2+n^2.$$

又由二项展开,

$$(m+n\mathrm{i})^k=\alpha_k+\beta_k\mathrm{i},$$

其中

$$\alpha_k=\sum_{j=0}^{[k/2]}(-1)^j\binom{k}{2j}m^{k-2j}n^{2j},$$

$$\beta_k=\sum_{j=0}^{[(k-1)/2]}(-1)^j\binom{k}{2j+1}m^{k-2j-1}n^{2j+1}.$$

于是

$$a=|\alpha_k|,\quad b=|\beta_k|.$$

若$(a,b)=d$,则$(a,b,c)=\big(d^k|\alpha_k|,d^k|\beta_k|,d^2(m^2+n^2)\big)$. □

6.13 (1)求方程$x^3-xy-y^3-61=0$的全部正整数解(x,y).

(2) 求方程$x^3-4xy+y^3+1=0$的全部整数解(x,y).

解 (1) *解法* **1** 用27乘方程两边,得到

$$(3x)^3+(-3y)^3+(-1)^3-3(3x)(3y)(-1)=1\,642.$$

应用代数恒等式

$$a^3+b^3+c^3-3abc=(a+b+c)(a^2+b^2+c^2-ab-bc-ca),\quad (6.13.1)$$

可化为

$$(3x-3y-1)(9x^2+9y^2+1+9xy+3x-3y)=2\cdot 823.$$

因为此式左边第二因子大于1(注意x,y是正整数),第一个因子$3x-3y-1\equiv 2\pmod 3$,并且823是一个素数,所以

$$3x-3y-1=2,$$

并且

$$9x^2+9y^2+1+9xy+3x-3y=623.$$

由此求出正整数解$(x,y)=(6,5)$.

解法 2 因为$x^3-y^3=xy+61>0$,所以$x>y>0$.令$x-y=d(>0)$,则$x=y+d$,代入所给方程得到

$$3y^2d+3yd^2+d^3-y^2-dy-61=0,$$

于是

$$(3d-1)y^2+(3d^2-1)y+d^3=61. \tag{6.13.2}$$

由此可见$0<d^3<61$,从而$d=1,2,3$.

当$d=1$时方程(6.13.2)成为$2y^2+2y+1=6$,于是$y=5,x=y+d=6$.当$d=2,3$时,相应的方程没有整数解.因此原方程的正整数解为$(x,y)=(6,5)$.

(2) **解法 1** 将方程

$$x^3-4xy+y^3=-1 \tag{6.13.3}$$

两边乘以27,然后各加64,可得

$$(3x)^3+(3y)^3+4^3-3(3x)(3y)(4)=37.$$

应用代数恒等式(6.13.1)可知方程(6.13.3)等价于方程

$$(3x+3y+4)(9x^2+9y^2+16-9xy-12x-12y)=37. \tag{6.13.4}$$

因为37是素数,上式左边第2个因子等于

$$\frac{1}{2}\left((3x-3y)^2+(3x-4)^2+(3y-4)^2\right)\geqslant 0,$$

因此

$$3x+3y+4>0,$$

从而由方程(6.13.4)推出

$$3x+3y+4=1 \text{ 或 } 37.$$

但$3x+3y+4=37$是不可能的.这是因为它蕴涵

$$x+y=11, \tag{6.13.5}$$

并且方程(6.13.4)左边第2个因子

$$\frac{1}{2}\left((3x-3y)^2+(3x-4)^2+(3y-4)^2\right)=1,$$

或

$$\left((3x-3y)^2+(3x-4)^2+(3y-4)^2\right)=2; \tag{6.13.6}$$

由方程(6.13.5)可知x,y的奇偶性相反,从而$|3x-3y|\geqslant 3$, 于是等式(6.13.6)不可能成立.由此推出只可能

$$3x+3y+4=1, \tag{6.13.7}$$

并且方程(6.13.4)左边第2个因子

$$9x^2+9y^2+16-9xy-12x-12y=37. \tag{6.13.8}$$

解由(6.13.7)和(6.13.8)形成的二元二次方程组,得到整数解

$$(x,y)=(-1,0),(0,-1).$$

解法 2 令$x+y=u,\quad xy=a$,则所给方程化为

$$u^3-3au-4a+1=0,$$

它等价于

$$a=\frac{u^3+1}{3u+4}.$$

因为a是整数,所以

$$\frac{27u^3+27}{3u+4}\in\mathbb{Z},$$

即

$$9u^2-12u+16-\frac{37}{3u+4}\in\mathbb{Z},$$

于是$3u+4\,|\,37$(素数),从而$3u+4\in\{-1,1,-37,37\}$.由此得知整数$u\in\{-1,11\}$. 因为当$u=11$时$a=(11^3+1)/37$不是整数,所以舍去.当$u=-1$时,$a=0$,因此由$x+y=-1,xy=0$求得解$(x,y)=(-1,0),(0,-1)$. □

6.14 (1) 设p为奇素数,求下列方程的全部正整数解和全部整数解:

$$(1)\qquad \frac{2}{p}=\frac{1}{x}+\frac{1}{y}. \tag{6.14.1}$$

$$(2)\qquad \frac{1}{pq}=\frac{1}{x}+\frac{1}{y}. \tag{6.14.2}$$

解 (1) (i) 先求正整数解.将方程(6.14.1)改写为

$$2xy=p(x+y). \tag{6.14.3}$$

于是$p\,|\,2xy$.因为p是奇素数,所以$p\,|\,xy$,从而x,y中至少有一个以p为素因子. 因为方程关于x,y对称,所以不妨认为$p\,|\,x$.设$x=px'$(x'为整数),代入方程(6.14.3),得到

$$(2x'-1)y=px'.$$

因为x'与$2x'-1$互素,所以$x'\,|\,y$,设$y=zx'$(其中z是整数),则有

$$(2x'-1)z=p. \tag{6.14.4}$$

因为$x,y>0$,所以$x',z>0$,于是得到

$$z=p,\ 2x'-1=1;\quad 以及\quad z=1,\ 2x'-1=p.$$

即知

$$x'=1,\ x=px'=p,\ y=zx'=px'=p,$$

以及

$$x'=\frac{p+1}{2},\ x=px'=\frac{p(p+1)}{2},\ y=zx'=\frac{p+1}{2}.$$

由此求出正整数解

$$(x,y)=(p,p),\ \left(\frac{p(p+1)}{2},\ \frac{p+1}{2}\right).$$

但还要注意(如上所述)方程关于x,y对称,所以

$$(x,y)=\left(\frac{p+1}{2},\ \frac{p(p+1)}{2}\right)$$

也是一组正整数解(总共3组正整数解).

(ii) 为求全部整数解,由式(6.14.4)推出还存在下列可能情形:

$$z=-p,\ 2x'-1=-1;\quad \text{以及}\quad z=-1,\ 2x'-1=-p.$$

对于前者推出$x'=0$,从而$x=0$,显然不可能.对于后者可算出

$$(x,y)=\left(-\frac{p(p-1)}{2},\ \frac{p-1}{2}\right).$$

同样,由对称性,还有一组解

$$(x,y)=\left(\frac{p-1}{2},\ -\frac{p(p-1)}{2}\right).$$

添上(i)中的正整数解,给出全部整数解(总共5组整数解).

另解 为求全部整数解,设x,y中存在负数.因为$2/p>0$,所以$1/x$和$1/y$不可能全为负数;由于方程关于x,y对称,所以不妨认为$x>0,y<0$,于是

$$\frac{1}{x}-\frac{1}{|y|}=\frac{2}{p}>0,$$

因此$0<x<|y|$.由原方程得到

$$2x|y|=p(|y|-x), \tag{6.14.5}$$

可见$p\mid(x|y|)$.若$p\mid x$,则$x=px'$,其中$x'>0$.代入方程(6.14.5)得到

$$px'=|y|(1-2x').$$

但此式左边为正数,右边为负数,我们得到矛盾;因此$p\mid|y|$.设$|y|=zp(z>0)$.代入方程(6.14.5),得到

$$(2z+1)x=zp.$$

因为z与$2z+1$互素,所以$z\mid x$.设$x=tz(t>0)$,代入上式得到

$$(2z+1)t=p.$$

于是

$$2z+1=1,\ t=p;\quad \text{或}\quad 2z+1=p,\ t=1.$$

前一情形蕴涵$x=0$,不可能.由后一情形得到

$$x=\frac{p-1}{2},\ |y|=\frac{p(p-1)}{2}.$$

因为$y<0$,所以得到整数解

$$(x,y)=\left(\frac{p-1}{2},-\frac{p(p-1)}{2}\right).$$

由对称性,还有整数解

$$(x,y)=\left(-\frac{p(p-1)}{2},\frac{p-1}{2}\right).$$

将(i)中的正整数解合并,给出全部5组整数解.

(2) (i) 因为$x,y\neq 0$,所以所给方程等价于

$$xpq+ypq-xy=0.$$

两边加p^2q^2,然后因式分解,可得

$$(x-pq)(y-pq)=p^2q^2. \tag{6.14.6}$$

因为$x,y>0$,由原方程可知x,y中若有一个$\leqslant pq$,则另一个$\geqslant pq$, 从而上式左边$\leqslant 0$,这不可能.因而$x-pq>0,y-pq>0$.因为p,q是素数,所以有下列9种情形:

$$\begin{aligned}(x-pq,y-pq)\ &=\ (p^2q^2,1),(1,p^2q^2),(p^2,q^2),(q^2,p^2),\\&\quad\ (p,pq^2),(pq^2,p),(q,qp^2),(qp^2,q),(pq,pq),\end{aligned}$$

由此得到全部正整数解:

$$\begin{aligned}(x,y)\ &=\ (p^2q^2+pq,1+pq),(1+pq,p^2q^2+pq),(p^2+pq,q^2+pq),\\&\quad\ (q^2+pq,p^2+pq),(p+pq,pq^2+pq),(pq^2+pq,p+pq),\\&\quad\ (q+pq,qp^2+pq),(qp^2+pq,q+pq),(2pq,2pq).\end{aligned}$$

为求全部整数解,由式(6.14.6)推出

$$\begin{aligned}(|x-pq|,|y-pq|)\ &=\ (p^2q^2,1),(1,p^2q^2),(p^2,q^2),(q^2,p^2),\\&\quad\ (p,pq^2),(pq^2,p),(q,qp^2),(qp^2,q),(pq,pq);\end{aligned}$$

例如,由$(|x-pq|,|y-pq|)=(p^2q^2,1)$得到

$$(x-pq,y-pq)=(p^2q^2,1) \quad 或 \quad (-p^2q^2,-1)$$

(由式(6.14.6),两个分量必须取同号),由此求出两组整数解,等等(其余从略). □

6.15 (1) 求下列方程的全部正整数解:

(1) $\dfrac{1}{x}+\dfrac{1}{y}=\dfrac{1}{z}$.

(2) $\dfrac{1}{x^2}+\dfrac{1}{y^2}=\dfrac{1}{z^2}$.

解 (1) 方程等价于

$$z=\frac{xy}{x+y}.$$

记$d=(x,y)$,则$x=dm,y=dn$,其中m,n是正整数,$(m,n)=1$,于是

$$z=\frac{dm\cdot dn}{dm+dn}=\frac{dmn}{m+n}.$$

注意$(mn,m+n)=1$,由此可知$z\in\mathbb{N} \Leftrightarrow (m+n)\,|\,d$. 设$d=k(m+n)\ (k\in\mathbb{N})$,即得方程的正整数解

$$(x,y,z)=\big(km(m+n),kn(m+n),kmn\big) \quad (k,m,n\in\mathbb{N}).$$

(2) (i) 原方程等价于

$$x^2+y^2=\left(\frac{xy}{z}\right)^2.$$

因此,若原方程在正整数范围可解,则$z\,|\,xy$,并且x^2+y^2是完全平方.设

$$x^2+y^2=t^2 \quad (t\in\mathbb{N}), \tag{6.15.1}$$

那么原方程成为

$$t=\frac{xy}{z}. \tag{6.15.2}$$

记$d=(x,y,t)$,则$x=ad,y=bd,t=cd$,其中$a,b,c\in\mathbb{N},(a,b,c)=1$.方程(6.15.1)化为

$$a^2+b^2=c^2 \tag{6.15.3}$$

方程(6.15.2)化为

$$z=\frac{abd}{c}.\qquad(6.15.4)$$

(ii) 由方程(6.15.3),依商高定理,有

$$a=m^2-n^2,\ y=2mn,\ c=m^2+n^2,\qquad(6.15.5)$$

其中$m,n\in\mathbb{N}$一奇一偶,$(m,n)=1,m>n$.由式(6.15.3)及$(a,b,c)=1$可知a,b,c两两互素;于是由式(6.15.4)可知$c|d$,从而$d=kc\ (k\in\mathbb{N})$.因此

$$x=ad=kac,\ y=bd=kbc,\ z=\frac{abd}{c}=\frac{ab\cdot kc}{c}=kab.\qquad(6.15.6)$$

最后,由式(6.15.5)和(6.15.6)得到

$$x=k(m^4-n^4),\ y=2kmn(m^2+n^2),\ z=2kmn(m^2-n^2),$$

其中m,n,k如上述. □

注 应用本题(1)的结果可推出:

$$x+y=km(m+n)+kn(m+n)=k(m+n)^2,$$

取参数$k=1$(这意味着$(x,y,z)=1$)可知:$a^{-1}+b^{-1}=c^{-1}\big(a,b,c\in\mathbb{N}$,并且$(a,b,c)=1\big)\Rightarrow a+b$是完全平方.类似地,可推出:若$a^{-1}+b^{-1}=c^{-1}\,(a,b,c\in\mathbb{N})$,则$a^2+b^2+c^2$是完全平方.

6.16 求方程$x^y=y^{x-y}$的全部正整数解.

解 显然,若x,y中有一个等于1,则另一个也等于1,因此$(x,y)=(1,1)$是方程的一组解.

现在求方程的解(x,y),其中$x\geqslant 2,y\geqslant 2$.在此条件下, $x^y=y^{x-y}>1$,因而$x>y$.用y^y除方程$x^y=y^{x-y}$的两边,得到

$$\left(\frac{x}{y}\right)^y=y^{x-2y}.\qquad(6.16.1)$$

因为$x/y>1$,所以$y^{x-2y}=(x/y)^y>1$,从而$x-2y$是正整数;进而可知

$$(x/y)^y=y^{x-2y}$$

是正整数,于是x/y也是正整数.此外,由$x-2y \geqslant 1$得到$x/y \geqslant 2+1/y$,由此推出$x/y > 2$. 最后,若$x/y \geqslant 5$,则由式(6.16.1)以及不等式$2^t > 4t\ (t \geqslant 5)$(并注意$y \geqslant 2$)可得

$$\frac{x}{y} = y^{x/y-2} \geqslant 2^{x/y-2} = \frac{1}{4}\cdot 2^{x/y} > \frac{1}{4}\cdot 4\cdot\frac{x}{y} = \frac{x}{y},$$

这不可能.因此整数x/y满足不等式

$$2 < \frac{x}{y} < 5,$$

于是只可能$x/y = 3$或$x/y = 4$.若$x/y = 3$,则由式(6.16.1)可知$x/y = y^{x/y-2}$,因而$y = 3, x = y(x/y) = 3\cdot 3 = 9$;若$x/y = 4$,则类似地求得$y = 2, x = 8$.

合起来可知,方程全部正整数解是$(x,y) = (1,1),(8,2),(9,3)$. □

6.17 求方程

$$x^y - y^x = z \quad (z \leqslant 1\,986)$$

的所有正整数解(x,y,z).

解 令$f(x,y) = x^y - y^x$,则对于$(x,y) \in \mathbb{N}^2$有

$$\begin{aligned}
&f(x,y) \leqslant 0 \quad 当\mathscr{D}_1: x = 1,\\
&f(x,y) \leqslant 0 \quad 当\mathscr{D}_2: x \geqslant 4, y = 2,\\
&f(x,y) \leqslant 0 \quad 当\mathscr{D}_3: x \geqslant y \geqslant 3,\\
&f(x,y) > 1\,986 \quad 当\mathscr{D}_4: x > 1\,987, y = 1,\\
&f(x,y) > 1\,986 \quad 当\mathscr{D}_5: 1 < x < y, y \geqslant 12.
\end{aligned}$$

事实上,其中第1个和第4个不等式是显然的.第2个不等式容易证明(实际是熟知的). 第3个不等式(对于给定的$y \geqslant 3$)可对正整数x用数学归纳法证明: 当$x = y$时,$f(x,y) = x^x - x^x = 0$.若对于$x = k(\geqslant y)$ $f(x,y) \leqslant 0$,则当$x = k+1$时,

$$\begin{aligned}
f(x,y) &= (k+1)^y - y^{k+1} \leqslant (k+1)^y - yk^y\\
&= k^y\left(\left(\frac{k+1}{k}\right)^y - y\right) \leqslant k^y\left(\left(\frac{k+1}{k}\right)^k - y\right)\\
&\leqslant k^y(\mathrm{e} - y) < 0.
\end{aligned}$$

此处推理的第2步中,应用了归纳假设$y^k \geqslant k^y$; 最后一步应用了假设$y \geqslant 3 > \mathrm{e}$.因此第3个不等式得证.类似地,对于给定的$x > 1$,对$y(\geqslant 12)$用数学归纳法可证明第5个不等式(请读者补证).

因为$z = f(x,y) \in \mathbb{N}, z \leqslant 1\,986$,所以逐个计算$f(x,y)$在有限集$\mathbb{N}^2 \setminus (\bigcup\limits_{i=1}^{5} \mathscr{D}_i)$上的值, 可得方程的全部正整数解:

$$
\begin{aligned}
&(x,y,z) = (1+\mu,1,\mu),\ \mu = 1,2,\cdots,1\,986;\\
&(3,2,1),(3,4,17),(2,5,7),(3,5,118),(4,5,399),(2,6,28),(3,6,513),\\
&(2,7,79),(3,7,1\,844),(2,8,192),(2,9,431),(2,10,924),(2,11,1\,927).
\end{aligned}
$$

例如,$(x,y,z) = (1+\mu,1,\mu)$型的解可由第4个不等式推出,等等. □

6.18 求方程

$$(x+2)^y = x^y + 2y^y$$

的全部整数解(x,y).

解 显然,$(x,y) = (\mu,1)\ (\mu \in \mathbb{Z})$是方程

$$(x+2)^y = x^y + 2y^y \tag{6.18.1}$$

的整数解.现在来求所有$y \neq 1$的整数解.设(x,y)是这样的解.对函数

$$h(t) = t^y\ (x \leqslant t \leqslant x+2)$$

应用Lagrange中值定理,有

$$(x+2)^y - x^y = 2y\xi^{y-1},$$

其中$\xi \in (x,x+2)$.因为等式左边是整数,所以ξ也是整数,并且$\xi = x+1$.又因为由方程(6.18.1)可知$2y^y = (x+2)^y - x^y$,所以(x,y)满足方程$2y^y = 2y(x+1)^{y-1}$.注意$y \neq 0$,于是(x,y)满足方程

$$y^{y-1} = (x+1)^{y-1}.$$

或

$$\left(\frac{y}{x+1}\right)^{y-1} = 1.$$

因为$y \neq 1$,所以

$$y = x + 1, \tag{6.18.2}$$

从而方程(6.18.1)的解$(x, y)(y \neq 1)$满足

$$\left(\frac{x+2}{x+1}\right)^{x+1} - \left(\frac{x}{x+1}\right)^{x+1} = 2. \tag{6.18.3}$$

定义函数

$$f(t) = \left(1 + \frac{1}{t}\right)^t - \left(1 - \frac{1}{t}\right)^t \quad (t \neq -1, 0, 1).$$

则方程(6.18.3)等价于

$$f(x+1) = 2. \tag{6.18.4}$$

若整数变量$t < 0$,即$t \leqslant -2$,则令$t_1 = -t$.于是$t_1 \geqslant 2$,并且$t \downarrow -\infty$等价于$t_1 \uparrow +\infty$.由

$$\left(1 + \frac{1}{t}\right)^t = \left(1 + \frac{1}{t_1 - 1}\right)^{(t_1 - 1)+1}, \quad \left(1 - \frac{1}{t}\right)^t = \frac{1}{\left(1 + \dfrac{1}{t_1}\right)^{t_1}}$$

可知(参见本题解后的注)

$$\left(1 + \frac{1}{t}\right)^t \downarrow \mathrm{e}, \quad \left(1 - \frac{1}{t}\right)^t \downarrow \frac{1}{\mathrm{e}} \quad (t \downarrow -\infty).$$

所以$f(t) > \mathrm{e} - \left(1 - 1/(-2)\right)^{-2} = \mathrm{e} - (3/2)^{-2} > 0$. 若整数变量$t > 0$,则由二项式公式可知$f(t) \geqslant 2$;并且等式$f(t) = 2$仅当$t = 2$时成立. 因此方程(6.18.4)只有一解$x + 1 = 2$,由此及式(6.18.2)得到$(x, y) = (1, 2)$. 经检验它确实满足方程(6.18.1).因此方程全部解是$(x, y) = (\mu, 1)\ (\mu \in \mathbb{Z}), (1, 2)$.

□

注 注意,用微分学方法可以证明:当$u > 0$时,

$$\left(1 + \frac{u}{x}\right)^x \uparrow \mathrm{e}^u, \left(1 + \frac{u}{x}\right)^{x+u} \downarrow \mathrm{e}^u \quad (x \to \infty).$$

6.19 设n为正整数,证明:方程$x^{-1} + y^{-1} = n^{-1}$的正整数解的组数等于n^2的因子的个数.

解 显然方程的解$x > n$.原方程等价于$n^2 = (x-n)(y-n)$.若$d > 0$是n^2的一个因子,则

$$x = n + d, \quad y = n + \frac{n^2}{d} = n + \frac{n^2}{x-n}$$

便是方程的一组正整数解,即n^2的每个因子d对应于方程的一组解

$$(x, y) = \left(n + d, n + \frac{n^2}{d}\right).$$

反之,若(x, y)是原方程的一组正整数解,其中

$$y = n + \frac{n^2}{x-n},$$

则$x-n$是n^2的一个因子,而且对应地有$(x-n)(y-n) = n^2$.因此方程的正整数解组与n^2 的因子一一对应,从而方程的正整数解组个数等于n^2的因子个数. □

6.20 设r, s为正整数.证明:

(1) 方程

$$x_1 + x_2 + \cdots + x_s = r$$

的非负整数解$(x_1, x_2, \cdots, x_s)$的组数等于$\binom{r+s-1}{s-1} = \binom{r+s-1}{r}$.

(2) 方程

$$x_1 + x_2 + \cdots + x_s = r$$

的正整数解$(x_1, x_2, \cdots, x_s)$的组数等于$\binom{r-1}{s-1} = \binom{r-1}{r-s}$.

解 (1) *解法***1** 一方面,当$0 < |z| < 1$时,按幂级数乘法法则,

$$\begin{aligned}\frac{1}{(1-z)^s} &= \left(\frac{1}{1-z}\right)^s = \left(\sum_{i=0}^{\infty} z^i\right)^s \\ &= \left(\sum_{i_1=0}^{\infty} z^{i_1}\right)\left(\sum_{i_2=0}^{\infty} z^{i_2}\right)\cdots\left(\sum_{i_s=0}^{\infty} z^{i_s}\right) \\ &= \sum_{r=0}^{\infty}\left(\sum_{\substack{i_1+\cdots+i_s=r \\ i_1,\cdots,i_s \geqslant 0}} 1\right) z^r;\end{aligned}$$

另一方面,按二项式展开,当$0<|z|<1$时,

$$\frac{1}{(1-z)^s}=(1-z)^{-s}=\sum_{r=0}^{\infty}\binom{r+s-1}{s-1}z^r.$$

比较上面两个公式中x^r的系数,即得恒等式

$$\sum_{\substack{i_1+\cdots+i_s=r\\ i_1,\cdots,i_s\geqslant 0}}1=\binom{r+s-1}{s-1}.$$

左边表示的正是满足$x_1+x_2+\cdots+x_s=r$的非负整数解$(i_1,i_2,\cdots,i_s)$的组数,于是得知它等于$\binom{r+s-1}{s-1}=\binom{r+s-1}{(r+s-1)-(s-1)}=\binom{r+s-1}{r}$(这里最后一步应用了组合数的基本性质).

解法2 我们用$(i_1,i_2,\cdots,i_s)$表示题中方程的一组非负整数解. 对s用数学归纳法.$s=1$时结论显然正确.设$s=k$(其中$k\geqslant 1$)结论成立.对于$s=k+1$的情形,由

$$i_1+i_2+\cdots+i_{k+1}=r$$

得到

$$i_1+i_2+\cdots+i_k=r-i_{k+1},$$

其中i_{k+1}可取$0,1,\cdots,r$.依归纳假设,对应的k数组$(i_1,\cdots,i_k)$的个数等于$\binom{r-i_{k+1}+k-1}{k-1}$,所以$k+1$数组$(i_1,\cdots,i_k,i_{k+1})$的个数等于

$$\alpha=\binom{r+k-1}{k-1}+\binom{r+k-2}{k-1}+\binom{r+k-3}{k-1}+\cdots+\binom{0}{k-1}.$$

由基本恒等式

$$\binom{n}{m+1}+\binom{n}{m}=\binom{n+1}{m+1}$$

可知

$$\binom{n}{m}=\binom{n+1}{m+1}-\binom{n}{m+1},$$

所以

$$\begin{aligned}\alpha&=\left(\binom{r+k}{k}-\binom{r+k-1}{k}\right)+\left(\binom{r+k-1}{k}-\binom{r+k-2}{k}\right)+\\&\quad\left(\binom{r+k-2}{k}-\binom{r+k-3}{k}\right)+\cdots+\left(\binom{1}{k}-\binom{0}{k}\right)\\&=\binom{r+k}{k}-\binom{0}{k}=\binom{r+k}{k}=\binom{r+(k+1)-1}{(k+1)-1},\end{aligned}$$

即$s=k+1$时结论也成立.于是完成归纳证明.

解法3 设想排为一列的r个圆点:

$$\bullet\ \bullet\ \bullet\ \bullet\ \bullet\ \bullet\ \bullet\ \bullet\ \bullet$$

在相邻两点间的空隙中插进总共$s-1$条竖线(同一空隙中可不插进或插进多条竖线), 则得(例如)

$$\bullet\ \bullet \mid \mid \bullet \mid \bullet\ \bullet \mid \mid \mid \bullet\ \bullet\ \bullet \mid \bullet$$

将(自左而右)首条竖线左边圆点个数记作x_1,末条竖线右边圆点个数记作x_s, 其余相邻两条竖线间圆点个数依次记作$x_2,\cdots,x_{s-1}$(例如,此处$x_1=2,x_2=0,x_3=1,x_4=2,x_5=0,x_6=0,x_7=3,x_8=1$),于是

$$x_1+x_2+\cdots+x_s=r.$$

显然"插竖线"与求上述方程的非负整数解$(x_1,x_2,\cdots,x_s)$是等效的,并且"插竖线"相当于从$r+s-1$个位置中选取$s-1$个位置,取法数为$\binom{r+s-1}{s-1}$,于是得到题中的结论.

(2) 如果$r<s$,那么方程没有正整数解(解数为零),我们约定当$n<m$时$\binom{n}{m}=0$,因此,问题的结论成立.如果$r=s$,那么所给方程只有一组正整数解$(1,1,\cdots,1)$, 而$\binom{r-1}{s-1}=1$,因此,问题的结论也成立.下面设$r>s$.

若$(x_1,x_2,\cdots,x_s)$是方程$x_1+x_2+\cdots+x_s=r$的一组正整数解,则$(x_1-1,x_2-2,\cdots,x_s-1)$便是方程

$$y_1+y_2+\cdots+y_s=r' \quad (\text{此处}r'=r-s\geqslant 1)$$

的一组非负整数解;反之,若$(y_1,y_2,\cdots,y_s)$是方程$y_1+y_2+\cdots+y_s=r'$(此处$r'\geqslant 1$)的一组非负整数解,则$(y_1+1,y_2+1,\cdots,y_s+1)$便是方程

$$x_1+x_2+\cdots+x_s=r \quad (\text{此处}r=r'+s>s)$$

的一组正整数解.因此,方程$x_1+x_2+\cdots+x_s=r(r>s)$的正整数解集与方程$y_1+y_2+\cdots+y_s=r-s$的非负整数解集之间可建立一一对应.于

是前者的解组数等于后者的解组数,依本题(1),等于

$$\binom{(r-s)-s-1}{s-1}=\binom{r-1}{s-1},$$

由组合数的基本性质,也等于$\binom{r-1}{r-s}$. □

注 显然问题(1)中的公式对于$r=0$也适用.

6.21 设r,s为正整数.证明:

(1) 不等式

$$x_1+x_2+\cdots+x_s\leqslant r$$

的非负整数解$(x_1,x_2,\cdots,x_s)$的组数等于

$$\binom{r+s}{s}=\binom{r+s}{r}.$$

(2) 不等式

$$x_1+x_2+\cdots+x_s\leqslant r$$

的正整数解$(x_1,x_2,\cdots,x_s)$的组数等于

$$\binom{r}{s}=\binom{r}{r-s}.$$

解 (1) 将不等式的解集划分为一些子集:它们分别是方程

$$x_1+x_2+\cdots+x_s=k\quad(k=0,1,2,\cdots,r)$$

的非负整数解的集合.显然这些子集两两不相交,依问题6.20(及题后的注),可知原不等式的非负整数解的组数等于

$$\sigma=\sum_{k=0}^{r}\binom{k+s-1}{s-1}.$$

应用组合数的基本性质

$$\binom{n}{m}+\binom{n}{m+1}=\binom{n+1}{m+1}\quad(m,n\geqslant 0),$$

得到

$$\begin{aligned}
\sigma &= \left(\binom{s-1}{s-1}+\binom{s}{s-1}\right)+\binom{s+1}{s-1}+\cdots+\binom{r+s-1}{s-1}\\
&= \left(\binom{s}{s}+\binom{s}{s-1}\right)+\binom{s+1}{s-1}+\cdots+\binom{r+s-1}{s-1}\\
&= \binom{s+1}{s}+\binom{s+1}{s-1}+\cdots+\binom{r+s-1}{s-1}\\
&= \left(\binom{s+1}{s}+\binom{s+1}{s-1}\right)+\binom{s+2}{s-1}+\cdots+\binom{r+s-1}{s-1}\\
&= \cdots=\binom{r+s-1}{s}+\binom{r+s-1}{s-1}\\
&= \binom{r+s}{s}=\binom{r+s}{r}.
\end{aligned}$$

(2) **解法1** 若$r<s$,则解数为零;当$r=s$时只有一组正整数解$(1,1,\cdots,1)$.因此结论成立.下面设$r>s$.那么不等式

$$x_1+x_2+\cdots+x_s\leqslant r$$

的正整数解$(x_1,x_2,\cdots,x_s)$的组数σ_1等于不等式

$$y_1+y_2+\cdots+y_s\leqslant r-s\quad(r-s>0)$$

的非负整数解$(y_1,y_2,\cdots,y_s)$的组数,依本题(1)可知

$$\sigma_1=\binom{(r-s)+s}{s}=\binom{r}{s}=\binom{r}{r-s}.$$

解法2 不妨设$r>s$.类似于本题(1)的解法,不等式

$$x_1+x_2+\cdots+x_s\leqslant r$$

的正整数解$(x_1,x_2,\cdots,x_s)$的集合是方程

$$x_1+x_2+\cdots+x_s=k\quad(k=s,\cdots,r)$$

的正整数解的集合(它们两两不相交)的并集.应用问题6.20(2)可得

$$\begin{aligned}\sigma_1 &= \sum_{k=s}^{r}\binom{k-1}{s-1}=\binom{s-1}{s-1}+\binom{s}{s-1}+\binom{s+1}{s-1}+\cdots+\binom{r-1}{s-1}\\&= \left(\binom{s}{s}+\binom{s}{s-1}\right)+\binom{s+1}{s-1}+\cdots+\binom{r-1}{s-1}\\&= \binom{s+1}{s}+\binom{s+1}{s-1}+\cdots+\binom{r-1}{s-1}\\&= \cdots=\binom{r-1}{s}+\binom{r-1}{s-1}=\binom{r}{s}.\end{aligned}$$

此结果对于$r\leqslant s$显然也适用. □

6.22 设m是给定正整数,证明:当$s\geqslant(2^m-1)^{m+1}+2$时方程

$$\frac{1}{x_1^m}+\frac{1}{x_2^m}+\cdots+\frac{1}{x_s^m}=1 \tag{6.22.1}$$

在正整数范围必定可解.

解 (i) 若$s=2^m$,取$x_1=x_2=\cdots=x_s=2$,则

$$\frac{1}{x_1^m}+\frac{1}{x_2^m}+\cdots+\frac{1}{x_s^m}=s\cdot\frac{1}{2^m}=1,$$

因此,相应的方程有解$(2,2,\cdots,2)\in\mathbb{N}^s$(简称:当参数$s=2^m$方程可解).

(ii) 现在设方程(6.22.1),当某个$s=s_0$有正整数解

$$(x_1,x_2,\cdots,x_s)=(t_1,t_2,\cdots,t_s),$$

即

$$\frac{1}{t_1^m}+\frac{1}{t_2^m}+\cdots+\frac{1}{t_s^m}=1,$$

那么,对于任何正整数a有

$$\frac{1}{t_s^m}=\frac{a^m}{(at_s)^m},$$

于是,方程

$$\frac{1}{x_1^m}+\frac{1}{x_2^m}+\cdots+\frac{1}{x_{s-1}^m}+\frac{1}{x_s^m}+\frac{1}{x_{s+1}^m}+\cdots+\frac{1}{x_{s+a^m-1}^m}=1$$

有解

$$\begin{aligned}&(x_1,\cdots,x_{s-1},x_s,x_{s+1},\cdots,x_{s+a^m-1})\\=\ &(t_1,\cdots,t_{s-1},at_s,at_s,\cdots,at_s).\end{aligned}$$

这表明:对于方程(6.22.1),当参数$s=s_0$可解$\Rightarrow$当参数$s=s_0+a^m-1$也可解;从而对于任何$k\in\mathbb{N}$当参数$s=s_0+(a^m-1)k$也可解.

特别,取$s_0=2^m,a=2$,那么,由步骤(i)的结论可知方程(6.22.1)当参数$s=2^m+(2^m-1)k$时可解; 类似地,再取$s_0=2^m+(2^m-1)k,a=2^m-1$,可知方程(6.22.1)当参数$s=2^m+(2^m-1)k+\big((2^m-1)^m-1\big)l$可解,其中$k,l$是任意正整数.

(iii) 显然2^m-1与$(2^m-1)^m-1$互素,依二元一次不定方程的一个性质(参见问题6.4),对于任何不小于$\sigma_0=(2^m-1)\big((2^m-1)^m-1\big)+1$的整数$\sigma$, 总可以表示为$\sigma=(2^m-1)k+\big((2^m-1)^m-1\big)l$,其中$k,l$是适当的正整数. 因此,由步骤(ii)的结果可知:当参数

$$s\geqslant 2^m+\sigma_0=(2^m-1)^{m+1}+2,$$

在正整数范围可解. □

6.23 求方程

$$x^2-6xy+y^2=1$$

的全部正整数解(x,y).

解 原方程可化为

$$2(x-y)^2-(x+y)^2=1.$$

由对称性,不妨认为$x\geqslant y$.令$X=x+y,Y=x-y$,则原方程化为负Pell方程

$$X^2-2Y^2=-1.$$

于是得到一般解

$$X_n=u_n+2v_n,\quad Y_n=u_n+v_n,$$

其中$(u_n, v_n)(n \geqslant 1)$是Pell方程$u^2 - 2v^2 = 1$的一般解,即

$$u_n = \frac{1}{2}\left((3+2\sqrt{2})^n + (3-2\sqrt{2})^n\right),$$
$$v_n = \frac{1}{2\sqrt{2}}\left((3+2\sqrt{2})^n + (3-2\sqrt{2})^n\right).$$

因此(注意$3 \pm 2\sqrt{2} = (1 \pm \sqrt{2})^2$)

$$X_n = u_n + 2v_n = \frac{1}{2}\left((1+\sqrt{2})^{2n+1} + (1-\sqrt{2})^{2n+1}\right),$$
$$Y_n = u_n + v_n = \frac{1}{2\sqrt{2}}\left((1+\sqrt{2})^{2n+1} - (1-\sqrt{2})^{2n+1}\right).$$

最后,由$X_n = x_n + y_n, Y_n = x_n - y_n$解出

$$x_n = \frac{1}{2}(X_n + Y_n) = \frac{1}{4\sqrt{2}}\left((1+\sqrt{2})^{2n+2} - (1-\sqrt{2})^{2n+2}\right),$$
$$y_n = \frac{1}{2}(X_n + Y_n) = \frac{1}{4\sqrt{2}}\left((1+\sqrt{2})^{2n} - (1-\sqrt{2})^{2n}\right)$$

此外,依对称性,交换x_n, y_n的位置也给出原方程的解.

若令

$$P_m = \frac{1}{2\sqrt{2}}\left((1+\sqrt{2})^m - (1-\sqrt{2})^m\right) \quad (m \geqslant 1)$$

(称Pell序列),它满足递推关系

$$P_{m+1} = 2P_m + P_{m-1} \quad (m \geqslant 2), \quad P_1 = 1,\ P_2 = 2.$$

原方程的解可表示为

$$(x_n, y_n) = \left(\frac{1}{2}P_{2n+2}, \frac{1}{2}P_{2n}\right), \quad \left(\frac{1}{2}P_{2n}, \frac{1}{2}P_{2n+2}\right).$$ □

注 1° Pell方程$u^2 - dv^2 = 1$的一般解$(u_n, v_n)(n \geqslant 1)$ 满足

$$u_{n+1} = u_1 u_n + dv_1 v_n, \quad v_{n+1} = v_1 u_n + u_1 v_n,$$

其中(u_1, v_1)是其基本解(即$v_1 > 0$极小).定义矩阵

$$\boldsymbol{D} = \begin{pmatrix} u_1 & dv_1 \\ v_1 & u_1 \end{pmatrix}.$$

上述关系式可用矩阵表示为

$$\begin{pmatrix} u_{n+1} \\ v_{n+1} \end{pmatrix} = \boldsymbol{D} \begin{pmatrix} u_n \\ v_n \end{pmatrix},$$

于是

$$\begin{pmatrix} u_n \\ v_n \end{pmatrix} = \boldsymbol{D}^n \begin{pmatrix} u_0 \\ v_0 \end{pmatrix}, \tag{6.23.1}$$

其中$(u_0, v_0) = (1, 0)$是方程的平凡解.应用矩阵特征值可算出

$$\boldsymbol{D}^n = \begin{pmatrix} a_n & b_n \\ c_n & d_n \end{pmatrix},$$

其中 a_n 等是 λ_1^n, λ_2^n 的线性组合(λ_1, λ_2 是矩阵 $\boldsymbol{D}$ 的特征值),于是由式(6.23.1)推出计算公式

$$\begin{aligned} u_n &= \frac{1}{2}\left((u_1 + v_1\sqrt{d}\,)^n + (u_1 - v_1\sqrt{d}\,)^n\right), \\ v_n &= \frac{1}{2\sqrt{d}}\left((u_1 + v_1\sqrt{d}\,)^n - (u_1 - v_1\sqrt{d}\,)^n\right) \end{aligned}$$

(计算细节由读者补出).此外,还可给出明显公式

$$\begin{aligned} u_n &= u_1^n + \sum_{k=1}^{[n/2]} \binom{n}{2k} u_1^{n-2k} v_1^{2k} d^k, \\ v_n &= \sum_{k=1}^{[(n+1)/2]} \binom{n}{2k-1} u_1^{n-2k+1} v_1^{2k-1} d^{k-1}. \end{aligned}$$

对此可参见D.Redmond,Number theory(Dekker,1996),p.353.

2° 若负Pell方程$x^2 - dy^2 = -1$有正整数解$(x_n, y_n)(n \geqslant 0)$,则

$$x_n = x_0 u_n + d y_0 v_n, \quad y_n = y_0 u_n + x_0 v_n,$$

其中(x_0, y_0)是其极小解,$(u_n, v_u)(n \geqslant 0)$是Pell方程$u^2 - dv^2 = 1$的一般解.

6.24 (1) 证明:方程

$$x^3 + y^3 + z^2 = t^4, \quad (x, y, z, t) = 1$$

有无穷多组正整数解(x,y,z,t).

(2) 证明:对于任何正整数k,方程

$$x_1^3+x_2^3+\cdots+x_k^3+x_{k+1}^2=x_{k+2}^4$$

有无穷多组正整数解满足$x_1<x_2<\cdots<x_{k+1}$.

(3) 求所有满足条件

$$1+2+\cdots+k=(k+1)+(k+2)+\cdots+m,\quad k<m$$

的正整数对(k,m).

解 (1) 将恒等式

$$1^3+2^3+\cdots+(n-2)^3+(n-1)^3+n^3=\left(\frac{n(n+1)}{2}\right)^2$$

改写为

$$(n-1)^3+n^3+\left(1^3+2^3+\cdots+(n-2)^3\right)=\left(\frac{n(n+1)}{2}\right)^2,$$

或

$$(n-1)^3+n^3+\left(\frac{(n-1)(n-2)}{2}\right)^2=\left(\frac{n(n+1)}{2}\right)^2.$$

可见若存在无穷多个正整数n使得$n(n+1)/2$是完全平方,即方程

$$\frac{n(n+1)}{2}=m^2 \tag{6.24.1}$$

有无穷多组正整数解(n,m),那么

$$(x,y,z,t)=\left(n-1,n,\frac{(n-1)(n-2)}{2},m\right)$$

即合题意.方程(6.24.1)可改写为$n^2+n=2m^2$,或$4n^2+4n+1-8m^2=1$,即

$$(2n+1)^2-2(2m)^2=1.$$

因为Pell方程

$$u^2-2v^2=1,$$

有基本解 $(u, v) = (3, 2)$，由此可确定方程的无穷多组正整数解 (u_k, v_k) $(k \geqslant 0)$. 此外,由方程本身可知u_k为奇数,v_k为偶数,所以由

$$2n + 1 = u_k, \quad 2m = v_k$$

可确定无穷多组正整数(n, m)符合题目要求.

(2) 这是本题(1)的一般化.由

$$1^3 + 2^3 + \cdots + n^3 + (n+1)^3 + \cdots + (n+k)^3 = \left(\frac{(n+k)(n+k+1)}{2}\right)^2$$

可知

$$\left(\frac{n(n+1)}{2}\right)^2 + (n+1)^3 + \cdots + (n+k)^3 = \left(\frac{(n+k)(n+k+1)}{2}\right)^2.$$

只需证明存在无穷多个正整数n使得

$$t_{n+k} = \frac{(n+k)(n+k+1)}{2}$$

是一个完全平方数u^2.为此考虑Pell方程

$$(2n + 2k + 1)^2 - 2w^2 = 1 \quad (w = 2u).$$

Pell方程$u^2 - 2v^2 = 1$有基本解$(u, v) = (3, 2)$,即$2n + 2k + 1 = 3, w = 2$.公式

$$2n_s + 2k + 1 + w_s\sqrt{2} = (3 + 2\sqrt{2})^s$$

给出上述方程无穷多正整数解(n_s, w_s);并且当s充分大时,$n_s \geqslant 1$. 我们可取

$$x_1 = n_s + 1, \cdots, x_k = n_s + k, x_{k+1} = \frac{n_s(n_s+1)}{2}, x_{k+2} = w_s.$$

当s充分大时,可保证$n_s \geqslant 1, n_s(n_s+1)/2 > n_s + k$.

(3) 将$1+2+\cdots+k$加到原方程两边,可将原方程改写为$2k(k+1) = m(m+1)$,于是,原方程等价于

$$(2m + 1)^2 - 2(2k + 1)^2 = -1.$$

于是,问题等价于解负Pell方程

$$x^2-2y^2=-1$$

(参见问题6.23).这个方程有最小正解$(x_0,y_0)=(1,1)$,其一般解公式是

$$x_n=u_n+2v_u,\ y_n=u_n+v_n\quad (n\geqslant 0),$$

其中$(u_n,v_n)(n\geqslant 0)$是Pell方程$u^2-dv^2=1$的一般解,即

$$u_n=\frac{1}{2}\left((3+2\sqrt{2})^n+(3-2\sqrt{2})^n\right),$$
$$v_n=\frac{1}{2\sqrt{2}}\left((3+2\sqrt{2})^n-(3-2\sqrt{2})^n\right).$$

于是,得到当$n\geqslant 1$时,

$$x_n=\frac{1}{2}\left((1+\sqrt{2})^{2n-1}+(1-\sqrt{2})^{2n-1}\right),$$
$$y_n=\frac{1}{2\sqrt{2}}\left((1+\sqrt{2})^{2n-1}-(1-\sqrt{2})^{2n-1}\right).$$

最后,注意$x^2-2y^2=-1$蕴涵x^2(以及x)是奇数(记$x=2l+1$),从而$y^2=(x^2+1)/2=2l^2+2l+1$,即y也是奇数.于是,所求的正整数对是

$$(n,m)=\left(\frac{y_n-1}{2},\frac{x_n-1}{2}\right)\quad (n\geqslant 2).\qquad\square$$

6.25 设整数$k>2$,证明:方程

$$x^2-(k^2-4)y^2=-1\tag{6.25.1}$$

当且仅当$k=3$时(在整数范围)可解.

解 因为方程只含二次幂,所以不妨只考虑正整数解.若方程(6.25.1)有解(x_0,y_0),则$(2x_0,2y_0)$也是方程

$$u^2-(k^2-4)v^2=-4\tag{6.25.2}$$

的解.可见方程(6.25.2)的不可解性蕴涵方程(6.25.1)不可解.为证方程(6.25.1)当$k\neq 3$时不可解,只需证明方程(6.25.2)当$k\neq 3$时不可解.用反证法.设$k\neq 3$,而(u,v)是方程(6.25.2)的一组整数解,则有

$$u^2-(kv)^2+4v^2=-4,$$

因此,u与kv有相同的奇偶性.令$x = (u+kv)/2$(这是一个整数),则$u = 2x-kv$,代入方程(6.25.2)可知

$$x^2+v^2+1=kxv.$$

依问题6.6(1),当$k\neq 3$时,此方程没有整数解.我们得到矛盾.

现在设$k=3$,则方程(6.25.1)成为

$$x^2-5y^2=-1,$$

这是负 Pell 方程(参见问题 6.23 的注).它有极小解 $(2,1)$, 于是有一般解 $(x_n,y_n)(n\geqslant 0)$:

$$x_n=\frac{1}{2}\left((1+2\sqrt{5})(2+\sqrt{5})^{2n}+(1-2\sqrt{5})(2-\sqrt{5})^{2n}\right),$$
$$y_n=\frac{1}{2}\left(\left(2+\frac{1}{\sqrt{5}}\right)(2+\sqrt{5})^{2n}+\left(2-\frac{1}{\sqrt{5}}\right)(2-\sqrt{5})^{2n}\right).\qquad\square$$

注 方程

$$x^2+y^2+1=kxy \tag{6.25.3}$$

在整数范围可解的充要条件是二次方程

$$x^2-(ky)x+y^2+1=0\quad(y\in\mathbb{Z})$$

关于x有整数解,这意味着它的判别式

$$\Delta=(ky)^2-4(y^2+1)=(k^2-4)y^2-4$$

是完全平方,也就是方程(6.25.2)可解.依问题6.6(1),方程(6.25.3)仅当$k=3$时可解,所以方程(6.25.2)也仅当$k=3$时可解.

6.26 求方程

$$\binom{x}{y}=\binom{x-1}{y+1}$$

的非负整数解(x,y).

解 方程等价于

$$x(y+1)=(x-y)(x-y-1),$$

也就是

$$x^2-3xy+y^2-2x+y=0.$$

配方化为

$$(2x-3y-2)^2-(5y^2+8y+4)=0.$$

为第二项配方,用5乘方程两边,可得

$$5(2x-3y-2)^2-(5y+4)^2-4=0.$$

于是问题归结为负Pell方程

$$u^2-5v^2=-4,$$

其中$u=5y+4, v=2x-3y-2$.(我们在此略去一般解的公式,留待读者补出).例如我们求出两组解$(u,v)=(29,13),(9\,349,4\,181)$,对应地得到$(x,y)=(115,5),(4\,895,1\,869)$. □

6.27 (1) 设p是素数.证明:若负Pell方程$x^2-py^2=-1$可解,则$p=2$或$p\equiv 1 \pmod 4$.

(2) 设素数$p\equiv -1 \pmod 8$,则方程$x^2-py^2=2$可解.

解 (1) 若(x,y)是方程的一组解,则$p\mid x^2+1$.当x是奇数时,x^2+1是偶数,从而素数p等于2.当x是偶数时,$x^2+1\equiv 1 \pmod 4$是奇数, 从而由$py^2\equiv 1 \pmod 4$可知y为奇数.若$p\equiv 3 \pmod 4$, 则也有$y^2\equiv 3 \pmod 4$,但对于奇数y这是不可能的.因而$p\equiv 1 \pmod 4$.

(2) (i) 首先证明:设(u,v)是Pell方程$x^2-py^2=1$的基本解,那么u是偶数, v是奇数.用反证法.设u是奇数,v是偶数.那么由

$$\frac{u-1}{2}\cdot\frac{u+1}{2}=p\cdot\left(\frac{v}{2}\right)^2$$

以及$\dfrac{u-1}{2},\dfrac{u+1}{2}$互素,推出

$$\frac{u-1}{2}=p\alpha^2,\quad \frac{u+1}{2}=\beta^2,$$

或者

$$\frac{u-1}{2}=\alpha^2,\quad \frac{u+1}{2}=p\beta^2,$$

其中α,β是正整数.在第一种情形有$\beta^2-p\alpha^2=1$,那么(β,α) 是方程的一组正整数解,但$\beta+\sqrt{p}\alpha<u+\sqrt{p}v$,与$(u,v)$的极小性矛盾; 对于后一种情形,有$\alpha^2-p\beta^2=-1$,所以$(\alpha,\beta)$是负Pell方程$x^2-py^2=-1$ 的一组解,但$p\equiv -1 \pmod 8$,与本题(1)矛盾.于是上述结论得证.

(ii) 因为u是偶数,所以可设$u=2l$,于是$u-1=2l-1,u+1=2l+1$.如果d是它们的公因子, 那么d应是奇数,但$d\mid(2l+1)-(2l-1)=2$,可见$d=1$,即$u-1,u+1$互素.由

$$(u-1)(u+1)=py^2$$

可知

$$u-1=a^2,\ u+1=pb^2;\quad \text{或}\quad u-1=pa^2,\ u+1=b^2,$$

其中a,b是某些整数.在第一种情形有$pb^2-a^2=2$,于是$a^2\equiv -2 \pmod p$,即-2是模p平方剩余.但因为$p\equiv -1 \pmod 8$,所以Legendre符号

$$\left(\frac{-2}{p}\right)=(-1)^{(p-1)/2}\left(\frac{2}{p}\right)=(-1)\cdot 1=-1,$$

我们得到矛盾.于是只可能第二种情形成立,即(b,a)是原方程的一组解.

□

注 可以证明,本题(1)中的条件对于方程可解是充要的.

6.28 (1) 若$\lambda>1$,则

$$x^\lambda+y^\lambda=z^\lambda+v^\lambda,\quad x+y=z+v$$

没有分量两两互异的正整数解(x,y,z,v).

(2) 设p是素数,a,b,c,d是两两互异的正整数,满足方程

$$a^p+b^p=c^p+d^p.$$

证明:$|a-c|+|b-d|\geqslant p$.

解 (1) 用反证法.令$u=x+y=z+v$,并且不妨认为$x<y,z<u$(因为x,y对称, z,v对称),于是

$$0<x<\frac{u}{2},\ 0<z<\frac{u}{2},\ y=u-x,\ v=u-z.$$

考虑函数f; $(0,u) \to (0,+\infty)$;

$$f(t)=t^{\lambda}+(u-t)^{\lambda}.$$

那么f可微,并且

$$f'(t)=\lambda\big(t^{\lambda-1}-(u-t)^{\lambda-1}\big)\quad (t\in(0,u)).$$

因为$\lambda>1$,所以f在$(0,u/2)$上递增;而且$x,z\in(0,u/2),x\neq z$,从而$f(x)\neq f(z)$,即$x^{\lambda}+y^{\lambda}=z^{\lambda}+v^{\lambda}$,与假设矛盾.

(2) 由Fermat(小)定理,我们有

$$a^p-a\equiv b^p-b\equiv c^p-c\equiv d^p-d\equiv 0 \pmod p,$$

所以

$$-(a^p-a)+(b^p-b)-(c^p-c)+(d^p-d)\equiv 0 \pmod p.$$

由此及$a^p+b^p=c^p+d^p$得到

$$a-c+b-d\equiv 0 \pmod p.$$

由本题(i)可知$a+b\neq c+d$,所以$a-c+b-d\neq 0$,从而$|a-c+b-d|\geqslant p$,进而推出$|a-c|+|b-d|\geqslant |a-c+b-d|\geqslant p$. □

6.29 已知正整数x,y,z,u,v满足不定方程

$$xyzuv=x+y+z+u+v,$$

求$\max\{x,y,z,u,v\}$.

解 **解法1** 因为在方程$xyzuv=x+y+z+u+v$中各变量对称,所以不妨认为

$$x\leqslant y\leqslant z\leqslant u\leqslant v. \tag{6.29.1}$$

问题归结为在此约束条件及$xyzuv=x+y+z+u+v$下求v的最大值.因为

$$v<x+y+z+u+v\leqslant 5v,$$

注意$xyzuv = x+y+z+u+v$,也就是$v < xyzuv \leqslant 5v$,或$1 < xyzu \leqslant 5$.于是,题中方程满足不等式(6.29.1)的解是

$$(x,y,z,u) = (1,1,1,2),\ (1,1,1,3),\ (1,1,1,4),\ (1,1,1,5),\ (1,1,2,2),$$

从而所求的最大值等于5.

解法2 不妨设不等式(6.29.1)成立.由不定方程$xyzuv = x+y+z+u+v$推出

$$1 = \frac{1}{yzuv} + \frac{1}{zuvx} + \frac{1}{uvxy} + \frac{1}{vxyz} + \frac{1}{xyzu}.$$

因为$yz \geqslant 1$,所以$1/(yzuv) \leqslant 1/(uv)$,等等, 于是由上式得到

$$1 \leqslant \frac{1}{uv} + \frac{1}{uv} + \frac{1}{uv} + \frac{1}{v} + \frac{1}{u} = \frac{3+u+v}{uv},$$

或者$uv \leqslant 3+u+v$,即

$$(u-1)(v-1) \leqslant 4. \tag{6.29.2}$$

若$u=1$,则由不等式(6.29.1)可知$x=y=z=1$,从而由$x+y+z+u+v = xyzuv$ 推出$4+v = v$,这不可能.于是$u \geqslant 2$,由不等式(6.29.2)推出$v-1 \leqslant 4$,或$v \leqslant 5$.因此在条件(6.29.1)下,所给方程的解是$(x,y,z,u,v) = (1,1,1,2,5)$,于是所求最大值等于5. □

6.30 设素数$p = 4m-1$,整数x,y互素,并且存在整数z使得$x^2+y^2 = z^{2m}$,则$p \mid xy$.

解 (i) 因为x,y互素,所以x,y不可能同为偶数.若它们同为奇数,则有$x^2+y^2 \equiv 2 \pmod 4$,从而x^2+y^2不是完全平方,与所给方程矛盾.因此,x,y具有不同的奇偶性.特别,由此推出z是奇数.

(ii) 在环$\mathbb{Z}[\mathrm{i}]$中,所给方程可分解为

$$(x+y\mathrm{i})(x-y\mathrm{i}) = z^{2m}. \tag{6.30.1}$$

令$\delta = \gcd(x+y\mathrm{i}, x-y\mathrm{i})$.那么$\delta \mid (x+y\mathrm{i})+(x-y\mathrm{i}) = 2x$, $\delta \mid (x+y\mathrm{i})-(x-y\mathrm{i}) = 2y\mathrm{i}$;注意$x,y$互素,所以$\delta \mid 2$.又由方程(6.30.1)可知$\delta \mid z^{2m}$.因为已证明$z$是奇数, 所以$\delta \neq 2$,而是$\mathbb{Z}[\mathrm{i}]$中的单位元素.这蕴涵$x+y\mathrm{i}, x-y\mathrm{i}$ 互素.由$\mathbb{Z}[\mathrm{i}]$中的唯一因子分解性质,从等式(6.30.1)推出

$$x+y\mathrm{i} = \mathrm{i}^k(a+b\mathrm{i})^{2m}, \tag{6.30.2}$$

其中a,b是某些整数,$\mathrm{i}^k\ (k\in\{0,1,2,3\})$是单位元素.

(iii) 注意$p=4m-1$,由式(6.30.2)推出

$$\begin{aligned}(a+b\mathrm{i})^{4m} &= (a+b\mathrm{i})^{p+1}=(a+b\mathrm{i})^p(a+b\mathrm{i})\\ &\equiv \big(a^p+(b\mathrm{i})^p\big)(a+b\mathrm{i}) \pmod p\\ &\equiv (a^p-b^p\,\mathrm{i})(a+b\mathrm{i}) \pmod p,\end{aligned}$$

因为$a^p\equiv a,\ b^p\equiv b\,(\mathrm{mod}\,p)$,所以

$$(a+b\mathrm{i})^{4m}\equiv(a-b\mathrm{i})(a+b\mathrm{i})=a^2+b^2 \pmod p. \tag{6.30.3}$$

另外,由式(6.30.2)两边平方可知

$$x^2-y^2+2xy\mathrm{i}=(-1)^k(a+b\mathrm{i})^{4m},$$

由此及式(6.30.3)得到

$$x^2-y^2+2xy\mathrm{i}\equiv(-1)^k(a^2+b^2) \pmod p.$$

注意$p\,|\,u+v\mathrm{i}\Leftrightarrow p\,|\,u,p\,|\,v$,所以由上式推出$p\,|\,2xy$;因为$p$是奇数,所以$p\,|\,xy$.

□

6.31 设正整数组$(x,y,p,q)\ (p,q>1)$满足方程$x^p-y^q=1$,则

$$|y-x^{p/q}|\leqslant\frac{4}{3q}x^{p/q-p}.$$

解 (i) 令$f(t)=(1+t)^\omega$,其中ω是一个实数.由Lagrange中值定理,

$$|(1+t)^\omega-1|=|f(t)-f(0)|=|f'(\theta t)||t| \quad (0<\theta<1).$$

因此

$$|(1+t)^\omega-1|\leqslant\max\{1,(1+t)^{\omega-1}\}|\omega t|. \tag{6.31.1}$$

(ii) 由题给方程解出

$$y=x^{p/q}(1+x^{-p})^{1/q}=x^{p/q}(1+r),$$

其中

$$r=(1+x^{-p})^{1/q}-1.$$

在式(6.31.4)中令$\omega=1/q,t=x^{-p}$,得到

$$|r|\leqslant(1-|x|^{-p})^{1/q-1}q^{-1}|x|^{-p}.$$

因为$p,q\geqslant 2$,并且由所给方程可知$x\geqslant 2$,从而$|r|<(3/4q)x^{-p}$,于是得到题中的不等式. □

6.32 所谓abc猜想是:设$\varepsilon>0$. 那么存在一个常数$M=M(\varepsilon)>0$,使得对于每个两两互素并且满足$a+b=c$的正整数组(a,b,c)有

$$c\leqslant M\left(\prod_{p|abc}p\right)^{1+\varepsilon}.$$

证明:若abc猜想成立,则不存在正整数p,q,r,x,y,z(其中$z\geqslant z_0,z_0$是某个常数) 满足$x^p+y^q=z^rx^p+y^q=z^r$,并且

$$\frac{1}{p}+\frac{1}{q}+\frac{1}{r}<1. \tag{6.32.1}$$

解 用反证法.设方程$x^p+y^q=z^r$有正整数解x,y,z,令$A=x^p,B=y^q,C=z^r$.则

$$\prod_{p|ABC}p=\prod_{p|x^py^qz^r}p=\prod_{p|xyz}p\leqslant xyz.$$

但因为$x\leqslant z^{r/p},y\leqslant z^{r/q}$,所以依$abc$猜想,对于任何给定的$\varepsilon>0$,存在常数$M=M(\varepsilon)>0$,使得

$$z^r\leqslant M\cdot\left(\prod_{p|ABC}p\right)^{1+\varepsilon}=M(xyz)^{1+\varepsilon}\leqslant M(z^r)^{(1+\varepsilon)(1/p+1/q+1/r)}.$$

于是,当$z\geqslant z_0$时有

$$(1+\varepsilon)\left(\frac{1}{p}+\frac{1}{q}+\frac{1}{r}\right)\geqslant 1.$$

当$\varepsilon>0$充分小时,上式与式(6.32.1)矛盾. □

注 abc猜想是Masser和Oesterlé于1985年提出的,至今未被证明.由本题可知, 若abc猜想正确,则当$n \geqslant 4$并且z充分大时Fermat方程$x^n + y^n = z^n$没有非平凡解.

6.33 对于给定的整数$n \geqslant 2$,用$P(n)$表示它的最大素因子.对于实数$y > 0$,定义集合

$$A_y = \{p\text{是素数} \mid P(p^2-1) \leqslant y\}.$$

证明:若abc猜想成立,则A_y是有限集(因而A_y含最大元素$p = p(y)$).

解 设给定实数$y > 0$和充分小的$\varepsilon > 0$.并设$p_1 < p_2 < \cdots < p_r$是全部不超个y的素数(因此$r = \pi(y)$).于是$p^2 - 1$有分解式

$$p^2 - 1 = p_1^{\alpha_1} \cdots p_r^{\alpha_r} \quad (\alpha_i \in \mathbb{N}),$$

其中α_i是非负整数.由此得到

$$p^2 = p_1^{\alpha_1} \cdots p_r^{\alpha_r} + 1.$$

依abc猜想,存在正整数$M(\varepsilon) > 0$使得

$$p^2 \leqslant M \cdot (p_1 \cdots p_r p)^{1+\varepsilon},$$

于是

$$p^{1-\varepsilon} \leqslant M \cdot (p_1 \cdots p_r)^{1+\varepsilon} \leqslant M \cdot y^{r(1+\varepsilon)},$$

因为y给定,所以r是固定的,还可认为$\varepsilon < 1$,所以p有界,从而A_y是有限集.

□

第7章 连分数

推荐问题: **7.2/7.3/7.5/7.7**.

7.1 (1) 设$p_n/q_n=[a_0;a_1,\cdots,a_n]$是实数$\alpha>0$的连分数展开的$n$阶渐进分数,则

$$\frac{p_n}{q_n}=a_0+\frac{1}{q_0q_1}-\frac{1}{q_1q_2}+\frac{1}{q_2q_3}-\cdots+(-1)^{n-1}\frac{1}{q_{n-1}q_n}.$$

(2) 对于无理数α,证明:$p_n/q_n(n=1,2,\cdots)$收敛.

解 (1) 因为$p_{n-1}q_n-q_{n-1}p_n=(-1)^n\,(n\geqslant 1),p_0=a_0,q_0=1$,所以

$$\frac{p_n}{q_n}=\frac{p_{n-1}}{q_{n-1}}+(-1)^{n-1}\frac{1}{q_{n-1}q_n};$$

类似地,

$$\frac{p_{n-1}}{q_{n-1}}=\frac{p_{n-2}}{q_{n-2}}+(-1)^{n-2}\frac{1}{q_{n-2}q_{n-1}};$$

等等,最后得到

$$\frac{p_1}{q_1}=\frac{p_0}{q_0}+(-1)^0\frac{1}{q_0q_1}=\frac{a_0}{1}+\frac{1}{q_0q_1}=a_0+\frac{1}{q_0q_1}.$$

于是得到所要的公式.

(2) 因为q_n满足递推关系

$$q_n=a_nq_{n-1}+q_{n-2}\,(n\geqslant 2),\quad q_0=1,\,q_1=a_1\in\mathbb{N},\tag{7.1.1}$$

所以q_n单调增加到无穷,于是依交错级数收敛性的Leibniz判别法则,级数

$$\sum_{k=1}^{\infty}(-1)^{k-1}\frac{1}{q_{k-1}q_k}$$

收敛,即数列$p_n/q_n\,(n=1,2,\cdots)$收敛. □

7.2 设a是一个正整数,$\theta>0,\theta'$是方程$x^2-ax-1=0$的两个根.证明: θ的连分数展开的$n-1$阶渐进分数的分母

$$q_n=\frac{\theta^{n+1}-\theta'^{\,n+1}}{\theta-\theta'}.$$

解 容易算出

$$\theta = \frac{a+\sqrt{a^2+4}}{2}, \quad \theta' = \frac{a-\sqrt{a^2+4}}{2} = -\frac{1}{\theta}.$$

于是

$$\theta = a + \frac{\sqrt{a^2+4}-a}{2} = a - \frac{a-\sqrt{a^2+4}}{2} = a + \frac{1}{\theta}.$$

因此

$$\theta = [a; a, a, \cdots].$$

由此可知,q_n满足递推关系

$$q_n = aq_{n-1} + q_{n-2}\ (n \geqslant 2), \quad q_0 = 1,\ q_1 = a.$$

递推关系的特征方程$X^2 - aX - 1 = 0$有相异根θ, θ',因此

$$q_n = c_1\theta^n + c_2{\theta'}^n.$$

由初始条件定出

$$c_1 = \frac{a-\theta'}{\theta-\theta'}, \quad c_2 = \frac{\theta-a}{\theta-\theta'},$$

于是

$$q_n = \frac{a\theta^n - a\theta'^n - \theta^n\theta' + \theta'^n\theta}{\theta-\theta'}. \tag{7.2.1}$$

由$\theta^2 - a\theta - 1 = 0$可知,

$$a\theta = \theta^2 - 1,$$

所以

$$a\theta^n = a\theta\cdot\theta^{n-1} = (\theta^2-1)\theta^{n-1} = \theta^{n+1} - \theta^{n-1},$$

类似地,

$$a\theta'^n = \theta'^{n+1} - \theta'^{n-1};$$

还有

$$\theta^n\theta' = \theta^{n-1}(\theta\theta') = -\theta^{n-1}, \quad \theta'^n\theta = -\theta'^{n-1}.$$

于是,由式(7.2.1)推出

$$q_n = \frac{\theta^{n+1} - {\theta'}^{n+1}}{\theta-\theta'} \quad (n \geqslant 0).$$ □

注 取$a=1$,可得Fibonacci数列通项公式

$$F_n=\frac{1}{\sqrt{5}}\left(\left(\frac{1+\sqrt{5}}{2}\right)^n-\left(\frac{1-\sqrt{5}}{2}\right)^n\right)\quad(n\geqslant 1).$$

7.3 设p_n/q_n是$\sqrt{3}$的连分数展开的第n个渐进分数.证明:

$$p_n=\frac{(1+\sqrt{3})^{n+1}+(1-\sqrt{3})^{n+1}}{2^{[(n+1)/2]+1}},$$
$$q_n=\frac{(1+\sqrt{3})^{n+1}-(1-\sqrt{3})^{n+1}}{\sqrt{3}\cdot 2^{[(n+1)/2]+1}}.$$

解 为了求出q_n的表达式,我们考察Pell方程$x^2-3y^2=1$.它的最小解(基本解)是$(x,y)=(2,1)$,连分数$\sqrt{3}=[1;\overline{1,2}]$有周期2.因此,由Pell方程的经典解法,我们有

$$p_{2n-1}\pm\sqrt{3}q_{2n-1}=(2\pm\sqrt{3})^n\quad(n\geqslant 1).\tag{7.3.1}$$

因为

$$p_{2n+1}=p_{2n}+p_{2n-1},\quad q_{2n+1}=q_{2n}+q_{2n-1},$$

所以

$$\begin{aligned}p_{2n}\pm\sqrt{3}q_{2n}&=(p_{2n+1}-p_{2n-1})\pm\sqrt{3}(q_{2n+1}-q_{2n-1})\\&=(p_{2n+1}\pm\sqrt{3}q_{2n+1})-(p_{2n-1}\pm\sqrt{3}q_{2n-1})\\&=(2\pm\sqrt{3})^{n+1}-(2\pm\sqrt{3})^n\\&=(2\pm\sqrt{3})^n(1\pm\sqrt{3}).\end{aligned}$$

注意

$$(1\pm\sqrt{3})^2=2(2\pm\sqrt{3}),$$

所以,由上式及(7.3.1)推出:当$n\geqslant 1$时,

$$2^n(p_{2n}\pm\sqrt{3}q_{2n})=(1\pm\sqrt{3})^{2n+1},$$
$$2^n(p_{2n-1}\pm\sqrt{3}q_{2n-1})=(1\pm\sqrt{3})^{2n},$$

因为

$$\left[\frac{2n+1}{2}\right]=\left[\frac{(2n-1)+1}{2}\right]=n,$$

所以,对所有整数$m \geqslant 1$,

$$2^{[(m+1)/2]}(p_m \pm \sqrt{3}q_m) = (1 \pm \sqrt{3})^{m+1}.$$

显然,当$m = 0$时,上式也成立.于是,我们最终由上述公式解出p_n和q_n如题中所给出的公式. □

注 若$d > 0$不是完全平方，则$\sqrt{d}$的连分数展开是周期的；

$$\sqrt{d} = [a_0; \overline{a_1, \cdots, a_{r-1}, 2a_0}\,],$$

其中$a_0 = [\sqrt{d}]$, r是其周期.Pell方程$x^2 - dy^2 = \pm 1$的所有正整数解可以从$\sqrt{d}$的连分数展开的渐进分数p_n/q_n中求得.具体言之:若r是偶数,则

$$x^2 - dy^2 = -1$$

无解,而$x^2 - dy^2 = 1$的所有正整数解由

$$x = p_{nr-1}, \quad y = q_{nr-1} \quad (n = 1, 2, 3, \cdots) \tag{7.3.2}$$

给出;若r是奇数,则式(7.3.2)当n取奇数时给出$x^2 - dy^2 = -1$的所有正整数解,当n取偶数时给出$x^2 - dy^2 = 1$的所有正整数解.

对此可参见I.Niven,H.S.Zuckerman,An introduction to the theory of numbers(J.Wiley & Sons,1960),p.175-178.还可参见潘承洞与潘承彪的《初等数论》(北京大学出版社,1992),361 页.

7.4 求满足等式

$$1 - [0; 2, 3, \cdots, n] = [0; x_1, x_2, \cdots, x_n]$$

的整数$x_1, \cdots, x_n$.

解 因为

$$[0; 2, 3, \cdots, n] = \frac{1}{2 + [0; 3, \cdots, n]} < \frac{1}{2},$$

所以$1 - [0; 2, 3, \cdots, n] > 1/2$.于是,由给定方程得到

$$[0; x_1, x_2, \cdots, x_n] = \frac{1}{x_1 + [0; x_2, \cdots, x_n]} > \frac{1}{2},$$

因此

$$1 < x_1 + [0; x_2, \cdots, x_n] < 2 \quad (x_1 \in \mathbb{N}),$$

从而$x_1 = 1$.于是

$$1 - [0; 2, 3, \cdots, n] = [0; 1, x_2, \cdots, x_n],$$

即

$$1 - \frac{1}{2 + [0; 3, \cdots, n]} = \frac{1}{1 + [0; x_2, \cdots, x_n]}.$$

记$a = [0; 3, \cdots, n], x = [0; x_2, \cdots, x_n]$,则有

$$1 - \frac{1}{2+a} = \frac{1}{1+x}.$$

由此解出

$$x = \frac{1}{1+a}, \quad 即 \quad [0; x_2, x_3, x_4, \cdots, x_n] = [0; 1, 3, 4, \cdots, n]. \tag{7.4.1}$$

由连分数展开的唯一性得到$x_2 = 1, x_3 = 3, x_4 = 4, \cdots, x_n = n$. □

注 得到

$$x = \frac{1}{1+a}$$

后还可如下处理:由式(7.4.1)推出

$$[x_2; x_3, x_4, \cdots, x_n] = [1; 3, 4, \cdots, n],$$

取两边的实数的整数部分,得到$x_2 = 1$.于是

$$[x_3; x_4, \cdots, x_n] = [3; 4, \cdots, n],$$

类似地,取两边的实数的整数部分,得到$x_3 = 3$,等等.

更麻烦一些的方法:由$[x_2; x_3, x_4, \cdots, x_n] = [1; 3, 4, \cdots, n]$,及式(7.4.1)可知$x_2 = 1 (= a_1)$;计算两边连分数展开的渐进分数

$$\frac{p_1}{q_1} = [1; 3] = \frac{4}{3},$$

以及

$$\frac{p_1}{q_1} = [x_2; x_3] = \frac{x_2 x_3 + 1}{x_3} = \frac{x_3 + 1}{x_3},$$

于是

$$\frac{4}{3}=\frac{x_3+1}{x_3},$$

解得$x_3=3$,等等.

7.5 设整数$n\geqslant 2$,求$\sqrt{n^2-2}$的连分数展开.

解 (i) 因为$n\geqslant 2$,所以$n-1<\sqrt{n^2-2}<n$,我们有

$$\begin{aligned}\sqrt{n^2-2} &= n-1+(\sqrt{\mathbf{n^2-2}}-\mathbf{n}+\mathbf{1}) \\ &= n-1+\cfrac{1}{\cfrac{\sqrt{\mathbf{n^2-2}}+\mathbf{n}-\mathbf{1}}{\mathbf{2n-3}}}.\end{aligned} \tag{7.5.1}$$

(ii) 因为

$$1<\frac{\sqrt{n^2-2}+n-1}{2n-3}<2,$$

所以由式(7.5.1)得到

$$\sqrt{n^2-2}=n-1+\cfrac{1}{1+\cfrac{1}{\cfrac{\sqrt{n^2-2}+n-2}{2}}}. \tag{7.5.2}$$

(iii) 因为

$$n-2<\frac{\sqrt{n^2-2}+n-2}{2}<n-1,$$

所以由式(7.5.2)得到

$$\begin{aligned}\sqrt{n^2-2} &= n-1+\cfrac{1}{1+\cfrac{1}{n-2+\cfrac{\sqrt{n^2-2}-n+2}{2}}} \\ &= n-1+\cfrac{1}{1+\cfrac{1}{n-2+\cfrac{1}{\cfrac{\sqrt{n^2-2}+n-2}{2n-3}}}}.\end{aligned} \tag{7.5.3}$$

(iv) 因为

$$1<\frac{\sqrt{n^2-2}+n-2}{2n-3}<2,$$

所以由式(7.5.3)得到

$$\begin{aligned}\sqrt{n^2-2} &= n-1+\cfrac{1}{1+\cfrac{1}{n-2+\cfrac{1}{1+\cfrac{\sqrt{n^2-2}-n+1}{2n-3}}}}\\ &= n-1+\cfrac{1}{1+\cfrac{1}{n-2+\cfrac{1}{1+\cfrac{1}{\sqrt{n^2-2}+n-1}}}}.\end{aligned}\tag{7.5.4}$$

(v) 因为

$$2n-2<\sqrt{n^2-2}+n-1<2n-1,$$

所以由

$$\sqrt{n^2-2}+n-1=2n-2+(\sqrt{\mathbf{n^2-2}}-\mathbf{n}+\mathbf{1}),$$

以及式(7.5.4)得到

$$\sqrt{n^2-2}=n-1+\cfrac{1}{1+\cfrac{1}{n-2+\cfrac{1}{1+\cfrac{1}{2n-2+(\sqrt{\mathbf{n^2-2}}-\mathbf{n}+\mathbf{1})}}}}.$$

因为

$$\sqrt{n^2-2}-n+1=\frac{2n-3}{\sqrt{n^2-2}+n-1}=\frac{1}{\dfrac{\sqrt{n^2-2}+n-1}{2n-3}},$$

所以

$$\sqrt{n^2-2}=\left[n-1;1,n-2,1,2n-2+\frac{\mathbf{1}}{\dfrac{\sqrt{\mathbf{n^2-2}}+\mathbf{n}-\mathbf{1}}{\mathbf{2n-3}}}\right],$$

可见我们又回到式(7.5.1),于是

$$\sqrt{n^2-2}=[n-1;\overline{1,n-2,1,2n-2}\,]. \qquad \square$$

7.6 设a,b,c是整数,$a>0,(a,b)=1$.还设

$$\frac{a}{|b|}=[a_0;a_1,\cdots,a_n],$$

p_k/q_k是其k阶渐进分数.证明:

$$x_0=(-1)^{n-1}cq_{n-1},\quad y_0=(-1)^n cp_{n-1}\cdot\frac{|b|}{b}$$

是不定方程$ax+by=c$的一组解.

解 因为

$$\frac{p_n}{q_n}=[a_0;a_1,\cdots,a_n]=\frac{a}{|b|},$$

并且a,b和p_n,q_n分别互素,所以$p_n=a,q_n=|b|$.于是由$p_nq_{n-1}-p_{n-1}q_n=(-1)^{n-1}$推出

$$aq_{n-1}-|b|p_{n-1}=(-1)^{n-1}.$$

两边同时乘以$(-1)^{n-1}c$,得到

$$(-1)^{n-1}acq_{n-1}-(-1)^{n-1}|b|cp_{n-1}=c,$$

即

$$a\big((-1)^{n-1}cq_{n-1}\big)+b\Big((-1)^n\frac{|b|}{b}cp_{n-1}\Big)=c.$$

于是,题中的结论成立. $\square$

7.7 设$a,b>0$是两个无理数,有连分数展开

$$a=[a_0;a_1,a_2,\cdots],\quad b=[b_0;b_1,b_2,\cdots],$$

用$q_n(a)$和$q_n(b)$分别表示它们的n阶渐进分数的分母.如果存在常数$c\geqslant(3+\sqrt{5})/2$和整数$s\geqslant 0$, 使得当$n\geqslant s$时,$a_n\geqslant cb_{n-s}$,那么对于所有$n\geqslant s$,

$$a_n(a)\geqslant c^{(n-s)/2}q_{n-s}(b). \tag{7.7.1}$$

解 对n应用数学归纳法.$q_k(a), q_k(b)$满足递推关系

$$q_0(a)=1,\ q_1(a)=a_1,\ q_n(a)=a_nq_{n-1}(a)+q_{n-2}(a)\quad (n\geqslant 2);$$
$$q_0(b)=1,\ q_1(b)=b_1,\ q_n(b)=b_nq_{n-1}(b)+q_{n-2}(b)\quad (n\geqslant 2).$$

于是

$$q_s(a)\geqslant 1=q_0(b).$$

若给定的$s=0$,则依题设有

$$q_{s+1}(a)=q_1(a)=a_1\geqslant cb_1>\sqrt{c}b_1=\sqrt{c}q_1(b).$$

若给定的$s\geqslant 1$,则类似地有

$$\begin{aligned}q_{s+1}(a) &= a_{s+1}q_s(a)+q_{s-1}(a)>a_{s+1}q_s(a)\\ &> cb_1\cdot q_0(a)=cb_1\cdot 1>\sqrt{c}b_1=\sqrt{c}q_1(b).\end{aligned}$$

因此,当$n=s$及$n=s+1$时式(7.7.1)成立.现在设$l\geqslant s+2$,并且式(7.7.1)当$n=l-2$及$l-1$成立,要证明它对$n=l$也成立.

我们从归纳假设推出

$$\begin{aligned}q_l(a) &= a_lq_{l-1}(a)+q_{l-2}(a)\\ &\geqslant cb_{l-s}\cdot c^{(l-1-s)/2}q_{l-1-s}(b)+c^{(l-2-s)/2}q_{l-2-s}(b)\\ &= c^{(l-s+1)/2}\big(b_{l-s}q_{l-s-1}(b)+q_{l-s-2}(b)\big)+\\ &\quad (c^{(l-s-2)/2}-c^{(l-s+1)/2})q_{l-s-2}(b)\\ &= c^{(l-s+1)/2}q_{l-s}(b)+c^{(l-s+1)/2}(c^{-3/2}-1)q_{l-s-2}(b)\\ &= c^{(l-s+1)/2}q_{l-s}(b)-c^{(l-s+1)/2}(1-c^{-3/2})q_{l-s-2}(b)\\ &= c^{(l-s+1)/2}q_{l-s}(b)-\\ &\quad c^{(l-s+1)/2}(1-c^{-1/2})(1+c^{-1/2}+c^{-1})q_{l-s-2}(b).\end{aligned}\tag{7.7.2}$$

因为

$$c\geqslant\frac{3+\sqrt{5}}{2}=\left(\frac{1+\sqrt{5}}{2}\right)^2,$$

所以

$$c^{-1}+c^{-1/2}+1<2\leqslant b_{l-s}+1,$$

从而(注意$q_n(b)$单调增加)

$$\begin{aligned} q_{l-s}(b) &= b_{l-s}q_{l-s-1}(b)+q_{l-s-2}(b) \\ &\geqslant (1+b_{l-s})q_{l-s-2}(b) > (c^{-1}+c^{-1/2}+1)q_{l-s-2}(b), \end{aligned}$$

于是由此及式(7.7.2)得到(注意$1-c^{-1/2}>0$)

$$q_l(a) \geqslant c^{(l-s+1)/2}q_{l-s}(b) - c^{(l-s+1)/2}(1-c^{-1/2})q_{l-s}(b) = c^{(l-s)/2}q_{l-s}(b),$$

因此式(7.7.1)对$n=l$也成立. □

7.8 (1) 设a_0, b_0是整数,$a_1, a_2, \cdots, a_n, \cdots; b_1, b_2, \cdots, b_n, \cdots$(个数有限或无限)是正整数,满足

$$a_i = b_i \quad (i=0,1,\cdots,n-1), \quad a_n < b_n.$$

记

$$A=[a_0;a_1,\cdots,a_n,\cdots], \quad B=[b_0;b_1,\cdots,b_n,\cdots].$$

证明:当n是奇数时,$A>B$;当n是偶数时,$A<B$.

(2) 设给定整数$\alpha_0, \beta_0, \gamma_0$及正整数$\alpha_1, \alpha_2, \cdots; \beta_1, \beta_2, \cdots; \gamma_1, \gamma_2, \cdots$. 证明:若$\gamma_i \leqslant \alpha_i \leqslant \beta_i (i=0,1,2,\cdots)$,则

$$[\gamma_0;\beta_1,\gamma_2,\beta_3,\gamma_4,\cdots] \leqslant [\alpha_0;\alpha_1,\alpha_2,\cdots] \leqslant [\beta_0;\gamma_1,\beta_2,\gamma_3,\beta_4,\cdots].$$

(3) 设整数$d_i(i \geqslant 0)$只取值1或2,令$\delta=[d_0;d_1,d_2,\cdots]$, 证明:

$$\frac{1+\sqrt{3}}{2} \leqslant \delta \leqslant 1+\sqrt{3}. \tag{7.8.1}$$

解 (1) 令

$$\begin{aligned} A &= [a_0;a_1,\cdots,a_n,\cdots] \\ &= \left[a_0,a_1,\cdots,a_{n-2},a_{n-1}+\frac{1}{\alpha'}\right] \\ &= \frac{p_{n-2}\left(a_{n-1}+\dfrac{1}{\alpha'}\right)+p_{n-3}}{q_{n-2}\left(a_{n-1}+\dfrac{1}{\alpha'}\right)+q_{n-3}} = \frac{\alpha' p_{n-1}+p_{n-2}}{\alpha' q_{n-1}+q_{n-2}}, \\ B &= [b_0;b_1,\cdots,b_n,\cdots] \\ &= \left[b_0,b_1,\cdots,b_{n-2},b_{n-1}+\frac{1}{\beta'}\right] = \frac{\beta' p_{n-1}+p_{n-2}}{\beta' q_{n-1}+q_{n-2}}, \end{aligned}$$

其中$\frac{p_{n-1}}{q_{n-1}}=[a_0;a_1,\cdots,a_{n-1}]=[b_0;b_1,\cdots,b_{n-1}]$, 并且可记

$$\alpha'=a_n+\alpha'',\quad \beta'=b_n+\beta'',$$

其中$0<\alpha''<1, 0<\beta''<1$,于是,$0<|\beta''-\alpha''|<1$,并且

$$\beta'-\alpha'=(b_n-a_n)+\beta''-\alpha''\geqslant 1+\beta''-\alpha''>0.$$

现在我们有

$$\begin{aligned}A-B &= \frac{\alpha' p_{n-1}+p_{n-2}}{\alpha' q_{n-1}+q_{n-2}}-\frac{\beta' p_{n-1}+p_{n-2}}{\beta' q_{n-1}+q_{n-2}}\\ &= \frac{(\alpha'-\beta')(p_{n-1}q_{n-2}-p_{n-2}q_{n-1})}{(\alpha' q_{n-1}+q_{n-2})(\beta' q_{n-1}+q_{n-2})}\\ &= \frac{(-1)^{n-1}(\beta'-\alpha')}{(\alpha' q_{n-1}+q_{n-2})(\beta' q_{n-1}+q_{n-2})},\end{aligned}$$

所以,当n是奇数时,$A>B$;当n是偶数时,$A<B$.

(2) 用反证法.首先注意,两个连分数

$$A=[a_0;a_1,\cdots,a_n,\cdots],\quad B=[b_0;b_1,\cdots,b_n,\cdots]$$

相等，当且仅当所有$a_i=b_i$.因此若二者不相等，则必存在最小的下标τ,使得$a_i=b_i(i=0,1,\cdots,\tau-1)$,并且$a_\tau\neq b_\tau$.

现在设

$$[\beta_0;\gamma_1,\beta_2,\gamma_3,\beta_4,\cdots]<[\alpha_0;\alpha_1,\alpha_2,\cdots],$$

那么依本题(1),只有两种可能:一是最小的具有下列性质的下标是奇数$2k-1$:连分数

$$[\alpha_0;\alpha_1,\alpha_2,\cdots,\alpha_{2k-1},\alpha_{2k},\cdots]\quad (\text{相当于}A)$$

和

$$[\beta_0;\gamma_1,\beta_2,\gamma_3,\beta_4,\cdots,\gamma_{2k-1},\beta_{2k},\cdots]\quad (\text{相当于}B)$$

的前$2k-1$个元素分别对应相等:$\alpha_0=\beta_0,\alpha_1=\gamma_1,\alpha_2=\beta_2,\cdots,\alpha_{2k-2}=\beta_{2k-2}$,并且

$$\alpha_{2k-1}<\gamma_{2k-1}. \tag{7.8.2}$$

另一是最小的具有下列性质的下标是偶数$2k$:连分数

$$[\beta_0;\gamma_1,\beta_2,\gamma_3,\beta_4,\cdots\gamma_{2k-1},\beta_{2k},\cdots] \quad (\text{相当于}A)$$

和

$$[\alpha_0;\alpha_1,\alpha_2,\cdots,\alpha_{2k-1},\alpha_{2k},\cdots] \quad (\text{相当于}B)$$

的前$2k$个元素分别对应相等:$\alpha_0 = \beta_0,\alpha_1 = \gamma_1,\alpha_2 = \beta_2,\cdots,\alpha_{2k-1} = \gamma_{2k-1}$,并且

$$\beta_{2k} < \alpha_{2k}. \tag{7.8.3}$$

但不等式(7.8.2)和(7.8.3)都与假设矛盾.因此题中不等式的右半得证.类似地,可证明不等式的左半.

(3) 在本题(2)中取$\gamma_i = 1,\beta_i = 2,\alpha_i = d_i\,(i = 0,1,2,\cdots)$,那么$\gamma_i \leqslant \alpha_i \leqslant \beta_i$.因为

$$[\beta_0;\gamma_1,\beta_2,\gamma_3,\beta_4,\cdots] = [2;\overline{1,2}],$$

设$[2;\overline{1,2}] = x > 0$,则

$$x = 2 + \cfrac{1}{1 + \cfrac{1}{x}},$$

所以

$$[\beta_0;\gamma_1,\beta_2,\gamma_3,\beta_4,\cdots] = x = 1+\sqrt{3}.$$

类似地,算出

$$[\gamma_0;\beta_1,\gamma_2,\beta_3,\gamma_4,\cdots] = [1;\overline{2,1}] = \frac{1+\sqrt{3}}{2}.$$

于是得到不等式(7.8.1). □

第8章 无理数

推荐问题: **8.4/8.11/8.14/8.15/8.16/8.17/8.20/8.21**.

8.1 (1) 设a/m是一个有理数,$m=m_1m_2\cdots m_s$,其中m_i两两互素.那么有唯一表示

$$\frac{a}{m}=z+\frac{a_1}{m_1}+\frac{a_2}{m_2}+\cdots+\frac{a_s}{m_s}, \tag{8.1.1}$$

其中$z,a_1,\cdots,a_s$是整数,$0\leqslant a_i<m_i(i=1,\cdots,s)$.

(2) 证明:对于任何正整数$s\geqslant 1$,总存在整数$m=m_1m_2\cdots m_s$,其中正整数m_i两两互素,使得

$$\frac{1}{m}=1-\frac{1}{m_1}-\frac{1}{m_2}-\cdots-\frac{1}{m_s}.$$

解 (1) 因为整数m/m_i两两互素,所以存在整数$c_1,\cdots,c_s$ 使得

$$c_1\cdot\frac{m}{m_1}+c_2\cdot\frac{m}{m_2}+\cdots+c_s\cdot\frac{m}{m_s}=1.$$

两边同乘a/m,得到

$$\frac{a}{m}=\frac{d_1}{m_1}+\frac{d_2}{m_2}+\cdots+\frac{d_s}{m_s},$$

其中$ac_i=d_i$.由Euclid除法,$d_i=v_im_i+a_i$,其中v_i,a_i是整数,$0\leqslant a_i<m_i$.代入上式,并令$z=v_1+\cdots+v_s$,即得式(8.1.1).

若还有另一个同样性质的表示

$$\frac{a}{m}=z'+\frac{a_1'}{m_1}+\frac{a_2'}{m_2}+\cdots+\frac{a_s'}{m_s},$$

那么将此式与等式(8.1.1)相减,有

$$(z-z')+\frac{a_1-a_1'}{m_1}+\cdots+\frac{a_s-a_s'}{m_s}=0,$$

于是

$$m(z-z')+(a_1-a_1')\frac{m}{m_1}+\cdots+(a_s-a_s')\frac{m}{m_s}=0, \tag{8.1.2}$$

因为$0\leqslant a_i,a_i'<m_i$,所以$0\leqslant |a_i-a_i'|<m_i$;并且由于$m_i$ 两两互素,从而若$a_i-a_i'\neq 0$,则

$$m_i\nmid (a_1-a_1')\frac{m}{m_i},$$

但m_i整除式(8.1.2)中其余各项,得到矛盾.因此推出$a_i=a_i'(i=1,\cdots,s)$,进而由式(8.1.2)得到$z-z'=0$,即$z=z'$.

(2) 显然问题等价于证明对于任何整数$s\geqslant 1$方程

$$\frac{1}{x_1}+\frac{1}{x_2}+\cdots+\frac{1}{x_s}+\frac{1}{x_1x_2\cdots x_s}=1.$$

都有两两互素的正整数解$x_1,\cdots,x_s$.

对s用数学归纳法,当$s=1$时,可取$x_1=2$.设当$s=r$时有正整数解$(x_1,\cdots,x_r)$, 其中x_i两两互素,满足

$$\frac{1}{x_1}+\frac{1}{x_2}+\cdots+\frac{1}{x_r}+\frac{1}{x_1x_2\cdots x_r}=1.$$

我们令$x_{r+1}=x_1\cdots x_r+1$,那么x_{r+1}与$x_i(i=1,\cdots,r)$互素.由上式(归纳假设)可知

$$\begin{aligned}&\frac{1}{x_1}+\frac{1}{x_2}+\cdots+\frac{1}{x_r}+\frac{1}{x_{r+1}}+\frac{1}{x_1x_2\cdots x_rx_{r+1}}\\=&\left(1-\frac{1}{x_1x_2\cdots x_r}\right)+\frac{1}{x_{r+1}}+\frac{1}{x_1x_2\cdots x_rx_{r+1}}\\=&1+\frac{1}{x_{r+1}}+\left(\frac{1}{x_1x_2\cdots x_rx_{r+1}}-\frac{1}{x_1x_2\cdots x_r}\right),\end{aligned} \tag{8.1.3}$$

算出

$$\begin{aligned}&\frac{1}{x_1x_2\cdots x_rx_{r+1}}-\frac{1}{x_1x_2\cdots x_r}\\=&\frac{1}{x_1x_2\cdots x_r(x_1\cdots x_r+1)}-\frac{1}{x_1x_2\cdots x_r}\\=&\frac{1}{x_1x_2\cdots x_r}-\frac{1}{x_1\cdots x_r+1}-\frac{1}{x_1x_2\cdots x_r}\\=&-\frac{1}{x_1\cdots x_r+1}=-\frac{1}{x_{r+1}},\end{aligned}$$

将此代入式(8.1.3),即得

$$\frac{1}{x_1}+\frac{1}{x_2}+\cdots+\frac{1}{x_r}+\frac{1}{x_{r+1}}+\frac{1}{x_1x_2\cdots x_rx_{r+1}}=1.$$

于是完成归纳证明. □

8.2 (1) 证明:任何有理数$m/n\notin\mathbb{Z}$(m,n互素, $n>0$)都可以表示为

$$\frac{m}{n}=z+\frac{1}{q_1}+\frac{1}{q_2}+\cdots+\frac{1}{q_r}$$

的形式,其中$z,q_1,\cdots,q_r$是整数,满足$0<q_1<q_2<\cdots<q_r$,下标$r\leqslant m-nz$; 并且当$r\geqslant 2$时$q_{k-1}\,|\,q_k\,(k=2,\cdots,r)$.

(2) 设$1\leqslant m\leqslant n$,则存在k个正整数$x_1<x_2<\cdots<x_k$,使得

$$\frac{m}{n}=\frac{1}{x_1}+\frac{1}{x_2}+\cdots+\frac{1}{x_k}, \tag{8.2.1}$$

并且$1\leqslant k\leqslant m$.

解 (1) 因为

$$\frac{m}{n}=\left[\frac{m}{n}\right]+\left\{\frac{m}{n}\right\},$$

所以,可取$z=[m/n]$.记$\{m/n\}=p/q\in(0,1)$,其中p,q是互素正整数.因为

$$\frac{p}{q}=\frac{m}{n}-z=\frac{m-nz}{n}>0,$$

而$(p,q)=1,(m-nz,n)=1$,所以$p=m-nz$.

只需证明

$$\frac{p}{q}=\frac{1}{q_1}+\frac{1}{q_2}+\cdots+\frac{1}{q_r},$$

其中q_i如题设,并且$r\leqslant p$.对p用数学归纳法.当$p=1$时结论是显然的.若$p\geqslant 2$,设结论对于分子小于p的$(0,1)$中的既约分数成立,我们来考察既约分数$p/q\,(q>p)$.作除法可知$q=\alpha p+\beta$,其中$\alpha,\beta\in\mathbb{N},\alpha>1,0<\beta<p$.将此式改写为$q=\big((\alpha+1)-1\big)p+\big(p-(p-\beta)\big)$; 记$\lambda_0=\alpha+1\geqslant 2,k=p-\beta\in(0,p)$,则有$q=(\lambda_0-1)p+(p-k)=\lambda_0p-k$.于是

$$p=\frac{1}{\lambda_0}(q+k),$$

从而

$$\frac{p}{q}=\frac{1}{\lambda_0}\left(1+\frac{k}{q}\right).$$

因为$0<k<p(<q)$,所以依归纳假设,有

$$\frac{k}{q}=\frac{1}{\lambda_1}+\frac{1}{\lambda_1\lambda_2}+\cdots+\frac{1}{\lambda_1\lambda_2\cdots\lambda_r},\quad r\leqslant k,$$

其中λ_j是正整数,从而

$$\begin{aligned}\frac{p}{q} &= \frac{1}{\lambda_0}\left(1+\frac{1}{\lambda_1}+\frac{1}{\lambda_1\lambda_2}+\cdots+\frac{1}{\lambda_1\lambda_2\cdots\lambda_r}\right)\\ &= \frac{1}{\lambda_0}+\frac{1}{\lambda_0\lambda_1}+\frac{1}{\lambda_0\lambda_1\lambda_2}+\cdots+\frac{1}{\lambda_0\lambda_1\lambda_2\cdots\lambda_r},\end{aligned}$$

这正是所要求的表示;并且$r+1\leqslant k+1=p-\beta+1\leqslant p$.于是完成归纳证明.

(2) **解法1** 这是本题(1)的推论.当$m=n$时,$m/n=1=1/1$,结论成立.当$m<n$时,设$m/n=m'/n'$,其中右边是既约分数, 于是$m'\leqslant m$.由此可知$z=0$,并且

$$\frac{m'}{n'}=\frac{1}{q_1}+\frac{1}{q_2}+\cdots+\frac{1}{q_k},$$

其中$q_1<q_2<\cdots<q_k$,并且$k\leqslant m'-0\cdot n'=m'\leqslant m$.于是取$x_i=q_i$ 即合要求.

解法2 设x_1是最小的满足下式的正数:

$$\frac{1}{x_1}\leqslant\frac{m}{n},$$

即取$x_1=\lceil n/m\rceil$.若上式中等式成立,则题中结论显然成立.若$1/x_1<m/n$,则$x_1>1$(即x_1-1是正整数).于是

$$\frac{m}{n}-\frac{1}{x_1}=\frac{mx_1-n}{nx_1}=\frac{m_1}{nx_1}>0,\tag{8.2.2}$$

其中已记正整数$m_1=mx_1-n$.依x_1的定义(最小性质),我们有

$$\frac{1}{x_1-1}>\frac{m}{n},$$

于是$mx_1 - n < m$,即$m_1 < m$.此外由x_1的定义,还有

$$\frac{1}{x_1} > \frac{m}{n} - 1,$$

于是$mx_1 - n < nx_1$,即$m_1 < nx_1$.

用(nx_1, m_1)代替(n, m)重复上面的推理,即确定x_2为满足

$$\frac{1}{x_2} \leqslant \frac{m_1}{nx_1}$$

的最小正整数.若等式成立,则

$$\frac{1}{x_2} = \frac{m_1}{nx_1},$$

由此及式(8.2.2)得到

$$\frac{1}{x_2} = \frac{m}{n} - \frac{1}{x_1},$$

于是结论成立(注意:此时下标个数$k = 2$,而$m > m_1 \geqslant 1$,从而$m \geqslant 2$;于是$k \leqslant m$也成立).若不等式成立,则$x_2 > 1$,由

$$\frac{m_1}{nx_1} - \frac{1}{x_2} = \frac{m_1x_2 - nx_1}{nx_1x_2} > 0$$

定义正整数$m_2 = m_1x_2 - nx_1$,并且可以验证$m_2 < nx_1x_2$.于是用(nx_1x_2, m_2)代替(n, m)重复上面的推理.一般地,若确定了m_{l-1}和$x_1, \cdots, x_{l-1}$,只要$m_{l-1} \neq 0$,我们就用下式定义m_l和x_l:

$$\frac{m_{l-1}}{nx_1 \cdots x_{l-1}} - \frac{1}{x_l} = \frac{m_l}{nx_1 \cdots x_l},$$

其中

$$m_l = m_{l-1}x_l - nx_1 \cdots x_{l-1} \quad (l \geqslant 1), \quad m_0 = m, \quad x_0 = 1.$$

我们将得到正整数列

$$m = m_0 > m_1 > m_2 > \cdots > m_l > \cdots .$$

于是存在某个整数$k > 0$使得$m_k = 0$,此时上述推理终止,并且由$m_k = 0$得到

$$m_{k-1}x_k - nx_1 \cdots x_{k-1} = 0,$$

于是

$$\begin{aligned}\frac{1}{x_k} &= \frac{m_{k-1}}{nx_1\cdots x_{k-1}} = \frac{m_{k-2}x_{k-1} - nx_1\cdots x_{k-2}}{nx_1\cdots x_{k-1}} \\ &= \frac{m_{k-2}}{nx_1\cdots x_{k-2}} - \frac{1}{x_{k-1}} = \frac{m_{k-3}x_{k-2} - nx_1\cdots x_{k-3}}{nx_1\cdots x_{k-2}} - \frac{1}{x_{k-1}} \\ &= \frac{m_{k-3}}{nx_1\cdots x_{k-3}} - \frac{1}{x_{k-2}} - \frac{1}{x_{k-1}} = \cdots \\ &= \frac{m_0}{nx_0} - \frac{1}{x_1} - \cdots - \frac{1}{x_{k-2}} - \frac{1}{x_{k-1}}.\end{aligned}$$

由此推出等式(8.2.1),并且由$m > m_1 > \cdots > m_k = 0$可知$k \leqslant m$. □

8.3 证明:任何正有理数可表示为调和级数

$$1 + \frac{1}{2} + \frac{1}{3} + \cdots + \frac{1}{n} + \cdots$$

中有限多个互异项之和.

解 设A/B是任意给定的正有理数.约定$1/0 = 0$.因为$\sum\limits_{i=0}^{n} 1/i$当$n \to \infty$时单调增加到无穷,所以存在正整数$n_0$,使得

$$\sum_{i=0}^{n_0} \frac{1}{i} < \frac{A}{B} \leqslant \sum_{i=0}^{n_0+1} \frac{1}{i}.$$

如果右边等号成立,那么结论成立.不然有

$$\sum_{i=0}^{n_0} \frac{1}{i} < \frac{A}{B} < \sum_{i=0}^{n_0+1} \frac{1}{i}. \tag{8.3.1}$$

定义既约分数

$$\frac{C}{D} = \frac{A}{B} - \sum_{i=0}^{n_0} \frac{1}{i},$$

由式(8.3.1)可知

$$0 < \frac{C}{D} < \sum_{i=0}^{n_0+1} \frac{1}{i} - \sum_{i=0}^{n_0} \frac{1}{i} = \frac{1}{n_0+1},$$

从而存在唯一的正整数n_1使得

$$\frac{1}{n_1+1} \leqslant \frac{C}{D} < \frac{1}{n_1},$$

特别,由$1/(n_1+1)<1/(n_0+1)$可知$n_1>n_0$.如果等式成立,则

$$\frac{C}{D}=\frac{A}{B}-\sum_{i=0}^{n_0}\frac{1}{i}=\frac{1}{n_1+1},$$

或

$$\frac{A}{B}=\sum_{i=0}^{n_0}\frac{1}{i}+\frac{1}{n_1+1},$$

那么结论成立.不然有

$$\frac{1}{n_1+1}<\frac{C}{D}<\frac{1}{n_1}. \tag{8.3.2}$$

我们类似地定义既约分数

$$\frac{E}{F}=\frac{C}{D}-\frac{1}{n_1+1}=\frac{C(n_1+1)-D}{(n_1+1)D},$$

由E/F的既约性可见

$$E\leqslant C(n_1+1)-D<C-1, \tag{8.3.3}$$

并且由式(8.3.2)可知

$$0<\frac{E}{F}<\frac{1}{n_1}-\frac{1}{n_1+1}=\frac{1}{n_1(n_1+1)}.$$

从而,存在唯一的正整数n_2使得

$$\frac{1}{n_2+1}\leqslant\frac{E}{F}<\frac{1}{n_2}, \tag{8.3.4}$$

并且由$1/(n_2+1)<1/n_1(n_1+1)$可知,$n_2>n_1$.如果式(8.3.4)中等式成立,那么结论成立.不然我们有

$$\frac{1}{n_2+1}<\frac{E}{F}<\frac{1}{n_2}, \tag{8.3.5}$$

此式与不等式(8.3.2)同一类型.我们类似地定义既约分数

$$\frac{G}{H}=\frac{E}{F}-\frac{1}{n_2+1}.$$

类似于式(8.3.3),我们有

$$G<E-1, \tag{8.3.6}$$

并且类似于式(8.3.4),存在唯一的正整数n_3使得

$$\frac{1}{n_3+1} \leqslant \frac{E}{F} < \frac{1}{n_3}.$$

其中$n_3 > n_2$.由此产生两种可能:或者上式等式成立,于是结论成立;或者继续类似地定义既约分数.由式(8.3.3)和(8.3.6)可知,这些既约分数的分子每操作一次至少减少1,所以有限次操作后必出现一个既约分数,其分子等于1,即它本身具有$1/N$的形式,其中正整数N大于前面操作产生的正整数$n_1, n_2, \cdots$.于是操作过程终止,并且可见A/B 具有所要求的表示形式. □

8.4 设n是整数.证明:下列两个数S_1, S_2都不是整数:

(1) $S_1 = \frac{1}{2} + \frac{1}{3} + \cdots + \frac{1}{n} \quad (n > 1)$.

(2) $S_2 = \frac{1}{3} + \frac{1}{5} + \cdots + \frac{1}{2n+1} \quad (n > 0)$.

解 (1) **解法1** 不妨认为$n > 2$.由问题3.2可知,存在素数p,满足$n \geqslant p > n/2$.并且与集合$A = \{2, 3, \cdots, n\} \setminus \{p\}$中所有数互素,于是

$$S_1 = \frac{1}{p} + \sum_{\substack{2 \leqslant k \leqslant n \\ k \neq p}} \frac{1}{k} = \frac{1}{p} + \frac{M}{N} = \frac{N + pM}{pN},$$

其中正整数M, N互素,p, N互素,于是$(N+pM)/pN$是分母大于1的既约分数,即S_1不是整数.

解法2 我们应用下列显然正确的命题:设K是一个非零整数,若KS 不是整数,则S也不是整数.关键是定义适当的整数K.

(i) 设2^k是集合$A = \{2, 3, \cdots, n\}$中的最大的2的整数幂(它唯一存在).我们断言: 集合$B = A \setminus \{2^k\}$中任一数都可表示为$2^\sigma m$的形式,其中$0 \leqslant \sigma < k, m$是小于$n$的奇数.

证明1 对于区间$(2^i, 2^{i+1}) \subset \{2, 3, \cdots, 2^k\} (\subseteq A)$,显然$i < k$.区间中的任一整数$u$有2进制表示

$$u = c_0 + c_1 \cdot 2 + \cdots + c_s \cdot 2^s + \cdots + 2^i,$$

其中系数$c_j \in \{0,1\}$,并且至少有一个非零.若$c_0 \neq 0$,则$u = 2^0 m$,其中$m = u$是小于n 的奇数.若$c_0 = \cdots = c_{s-1} = 0, c_s \neq 0$(因而$c_s = 1$),则

$$u = c_s \cdot 2^s + \cdots + 2^i = 2^s(1 + \cdots + 2^{i-s}) = 2^s m,$$

其中$s < i < k$,而$m = 1 + \cdots + 2^{i-s}$是小于n的奇数.又依k的定义,n属于区间$[2^k, 2^{k+1})$,因此,若整数$u \in (2^k, n]$是偶数,则可表示为

$$u = 2^{s'} + \cdots + 2^k = 2^{s'}(1 + \cdots + 2^{k-s'}) = 2^{s'} m',$$

其中$1 \leqslant s' < k, m' = 1 + \cdots + 2^{k-s'}$是不超过$n$的奇数;而$(2^k, n]$中的奇数可表示为$2^0 m'$,其中$m'$就是该奇数本身.于是上述断语成立.

证明2 如果$u \in A$并且$u < 2^k$,那么它可表示为$2^\sigma m$的形式, 其中整数$\sigma \geqslant 0, m \geqslant 1$是小于$n$的奇数,并且由$2^\sigma m < 2^k$ 可知$\sigma < k$.如果$u \in A$,并且$u > 2^k$,那么可将u表示为$u = 2^k + u_1$,其中$0 < u_1 < n - 2^k$.若$u_1 \geqslant 2^k$,则$u = 2^k + u_1 \geqslant 2^k + 2^k = 2^{k+1}$,从而$2^{k+1} \in (2^k, u] \subseteq A$,与$k$的定义矛盾,因此$u_1 < 2^k$.依上面所证,$u_1$ 可表示为$2^{\sigma_1} m_1$的形式,其中$0 \leqslant \sigma_1 < k$,而m_1是小于$n - 2^k$的奇数. 于是$u = 2^k + 2^{\sigma_1} m_1 = 2^{\sigma_1}(2^{k-\sigma_1} + m_1) = 2^{\sigma_1} m_2$,其中$m_2$是小于$n$的奇数.总之,我们证明了上述结论.

(ii) 现在令Q是所有不超过n的奇数之积,定义$K = 2^{k-1}Q$,那么

$$KS_1 = K\left(\frac{1}{2^k} + \sum_{j \in A \setminus \{2^k\}} \frac{1}{j}\right) = \frac{K}{2^k} + \sum_{j \in A \setminus \{2^k\}} \frac{K}{j},$$

显然右边第一项不是整数,第二项是$(n-2)$个整数之和,因此KS_1不是整数,从而S_1不是整数.

(2) **解法1** 几乎与本题(1)的解法1相同.不妨认为$n > 1$. 由问题3.2可知存在素数p,满足$(2n+1) \geqslant p > (2n+1)/2$,并且与集合$A \setminus \{p\}$中所有数互素.于是$p \in A = \{3, 5, \cdots, 2n+1\}$,从而

$$S_2 = \frac{1}{p} + \sum_{k \in A \setminus \{p\}} \frac{1}{k} = \frac{1}{p} + \frac{M}{N} = \frac{N + pM}{pN},$$

其中正整数M, N互素,p, N互素,于是$(N + pM)/pN$是分母大于1的既约分数,即S_2不是整数.

解法 2 与本题(1)的解法2类似.设3^k是集合$A=\{3,5,\cdots,n\}$中的最大的3的整数幂(它唯一存在).我们断言:集合$\{3,5,\cdots,2n+1\}\setminus\{3^k\}$中任一数可表示为$3^\sigma m$的形式,其中$\sigma<k$,$m$是不超过$2n+1$的与3互素的奇数(即与6互素的整数).

证明: 若$(3^i,3^{i+1})\subset\{3,5,\cdots,3^k\}(\subseteq A)$,则显然有$i<k$,并且其中任一(奇)数$u$在3进制下有形式

$$u=c_0+c_1\cdot 3+\cdots+c_s\cdot 3^s+\cdots+3^i,$$

其中系数$c_j\in\{0,1,2\}$,并且至少有一个非零.若$c_0\neq 0$,则$3\nmid u$,自然有形式$u=3^0m.$,其中$m=u$是不超过$2n+1$的与3互素的奇数.若$c_0=\cdots=c_{s-1}=0,c_s\neq 0$,则

$$u=c_s\cdot 3^s+\cdots+3^i=3^s(c_s+\cdots+3^{i-s})=3^sm,$$

因为u是奇数,所以$m=c_s+\cdots+3^{i-s}$是不超过$2n+1$的并且与3互素的奇数.对于$(3^k,2n+1]$中的奇数u,可以类似地证明上述表示式也成立.

现在令Q为所有不超过$2n+1$的与6互素的整数之积,定义$K=3^{k-1}Q$,那么可以类似于本题(1) 的解法2推出KS_2不是整数,于是S_2不是整数(请读者补出证明细节). □

注 本题的一般化可参见问题8.5和8.6.

8.5 设m,n是正整数,则

$$S=\sum_{k=0}^{n}\frac{\pm 1}{m+k}$$

不可能是整数,这里各加项分子的符号任意搭配.

解 本题是问题8.4(1)的一般化.我们采用问题8.4(1)的解法2的思路.

不妨认为$n\geqslant 1$.设k是满足$2^k\in[m,m+n]$的最大整数,并令$\mathscr{S}=\{1,3,5,\cdots,\mu\}$是所有不超过$m+n$的奇数的集合.定义整数

$$A=\prod_{k\in\mathscr{S}}k=1\cdot 3\cdot 5\cdots\mu,$$

即所有不超过$m+n$的奇数之积.取$K=2^{k-1}A$,那么

$$\begin{aligned} KS &= 2^{k-1}A\cdot S \\ &= \pm\frac{2^{k-1}(3\cdot5\cdots\mu)}{m}\pm\frac{2^{k-1}(3\cdot5\cdots\mu)}{m+1}\pm\cdots \\ &\quad \pm\frac{2^{k-1}(3\cdot5\cdots\mu)}{2^k}\pm\cdots\pm\frac{2^{k-1}(3\cdot5\cdots\mu)}{m+n}. \end{aligned}$$

显然加项

$$\frac{2^{k-1}(3\cdot5\cdots\mu)}{2^k}=\frac{1}{2}(3\cdot5\cdots\mu)\notin\mathbb{Z}.$$

但其余各个加项都是整数.事实上,对于任意一项

$$\frac{2^{k-1}(3\cdot5\cdots\mu)}{m+i}\quad(i=0,1,\cdots,n),$$

如果$m+i$是奇数,那么$m+i\in\{3,5,\cdots,\mu\}$,所以$m+i\,|\,3\cdot5\cdots\mu$,从而上式是整数.如果$m+i=2^t,t<k$,那么上式显然是整数.如果$m+i$是偶数,但不是2的整数次幂, 那么可表示为$m+i=2^u\tau$,其中$u>0,\tau$是奇数,属于集合$\{3,5,\cdots,\mu\}$.显然$\tau\geqslant3$(不然$\tau=1,m+i$将是2的整数次幂).于是,在2进制下,$\tau=2^s+\cdots+1,s\geqslant1$,从而$m+i$有2进制表示

$$m+i=2^u\tau=2^{s+u}+\cdots.$$

又依k的定义可知$m+n$有2进制表示

$$m+n=2^k+c_{k-1}2^{k-1}+\cdots+c_0.$$

于是由$m+i\leqslant m+n$推出$s+u\leqslant k$,即得$u\leqslant k-s\leqslant k-1$.由此可知

$$\frac{2^{k-1}(3\cdot5\cdots\mu)}{m+i}=\frac{2^{k-1}}{2^u}\cdot\frac{3\cdot5\cdots\mu}{\tau}\in\mathbb{Z}.$$

总之,KS不是整数,于是本题得证. □

8.6 设Q,q是给定正整数,并且$Q>q$.还设$a_1<a_2<\cdots<a_s$是全部不超过Q并且与q互素的正整数.证明:

$$S=\frac{1}{a_1}+\frac{1}{a_2}+\cdots+\frac{1}{a_s}$$

不是整数.

解 显然$a_1 = 1$.又因为$q+1 \leqslant Q, (q+1, q) = 1$,所以$q+1$也是某个$a_i$,可见$s \geqslant 2$.我们证明$a_2 = p$(其中$p$是一个素数).事实上,如果$a_2 = ap$,其中整数$a > 1$,那么$p < a_2$,并且$(a_2, q) = 1$蕴涵$(p, q) = 1$,因此$p$也是某个$a_i$,并且比$a_2$小,这与$a_1 = 1$矛盾.因此确实$a_2 = p$.

现在考虑集合$A = \{1, \cdots, p, \cdots, a_s\}$(即从1到$a_s$的所有整数),那么$\{a_1, a_2, \cdots, a_s\} \subset A$.设$p^k$是$A$中所含$p$的最大幂.因为$(p, q) = 1, p^k < Q$,所以有某个$a_i = p^k$.类似于问题8.4(1)(用证明1的方法),可知$A$中任一数都可表示为$p^\tau m$的形式,其中$0 \leqslant \tau < k$, m是不超过a_s的与p互素的整数.特别, 每个a_i也都有这样的表示.令$K = p^{k-1}M$,其中M是所有不超过a_s的与p互素的整数之积, 那么可以证明KS不是整数,于是S不是整数(读者容易补出推理细节). □

注 在本题中取$Q = 2n + 1, q = 2$,可得到问题8.4(2);取$Q = 3n + 2, q = 3$,可知

$$1 + \frac{1}{2} + \frac{1}{4} + \frac{1}{5} + \cdots + \frac{1}{3n+1} + \frac{1}{3n+2} \quad (n \geqslant 0)$$

不是整数.

8.7 设整数$m > 2, \mathscr{K} = \{k \in \mathbb{N} \mid (k, m) = 1, 0 < k \leqslant m\}$. 证明

$$S_0 = \sum_{k \in \mathscr{K}} \frac{1}{k}$$

不是整数.

解 显然满足$(k, m) = 1, 0 < k \leqslant m$整数$m$总共有$s = \phi(m)$个,将它们记作$k_1, k_2, \cdots, k_s$.于是

$$S_0 = \sum_{i=1}^{s} \frac{1}{m_i}.$$

令

$$K = \prod_{i=1}^{s} k_i.$$

将S_0改写为

$$S_0 = \frac{L}{K}, \quad 其中 \quad L = \sum_{i=1}^{s} \frac{K}{k_i}.$$

因为所有的K/k_i都是整数,所以L也是整数.由Bertrand"假设",存在素数p满足$m/2 < p < m$;并且易见存在某个下标τ,使得$p = k_\tau$.于是

$$p \Big| K; \quad p \Big| \frac{K}{k_i} \ (i \neq \tau), \quad \text{但 } p \not\Big| \frac{K}{k_\tau}.$$

因此

$$p \not\Big| \sum_{i=1}^{s} \frac{K}{k_i}.$$

可见S_0不是整数. □

8.8 (1) 设$n > 1$是整数,$x > 0$不是整数.证明:存在有理数$\theta = \theta(n)$ 和$\eta = \eta(n)$,使得:

(i) $[nx] = n\theta = [n\theta]$.

(ii) 当$k < n$时,$[kx] = [k\theta]$.

(iii) $[nx] + 1 = n\eta = [n\eta]$.

(2) 设$x > 0$不是整数.证明:存在整数$s = s(x) \geqslant 2$及有理数$\theta = \theta(x)$, 具有下列性质:

(i) $[sx] = [s\theta] = s\theta$.

(ii) 当正整数$k < s$时,$[kx] = [k\theta] < k\theta$.

(iii) 当正整数$k > s$时,$[kx] \geqslant [k\theta]$.

解 (1) 因为$[x] \leqslant x < [x] + 1$,所以若$n$等分区间$([x], [x] + 1)$,则$x$将落在所得$n$个小区间之一中,所以

$$[x] + \frac{r}{n} \leqslant x < [x] + \frac{r+1}{n}, \tag{8.8.1}$$

其中$r \in \{0, 1, \cdots, n-1\}$.令

$$\theta = \theta(n) = [x] + \frac{r}{n}, \quad \eta = \eta(n) = [x] + \frac{r+1}{n}.$$

我们来证明θ, η合乎要求.

(i) 由不等式(8.8.1)得到

$$n\theta \leqslant nx < n\theta + 1.$$

因为$n\theta = n[x] + r \in \mathbb{N}$,所以$[nx] = n\theta\,(= [n\theta])$.

(ii) 现在设$k < n$.由不等式(8.8.1)得到

$$k\theta \leqslant kx < k\theta + \frac{k}{n}.$$

区间$(k\theta, k\theta + k/n)$的长度小于1.

如果$r = 0$,那么$k\theta = k[x], k\theta + k/n = k[x] + k/n < k[x] + 1$,因此区间$(k\theta, k\theta + k/n)$不含整数.于是,依问题4.7(1)可知$[kx] = [k\theta]$.

如果$r = n - 1$,那么

$$k\theta = k[x] + k - \frac{k}{n}, \quad k\theta + \frac{k}{n} = k[x] + k,$$

所以区间$(k\theta, k\theta + k/n)$包含在区间$(k[x] + k - 1, k[x] + k)$中.因为后者以整数为端点, 长度等于1,所以区间$(k\theta, k\theta + k/n)$不含整数.于是依问题4.7(1)也得到$[kx] = [k\theta]$.

最后设$0 < r < n - 1$,那么可以证明此时区间$(k\theta, k\theta + k/n)$不含任何整数. 事实上,若此区间含有某个ξ,则必唯一(因为区间长度小于1).因为$[k\theta]$与$k\theta$ 之间,以及$k\theta$与ξ之间没有任何整数,所以$[k\theta]$与ξ之间没有任何整数,从而$\xi = [k\theta] + 1$;类似地,ξ与$k\theta + k/n$之间,以及$k\theta + k/n$与$[k\theta + k/n] + 1$之间都没有任何整数,我们推出$\xi = [k\theta + k/n]$.因此

$$[k\theta] + 1 = [k\theta + k/n],$$

于是

$$\left[k[x] + \frac{kr}{n} + 1\right] = \left[k[x] + \frac{kr}{n} + \frac{k}{n}\right].$$

将它改写为

$$\left[\left[\frac{k(r+1)}{n}\right] + \left\{\frac{k(r+1)}{n}\right\} + \frac{n-k}{n}\right] = \left[\frac{k(r+1)}{n}\right],$$

可见

$$\left[\left\{\frac{k(r+1)}{n}\right\}+\frac{n-k}{n}\right]=0,$$

从而

$$\left\{\frac{k(r+1)}{n}\right\}+\frac{n-k}{n}<1,$$

也就是

$$\left\{\frac{k(r+1)}{n}\right\}<\frac{k}{n}.$$

特别,令$k=1$,则有

$$\left\{\frac{r+1}{n}\right\}<\frac{1}{n}.$$

因为$0<r<n-1$蕴涵$0<(r+1)/n<1$,所以由上述不等式得到$(r+1)/n<1/n$, 我们得到矛盾.这证明了区间$(k\theta, k\theta+k/n)$确实不含任何整数. 于是由问题4.7(1)推出,当$0<r<n-1$时,也有$[kx]=[k\theta]$.

(iii) 类似于步骤(i),由不等式(8.8.1)可知

$$n\eta-1\leqslant nx<n\eta$$

因为$n\eta=n[x]+r+1\in\mathbb{N}$,所以$[nx]=n\eta-1\,(=[n\eta]-1)$.

(2) 因为$x>0$不是整数,所以$0<\{x\}<1$,从而$1/\{x\}>1$.于是存在某个整数$s\geqslant 2$使得$1/\{x\}$落在区间$(s-1,s]$中,即

$$\frac{1}{s}\leqslant\{x\}<\frac{1}{s-1},$$

由此可知

$$[x]+\frac{1}{s}\leqslant x<[x]+\frac{1}{s-1}. \tag{8.8.2}$$

令

$$\theta=[x]+\frac{1}{s},$$

因为$1/(s-1)-1/s=1/s(s-1)$,所以

$$\theta\leqslant x<\theta+\frac{1}{s(s-1)}. \tag{8.8.3}$$

我们来证明题中的3个性质成立.

(i) 由式(8.8.3)可知

$$s\theta \leqslant sx < s\theta + \frac{1}{s-1} < s\theta + 1,$$

因为$s\theta = s[x]+1$是整数,所以$[s\theta] = s\theta$,从而由上面不等式推出

$$[s\theta] \leqslant sx < [s\theta] + 1,$$

于是$[sx] = [s\theta] = s\theta$.

(ii) 设正整数$k < s$.由式(8.8.2)可知

$$k[x] + \frac{k}{s} \leqslant kx < k[x] + \frac{k}{s-1}. \tag{8.8.4}$$

因为$k < s$蕴涵

$$[k\theta] = \left[k[x] + \frac{k}{s}\right] = k[x], \quad \frac{k}{s-1} \leqslant 1,$$

所以由式(8.8.4)得到

$$[k\theta] < sx \leqslant [k\theta] + 1.$$

于是$[kx] = [k\theta]$.

(iii) 设正整数$k > s$.那么由不等式(8.8.4)可知

$$k[x] + \frac{k}{s} \leqslant kx < k[x] + \frac{k}{s} + \frac{k}{s(s-1)}.$$

若$s < k \leqslant s(s-1)$,则区间$J = \big(k[x]+k/s, k[x]+k/s+1/s(s-1)\big)$的长度不超过1,所以由问题4.7(1)得到$[kx] \geqslant [k\theta]$.

若$k \geqslant s(s-1)$,则区间$J = \big(k[x]+k/s, k[x]+k/s+1/s(s-1)\big)$的长度超过1,从而$J$含有1个或多个整数.这些整数将$J$分割为一些长度不大于1的小区间$J_k$(首末两个小区间的长度可能小于1),每个$J_k$的端点都是不小于$[k\theta]$的整数. 无论$kx$落在哪个$J_k$中,应用问题4.7(1),都可推出$[kx] \geqslant [k\theta]$. □

注 1° 在本题(1)中

$$\frac{r}{n} \leqslant \{x\} < \frac{r+1}{n},$$

$\{x\}$所在区间的长度是$1/n$,其中r由n和x(唯一)确定. 在本题(2)中,$s-1\leqslant 1/\{x\}<s$,或

$$\frac{1}{s}\leqslant\{x\}<\frac{1}{s-1},$$

$\{x\}$所在区间的长度是$1/s(s-1)$,其中s由x(唯一)确定.

2° 在本题(2)中,若$k=\mu s,\mu=1,2,\cdots,s-1$,则$k\theta=k[x]+\mu\in\mathbb{N}$,并且

$$k\theta\leqslant kx<k\theta+\frac{\mu}{s-1}\leqslant k\theta+1,$$

因而$[kx]=[k\theta]$.

8.9 设对于实数ξ存在正整数N_0具有下列性质:对于每个整数$N\geqslant N_0$,存在整数$a=a(N),b=b(N),1\leqslant a<N$,使得

$$|a\xi-b|<\frac{1}{2N},$$

则ξ是有理数,并且$\xi=b(N)/a(N)\ (N\geqslant N_0)$.

解 设$N\geqslant N_0$,则存在$a=a(N),b=b(N),a'=a(N+1),b'=b(N+1)$,满足$1\leqslant a\leqslant N-1,1\leqslant a'\leqslant N$,以及

$$|a\xi-b|<\frac{1}{2N},\quad |a'\xi-b'|<\frac{1}{2N+2}.$$

因为

$$|ab'-a'b|=|a(b'-a'\xi)+a'(a\xi-b)|<\frac{a}{2N+2}+\frac{a'}{2N}<1,$$

所以$ab'-a'b=0$,于是$b/a=b'/a'$,即当$N\geqslant N_0$时,$b(N)/a(N)=b(N+1)/a(N+1)$, 与$N(\geqslant N_0)$无关,于是存在极限

$$\lim_{N\to\infty}\frac{B(N)}{a(N)}=\xi.$$

即$\xi=b(N)/a(N)\ (n\geqslant N_0)$. □

8.10 设$n>1$是整数,a是无理数,并且$|a|\geqslant 1$. 证明:

$$A_n=A_n(a)=\sqrt[n]{a+\sqrt{a^2-1}}+\sqrt[n]{a-\sqrt{a^2-1}}$$

是无理数(此处$\sqrt[n]{\cdot}$是算术根).

解 只需证明:若A_n是有理数,则a也是有理数.为此记

$$\theta=\sqrt[n]{a+\sqrt{a^2-1}}\,(\neq 0),$$

则

$$\theta^{-1}=\sqrt[n]{a-\sqrt{a^2-1}}.$$

我们设$A_n=\theta+\theta^{-1}$是有理数.由

$$\theta^2+\theta^{-2}=\left(\theta+\theta^{-1}\right)^2-2$$

可知$\theta^2+\theta^{-2}$是有理数.由

$$\theta^3+\theta^{-3}=\left(\theta+\theta^{-1}\right)^3-3\left(\theta+\theta^{-1}\right)$$

可知$\theta^3+\theta^{-3}$是有理数.一般地,用数学归纳法,由

$$\theta^n+\theta^{-n}=\left(\theta^{n-1}+\theta^{-(n-1)}\right)\left(\theta+\theta^{-1}\right)-\left(\theta^{n-2}+\theta^{-(n-2)}\right)\quad(n\geqslant 2)$$

可知$\theta^n+\theta^{-n}=2a$是有理数,因此a是有理数. □

注 若a是有理数,则$A_n(a)$不总是无理数.例如$A_n(1)=2$是有理数,$A_n(2)$ 是无理数.

8.11 若正整数a不是完全平方,则$\{\sqrt{a}\}^n\ (n\in\mathbb{N})$是无理数.

解 显然$a\geqslant 2$,所以$\sqrt{a}>1$.记$x=\sqrt{a}$,则$[x]\geqslant 1$. 对于正整数n,

$$\{\sqrt{a}\}^n=\{x\}^n=(x-[x])^n=[x]^n\left(\sqrt{\frac{a}{[x]^2}}-1\right)^n,$$

若

$$\sqrt{\frac{a}{[x]^2}}=\frac{p}{q},$$

其中p,q互素,则$aq^2=(p[x])^2$,因为a不是完全平方,我们得到矛盾.因此,$y=\sqrt{a/[x]^2}=\sqrt{\theta}$是无理数,其中$\theta=a/[x]^2$ 是有理数.我们只需证明:对于任何整数$n\geqslant 1$,有

$$(y-1)^n=\alpha_n+\beta_n\sqrt{\theta}\quad(\alpha_n,\,\beta_n\in\mathbb{Q},\ \alpha_n\beta_n<0).$$

对n用数学归纳法.当$n=1,2$时,结论显然成立.设对于$s\geqslant 1$有

$$(y-1)^s=\alpha_s+\beta_s\sqrt{\theta}\quad (\alpha_s,\,\beta_s\in\mathbb{Q},\ \alpha_s\beta_s<0),$$

那么

$$\begin{aligned}(y-1)^{s+1} &= (y-1)(y-1)^s=(\sqrt{\theta}-1)(\alpha_s+\beta_s\sqrt{\theta})\\ &= (-\alpha_s+\beta_s\theta)+(\alpha_s-\beta_s)\sqrt{\theta}.\end{aligned}$$

容易验证:若$\alpha_s\beta_s<0$,则

$$(-\alpha_s+\beta_s\theta)(\alpha_s-\beta_s)<0.$$

于是完成归纳证明. □

8.12 (1) 设$a_1,a_2>0$是有理数.若$\sqrt{a_1},\sqrt{a_2}$(算术根,下同)中至少有一个无理数,则$\sqrt{a_1}+\sqrt{a_2}$也是无理数.

(2) 设$a_1,a_2,a_3>0$是有理数.若$\sqrt{a_1},\sqrt{a_2},\sqrt{a_3}$至少有一个是无理数,则$\sqrt{a_1}+\sqrt{a_2}+\sqrt{a_3}$也是无理数.

(3) 将上题推广到正有理数$a_1,a_2,\cdots,a_n$的个数为任意$n\geqslant 1$的情形.

(4)如果$a_1,a_2,\cdots,a_n>0$是有理数,并且$\sqrt{a_1}+\sqrt{a_2}+\cdots+\sqrt{a_n}$也是有理数,那么$\sqrt{a_1},\sqrt{a_2},\cdots\sqrt{a_n}$都是有理数.

解 (1) **解法1** 只需证明:若$\sqrt{a_1}+\sqrt{a_2}$是有理数,则$\sqrt{a_1},\sqrt{a_2}$都是有理数.显然此时

$$\sqrt{a_1}-\sqrt{a_2}=\frac{a_1-a_2}{\sqrt{a_1}+\sqrt{a_2}}$$

是有理数,于是

$$\sqrt{a_1}=\frac{(\sqrt{a_1}+\sqrt{a_2})+(\sqrt{a_1}-\sqrt{a_2})}{2}$$

和

$$\sqrt{a_2}=\frac{(\sqrt{a_1}+\sqrt{a_2})-(\sqrt{a_1}-\sqrt{a_2})}{2}$$

都是有理数.

解法 2 若$\sqrt{a_1}, \sqrt{a_2}$中只有一个无理数,则显然$\sqrt{a_1}+\sqrt{a_2}$是无理数. 现在设$\sqrt{a_1}, \sqrt{a_2}$都是无理数,要证$\sqrt{a_1}+\sqrt{a_2}$是无理数.用反证法.设$\sqrt{a_1}+\sqrt{a_2}=r$是有理数,因为$\sqrt{a_1}, \sqrt{a_2}>0$,所以$r\neq 0$.将$\sqrt{a_1}=r-\sqrt{a_2}$两边平方得到

$$a_1=r^2-2r\sqrt{a_2}+a_2,$$

由此解出

$$\sqrt{a_2}=\frac{a_2-a_1+r^2}{2r}.$$

因为题设$\sqrt{a_2}$是无理数,我们得到矛盾.

(2) 若$\sqrt{a_1}, \sqrt{a_2}, \sqrt{a_3}$中恰有一个无理数,则显然$\sqrt{a_1}+\sqrt{a_2}+\sqrt{a_3}$是无理数;若$\sqrt{a_1}, \sqrt{a_2}, \sqrt{a_3}$中恰有两个无理数, 比如,$\sqrt{a_1}, \sqrt{a_2}$是无理数,而$\sqrt{a_3}$是有理数,那么由本题(1)可知$\sqrt{a_1}+\sqrt{a_2}$是无理数,于是$\sqrt{a_1}+\sqrt{a_2}+\sqrt{a_3}$是无理数. 下面设$\sqrt{a_1}, \sqrt{a_2}, \sqrt{a_3}$都是无理数,要证$\sqrt{a_1}+\sqrt{a_2}+\sqrt{a_3}$是无理数.

用反证法.设$\sqrt{a_1}+\sqrt{a_2}+\sqrt{a_3}=r$是有理数.由题设可知$r>0$.将$\sqrt{a_1}+\sqrt{a_2}=r-\sqrt{a_3}$两边平方得到

$$a_1+2\sqrt{a_1a_2}+a_2=r^2-2r\sqrt{a_3}+a_3,$$

于是

$$2\sqrt{a_1a_2}=r^2+a_3-a_1-a_2-2r\sqrt{a_3}. \tag{8.12.1}$$

再次两边平方,得到

$$4a_1a_2=(r^2+a_3-a_1-a_2)^2+4r^2a_3-2r(r^2+a_3-a_1-a_2)\sqrt{a_3}.$$

因为$\sqrt{a_3}$是无理数,所以必然$r^2+a_3-a_1-a_2=0$.由此及式(8.12.1)推出

$$\sqrt{a_1a_2}=-r\sqrt{a_3}.$$

但等式两边有不同的符号,我们得到矛盾.

(3) 我们证明:若$a_1, a_2, \cdots, a_n>0$是有理数,并且$\sqrt{a_1}, \sqrt{a_2}, \cdots, \sqrt{a_n}$中至少有一个是无理数,则$\sqrt{a_1}+\sqrt{a_2}+\cdots+\sqrt{a_n}$也是无理数.

为此我们证明下列命题:如果$a_1, a_2, \cdots, a_n > 0$是有理数,并且$\sqrt{a_1}+\sqrt{a_2}+\cdots+\sqrt{a_n}$也是有理数,那么$\sqrt{a_1}, \sqrt{a_2}, \cdots, \sqrt{a_n}$都是有理数.

由于上述命题关于$a_1, \cdots, a_n$对称,所以只需证明$\sqrt{a_1}$是有理数.

(i) 记$y=\sqrt{a_1}+\sqrt{a_2}+\cdots+\sqrt{a_n}, x_i=\sqrt{a_i}(i=1, \cdots, n)$.令

$$f(y; x_1, \cdots, x_n)=\prod_{\epsilon_2, \cdots, \epsilon_n=\pm 1}(y-x_1+\epsilon_2 x_2+\epsilon_3 x_3+\cdots+\epsilon_n x_n).$$

右边是2^{n-1}个线性因子之积,其中因子

$$y-x_1+x_2+\cdots$$

与因子

$$y+x_1+x_2+\cdots$$

(此处两“$\cdots$”表示的式子完全相同)成对地出现,因此,展开后可以发现,对于奇数k, 形式为$(-x_2)^k \cdot U$与形式为$x_2^k \cdot U$的项是成对出现的,因此,化简后不出现含x_2的奇数次幂的项;对于$x_3, \cdots, x_n$也有相同现象.于是展开后我们得到$y, x_1, x_2^2, x_3^2, \cdots, x_n^2$的整系数多项式,将其中含$x_1$的偶次幂项之和记为$g(y, x_1^2, \cdots, x_n^2)$,含$x_1$的奇次幂项之和记为$x_1 h(y, x_1^2, \cdots, x_n^2)$,则有

$$f(y; x_1, \cdots, x_n)=g(y, x_1^2, \cdots, x_n^2)-x_1 h(y, x_1^2, \cdots, x_n^2). \qquad (8.12.2)$$

因为$f(y; x_1, \cdots, x_n)$有一个因子$y-x_1-x_2-\cdots-x_n=0$,所以

$$f(y; x_1, \cdots, x_n)=0. \qquad (8.12.3)$$

于是

$$g(y, x_1^2, \cdots, x_n^2)-x_1 h(y, x_1^2, \cdots, x_n^2)=0. \qquad (8.12.4)$$

(ii) 我们现在证明$h(y, x_1^2, \cdots, x_n^2) \neq 0$.应用等式(8.12.2)可知

$$f(y; x_1, x_2, \cdots, x_n)-f(y;-x_1, x_2, \cdots, x_n)=-2 x_1 h(y, x_1^2, \cdots, x_n^2),$$

由此及等式(8.12.3)得到

$$f(y;-x_1, x_2, \cdots, x_n)=2 x_1 h(y, x_1^2, \cdots, x_n^2).$$

注意

$$\begin{aligned} & f(y;-x_1,x_2,\cdots,x_n) \\ = & \prod_{\epsilon_2,\cdots,\epsilon_n=\pm 1}(y+x_1+\epsilon_2x_2+\epsilon_3x_3+\cdots+\epsilon_nx_n), \end{aligned}$$

右边每个因子

$$\begin{aligned} & y+x_1+\epsilon_2x_2+\epsilon_3x_3+\cdots+\epsilon_nx_n \\ = & (x_1+x_2+\cdots+x_n)+x_1+\epsilon_2x_2+\epsilon_3x_3+\cdots+\epsilon_nx_n \\ = & 2x_1+(1+\epsilon_2)x_2+\cdots+(1+\epsilon_n)x_n \geqslant 2x_1>0, \end{aligned}$$

所以$h(y,x_1^2,\cdots,x_n^2)\neq 0$.

(iii) 由$h(y,x_1^2,\cdots,x_n^2)\neq 0$及等式(8.12.4)得到

$$x_1=\frac{g(y,x_1^2,\cdots,x_n^2)}{h(y,x_1^2,\cdots,x_n^2)},$$

这里分子和分母是两个有理数,所以$x_1=\sqrt{a_1}$确实是有理数.

(4) 这是(3)中结果的等价命题;也可用数学归纳法证明(归纳证明的第二步可采用本题(3) 的方法). □

8.13 证明:如果实数α满足

$$\cos\pi\alpha=\frac{1}{3},$$

则α是无理数.

解 **解法1** (i) 若$\alpha=p/q$是有理数,其中p,q是互素整数,$q>0$,那么由

$$\cos(n\pi\alpha)=\cos\left(\frac{n}{q}p\pi\right)$$

可知:当$n=0$时,$\cos(n\pi\alpha)=1$;当$n=1,2,\cdots,q-1,q$时,分别得到值

$$\cos\left(\frac{1}{q}p\pi\right),\cos\left(\frac{2}{q}p\pi\right),\cdots,\cos\left(\frac{q-1}{q}p\pi\right),\cos\left(\frac{q}{q}p\pi\right)=(-1)^p.$$

当$n=kq+1,kq+2,\cdots,kq+(q-1),kq+q$时,其中$k\in\mathbb{Z}$,则得到的值与上述各值相差一个因子$(-1)^{kp}$.因此总共至多$2q$个不同的值.于是

$$\alpha\in\mathbb{Q}\ \Rightarrow\ \{\cos(n\pi\alpha)\ (n\in\mathbb{Z})\}\text{是有限集}.$$

(ii) 若

$$\cos\pi\alpha=\frac{1}{3},$$

则由$\cos 2x=2\cos^2 x-1$可算出

$$\cos 2\pi\alpha=2\left(\frac{1}{3}\right)^2-1=\frac{2-3^2}{3^2},$$

其中$3\nmid 2-3^2$;类似地,

$$\cos 2^2\pi\alpha=2\left(\frac{2-3^2}{3^2}\right)^2-1=\frac{2(2-3^2)^2-3^{2^2}}{3^{2^2}},$$

其中$3\nmid 2(2-3^2)^2-3^{2^2}$.应用数学归纳法可知:当$m\in\mathbb{N}$时,

$$\cos(2^m\pi\alpha)=\frac{R_m}{3^{2^m}},$$

其中R_m是整数,$3\nmid R_m$.因此$\cos(n\pi\alpha)\ (n\in\mathbb{N})$形成一个无限集合. 依步骤(i)中得到的结论推出$\alpha$不可能是有理数.

解法2 若α_0满足$\cos\pi\alpha_0=1/3$,则$\alpha_0+2k\ (k\in\mathbb{Z})$也满足同样的方程,所以只需证明

$$\alpha_0=\frac{1}{\pi}\arccos\frac{1}{3}$$

是无理数.我们有下列一般结果:

对于每个奇数$n\geqslant 3$, 实数

$$\theta_n=\frac{1}{\pi}\arccos\left(\frac{1}{\sqrt{n}}\right)$$

是无理数(显然$\alpha_0=\theta_9$).

证明如下:记$\varphi_n=\arccos(1/\sqrt{n})$,于是$0\leqslant\varphi_n\leqslant\pi,\cos\varphi_n=1/\sqrt{n}$.由公式

$$\cos\alpha+\cos\beta=2\cos\frac{\alpha+\beta}{2}\cos\frac{\alpha-\beta}{2}$$

可得

$$\cos(k+1)\varphi = 2\cos\varphi\cos k\varphi - \cos(k-1)\varphi. \tag{8.13.1}$$

我们来证明:对于奇整数$n \geqslant 3$,

$$\cos k\varphi_n = \frac{A_k}{(\sqrt{n})^k} \quad (k \geqslant 0\text{是整数}), \tag{8.13.2}$$

其中A_k是一个不被n整除的整数.当$k = 0, 1$时,显然$A_0 = A_1 = 1$.若式(8.13.2) 对某个$k \geqslant 1$成立,那么由式(8.13.1)得到

$$\cos(k+1)\varphi_n = 2\frac{1}{\sqrt{n}}\frac{A_k}{(\sqrt{n})^k} - \frac{A_{k-1}}{(\sqrt{n})^{k-1}} = \frac{2A_k - nA_{k-1}}{(\sqrt{n})^{k+1}},$$

因而$A_{k+1} = 2A_k - nA_{k-1}$是一个不被(大于3的奇整数)$n$整除的整数. 于是式(8.13.2)得证.

现在设$\theta_n = \varphi_n/\pi = p/q$,其中$p, q$是正整数,那么$q\varphi_n = p\pi$,从而

$$\pm 1 = \cos p\pi = \cos q\varphi_n = \frac{A_q}{(\sqrt{n})^q},$$

由此推出$(\sqrt{n})^q = \pm A_q$是一个整数,并且$q \geqslant 2$,特别可知$n|(\sqrt{n})^q$,亦即$n|A_q$,于是得到矛盾,从而θ_n是无理数. □

8.14 设$n_1 < n_2 < \cdots$是无穷自然数列,并且$n_k^{1/2^k}$单调递增趋于无穷.证明:$\sum\limits_{k=1}^{\infty} 1/n_k$是无理数.并且这个结果在下列意义下是最好可能的:对于每个$c > 0$,可以给出一个数列的例子$n_1 < n_2 < \cdots$,使得对于所有$k \geqslant 1$有$n_k^{1/2^k} > c$,但$\sum\limits_{k=1}^{\infty} 1/n_k$是有理数.

解 (i) 用反证法.设

$$\sum_{i=1}^{\infty} \frac{1}{n_i} = \frac{p}{q},$$

其中p, q是正整数.那么对于任意正整数k,

$$\sum_{i=1}^{k} \frac{1}{n_i} + \sum_{i=k+1}^{\infty} \frac{1}{n_i} = \frac{p}{q}.$$

两边乘以$qn_1n_2\cdots n_k$,可知对于所有正整数k,

$$qn_1n_2\cdots n_k\sum_{i=k+1}^{\infty}\frac{1}{n_i}=p-q\sum_{i=1}^{k}\frac{n_1n_2\cdots n_k}{n_i}$$

是一个正整数.我们下面证明:

$$n_1n_2\cdots n_k\sum_{i=k+1}^{\infty}\frac{1}{n_i}\to\infty\quad(k\to\infty),\tag{8.14.1}$$

从而得到矛盾.

由单调性假设,我们有

$$n_{k+1}^{2^{-(k+1)}}\geqslant n_k^{2^{-k}}\geqslant n_{k-1}^{2^{-(k-1)}}\geqslant\cdots\geqslant n_1^{2^{-1}},$$

所以

$$n_1n_2\cdots n_k\leqslant n_{k+1}^{2^{-1}+2^{-2}+\cdots+2^{-k}}=n_{k+1}^{1-2^{-k}}.\tag{8.14.2}$$

同时,由不等式

$$n_{k+1}^{2^{-(k+1)}}\leqslant n_{k+2}^{2^{-(k+2)}}\leqslant n_{k+3}^{2^{-(k+3)}}\leqslant\cdots$$

可知

$$n_{k+2}\geqslant n_{k+1}^2,n_{k+3}\geqslant n_{k+1}^{2^2},\cdots,$$

所以

$$\begin{aligned}\sum_{i=k+1}^{\infty}\frac{1}{n_i}&\leqslant\frac{1}{n_{k+1}}+\frac{1}{n_{k+1}^2}+\frac{1}{n_{k+1}^{2^2}}+\cdots\\&<\frac{1}{n_{k+1}}+\frac{1}{n_{k+1}^2}+\frac{1}{n_{k+1}^3}+\cdots\\&=\frac{1}{n_{k+1}-1}.\end{aligned}$$

由此及式(8.14.2)推出

$$n_1n_2\cdots n_k\sum_{i=k+1}^{\infty}\frac{1}{n_i}\leqslant\frac{n_{k+1}^{1-2^{-k}}}{n_{k+1}-1}=\frac{n_{k+1}}{n_{k+1}-1}\left(n_{k+1}^{-2^{-(k+1)}}\right)^2.$$

由此立得式(8.14.1).因此本题第一部分得证.

(ii) 构造数列$n_k(k=1,2,\cdots)$如下:任取$a_1>c^2+1$,然后令

$$n_{k+1}=n_k^2-n_k+1\quad(k\geqslant 1).\tag{8.14.3}$$

那么

$$n_{k+1}-1>(n_k-1)^2>\cdots>(n_1-1)^2>c^{2^{k+1}},$$

因此,对所有$k\geqslant 1, n_k^{2^{-k}}>c$;并且由式(8.14.3),用数学归纳法可证

$$\sum_{i=1}^{k}\frac{1}{n_i}=\frac{1}{n_1-1}-\frac{1}{n_k(n_k-1)},$$

因而

$$\sum_{i=1}^{\infty}\frac{1}{n_i}=\frac{1}{n_1-1}$$

是有理数. □

8.15 证明:下列级数

$$K_1=\sum_{n=1}^{\infty}\frac{\sigma(n)}{n!},\quad K_2=\sum_{n=1}^{\infty}\frac{d(n)}{n!},\quad K_3=\sum_{n=1}^{\infty}\frac{\phi(n)}{n!}.$$

都是无理数.

解 因为证法类似,所以只对第一个级数给出证明细节.

(i) 用反证法.设$K_1=a/b$,其中$(a,b)=1$.还设素数$p>\max\{6,b\}$.将级数K_1分拆为两部分:

$$K_1=\sum_{n=1}^{p-1}\frac{\sigma(n)}{n!}+\sum_{n=p}^{\infty}\frac{\sigma(n)}{n!},$$

那么

$$(p-1)!K_1=(p-1)!\sum_{n=1}^{p-1}\frac{\sigma(n)}{n!}+(p-1)!\sum_{n=p}^{\infty}\frac{\sigma(n)}{n!}=S_1+S_2\ (\text{记}).$$

显然$(p-1)!K_1\in\mathbb{N}, S_1\in\mathbb{N}$,所以$S_2\in\mathbb{N}$.

另外,我们来估计S_2:

$$\begin{aligned}S_2 &= \sum_{n=p}^{\infty}\frac{(p-1)!}{n!}\cdot\sigma(n)\\ &= \sum_{n=p}^{\infty}\frac{\sigma(n)}{p(p+1)\cdots n}\\ &= \sum_{k=0}^{\infty}\frac{\sigma(p+k)}{p(p+1)\cdots(p+k)}\\ &= \left(1+\frac{1}{p}\right)+\sum_{k=1}^{\infty}\frac{\sigma(p+k)}{p(p+1)\cdots(p+k)}\\ &= 1+\frac{1}{p}+S_2' \text{ (记)}.\end{aligned}$$

依$\sigma(n)$的定义,

$$\sigma(p+k)<\sum_{j=1}^{p+k}j=\frac{1}{2}(p+k)(p+k+1),$$

所以

$$\frac{\sigma(p+k)}{p(p+1)\cdots(p+k)}<\frac{p+k+1}{2p(p+1)\cdots(p+k-2)(p+k-1)}.$$

注意

$$\begin{aligned}&\frac{p+k+1}{p+k-1}=1+\frac{2}{p+k-1}\leqslant 1+\frac{2}{p}=\frac{p+2}{p},\\ &p(p+1)\cdots(p+k-2)\geqslant p^{k-1},\end{aligned}$$

我们有

$$\frac{\sigma(p+k)}{p(p+1)\cdots(p+k)}\leqslant\frac{p+2}{2p^{k-1}\cdot p}=\frac{p+2}{2p^k}\quad(k\geqslant 1),$$

于是

$$S_2'<\sum_{k=1}^{\infty}\frac{p+2}{2p^k}=\frac{p+2}{2(p-1)},$$

从而

$$S_2<1+\frac{1}{p}+\frac{p+2}{2(p-1)}.$$

当$p > 3 + \sqrt{7}$时,

$$\frac{p+2}{2(p-1)} < \frac{p-1}{p}$$

(这个不等式等价于$p^2 - 6p + 2 > 0$),所以对于我们选择的p有

$$1 < S_2 < 1 + \frac{1}{p} + \frac{p-1}{p} = 2.$$

这与$S_2 \in \mathbb{N}$矛盾.因此K_1是无理数.

(ii) 设$K_2 = a/b$,其中$(a,b) = 1$.还设素数$p > \max\{6, b\}$.将级数K_2分拆为两部分,并且两边同乘$(p-1)!$,得到

$$(p-1)!K_2 = (p-1)!\sum_{n=1}^{p-1}\frac{d(n)}{n!} + (p-1)!\sum_{n=p}^{\infty}\frac{d(n)}{n!} = D_1 + D_2 \ (\text{记}).$$

于是$D_2 \in \mathbb{N}$.

我们来估计

$$\begin{aligned} D_2 &= \sum_{k=0}^{\infty}\frac{d(p+k)}{p(p+1)\cdots(p+k)} \\ &= \frac{d(p)}{p} + \frac{d(p+1)}{p(p+1)} + \sum_{k=2}^{\infty}\frac{d(p+k)}{p(p+1)\cdots(p+k)}. \end{aligned}$$

依$d(n)$的定义,我们有$d(n) < n(n > 1)$,以及$d(p) = 2$(p为素数),所以

$$\frac{d(p)}{p} = \frac{2}{p}, \quad \frac{d(p+1)}{p(p+1)} < \frac{1}{p},$$

以及

$$\frac{d(p+k)}{p(p+1)\cdots(p+k)} < \frac{1}{p(p+1)\cdots(p+k-1)} < \frac{1}{p^k} \quad (k \geqslant 2),$$

从而

$$D_2 < \frac{2}{p} + \frac{1}{p} + \sum_{k=2}^{\infty}\frac{1}{p^k} = \frac{3p-2}{p(p-1)} < 1.$$

于是我们得到矛盾,因此K_2是无理数.

(iii) 设$K_3=a/b$,其中$(a,b)=1$.还设素数$p>\max\{4,b\}$.$p\equiv 1 \pmod 4$.将级数K_3分拆为两部分,并且两边同乘$(p-1)!$,得到

$$(p-1)!K_3=(p-1)!\sum_{n=1}^{p-1}\frac{\phi(n)}{n!}+(p-1)!\sum_{n=p}^{\infty}\frac{\phi(n)}{n!}=F_1+F_2\ (\text{记}).$$

于是$F_2\in\mathbb{N}$.

现在估计

$$\begin{aligned}F_2&=\sum_{k=0}^{\infty}\frac{\phi(p+k)}{p(p+1)\cdots(p+k)}\\&=\frac{\phi(p)}{p}+\frac{\phi(p+1)}{p(p+1)}+\sum_{k=2}^{\infty}\frac{\phi(p+k)}{p(p+1)\cdots(p+k)}.\end{aligned}$$

因为,参数p的取法蕴涵$\big(2,(p+1)/2\big)=1$,所以

$$\begin{aligned}\frac{\phi(p+1)}{p(p+1)}&=\frac{\phi\Big(2\cdot\dfrac{p+1}{2}\Big)}{p(p+1)}=\frac{\phi(2)\phi\Big(\dfrac{p+1}{2}\Big)}{p(p+1)}\\&=\frac{\phi\Big(\dfrac{p+1}{2}\Big)}{p(p+1)}<\frac{\dfrac{p+1}{2}}{p(p+1)}=\frac{1}{2p}.\end{aligned}$$

显然还有

$$\frac{\phi(p)}{p}=1-\frac{1}{p};\quad \phi(p+k)<p+k\quad (k\geqslant 0);$$

由此可推出

$$F_2<1-\frac{1}{p}+\frac{1}{2p}+\sum_{k=2}^{\infty}\frac{1}{p^k}=1-\frac{p-3}{2p(p-1)}<1,$$

于是我们得到矛盾,即知K_3是无理数. □

注 P.Erdös和E.G.Straus(1971年)证明了:若$a_n(n=1,2,\cdots)$是单调的无穷正整数列,则级数

$$\sum_{n=1}^{\infty}\frac{d(n)}{a_1a_2\cdots a_n}$$

是无理数;1974年证明了:当$a_n > n^{1/2+\varepsilon}(n \geqslant n_0)$(其中$\varepsilon > 0$任意给定)时,则级数

$$\sum_{n=1}^{\infty} \frac{\phi(n)}{a_1 a_2 \cdots a_n} \quad \text{和} \quad \sum_{n=1}^{\infty} \frac{\sigma(n)}{a_1 a_2 \cdots a_n}$$

是无理数.此外,P.Erdös和M.Kac(1954年),以及I.Z.Ruzsa(以及其他一些人),还分别证明了级数

$$\sum_{n=1}^{\infty} \frac{\sigma_k(n)}{n!} \quad (k=2,3)$$

的无理性.

8.16 证明:在数列$[k\sqrt{2}](k=1,2,\cdots)$中含有无穷多个2的幂.

解 (i) 在2进制下,

$$\sqrt{2} = 1.011\,01\cdots,$$

因为$\sqrt{2}$是无理数,所以上述表示中含有无穷多个(2进制数字)1(不然从小数点后某位起2进制数字全为0,表明$\sqrt{2}$是有理数,此不可能).此外要注意,一个2进制数字每以2乘一次,2进制表示中小数点就要向右移动一位,例如

$$2\sqrt{2} = 10.110\,1\cdots, \quad 2^2\sqrt{2} = 101.101\cdots.$$

既然$\sqrt{2}$的2进制表示中含有无穷多个数字1,那么存在无穷多个正整数n使得$2^n\sqrt{2}$的2进制表示中小数点后第一个数字是1:

$$2^n\sqrt{2} = *****.1***\cdots,$$

其中小数点的右边含有无穷多个数字0和1.由此推出:存在无穷多个正整数n使得分数部分

$$\{2^n\sqrt{2}\} = 0.1***\cdots > 0.100\,0\cdots = \frac{1}{2}$$

(注意,这里$0.100\,0\cdots$是2进制表示,小数点后除数字1外,其余数字都为0).我们将这些n形成的集合记作$\mathscr{A}$.

(ii) 当$n \in \mathscr{A}$时,

$$\{2^n\sqrt{2}\} > \frac{1}{2} > 1 - \frac{1}{\sqrt{2}},$$

于是

$$0 < 1 - \{2^n\sqrt{2}\} < \frac{1}{\sqrt{2}},$$

从而

$$0 < (1 - \{2^n\sqrt{2}\})\sqrt{2} < 1.$$

注意,对于整数z及$\alpha \in (0,1)$有$[z+\alpha] = z$,所以由上式推出

$$[2^{n+1} + (1 - \{2^n\sqrt{2}\})\sqrt{2}\,] = 2^{n+1},$$

因为$2^{n+1} = \sqrt{2}(2^n\sqrt{2})$,所以上式可改写为

$$[(2^n\sqrt{2} - \{2^n\sqrt{2}\} + 1)\sqrt{2}\,] = 2^{n+1},$$

也就是

$$\left[([2^n\sqrt{2}] + 1)\sqrt{2}\,\right] = 2^{n+1}.$$

当n遍历集合$\mathscr{A}$时,我们得到无穷多个不同的整数$k = k(n) = [2^n\sqrt{2}\,]+1$,使得$[k\sqrt{2}\,] = 2^{n+1}$.这正是所要证明的结论. □

8.17 设α是无理数.证明:对于任何实数$a < b$,存在整数m和n, 使得$a < m\alpha - n < b$.

解 (i) 不妨设$\alpha > 0$.不然存在正整数l使得$\alpha+l > 0$,若有整数m和n使得$0 < m(\alpha+l) - n < 1$,则有$0 < m\alpha - (n - ml) < 1$.

(ii) 记$\Delta = b - a > 0$.对于任意给定的正整数m_1,存在整数n_1使得

$$0 \leqslant m_1\alpha - n_1 \leqslant 1$$

(这等价于取整数n_1满足$m_1\alpha - 1 \leqslant n_1 \leqslant m_1\alpha$).于是可取$k+1(\geqslant 2)$个整数对$(m_j, n_j)(j = 1, \cdots, k+1)$满足

$$m_1 < m_2 < \cdots < m_k, \quad 0 \leqslant m_j\alpha - n_j \leqslant 1 \quad (j = 1, \cdots, k+1).$$

将$[0,1]$等分为k个小区间.那么由抽屉原理,存在两个数$m_\sigma\alpha - n_\sigma$和$m_\tau\alpha - n_\tau$位于同一个小区间中.设$m_\sigma\alpha - n_\sigma > m_\tau\alpha - n_\tau$,记

$$\begin{aligned} t &= (m_\sigma\alpha - n_\sigma) - (m_\tau\alpha - n_\tau) \\ &= (m_\sigma - m_\tau)\alpha - (n_\sigma - n_\tau) = M\alpha - N, \end{aligned}$$

因为α是无理数,所以$0 < t < 1/k$.现在取$k > \Delta^{-1}$,则有$0 < t < \Delta$.

(iii) 用点列$\mu t(t = 0, 1, 2, \cdots)$将半实轴$[0, \infty)$划分为长度为$t$的区间, 因为每个区间的长度$t < \Delta$,所以区间$[a, b]$中至少包含一个$\mu t$形式的点.如果$a = \mu t$,那么点$(\mu + 1)t$位于$[a, b]$的内部;如果$b = \mu t$,那么点$(\mu - 1)t$位于$[a, b]$的内部. 总之,存在整数$\mu_0$使得点$\mu_0 t$位于$[a, b]$内部,即

$$a < \mu_0 t < b,$$

也就是$a < \mu_0 M\alpha - \mu_0 N < b$,于是$m = \mu_0 M, n = \mu_0 N$符合要求. □

8.18 证明:数集$A = \{p/q \mid p, q\text{是素数}\}$在正实数集中稠密.

解 只需证明:若$x < y$是任意两个正实数,则总存在两个素数p, q使得$x < p/q < y$.为此,我们注意

$$\pi(qy) - \pi(qx) = \pi(qx)\left(\frac{\pi(qy)}{\pi(qx)} - 1\right).$$

由素数定理可知

$$\lim_{q\to\infty} \frac{\pi(qy)}{\pi(qx)} = \frac{y}{x} > 1,$$

并且$\pi(qx) \to \infty(q \to \infty)$,所以由上述二式推出

$$\lim_{q\to\infty} \left(\pi(qy) - \pi(qx)\right) = \infty.$$

这表明,当q充分大,设$q = q_0$(素数),至少存在一个素数p_0,使得$q_0 x < p_0 < q_0 y$,从而$x < p_0/q_0 < y$.于是本题得证. □

8.19 (1) 对任意实数x,令$\|x\| = \min\{|x - z| \mid z \in \mathbb{Z}\}$, 即(数轴上)点$x$与距它最近的整数点间的距离.证明:

(i) $\|x\| = \min\{\{x\}, 1 - \{x\}\} = \min\{x - [x], [x] + 1 - x\}$.

(ii) $x \in \mathbb{Z} \Leftrightarrow \|x\| = 0$.

(iii) $\|x\| = \|-x\|$.

(iv) $\|x_1 + x_2\| \leqslant \|x_1\| + \|x_2\| \quad (x_1, x_2 \in \mathbb{R})$.

(v) $\|nx\| \leqslant |n|\|x\| \quad (n \in \mathbb{Z})$.

(2) 证明:存在整数x, y,满足不等式组

$$\|\sqrt{2}x + \sqrt{3}y\| < 10^{-11}, \quad 0 < \max\{|x|, |y|\} < 10^6.$$

(3) 证明:对于所有正整数q,有$q\|q\sqrt{2}\| > 1/3$.

解 (1) 对于题(i)(ii)(iii),由定义立得结论.

(iv) 设$\|\theta_1\| = |\theta_1 - n_1|, \|\theta_2\| = |\theta_2 - n_2|$, 其中$n_1, n_2 \in \mathbb{Z}$,那么

$$\begin{aligned}\|\theta_1 + \theta_2\| &= \min_{n\in\mathbb{Z}} |\theta_1 + \theta_2 - n| \leqslant |\theta_1 + \theta_2 - (n_1 + n_2)| \\ &= |(\theta_1 - n_1) + (\theta_2 - n_2)| \leqslant |\theta_1 - n_1| + |\theta_2 - n_2| \\ &= \|\theta_1\| + \|\theta_2\|.\end{aligned}$$

(v) 当$n = 0$时结论显然成立.当n为正整数时,由(iii)得到

$$\|nx\| = \|\underbrace{x + \cdots + x}_{n}\| \leqslant n\|x\|.$$

当n为负整数时,则$-n$为正整数.于是由本题(ii),以及刚才所证结果得到

$$\|nx\| = \|(-n)x\| \leqslant (-n)\|x\| = |n|\|x\|.$$

或者:因为

$$\|nx\| = \min_{m\in\mathbb{Z}} |nx - m| = \min_{m\in\mathbb{Z}} |n| \left|x - \frac{m}{n}\right| = |n| \cdot \min_{m\in\mathbb{Z}} \left|x - \frac{m}{n}\right|,$$

并且$\{m \in \mathbb{Z}\} \supset M = \{m = nm' \mid m' \in \mathbb{Z}\}$, 所以

$$\min_{m\in\mathbb{Z}} \left|x - \frac{m}{n}\right| \leqslant \min_{m\in M} \left|x - \frac{m}{n}\right| = \min_{m'\in\mathbb{Z}} \left|x - \frac{nm'}{n}\right| = \min_{m'\in\mathbb{Z}} |x - m'| = \|x\|.$$

于是$\|nx\| \leqslant |n|\|x\|$.

(2) 令$S = \{r + s\sqrt{2} + t\sqrt{3} \mid r, s, t \in \{0, 1, 2, \cdots, 10^6 - 1\}\}$, 则$|S| = (10^6)^3 = 10^{18}$.又令$d = (1 + \sqrt{2} + \sqrt{3})10^6 (< 10^7)$,那么$x \in S \Rightarrow 0 \leqslant x < d$.将区间$[0, d)$等分为$10^{18} - 1$个小区间,则每个小区间长为$s = d/(10^{18} -$

1) $< 10^7/10^{18} = 10^{-11}$.由抽屉原理,集合$S$中必有两个数同属于一个小区间,此两数之差$a + x\sqrt{2} + y\sqrt{3}$满足不等式组

$$|a + x\sqrt{2} + y\sqrt{3}| < 10^{-11}, \quad 0 < \max\{|a|, |x|, |y|\} < 10^6.$$

若$x = y = 0$,则整数a满足不等式$|a| < 10^{-11}$,所以$a = 0$,这与上面第二个不等式矛盾.所以x, y不全为零, 于是$0 < \max\{|x|, |y|\} < 10^6$;又由$|a + x\sqrt{2} + y\sqrt{3}| < 10^{-11}$推出$\|x\sqrt{2} + y\sqrt{3}\| < 10^{-11}$.

(3) 只需证明:对于任意整数$p, q\ (q > 0)$有

$$\left|\sqrt{2} - \frac{p}{q}\right| > \frac{1}{3q^2}. \tag{8.19.1}$$

如果p, q异号,则$\sqrt{2} - p/q > \sqrt{2}$,从而(L3.12.1)已成立.下面设$p, q$都是正整数.

情形1.设$p/q > \sqrt{2}$.此时,若$q = 1$,则不等式(8.19.1)显然成立.又若$p/q > 1.55$, 则$p/q - \sqrt{2} > 1.55 - 1.45 = 0.1$,而当$q \geqslant 2$时$1/(3q^2) < 0.1$,所以此时不等式(8.19.1)也成立. 于是可设$\sqrt{2} < p/q < 1.55$.此时我们有

$$\left(\frac{p}{q}\right)^2 - 2 = \frac{p^2 - 2q^2}{q^2}.$$

因为$p^2 - 2q^2$是正整数,所以

$$\left(\frac{p}{q}\right)^2 - 2 \geqslant \frac{1}{q^2},$$

即

$$\left(\frac{p}{q} + \sqrt{2}\right)\left(\frac{p}{q} - \sqrt{2}\right) \geqslant \frac{1}{q^2},$$

因此

$$\frac{p}{q} - \sqrt{2} \geqslant \frac{1}{q^2} \cdot \frac{1}{\dfrac{p}{q} + \sqrt{2}}.$$

注意$p/q + \sqrt{2} < 1.55 + 1.45 = 3$,所以$1/(p/q + \sqrt{2}) > 1/3$,于是不等式(8.19.1)成立.

情形2.设$0 < p/q < \sqrt{2}$.此时有(注意$2q^2 - p^2 \geqslant 1$)

$$2 - \left(\frac{p}{q}\right)^2 = \frac{2q^2 - p^2}{q^2} \geqslant \frac{1}{q^2},$$

因此

$$\sqrt{2}-\frac{p}{q}\geqslant\frac{1}{q^2}\cdot\frac{1}{\frac{p}{q}+\sqrt{2}}>\frac{1}{q^2}\cdot\frac{1}{2\sqrt{2}}>\frac{1}{3q^2},$$

也推出不等式(8.19.1)(注意:不可能出现$p/q=\sqrt{2}$的情形). □

8.20 设θ是整系数不可约多项式$P(x)=ax^2+bx+c$的一个根,$D=b^2-4ac$. 证明: 当$c>\sqrt{D}$时,不等式

$$\left|\theta-\frac{p}{q}\right|<\frac{1}{cq^2}$$

只有有限多组有理解p,q.

解 因为$P(x)$有实根,所以$D>0$.设$P(x)=a(x-\theta)(x-\theta')$, 则$D=a^2(\theta-\theta')^2$.如果有理数$p/q(q>0)$是不等式

$$\left|\theta-\frac{p}{q}\right|<\frac{1}{cq^2} \tag{8.20.1}$$

的任意一个解,那么$P(p/q)\neq 0$,所以

$$\begin{aligned}\frac{1}{q^2} &\leqslant \left|P\left(\frac{p}{q}\right)\right|=\left|\theta-\frac{p}{q}\right|\left|a\left(\theta'-\frac{p}{q}\right)\right|\\ &< \frac{1}{cq^2}\cdot\left|a\left(\theta'-\frac{p}{q}\right)\right|=\frac{1}{cq^2}\cdot\left|a\left(\theta'-\theta+\theta-\frac{p}{q}\right)\right|\\ &\leqslant \frac{1}{cq^2}\left(|a(\theta'-\theta)|+|a|\left|\theta-\frac{p}{q}\right|\right)\\ &< \frac{\sqrt{D}}{cq^2}+\frac{|a|}{c^2q^4},\end{aligned}$$

从而

$$1<\frac{\sqrt{D}}{c}+\frac{|a|}{c^2q^2},$$

当q充分大时,不等式右边小于1,所以不等式(8.20.1)只有有限多个有理解. □

8.21 若存在常数$c>0$,使得对任何判别式为$D(>0)$的正定二元二次型$f(x,y)$存在不全为零的整数u,v满足

$$f(u,v)\leqslant c\sqrt{D},$$

则对于任何无理数α存在无穷多对整数$p, q\ (q>0)$满足不等式

$$\left|\alpha-\frac{p}{q}\right| \leqslant \frac{c}{2q^2}.$$

解 设$\varepsilon \in (0,1]$.定义二次型

$$\begin{aligned} f_\varepsilon(x,y) &= \left(\frac{\alpha x-y}{\varepsilon}\right)^2+\varepsilon^2x^2 \\ &= \frac{1}{\varepsilon^2}x^2-2\cdot\frac{\alpha}{\varepsilon^2}xy+\left(\frac{\alpha}{\varepsilon^2}+\varepsilon^2\right)y^2. \end{aligned}$$

其判别式

$$D=\frac{1}{\varepsilon^2}\left(\frac{\alpha}{\varepsilon^2}+\varepsilon^2\right)-\frac{\alpha^2}{\varepsilon^4}=1.$$

因此f_ε正定.由假设,存在不全为零的整数q, p使得

$$\left(\frac{\alpha q-p}{\varepsilon}\right)^2+\varepsilon^2q^2 \leqslant c. \tag{8.21.1}$$

若$q=0$,则$p^2 \leqslant c\varepsilon^2$,当$\varepsilon>0$足够小时,$p=0$, 这与$q, p$的性质矛盾,从而可以认为$q>0$(因为上式左边只出现平方项).此外,由不等式(8.21.1), 我们还有

$$\left(\frac{\alpha q-p}{\varepsilon}\right)^2 \leqslant c, \quad \varepsilon^2q^2 \leqslant c,$$

从而$p, q(q>0)$满足不等式

$$\left|\alpha-\frac{p}{q}\right| \leqslant \frac{\varepsilon}{q}\sqrt{c}, \quad q \leqslant \frac{1}{\varepsilon}\sqrt{c}. \tag{8.21.2}$$

对于每个$\varepsilon \in (0,1]$,得到一组非零整数$p(\varepsilon), q(\varepsilon)$满足不等式(8.21.1),从而也满足不等式(8.21.2).如果当$\varepsilon \to 0$时,在由对应的$q(\varepsilon)$ 组成的集合中只存在有限多个不同的q,那么由不等式(8.21.2)中的第一式可知

$$-\frac{\varepsilon}{q}\sqrt{c}+\alpha \leqslant \frac{p}{q} \leqslant \frac{\varepsilon}{q}\sqrt{c}+\alpha,$$

从而在由对应的$p(\varepsilon)$组成的集合中也只存在有限多个不同的p.于是,存在有理数p_0/q_0对于无穷多个ε(并且这些$\varepsilon \to 0$)满足不等式(8.21.2),即

$$\left|\alpha-\frac{p_0}{q_0}\right| \leqslant \frac{\varepsilon}{q_0}\sqrt{c},$$

令$\varepsilon \to 0$得到$\alpha = p_0/q_0$.这与α是无理数的假设矛盾.因此, 存在无穷多个不同的有理数$p/q\,(q>0)$,满足不等式(8.21.1),从而有

$$\begin{aligned}\left|\alpha-\frac{p}{q}\right| &= \left|\frac{\alpha q-p}{\varepsilon}\right||\varepsilon q|\cdot\frac{1}{q^2}\\ &\leqslant \frac{1}{2}\left(\left(\frac{\alpha q-p}{\varepsilon}\right)^2+(\varepsilon q)^2\right)\cdot\frac{1}{q^2}=\frac{c}{2q^2}.\end{aligned}$$ □

第9章 杂　　题

推荐问题: **9.3/9.9/9.11/9.14/9.20(2)/9.22/9.23/9.25**.

9.1 设整数$n \geqslant 2$,则区间$[n, 2n]$中至少含有一个完全平方数.

解 当$2 \leqslant n \leqslant 6$时,可直接验证.设$n > 6$,则

$$\begin{aligned}\sum_{n \leqslant m^2 \leqslant 2n} 1 &= \sum_{\sqrt{n} \leqslant m \leqslant \sqrt{2n}} 1 = [\sqrt{2n}] - [\sqrt{n}] + 1 \\ &\geqslant (\sqrt{2n} - 1) - \sqrt{n} + 1 = (\sqrt{2} - 1)\sqrt{n} > 1,\end{aligned}$$

因此在$[n, 2n]$中存在完全平方数. □

9.2 罐中有$n(> 0)$个同样的小球,其中$r(> 0)$个红色,$n - r(> 0)$ 个白色.随机地从罐中取出两个异色小球的概率是$1/2$.求n, r的所有可能值.

解 取出一对小球有$\binom{n}{2}$种方法,红白配对有$r(n-r)$种方法,由题意,取出两球异色的概率

$$\frac{r(n-r)}{\binom{n}{2}} = \frac{1}{2},$$

即

$$n = (n - 2r)^2,$$

因此n是完全平方.令$n = m^2 (m > 0)$,则得$m^2 - 2r = \pm m$.由此可得

$$r = \frac{m^2 \mp m}{2} = \binom{m}{2} \text{及} \binom{m+1}{2}.$$

于是$(n, r) = \left(m^2, \binom{m}{2}\right)$及$\left(m^2, \binom{m+1}{2}\right)$. 显然必须$m \geqslant 2$. □

9.3 在10进制下,用$s(n)$表示正整数n的各位数字之和(简称"数字和").若$s(3^{1\,990}) = u, s(u) = v$,求$s(v)$.

解 (i) 因为$3^{1\,990} = 3^{2 \cdot 995} = 9^{995} < 10^{995}$,所以整数$3^{1\,990}$的位数不超过995.记

$$3^{1\,990} = a_{994} \cdot 10^{994} + a_{993} \cdot 10^{993} + \cdots + a_0,$$

其中$1 \leqslant a_{994} \leqslant 9, 0 \leqslant a_k \leqslant 9(k=0,1,\cdots,993)$.于是

$$u = a_{994} + a_{993} + \cdots + a_0 \leqslant 995 \cdot 9 = 8\,955.$$

因此,u至多是首位数字不超过8的4位数.记

$$v = b_3 \cdot 10^3 + b_2 \cdot 10^2 + b_1 \cdot 10 + b_0,$$

其中$1 \leqslant b_3 \leqslant 8, 0 \leqslant b_2, b_1, b_0 \leqslant 9$.于是

$$v = b_3 + b_2 + b_1 + b_0 \leqslant 8 + 3 \cdot 9 = 35.$$

因此,v至多是首位数字不超过3的2位数.记

$$v = c_1 \cdot 10 + c_0,$$

其中$1 \leqslant c_1 \leqslant 3, 0 \leqslant c_0 \leqslant 9$.于是

$$1 \leqslant s(v) = c_1 + c_0 \leqslant 3 + 9 = 12.$$

(ii) 因为

$$\begin{aligned} 3^{1\,990} - u &= (a_{994} \cdot 10^{994} + a_{993} \cdot 10^{993} + \cdots + a_0) - \\ &\quad (a_{994} + a_{993} + \cdots + a_0) \\ &\equiv a_{994}(10^{994} - 1) + a_{993}(10^{993} - 1) + \cdots \\ &\equiv 0 \pmod 9, \end{aligned}$$

(参见问题1.20(3));类似地,

$$u - v \equiv 0 \pmod 9, \quad v - s(v) \equiv 0 \pmod 9,$$

因此

$$3^{1\,990} \equiv s(v) \pmod 9.$$

因为$3^{1\,990} = 9^{995} \equiv 0 \pmod 9$,所以$s(v) \equiv 0 \pmod 9$. 上面已证$1 \leqslant s(v) \leqslant 12$,于是$s(v) = 9$. □

9.4 (1) 若$\eta_1, \cdots, \eta_n$是任意n个实数,则存在实数η使得

$$\sum_{j=1}^{n} \{\eta_j - \eta\} \leqslant \frac{n-1}{2}, \tag{9.4.1}$$

其中$\{a\}$表示实数a的小数部分.

(2) 若$\mu_1,\cdots,\mu_n$是任意实数,满足不等式

$$0<\mu_1\leqslant\mu_2\leqslant\cdots\leqslant\mu_n, \tag{9.4.2}$$

那么存在实数$\mu>0$及正整数$m_1,\cdots,m_n$,具有下列性质:

(i) m_{j+1}/m_j是一个整数$(j=1,\cdots,n-1)$;

(ii) $\mu m_j\leqslant\mu_j\,(j=1,\cdots,n)$;

(iii) $\mu_1\cdots\mu_n\leqslant 2^{(n-1)/2}(\mu m_1)\cdots(\mu m_n)$.

解 (1) 容易验证:对于任何实数ξ,

$$\{\xi\}+\{-\xi\}=\begin{cases}0 & 若\{\xi\}=0,\\ 1 & 若\{\xi\}\neq 0,\end{cases}$$

因此

$$\begin{aligned}\sum_{k=1}^{n}\sum_{j=1}^{n}\{\eta_j-\eta_k\} &= \sum_{1\leqslant k<j\leqslant n}\{\eta_j-\eta_k\}+\sum_{1\leqslant j<k\leqslant n}\{\eta_j-\eta_k\}\\ &= \sum_{1\leqslant k<j\leqslant n}\{\eta_j-\eta_k\}+\sum_{1\leqslant j<k\leqslant n}\{-(\eta_k-\eta_j)\}\\ &= \sum_{1\leqslant s<t\leqslant n}(\{\eta_t-\eta_s\}+\{-(\eta_t-\eta_s)\})\\ &\leqslant \sum_{1\leqslant s<t\leqslant n}1=\frac{n(n-1)}{2}.\end{aligned}$$

记

$$\sigma_k=\sum_{j=1}^{n}\{\eta_j-\eta_k\}\quad(k=1,\cdots,n),$$

于是

$$\sum_{k=1}^{n}\sigma_k\leqslant\frac{n(n-1)}{2},$$

注意$\{a\}\geqslant 0$,可见至少存在一个下标k,使得

$$\sigma_k\leqslant\frac{n-1}{2},$$

从而式(9.4.1)在$\eta=\eta_k$时成立.

(2) 我们取2的整数幂作为m_j:

$$m_j=2^{l_j}\quad(j=1,\cdots,n),$$

其中整数l_j待定;并令

$$\mu_j=2^{\eta_j}\quad(j=1,\cdots,n),$$

其中$\eta_j=\log_2\mu_j$;由此按本题(1)确定实数η.由不等式(9.4.2)可知

$$\eta_1\leqslant\eta_2\leqslant\cdots\leqslant\eta_n.$$

又因为$\{a\}$以整数为周期,所以如有必要,从η中减去一个适当的整数(不影响式(9.4.1)),可以认为

$$\eta\leqslant\eta_1\leqslant\eta_2\leqslant\cdots\leqslant\eta_n.$$

最后取$\mu=2^{\eta}$,以及整数l_j:

$$l_j=[\eta_j-\eta]\ \text{即}\ \eta_j-\eta=l_j+\{\eta_j-\eta\}.$$

那么容易验证(i)和(ii)成立,并且应用式(9.4.1)可知

$$\prod_j\left(\frac{\mu_j}{\mu m_j}\right)=2^{\sum(\eta_j-\eta)}\leqslant 2^{(n-1)/2},$$

于是(iii)成立. □

9.5 设$a_1,\cdots,a_n$是$[0,1]$ 中的任意n个实数,证明:存在$x\in[0,1]$使得

$$\max_{1\leqslant j\leqslant n}\|x-x_j\|\leqslant\frac{1}{n}\sum_{k=1}^{n}|x-x_k|.$$

解 定义函数

$$f(x)=\frac{1}{n}\sum_{k=1}^{n}|x-a_k|\quad(x\in[0,1]).$$

因为$\varphi_k(x)=|x-a_k|$在$[0,1]$上连续,所以$f(x)$也在$[0,1]$上连续,并且非负.于是

$$f(0)=\frac{1}{n}\sum_{k=1}^{n}|-a_k|=\frac{1}{n}\sum_{k=1}^{n}a_k>0,$$

$$f(1)=\frac{1}{n}\sum_{k=1}^{n}|1-a_k|=\frac{1}{n}\sum_{k=1}^{n}(1-a_k)>0,$$

可见

$$f(0)+f(1)=1.$$

因此,或者两个正数$f(0)=f(1)=1/2$;或者其中一个大于1/2,另一个小于1/2,依连续函数的介值定理,存在$\xi\in[0,1]$使得

$$f(\xi)=\frac{1}{n}\sum_{k=1}^{n}|\xi-a_k|=\frac{1}{2}.$$

取x为$0,1$,或ξ(依不同情形),并且注意对于任何实数a有$\{a\}\leqslant 1/2$, 立得结论. □

9.6 设$a,b,c>0,abc=1$.证明:

$$\big([a(1+c)]-1\big)\big([b(1+a)]-1\big)\big([c(1+b)]-1\big)\leqslant 1. \tag{9.6.1}$$

解 (i) 不等式(9.6.1)等价于

$$([a+b^{-1}]-1)([b+c^{-1}]-1)([c+a^{-1}]-1)\leqslant 1. \tag{9.6.2}$$

由题设可知a,b,c中至少有一个大于1.若$a>1,0<b\leqslant 1,0<c\leqslant 1$, 则不等式(9.6.2)左边因子中只有$[c+a^{-1}]-1$可能非正(另两个因子是正的).如果$[c+a^{-1}]-1\leqslant 0$,那么不等式(9.6.2)已经成立.如果$[c+a^{-1}]-1>0$, 那么只需证明

$$(a+b^{-1}-1)(b+c^{-1}-1)(c+a^{-1}-1)\leqslant 1. \tag{9.6.3}$$

若a,b,c中只有一个小于1,比如$a>1,b\geqslant 1,c<1$,则可类似地讨论.因此,我们只需在题设条件下证明不等式(9.6.3).下面给出它的5种证明.

解法1　可记

$$a=\frac{p}{q},\ b=\frac{q}{r},\ c=\frac{r}{p},$$

其中p,q,r是某些正实数(例如,任取实数$q>0$,令$p=aq, r=qb^{-1}$).那么不等式(9.6.3)等价于

$$(p-q+r)(q-r+p)(r-p+q)\leqslant pqr. \tag{9.6.4}$$

因为,数$\alpha=p-q+r, \beta=q-r+p, \gamma=r-p+q$中任意两个之和为正数,三数之和为正数,所以它们中至多有一个是负数(或者因为,比如,设$p\geqslant q\geqslant r$,则至多$\gamma<0$).若其中恰有一个是负的,那么

$$\alpha\beta\gamma<0<pqr,$$

于是,不等式(9.6.3)成立.若此三数全非负,那么

$$\sqrt{\alpha\beta}\leqslant\frac{\alpha+\beta}{2}=p,\ \sqrt{\beta\gamma}\leqslant q,\ \sqrt{\gamma\alpha}\leqslant r,$$

将三式相乘即得不等式(9.6.4).

解法2　将式(9.6.4)左边展开,得到

$$\begin{aligned}\alpha\beta\gamma &= \big(p+(r-q)\big)\big(q+(p-r)\big)\big(r+(q-p)\big)\\ &= \big(pq+p(p-r)+(r-q)q+(r-q)(p-r)\big)\big(r+(q-p)\big)\\ &= pqr+pr(p-r)+(r-q)rq+r(r-q)(p-r)+\\ &\quad\ pq(q-p)+p(p-r)(q-p)+(r-q)(q-p)q+\\ &\quad\ (r-q)(p-r)(q-p).\end{aligned}$$

我们令

$$S(p)=pr(p-r)+pq(q-p)+rq(r-q)+(r-q)(p-r)(q-p).$$

这是p的二次多项式.因为$S(q)=S(r)=S(0)=0$,即它有3个零点,所以$S(p)$是零多项式,即

$$pr(p-r)+pq(q-p)+rq(r-q)+(r-q)(p-r)(q-p)=0,$$

从而

$$\alpha\beta\gamma = pqr + r(r-q)(p-r) + p(p-r)(q-p) + q(r-q)(q-p).$$

于是,为证明不等式(9.6.4),只需证明

$$r(r-q)(p-r) + p(p-r)(q-p) + q(r-q)(q-p) \leqslant 0.$$

或者等价地,

$$U(p,q,r) = p(p-q)(p-r) + q(q-r)(q-p) + r(r-p)(r-q) \geqslant 0. \quad (9.6.5)$$

这个不等式显然成立(见本题解后注).

解法 3 (i) 将不等式(9.6.3)的左边记为F,并记它的三个因子

$$u = a + b^{-1} - 1,\ v = b + c^{-1} - 1,\ w = c + a^{-1} - 1.$$

我们断言:u, v, w中若有一个非正,则另两个必为正数.事实上,例如,若

$$u = a + b^{-1} - 1 \leqslant 0,$$

则$a + b^{-1} \leqslant 1$,所以$0 < a < 1$,或$a^{-1} > 1$;并且$0 < b^{-1} < 1$,或$b > 1$.于是

$$v = b + c^{-1} - 1 > 0, \quad w = c + a^{-1} - 1 > 0.$$

因此$F = uvw \leqslant 0 < 1$,从而不等式(9.6.3)成立.

(ii) 现在设F的三个因子u, v, w都大于零.记

$$u_1 = bu = ab - b + 1,\ v_1 = cv = bc - c + 1,\ w_1 = aw = ac - a + 1.$$

那么

$$\begin{aligned} F &= (abc)(uvw) = (bu)(cv)(aw) = u_1v_1w_1 \\ &= (ab - b + 1)(bc - c + 1)(ca - a + 1). \end{aligned}$$

又由$abc = 1$得知$b^{-1} = ac$,等等,所以

$$\begin{aligned} F &= (a + b^{-1} - 1)(b + c^{-1} - 1)(c + a^{-1} - 1) \\ &= (a + ca - 1)(b + ab - 1)(c + bc - 1), \end{aligned}$$

所以由算术—几何平均不等式得到

$$\begin{aligned} F &= (F\cdot F)^{1/2} = \big((ab-b+1)(bc-c+1)(ca-a+1)\cdot \\ &\quad (a+ca-1)(b+ab-1)(c+bc-1)\big)^{1/2} \\ &\leqslant \frac{(ab-b+1)+(b+ab-1)}{2}\cdot\frac{(bc-c+1)+(c+bc-1)}{2}\cdot \\ &\quad \frac{(ca-a+1)+(a+ca-1)}{2} \\ &= ab\cdot bc\cdot ca = (abc)^2 = 1. \end{aligned}$$

因此,此时不等式(9.6.3)也成立.

解法4 保留解法3中的记号u,v,w.如解法3的步骤(i)所证,只需考虑$u,v,w>0$ 的情形.因为

$$bcu+vc=2,\ cav+aw=2,\ abw+bu=2,$$

所以,由算术—几何平均不等式得到

$$2=bcu+vc\geqslant 2\sqrt{bcu\cdot vc}=2c\sqrt{buv},\quad 或\quad c\sqrt{buv}\leqslant 1;$$

类似地,

$$a\sqrt{cwu}\leqslant 1,\quad b\sqrt{awv}\leqslant 1.$$

于是

$$c\sqrt{buv}\cdot a\sqrt{cwu}\cdot b\sqrt{awv}\leqslant 1.$$

即得$uvw\leqslant 1$.

解法5 除上面引进的记号$u,v,w;u_1,v_1,w_1$外,还记

$$u_2=bcu=1-bc+c,\ v_2=cav=1-ca+a,\ w_2=abw=1-ab+b.$$

那么$F=u_1v_1w_1$(见解法3的步骤(ii)),并且易见$F=u_2v_2w_2$.只需考虑$u,v,$ $w>0$的情形(见解法3的步骤(i)),可设$u_1,v_1,w_1,u_2,v_2,w_2>0$. 因为

$$0<u_1+v_1+w_1=(ab+bc+ca)-(a+b+c)+3,$$
$$0<u_2+v_2+w_2=(a+b+c)-(ab+bc+ca)+3,$$

所以

$$(u_1+v_1+w_1)+(u_2+v_2+w_2)=6,$$

于是,两个正数$u_1+v_1+w_1$和$u_2+v_2+w_2$中至少有一个不超过3.若$u_1+v_1+w_1\leqslant 3$,则由算术—几何平均不等式得到

$$\sqrt[3]{u_1v_1w_1}\leqslant\frac{u_1+v_1+w_1}{3}\leqslant 1,$$

从而$F=u_1v_1w_1\leqslant 1$,即不等式(9.6.3)成立.若$u_2+v_2+w_2\leqslant 3$,则可同样推出结论. □

注 不等式(9.6.5)之证:$U(p,q,r)$在p,q,r的轮换下不变.若$p=q=r>0$,则$U=0$.若$p=q>0$,则

$$U=r(r-p)(r-q)=r(r-p)^2>0.$$

若$p>q>r\geqslant 0$,则

$$\begin{aligned}
& r(r-p)(r-q)>0,\\
& p(p-q)(p-r)+q(q-r)(q-p)\\
=\ & (p-q)\big(p(p-r)-q(q-r)\big)\\
=\ & (p-q)(p^2-q^2-pr+qr)\\
=\ & (p-q)\big((p^2-q^2)-(pr-qr)\big)\\
=\ & (p-q)\cdot(p-q)(p+q-r)>0,
\end{aligned}$$

也得到$U>0$.

9.7 设m是给定正整数,令

$$a_n=\left[\left(m+\sqrt{m^2+1}\right)^n+\frac{1}{2^n}\right]\quad(n\geqslant 0).$$

则

$$\sum_{n=1}^{\infty}\frac{1}{a_{n-1}a_{n+1}}=\frac{1}{8m^2}.$$

解 (i) 记$x_1=m+\sqrt{m^2+1}, x_2=m-\sqrt{m^2+1}$.则

$$a_n=\left[x_1^n+\frac{1}{2^n}\right],\tag{9.7.1}$$

并且

$$x_1x_2=-1,\quad x_1+x_2=2m.$$

于是

$$|x_2|=\frac{1}{x_1}<\frac{1}{2m}\leqslant\frac{1}{2},$$

从而

$$-1+\frac{1}{2^n}\leqslant-\frac{1}{2^n}<x_2^n<\frac{1}{2^n}\quad(n\geqslant 1).\tag{9.7.2}$$

此外,当$n\geqslant 1$时,

$$\begin{aligned}x_1^{n+1}+x_2^{n+1}&=(x_1+x_2)(x_1^n+x_2^n)-x_1x_2(x_1^{n-1}+x_2^{n-1})\\&=2m(x_1^n+x_2^n)+(x_1^{n-1}+x_2^{n-1}),\end{aligned}\tag{9.7.3}$$

可见(依数学归纳法)所有$x_1^n+x_2^n(n\geqslant 0)$都是整数.

(ii) 由式(9.7.1)和(9.7.2)得到:当所有$n\geqslant 1$时,

$$\begin{aligned}x_1^n+x_2^n-1&<x_1^n+\frac{1}{2^n}-1<a_n\leqslant x_1^n+\frac{1}{2^n}\\&=x_1^n+\left(-1+\frac{1}{2^n}\right)+1<x_1^n+x_2^n+1.\end{aligned}$$

因为整数a_n所在的开区间$(x_1^n+x_2^n-1,x_1^n+x_2^n+1)$长度为2,区间端点都是整数,其中只含有一个整数$x_1^n+x_2^n$,所以必定

$$a_n=x_1^n+x_2^n\quad(n\geqslant 1),\tag{9.7.4}$$

并且依式(9.7.3)有

$$a_{n+1}=2ma_n+a_{n-1}\quad(n\geqslant 1).\tag{9.7.5}$$

(iii) 由式(9.7.4)和(9.7.5)可知

$$\begin{aligned}\frac{1}{a_{n-1}a_{n+1}}&=\frac{1}{2m}\cdot\frac{2ma_n}{a_{n-1}a_na_{n+1}}=\frac{1}{2m}\cdot\frac{a_{n+1}-a_{n-1}}{a_{n-1}a_na_{n+1}}\\&=\frac{1}{2m}\left(\frac{1}{a_{n-1}a_n}-\frac{\quad}{a_na_{n+1}}\right),\end{aligned}$$

因为(由式(9.7.5)用数学归纳法)$a_n \geqslant (2m)^n$,所以$a_n a_{n+1} \to \infty (n \to \infty)$,并且注意$a_1 = x_1 + x_2 = 2m$,就可得到

$$\sum_{n=1}^{\infty} \frac{1}{a_{n-1}a_{n+1}} = \frac{1}{2ma_0 a_1} = \frac{1}{8m^2}. \qquad \square$$

9.8 设$\zeta(s) = \sum\limits_{k=1}^{\infty} 1/k^s$ 是Rieman ζ函数,证明:

$$\sum_{s=2}^{\infty} \{\zeta(s)\} = 1.$$

解 当$s \geqslant 2$时

$$1 < \zeta(s) \leqslant \zeta(2) = \frac{\pi^2}{6}.$$

因此,$0 < \zeta(s) - 1 < 1\ (s \geqslant 2)$,从而

$$\{\zeta(s)\} = \zeta(s) - 1 \quad (s \geqslant 2).$$

于是

$$\begin{aligned}\sum_{s=2}^{\infty}\{\zeta(s)\} &= \sum_{s=2}^{\infty}(\zeta(s)-1) = \sum_{s=2}^{\infty}\sum_{k=2}^{\infty}\frac{1}{k^s} = \sum_{k=2}^{\infty}\sum_{s=2}^{\infty}\frac{1}{k^s} \\ &= \sum_{k=2}^{\infty}\left(\sum_{s=0}^{\infty}\frac{1}{k^s} - 1 - \frac{1}{k}\right) = \sum_{k=2}^{\infty}\left(\left(1-\frac{1}{k}\right)^{-1} - 1 - \frac{1}{k}\right) \\ &= \sum_{k=2}^{\infty}\left(\frac{1}{k-1} - \frac{1}{k}\right) = 1. \qquad \square\end{aligned}$$

9.9 用$((x))$表示与实数x最近的整数.求

$$S = \sum_{n=1}^{\infty} \frac{2^{((\sqrt{n}))} + 2^{-((\sqrt{n}))}}{2^n}.$$

解 (i) 由$((x))$的定义可知$((x)) = \min\{\lceil a \rceil, \lfloor a \rfloor\}$. 若$((x)) = \lceil a \rceil$,则$x + 1/2 \in (\lceil a \rceil, \lceil a \rceil + 1)$,所以$[x + 1/2] = \lceil a \rceil = ((x))$;若$((x)) = \lfloor a \rfloor$,则$x + 1/2 \in (\lfloor a \rfloor, \lfloor a \rfloor + 1)$,所以$[x + 1/2] = \lfloor a \rfloor = ((x))$.因此,我们总有

$$((x)) = \left[x + \frac{1}{2}\right]. \tag{9.9.1}$$

(ii) 因为点$m-1/2\ (m=1,2,\cdots)$将$[1/2,\infty)$划分为无穷多个长度为1的区间$I_m=\big[m-1/2,m+1/2\big)\ (m\geqslant 1)$,所以对于任何$n\geqslant 1$, $\sqrt{n}$必落在区间I_m之一(且唯一),于是存在正整数$m=m(n)$使得

$$m-\frac{1}{2}\leqslant\sqrt{n}<m+\frac{1}{2},$$

从而$[\sqrt{n}+1/2]=m$,进而由式(9.9.1)推出

$$\left[\sqrt{n}+\frac{1}{2}\right]=((\sqrt{n}))=m\quad(n\geqslant 1).$$

又因为(注意m是整数)

$$\sqrt{n}<m+\frac{1}{2}\Leftrightarrow n\leqslant\left(m+\frac{1}{2}\right)^2=m^2+m+\frac{1}{4}\Leftrightarrow n\leqslant m^2+m$$

以及

$$m-\frac{1}{2}\leqslant\sqrt{n}\Leftrightarrow\left(m-\frac{1}{2}\right)^2=m^2-m+\frac{1}{4}\leqslant n\Leftrightarrow n\geqslant m^2-m+1,$$

所以,当$m\geqslant 1$时,

$$((\sqrt{n}))=m\Leftrightarrow m^2-m+1\leqslant n\leqslant m^2+m. \tag{9.9.2}$$

(iii) 由式(9.9.2)立得

$$\begin{aligned}
S&=\sum_{m=1}^{\infty}\left(2^m+\frac{1}{2^m}\right)\sum_{m^2-m+1\leqslant n\leqslant m^2+m}\frac{1}{2^n}\\
&=\sum_{m=1}^{\infty}\left(2^m+\frac{1}{2^m}\right)\frac{2}{2^{m^2-m+1}}\left(1-\frac{1}{2^{2m}}\right)\\
&=\sum_{m=1}^{\infty}\frac{2\cdot 2^m}{2^{m^2-m+1}}\left(1-\frac{1}{2^{2m}}\right)+\sum_{m=1}^{\infty}\frac{2}{2^m\cdot 2^{m^2-m+1}}\left(1-\frac{1}{2^{2m}}\right)\\
&=2\sum_{m=1}^{\infty}\frac{1}{2^{m^2-2m+1}}\left(1-\frac{1}{2^{2m}}\right)+2\sum_{m=1}^{\infty}\frac{1}{2^{m^2+1}}\left(1-\frac{1}{2^{2m}}\right)\\
&=2\sum_{m=1}^{\infty}\frac{1}{2^{(m-1)^2}}-\sum_{m=1}^{\infty}\frac{1}{2^{m^2}}+\sum_{m=1}^{\infty}\frac{1}{2^{m^2}}-2\sum_{m=1}^{\infty}\frac{1}{2^{(m+1)^2}}\\
&=2\left(1+\frac{1}{2}+\sum_{m=3}^{\infty}\frac{1}{2^{(m-1)^2}}\right)-2\sum_{m=1}^{\infty}\frac{1}{2^{(m+1)^2}}=2\left(1+\frac{1}{2}\right)=3.
\end{aligned}$$ □

9.10 (1) 证明:

$$\sum_{k=1}^{\infty}\left(\left(\frac{n}{2^k}\right)\right)=\sum_{k=1}^{\infty}\frac{n}{2^k}.$$

(2) 设n表示正整数,$t_1=1,t_2=3,t_3=6,\cdots,t_k=k(k+1)/2\,(k\geqslant 1)$. 证明:对于每个$k\geqslant 1$,

$$\sum_{n\leqslant t_k}\left(\left(\frac{1}{2}\sqrt{8n-7}\right)\right)^{-1}=k.$$

解 (1) 显然只需证明

$$\sum_{k=1}^{\infty}\left(\left(\frac{n}{2^k}\right)\right)=n,$$

而由公式(9.9.1),只需证明

$$\sum_{k=1}^{\infty}\left[\frac{n}{2^k}+\frac{1}{2}\right]=n. \tag{9.10.1}$$

解法1 因为

$$[x]+\left[x+\frac{1}{2}\right]=[2x]$$

(参见问题4.4(1)),令$x=n/2^{k+1}$,可知

$$\left[\frac{n}{2^k}\right]-\left[\frac{n}{2^{k+1}}\right]=\left[\frac{n}{2^{k+1}}+\frac{1}{2}\right],$$

对$k=0,1,2,\cdots$求和,即得式(9.10.1):

$$\sum_{k=1}^{\infty}\left[\frac{n}{2^k}+\frac{1}{2}\right]=\left[\frac{n}{2^0}\right]=n.$$

解法2 设I_k如问题1.25(2),那么$I_i\cap I_j=\emptyset(i\neq j)$,并且当$k$充分大时$I_k=\emptyset$,因此集合$\{1,2,\cdots,n\}$有分拆

$$\{1,2,\cdots,n\}=\bigcup_{k=0}^{\infty}I_k.$$

于是由式(1.25.2)推出

$$\sum_{k=1}^{\infty}\left[\frac{n}{2^k}+\frac{1}{2}\right]=|\{1,2,\cdots,n\}|=n.$$

解法3 设在2进制下

$$n=a_0+a_1 2+a_2 2^2+a_3 2^3+a_4 2^4+a_5 2^5+a_6 2^6+\cdots,$$

其中$a_i\in\{0,1\}$.于是

$$\begin{aligned}
\left[\frac{n+1}{2}\right]&=a_0+a_1+a_2 2+a_3 2^2+a_4 2^3++a_5 2^4+a_6 2^5+\cdots,\\
\left[\frac{n+2}{4}\right]&=\qquad a_1+a_2+a_3 2+a_4 2^2+a_5 2^3+a_6 2^4+\cdots,\\
\left[\frac{n+4}{8}\right]&=\qquad\qquad a_2+a_3+a_4 2+a_5 2^2+a_6 2^3+\cdots,\\
\left[\frac{n+8}{16}\right]&=\qquad\qquad\qquad a_3+a_4+a_5 2+a_6 2^2+\cdots,\\
&\vdots
\end{aligned}$$

将上列各式相加(用数学归纳法),即得

$$\begin{aligned}
&\sum_{k=1}^{\infty}\left[\frac{n+2^{k-1}}{2^k}\right]\\
=\ &a_0+a_1 2+a_2 2^2+a_3 2^3+a_4 2^4+a_5 2^5+a_6 2^6+\cdots=n.
\end{aligned}$$

解法4 将式(9.10.1)的左边记为$f(n)$,我们证明$f(n)=n\,(n\in\mathbb{N})$.

对n用数学归纳法.显然$f(1)=1$.设$f(n-1)=n-1$,定义

$$g(i;n)=\left[\frac{n+2^i}{2^{i+1}}\right]-\left[\frac{n-1+2^i}{2^{i+1}}\right]\quad(i\geqslant 0).$$

那么

$$\begin{aligned}
f(n)-f(n-1)&=\sum_{i=0}^{\infty}\left[\frac{n+2^i}{2^{i+1}}\right]-\sum_{i=0}^{\infty}\left[\frac{n-1+2^i}{2^{i+1}}\right]\\
&=\sum_{i=0}^{\infty}\left(\left[\frac{n+2^i}{2^{i+1}}\right]-\left[\frac{n-1+2^i}{2^{i+1}}\right]\right)\\
&=\sum_{i=0}^{\infty}g(i;n).
\end{aligned}$$

因为

$$g(i;n)=\begin{cases}1 & \text{当}2^{i+1}\mid n+2^i\text{时},\\ 0 & \text{其他情形},\end{cases}$$

并且$2^{i+1}\mid n+2^i$等价于$n=(2k+1)2^i$,即等价于$2^i\|n$,可见对于给定的n,当且仅当$2^i\|n$时,$g(i;n)=1$;而对于其他的i值,$g(i;n)=0$. 满足$2^i\|n$(其中n给定)的i只有1个值(设为i_0),因此

$$f(n)-f(n-1)=\sum_{i=0}^{\infty}g(i;n)=g(i_0;n)=1.$$

由此推出$f(n)=1+f(n-1)=1+(n-1)=n$.于是完成归纳证明.

(2) (i) 补充定义$t_0=0$.因为点列$t_k(k\geqslant 0)$划分区间$[0,\infty)$,所以对于每个正整数$n\geqslant 1$,存在唯一的整数$k(\geqslant 1)$,使得$t_{k-1}<n\leqslant t_k$,我们定义函数

$$f(n)=\frac{1}{k}. \tag{9.10.2}$$

现在证明

$$f(n)=\left(\left(\frac{1}{2}\sqrt{8n-7}\right)\right)^{-1}\quad (n\geqslant 1). \tag{9.10.3}$$

事实上,由定义,

$$\frac{(k-1)k}{2}<n\leqslant\frac{k(k+1)}{2},$$

或

$$(k-1)k<2n\leqslant k(k+1).$$

因为$(k-1)k$和$2n$都是偶数,所以上式可改写为$(k-1)k\leqslant 2n-2<k^2+k$.令$N=n-1$,则我们依次得到

$$\begin{aligned}&(k-1)k\leqslant 2N<k^2+k,\\&4k^2-4k\leqslant 8N<4k^2+4k,\\&(2k-1)^2\leqslant 8N+1<(2k+1)^2,\\&2k-1\leqslant\sqrt{8N+1}<2k+1,\\&2k\leqslant 1+\sqrt{8N+1}<2k+2,\\&k\leqslant\frac{1+\sqrt{8N+1}}{2}<k+1.\end{aligned}$$

因此

$$k \leqslant \frac{1+\sqrt{8n-7}}{2} < k+1.$$

注意式(9.9.1),可知

$$k = \left[\frac{\sqrt{8n-7}}{2} + \frac{1}{2}\right] = \left(\left(\frac{\sqrt{8n-7}}{2}\right)\right).$$

由此及式(9.10.2)立得式(9.10.3).

(ii) 现在证明

$$\sum_{n \leqslant t_k} f(n) = k \quad (k \geqslant 1). \tag{9.10.4}$$

事实上,因为

$$[0, t_k] = [0, t_1] \cup (t_1, t_2] \cup \cdots \cup (t_{k-1}, t_k],$$

区间$(t_{j-1}, t_j]$中含有

$$\frac{j(j+1)}{2} - \frac{(j-1)j}{2} = j$$

个整数,在这些整数上f的值都等于$1/j$,所以

$$\sum_{n \leqslant t_k} f(n) = 1 + \underbrace{\frac{1}{2} + \frac{1}{2}}_{2} + \underbrace{\frac{1}{3} + \frac{1}{3} + \frac{1}{3}}_{3} + \cdots + \underbrace{\frac{1}{k} + \frac{1}{k} + \cdots + \frac{1}{k}}_{k} = k.$$

此即式(9.10.4).

(iii) 由式(9.10.3)和(9.10.4)立得题中要证的公式. □

9.11 设m, n是正整数,$(m, n) = d$.证明:

(1) $\displaystyle\sum_{k=1}^{n-1} \left[\frac{mk}{n}\right] = \sum_{k=1}^{m-1} \left[\frac{nk}{m}\right] = \frac{(n-1)(n-1)}{2} + \frac{d-1}{2}.$

(2) $\displaystyle d = 2\sum_{j=1}^{m-1} \left[\frac{jn}{m}\right] + m + n - mn$
$\displaystyle\quad = 2\sum_{j=1}^{n-1} \left[\frac{jm}{n}\right] + m + n - mn.$

解 (1) 记点$O(0,0),A(n,0),C(0,m),D(n,m)$,令

$$S=\{(x,y)\in\mathbb{N}^2\,|\,1\leqslant x\leqslant n-1,1\leqslant y\leqslant m-1\},$$
$$S_1=\{(x,y)\in S\,|\,mx\geqslant ny\},$$
$$S_2=\{(x,y)\in S\,|\,mx\leqslant ny\}.$$

那么,集合S所含元素个数为$|S|=(n-1)(m-1)$(即矩形$OADC$内部整点个数).令$m=m_1d,n=n_1d,(m_1,n_1)=1$,则矩形$OADC$的对角线的方程是

$$y=\frac{mx}{n}=\frac{m_1x}{n_1},$$

其上位于矩形$OADC$内部的整点是

$$(kn_1,km_1)\quad(k=1,2,\cdots,d-1),$$

共$d-1$个.对角线分矩形为两个全等的三角形(其中的点(x,y)分别满足$mx\geqslant ny$和$mx\leqslant ny$),其内部(包括对角线,但不含端点) 所含整点个数相等,即$|S_1|=|S_2|$,其中

$$|S_1|=\sum_{x=1}^{n-1}\sum_{1\leqslant y\leqslant mx/n}1=\sum_{x=1}^{n-1}\left[\frac{mx}{n}\right],$$
$$|S_2|=\sum_{y=1}^{m-1}\sum_{1\leqslant x\leqslant ny/m}1=\sum_{y=1}^{m-1}\left[\frac{ny}{m}\right].$$

因为在$|S_1|$和$|S_2|$中都包括了对角线上的整点,所以$|S|=|S_1|+|S_2|-(d-1)$, 于是

$$(m-1)(n-1)=\sum_{x=1}^{n-1}\left[\frac{mx}{n}\right]+\sum_{y=1}^{m-1}\left[\frac{ny}{m}\right]-(d-1),$$

因此

$$\sum_{x=1}^{n-1}\left[\frac{mx}{n}\right]=\sum_{y=1}^{m-1}\left[\frac{ny}{m}\right]=\frac{(m-1)(n-1)}{2}+\frac{d-1}{2}.$$

(2) 类似于本题(1),记点$O(0,0),M(n,0),N(0,m),P(n,m)$.那么集合

$$T=\{(x,y)\in\mathbb{N}^2\,|\,1\leqslant x\leqslant n,1\leqslant y\leqslant m\}$$

中整点个数为mn.矩形$OMPN$的对角线的方程是$y=mx/n$,其上有$d=(m,n)$个整点属于集合T. 集合

$$T_1=\{(x,y)\in T\,|\,mx\geqslant ny\},$$

和

$$T_2=\{(x,y)\in T\,|\,mx\leqslant ny\}$$

中整点个数分别等于

$$\sum_{j=1}^{n}\left[\frac{jm}{n}\right]\ \text{和}\ \sum_{j=1}^{m}\left[\frac{jn}{m}\right],$$

其中都包括了上述对角线上的整点,因此

$$\begin{aligned}mn &= \sum_{j=1}^{n}\left[\frac{jm}{n}\right]+\sum_{j=1}^{m}\left[\frac{jn}{m}\right]-d\\ &= \left(\sum_{j=1}^{n-1}\left[\frac{jm}{n}\right]+m\right)+\left(\sum_{j=1}^{m-1}\left[\frac{jn}{m}\right]+n\right)-d;\end{aligned}$$

又由本题(1)可知

$$\sum_{j=1}^{n-1}\left[\frac{jm}{n}\right]=\sum_{j=1}^{m-1}\left[\frac{jn}{m}\right],$$

于是推出所要的等式. □

9.12 (1) 设整数$n\geqslant 1$,则

$$\sum_{k=1}^{n}\left[\frac{n^2}{k^2}\right]=\sum_{k=1}^{n^2}\left[\frac{n}{\sqrt{k}}\right].$$

(2) 设整数$n\geqslant 1$,则

$$\sum_{k=1}^{n}\left[\frac{n}{k}\right]=2\sum_{k=1}^{[\sqrt{n}]}\left[\frac{n}{k}\right]-[\sqrt{n}]^2.$$

解 (1) 考虑坐标平面上由$A(1,1)$, $B(n,1)$, $C(1,n^2)$为顶点,线段AB, AC以及曲线$y=n^2/x^2$位于B,C间的弧所围成的闭区域中的整点

个数,用两种方法计算.依据函数$f(x)=n^2/x^2$得到点数为

$$\sum_{k=1}^{n}\left[\frac{n^2}{k^2}\right].$$

依据函数$f^{-1}(x)=n/\sqrt{x}$得到点数为

$$\sum_{k=1}^{n^2}\left[\frac{n}{\sqrt{k}}\right].$$

此二式相等,于是得到所要结果.

(2) 我们用不同方法计算满足$xy\leqslant n$的正整数对(x,y)的个数.

(i) 由$xy\leqslant n$可知,$x,y\in\{1,2,\cdots,n\}$. 不等式$xy\leqslant n$等价于$x\leqslant n/y$.当$y=k(1\leqslant k\leqslant n)$时, x取$[n/k]$个正整数值,所以得到$[n/k]$组正整数解(x,y),因此

$$N=\sum_{k=1}^{n}\left[\frac{n}{k}\right].$$

(ii) 换一种算法.曲线$xy=n$被点$(\sqrt{n},\sqrt{n})$分为两部分.当$1\leqslant x\leqslant\sqrt{n}$时,得到满足$xy\leqslant n$的正整数解$(x,y)$的组数等于

$$\sum_{x=1}^{[\sqrt{n}]}\left[\frac{n}{x}\right]. \qquad (9.12.1)$$

当$1\leqslant y\leqslant\sqrt{n}$时,得到满足$xy\leqslant n$的正整数解$(x,y)$的组数等于

$$\sum_{y=1}^{[\sqrt{n}]}\left[\frac{n}{y}\right]. \qquad (9.12.2)$$

式(9.12.1)和(9.12.2)显然相等,但都将以$(1,1),(1,\sqrt{n}),(\sqrt{n},\sqrt{n}),(\sqrt{n},1)$为顶点的正方形(包括边界)中的整点算入,它们共$([\sqrt{n}])^2$个,所以

$$N=2\sum_{k=1}^{[\sqrt{n}]}\left[\frac{n}{k}\right]-[\sqrt{n}]^2.$$

(iii) 由步骤(i)和(ii)的结果立得所要证的等式. □

9.13 设整数$n \geqslant 1$,求:

(1) $R_n = \sum\limits_{k=1}^{n^2-1} [\sqrt{k}]$.

(2) $S_n = \sum\limits_{k=1}^{n(n+1)/2} \left[\dfrac{-1+\sqrt{1+8k}}{2}\right]$.

解 请读者在坐标平面上自行画图.

(1) 考虑顶点为$O(0,0), A(n^2,0), B(n^2,n), C(0,n)$的矩形.它被曲线$y=\sqrt{x}$ 介于点O, B间的弧划分为两个曲边三角形.不计边界,我们计算矩形内部的整点个数.

顶点为$O(0,0), A(n^2,0), B(n^2,n)$的曲边三角形内部的整点个数为

$$\sum_{k=1}^{n^2-1} [\sqrt{k}] - \sigma,$$

其中σ表示曲边上的整点个数.因为$y=\sqrt{x}$的反函数是$x=y^2$,所以类似地,顶点为$O(0,0), B(n^2,n), C(0,n)$的曲边三角形内部的整点个数为

$$\sum_{k=1}^{n-1}[k^2] - \sigma.$$

显然矩形内部的整点个数为$(n^2-1)(n-1)$,其中包括曲边上的整点个数.于是

$$\left(\sum_{k=1}^{n^2-1}[\sqrt{k}] - \sigma\right) + \left(\sum_{k=1}^{n-1}[k^2] - \sigma\right) + \sigma = (n^2-1)(n-1).$$

显然当且仅当$k = 1^2, 2^2, \cdots, (n-1)^2$时,点$(k, \sqrt{k})$为曲边上的整点,所以$\sigma = n-1$, 于是

$$\begin{aligned} R_n &= (n^2-1)(n-1) - \sum_{k=1}^{n-1}[k^2] + \sigma \\ &= (n^2-1)(n-1) - \sum_{k=1}^{n-1} k^2 + (n-1) \\ &= n^2(n-1) - \frac{(n-1)n(2n-1)}{6} \\ &= \frac{1}{6}n(n-1)(4n+1). \end{aligned}$$

(2) 记

$$O(0,0), A(1,0), B(n,0), C(0,1), D(1,1), E(n,1),$$
$$F\left(0, \frac{n(n+1)}{2}\right), G\left(1, \frac{n(n+1)}{2}\right), H\left(n, \frac{n(n+1)}{2}\right).$$

考虑由线段DG, GH及曲线$f(x) = x(x+1)/2$介于点D, H间的弧所围成的闭区域中的整点个数.依反函数

$$f^{-1}(x) = \frac{-1+\sqrt{1+8x}}{2},$$

显然整点个数

$$S_n = \sum_{k=1}^{n(n+1)/2} \left[\frac{-1+\sqrt{1+8k}}{2}\right],$$

同时也等于$J_1 - J_2 + J_3$,其中J_1是以D, E, H, G为顶点的闭长方形中的整点个数

$$J_1 = n \cdot \frac{n(n+1)}{2} = \frac{n^2(n+1)}{2},$$

J_2是以线段DE, EH以及曲线$f(x) = x(x+1)/2$介于点D, H间的弧所围成的闭区域中的整点个数

$$J_2 = \sum_{k=1}^{n} \left[\frac{1}{2}k(k+1)\right] = \sum_{k=1}^{n} \frac{k(k+1)}{2}.$$

注意为$J_1 - J_2$不包含曲线$f(x) = x(x+1)/2$介于点D, H间的弧上的整点,这些整点为

$$\left(k, \frac{k(k+1)}{2}\right) \quad (k = 1, 2, \cdots, n),$$

其个数为$J_3 = n$.于是

$$\begin{aligned} S_n &= J_1 - J_2 + J_3 = \frac{n^2(n+1)}{2} - \frac{1}{2}\sum_{k=1}^{n} k(k+1) + n \\ &= \frac{n^2(n+1)}{2} - \frac{1}{2}\sum_{k=1}^{n} k^2 - \frac{1}{2}\sum_{k=1}^{n} k + n \\ &= \frac{n^2(n+1)}{2} - \frac{n(n+1)(2n+1)}{12} - \frac{n(n+1)}{4} + n = \frac{n(n^2+2)}{3}. \end{aligned}$$

□

9.14 设n为正整数,证明:

$$[\sqrt{n}]+[\sqrt[3]{n}]+\cdots+[\sqrt[n]{n}]\leqslant \log n\left(\frac{1}{\log 2}+\frac{1}{\log 3}+\cdots+\frac{1}{\log n}\right).$$

解 解法1 定义集合

$$\mathscr{A}_k=\{1,2,\cdots,[\sqrt[k]{n}]\}\quad (k=2,3,\cdots,n),$$
$$\mathscr{A}=\bigcup_{k=2}^{n}\mathscr{A}_k.$$

我们用两种方法计算$|\mathscr{A}|$(重复出现的元素视为不同元素).一方面,显然

$$|\mathscr{A}|=\sum_{k=2}^{n}|\mathscr{A}_k|=\sum_{k=2}^{n}[\sqrt[k]{n}]. \tag{9.14.1}$$

另一方面,1在每个$\mathscr{A}_k(k=2,3,\cdots,n)$中分别出现1次,所以1在$\mathscr{A}$中共出现$n-1$次.又因为

$$2\in\mathscr{A}_k\Leftrightarrow 2\leqslant[\sqrt[k]{n}]\Leftrightarrow 2\leqslant\sqrt[k]{n}\Leftrightarrow 2^k\leqslant n\Leftrightarrow k\leqslant\log_2 n.$$

所以,2恰出现在集合$\mathscr{A}_k\,(k=2,\cdots,[\log_2 n])$中,从而,2在$\mathscr{A}$中共出现$[\log_2 n]-1$次.类似地,推理可知,一般地,$\mu(=2,\cdots,n)$在$\mathscr{A}$中共出现$[\log_\mu n]-1$次.因此得到

$$|\mathscr{A}|=(n-1)+\sum_{\mu=2}^{n}([\log_\mu n]-1)=\sum_{\mu=2}^{n}[\log_\mu n]. \tag{9.14.2}$$

由式(9.14.1)和(9.14.2)推出

$$\begin{aligned}\sum_{k=2}^{n}[\sqrt[k]{n}] &= \sum_{\mu=2}^{n}[\log_\mu n]\\ &\leqslant \sum_{\mu=2}^{n}\log_\mu n\\ &= \sum_{\mu=2}^{n}\frac{\log n}{\log\mu}\\ &= \log n\sum_{\mu=2}^{n}\frac{1}{\log\mu}.\end{aligned}$$

解法 2 如解法1所见,只需证明

$$\sum_{k=2}^{n}[\sqrt[k]{n}]=\sum_{\mu=2}^{n}[\log_{\mu} n].$$

下面采用几何方法(参见问题9.13等).对于给定的n,考虑曲线$y^x=n$(即$y=n^{1/x}$,其反函数是$x=\log_y n$)与直线$x=2$以及$y=2$围成的曲边三角形,它的三个顶点是$A(2,2)$, $B(\log_2 n,2)$, $C(2,\sqrt{n})$.我们来计算它(包含边界)所含整点的个数σ_n.

当$2\leqslant k\leqslant \log_2 n$时,直线$x=k$与$y=n^{1/x}$交于点$(k,\sqrt[k]{n})$ (这些点位于曲线弧BC上),在所得到的(竖直)线段上共有$[\sqrt[k]{n}]$个整点(不计点$(k,0)$),其中除整点$(k,1)$外,都位于考虑的区域之内.因此由直线$x=k$产生的合乎要求的整点数为$[\sqrt[k]{n}]-1$.从而

$$\sigma_n=\sum_{2\leqslant k\leqslant \log_2 n}([\sqrt[k]{n}]-1).$$

如果扩大范围,考虑$\log_2 n<k\leqslant n$,那么直线$x=k$与曲线的交点$(k,\sqrt[k]{n})$位于曲线弧从B点向右下方延伸的部分(注意曲线单调下降),当然不在曲边三角形OBC中.因为$1\leqslant \sqrt[n]{n}\leqslant \sqrt[k]{n}<n^{1/\log_2 n}=2$,所以$[\sqrt[k]{n}]=1$,可见所得到的(竖直)线段上只有一个整点$(k,1)$(不计整点$(k,0)$).于是

$$\sum_{\log_2 n<k\leqslant n}([\sqrt[k]{n}]-1)=0,$$

从而

$$\begin{aligned}\sigma_n&=\sum_{2\leqslant k\leqslant \log_2 n}([\sqrt[k]{n}]-1)+\sum_{\log_2 n<k\leqslant n}([\sqrt[k]{n}]-1)\\&=\sum_{k=2}^{n}[\sqrt[k]{n}]-(n-1).\end{aligned}$$

类似地,考虑(水平)直线$y=\mu$与曲线$x=\log_y n$相交的不同情形.当$2\leqslant \mu\leqslant \sqrt{n}$时,得到

$$\sigma_n=\sum_{2\leqslant \mu\leqslant \sqrt{n}}([\log_{\mu} n]-1).$$

当$\sqrt{n} < \mu \leqslant n$时,因为$1 \leqslant \log_\mu n < \log_{\sqrt{n}} n = 2$, 所以$[\log_\mu n] = 1$,可见在得到的(水平)线段$y = \mu$上只有一个整点$(1, \mu)$(不计$(0, \mu)$) (它位于区域之外).于是

$$\sum_{\sqrt{n}<\mu\leqslant n} ([\log_\mu n] - 1) = 0,$$

从而

$$\begin{aligned}\sigma_n &= \sum_{2\leqslant\mu\leqslant\sqrt{n}} ([\log_\mu n] - 1) + \sum_{\sqrt{n}<\mu\leqslant n} ([\log_\mu n] - 1) \\ &= \sum_{\mu=2}^{n} [\log_\mu n] - (n - 1).\end{aligned}$$

等置上述两个σ_n的表达式,即得所要等式. □

注 解法2证明了

$$\sum_{2\leqslant k\leqslant\log_2 n} ([\sqrt[k]{n}] - 1) = \sum_{2\leqslant\mu\leqslant\sqrt{n}} ([\log_\mu n] - 1).$$

9.15 证明:如果a, x, y是非零p进制整数,并且$p|x, pa|xy$,那么

$$\frac{(1+x)^y - 1}{xy} \equiv \frac{\log(1+x)}{x} \pmod{a}.$$

解 (i) 预备知识:每个p进制整数α可以唯一地表示为$\alpha = p^{\nu(\alpha)}\varepsilon$的形式,其中$\varepsilon$是单位元,$\nu(\alpha)$是一个(有理)整数; p进制整数由$\nu(\alpha) \geqslant 0$刻画.因此,p进制整数$\alpha|\beta$等价于$\nu(\alpha) \leqslant \nu(\beta)$.

(ii) 题设条件$pa|xy$意味着

$$1 + \nu(\alpha) \leqslant \nu(x) + \nu(y). \tag{9.15.1}$$

记

$$A = \frac{(1+x)^y - 1}{xy} - \frac{\log(1+x)}{x}, \tag{9.15.2}$$

问题的结论等价于$\nu(A) \geqslant \nu(a)$.由式(9.15.1),我们只需证明

$$\nu(A) \geqslant \nu(x) + \nu(y) - 1. \tag{9.15.3}$$

(iii) 因为$p|x$,所以p进制级数

$$(1+x)^y=1+\binom{y}{1}x+\cdots+\binom{y}{n}x^n+\cdots$$

以及

$$\log(1+x)=x-\frac{x^2}{2}+\cdots+(-1)^{n-1}\frac{x^n}{n}+\cdots$$

收敛,并且$\binom{y}{n}$是p进制整数.此外,易见$n-\nu(n)\to\infty$.将两个级数表达式代入式(9.15.2),得到

$$A=\sum_{n=2}^{\infty}B_n,$$

其中

$$\begin{aligned}B_n &= \left(\frac{1}{y}\binom{y}{n}-(-1)^{n-1}\frac{1}{n}\right)x^{n-1}\\ &= \Big((y-1)(y-2)\cdots(y-(n-1))-(-1)^{n-1}(n-1)!\Big)\frac{x^{n-1}}{n!}.\end{aligned}$$

为证明(9.15.3),只需证明对于每个$n\geqslant 2$,

$$\nu(B_n)\geqslant \nu(x)+\nu(y)-1. \tag{9.15.4}$$

(iv) B_n的上述表达式中,右边第一个因子的常数项是零,所以是y的倍数.于是

$$B_n=\frac{cyx^{n-1}}{n!},$$

其中c是p进制整数,从而

$$\nu(B_n)\geqslant \nu(y)+(n-1)\nu(x)-\nu(n!)\quad (n\geqslant 2). \tag{9.15.5}$$

又依据$n!$中p的指数计算公式得到

$$\nu(n!)=\sum_{j=1}^{\infty}\left[\frac{n}{p^j}\right]<\sum_{j=1}^{\infty}\frac{n}{p^j}=\frac{n}{p-1}\leqslant n,$$

因为$\nu(n!)$是整数,所以$\nu(n!)\leqslant n-1$,从而(注意依题设有$\nu(x)\geqslant 1$)

$$\nu(n!)\leqslant (n-2)+1\leqslant (n-2)\nu(x)+1.$$

由此及式(9.15.5)推出不等式(9.15.4).于是本题得证. □

9.16 (1) 证明:对于每个正整数k,存在严格单调增加的正整数列$a_1, a_2, \cdots, a_k$,使得对所有$i \neq j, 1 \leqslant i, j \leqslant k$,有$a_i - a_j \mid a_i$

(2) 证明:存在绝对常数$C > 0$,使得对于任何具有题(1)中所说整除性质的整数列$a_1, a_2, \cdots, a_k$,有$a_1 > k^{Ck}$.

解 (1) 用数学归纳法.对于$k = 1$,可取$a_1 = 1$.现在设整数$a_1, \cdots, a_k$满足$0 < a_1 < \cdots < a_k$,并且具有所要的整除性.令

$$b = \prod_{i=1}^{n} a_i,$$

那么$b < b + a_1 < \cdots < b + a_k$,并且当$i \neq j, 1 \leqslant i, j \leqslant k$时,

$$(b + a_i) - (b + a_j) = a_i - a_j \mid a_i \mid b + a_i,$$

以及$(b + a_i) - b = a_i \mid b$.因此得到$k + 1$个满足要求的整数.

(2) 设$p \leqslant k$是任意素数.若有$i \neq j$使得$a_i \equiv a_j \pmod p$,那么由整除性条件可知$p \mid a_i - a_j \mid a_i$,所以$a_i \equiv a_j \equiv 0 \pmod p$.因此当且仅当$a_l$不与其他任何一个$a_i (i \neq l)$模$p$同余,并且与$1, 2, \cdots, p-1$之一模$p$同余时,$p \nmid a_l$.于是数$a_1, \cdots, a_k$中至多有$p - 1$个数不被$p$整除.现在考虑所有可被$p$整数的$a_i$, 将它们除以$p$,那么我们又得到一组满足题(1)中所说的整除性条件的整数.于是,它们中至多有$p - 1$个数不被p整除,从而又可对其中所有可被p整除的数重复刚才的推理,等等. 因此在数

$$A = \prod_{i=1}^{k} a_i$$

的(素因子)分解式中,p的指数$u(p)$至少等于

$$\begin{aligned}
& \big(k - (p-1)\big) + \big(k - 2(p-1)\big) + \cdots + \left(k - \left[\frac{k}{p-1}\right](p-1)\right) \\
= \ & \left[\frac{k}{p-1}\right] \cdot k - (p-1)\left(1 + 2 + \cdots + \left[\frac{k}{p-1}\right]\right) \\
= \ & \left[\frac{k}{p-1}\right]\left(k - \frac{p-1}{2}\left(1 + \left[\frac{k}{p-1}\right]\right)\right).
\end{aligned}$$

于是,若$p \leqslant \sqrt{k}$,则

$$u(p) \geqslant \frac{k^2}{3p}.$$

由此可知

$$A \geqslant \prod_{p \leqslant \sqrt{k}} p^{ck^2/p},$$

其中$c = 1/3$.因而,当$k \geqslant 4$时,

$$\begin{aligned} a_k &= \max a_i \geqslant A^{1/k} \geqslant \prod_{p \leqslant \sqrt{k}} p^{ck/p} \\ &= \exp\left(ck \sum_{p \leqslant \sqrt{k}} \frac{\log p}{p}\right) \\ &\geqslant \exp(c'k \log k) = k^{c'k}. \end{aligned}$$

这里$c' > 0$是绝对常数,并用到估值

$$\left|\sum_{p \leqslant x} \frac{\log p}{p} - \log x\right| \leqslant 5 \log 2 + 3$$

(见潘承洞与潘承彪的《初等数论》(北京大学出版社,1992),440页).因为$a_k - a_1 \mid a_1$, 所以$a_1 \geqslant a_k/2 \geqslant 2$,因此

$$a_1 = \sqrt{a_1^2} \geqslant \sqrt{2a_1} \geqslant \sqrt{a_k} > k^{\alpha k} \quad (当k \geqslant 4时).$$

其中$\alpha = c'/2$.

对于$k = 3$,直接验证可知a_1的最小可能值为2,所以,当常数

$$\beta < (\log 2)/(3 \log 3)$$

时就有$a_1 > 27^{\beta} = k^{\beta k}$.

至于$k = 1$及$k = 2$,由例子$\{1\}$和$\{1, 2\}$可知常数C不存在.总之,对于$k \geqslant 3$, 取$C = \min\{\alpha, \beta\}$即可. □

9.17 设$f(n)$是最大的使得$n^k | n!$的整数k,令

$$F(n) = \max_{2 \leqslant m \leqslant n} f(m).$$

证明:

$$\lim_{n \to \infty} \frac{F(n) \log n}{n \log \log n} = 1.$$

解 (i) 上界估计.设n的素因子分解式为

$$n = \prod_{i=1}^{k} p_i^{\alpha_i}. \tag{9.17.1}$$

因为

$$n^{f(n)} = \prod_{i=1}^{k} p_i^{\alpha_i f(n)} \Big| n!,$$

所以

$$\alpha_i f(n) \leqslant \sum_{j=1}^{\infty} \left[\frac{n}{p_i^j}\right] < \frac{n}{p_i - 1},$$

从而对所有i,

$$\alpha_i \log p_i \leqslant \frac{n}{f(n)} \cdot \frac{\log p_i}{p_i - 1}.$$

于是

$$\log n = \sum_{i=1}^{k} \alpha_i \log p_i \leqslant \frac{n}{f(n)} \sum_{i=1}^{k} \frac{\log p_i}{p_i - 1}. \tag{9.17.2}$$

设$q_1, q_2, \cdots$是所有素数的无穷序列(按递增次序).由$(\log p)/(p-1)$的单调递减性推出

$$\sum_{i=1}^{k} \frac{\log p_i}{p_i - 1} \leqslant \sum_{i=1}^{k} \frac{\log q_i}{q_i - 1}. \tag{9.17.3}$$

又因为

$$\sum_{i=1}^{k} \frac{\log q_i}{q_i - 1} = \sum_{i=1}^{k} \frac{\log q_i}{q_i}\left(1 + \frac{1}{q_i - 1}\right) = \sum_{i=1}^{k} \frac{\log q_i}{q_i} + \sum_{i=1}^{k} \frac{\log q_i}{q_i(q_i - 1)},$$

并且(注意$\log q_k \sim \log k\ (k \to \infty)$)

$$\sum_{i=1}^{k} \frac{\log q_i}{q_i} = \log q_k + O(1) = \log k\big(1 + o(1)\big)$$

(见华罗庚的《数论导引》(科学出版社,1975),第5章,§9),以及(注意$2(q_i - 1) > q_i$)

$$\sum_{i=1}^{k} \frac{\log q_i}{q_i(q_i - 1)} < 2\sum_{i=1}^{k} \frac{\log q_i}{q_i^2} < 2\sum_{n=1}^{\infty} \frac{\log n}{n^2} = O(1),$$

所以

$$\sum_{i=1}^{k}\frac{\log q_i}{q_i-1}=\log k\bigl(1+o(1)\bigr).$$

由此及式(9.17.2)和(9.17.3)得到

$$\log n\leqslant\frac{n\log k}{f(n)}\bigl(1+o(1)\bigr).$$

于是

$$f(n)\leqslant\bigl(1+o(1)\bigr)\frac{n\log k}{\log n}.$$

最后,由式(9.17.1)可知$n\geqslant q_i\cdots q_k\geqslant 2^k$,所以$k\leqslant c\log n$(其中$c>0$是常数),于是$\log k\leqslant\log\log n+O(1)$, 从而得到上界估计

$$f(n)\leqslant\bigl(1+o(1)\bigr)\frac{n\log\log n}{\log n}. \tag{9.17.4}$$

(ii) 下界估计.我们来构造数$m\leqslant n$,使$f(m)$有大的值.由

$$(m_1+1)!\leqslant n<(m_1+2)! \tag{9.17.5}$$

定义整数m_1.由Stirling公式可知

$$\begin{aligned}&C_1+\left(m_1+\frac{1}{2}\right)\log m_1-m_1+o(1)\\ \leqslant\ &\log n\\ \leqslant\ &C_2+\left(m_1+\frac{3}{2}\right)\log m_1-m_1+o(1)\end{aligned}$$

(此处$C_1,C_2>0$是常数),所以$\log n\sim m_1\log m_1$.由此可知存在常数$C_3,C_4>0$使得

$$C_3m_1\log m_1\leqslant\log n\leqslant C_4m_1\log m_1,$$

于是(取对数得到)$\log\log n\sim\log m_1$.因此,我们有

$$m_1\sim\frac{\log n}{\log\log n}\quad(n\to\infty). \tag{9.17.6}$$

设p是不超过$(n/m_1!)^{1/3}$的最大素数,并令

$$m=p^3m_1!.$$

那么

$$m \leqslant \frac{n}{m_1!} \cdot m_1! = n;$$

$$\left(\frac{n}{m_1!}\right)^{1/3} \geqslant \left(\frac{(m_1+1)!}{m_1!}\right)^{1/3} = (m_1+1)^{1/3} \to \infty \quad (n \to \infty),$$

从而

$$\frac{p}{\left(\frac{n}{m_1!}\right)^{1/3}} = \frac{\left(\frac{m}{m_1!}\right)^{1/3}}{\left(\frac{n}{m_1!}\right)^{1/3}} = \left(\frac{m}{n}\right)^{1/3} \leqslant 1.$$

因为

$$p \sim \left(\frac{n}{m_1!}\right)^{1/3} \quad (n \to \infty)$$

(见问题3.18),所以

$$m \sim n\,(n \to \infty). \tag{9.17.7}$$

注意$m_1 \mid m$,并且对于任意正整数a, u, v有$a[u/v] \leqslant [au/v]$,我们推出:对于任何素数q,

$$\frac{m}{m_1}\sum_{i=1}^{\infty}\left[\frac{m_1}{q^i}\right] \leqslant \sum_{i=1}^{\infty}\left[\frac{m}{m_1}\cdot\frac{m_1}{q^i}\right] = \sum_{i=1}^{\infty}\left[\frac{m}{q^i}\right].$$

可见$m!$的(素因子)分解式中q的指数至少是$m_1!$的分解式中q的指数的m/m_1倍. 注意$m_1! \mid m$,所以对于任何素数$q \neq p$, $m!$与m的分解式中q的指数之比至少是m/m_1.此外,$m_1!$的分解式中素数p的指数等于

$$\sum_{i=1}^{\infty}\left[\frac{m_1}{p^i}\right] < \frac{m_1}{p-1},$$

从而$m = p^3 m_1!$的分解式中素数p的指数小于

$$\frac{m_1}{p-1} + 3;$$

并且$m!$的分解式中素数p的指数等于

$$\sum_{i=1}^{\infty}\left[\frac{m}{p^i}\right] > \frac{m}{p} - 1.$$

因此m和$m!$的分解式中素因子p的指数之比也至少是

$$\frac{\frac{m}{p}-1}{\frac{m_1}{p-1}+3}=\frac{m\left(1-\frac{p}{m}\right)}{m_1\left(1+3\cdot\frac{p-1}{m_1}\right)}\cdot\frac{p-1}{p}. \tag{9.17.8}$$

又由p的定义及式(9.17.5)可知

$$p\leqslant\left(\frac{n}{m_1!}\right)^{1/3}<\big((m_1+1)(m_1+2)\big)^{1/3}=o(m)\quad(n\to\infty),$$

类似地,

$$p-1=o(m_1)\quad(n\to\infty).$$

还有$n\to\infty\Rightarrow p\to\infty$.于是,由式(9.17.8)推出

$$\frac{\frac{m}{p}-1}{\frac{m_1}{p-1}+3}\sim\frac{m}{m_1}\quad(n\to\infty).$$

总之,我们构造了整数m,满足$m^k\mid m!$,其中$k=(m/m_1)\big(1+o(1)\big)$. 于是

$$F(n)\geqslant f(m)\geqslant\big(1+o(1)\big)\frac{m}{m_1},$$

由此及式(9.17.6)和(9.17.7)得到

$$F(n)\geqslant\big(1+o(1)\big)\frac{n\log\log n}{\log n}\quad(n\to\infty).$$

由式(9.17.4)可知$F(n)$有同样阶的上界估计,从而本题得证. □

9.18 证明下列级数收敛:

(1) $\sum\limits_{n\in A}1/n$,其中A表示所有10进制表示中不出现数字7的正整数n的集合.

(2) $\sum\limits_{n=1}^{\infty}1/[u_n,u_{n+1}]$, 其中$u_1,u_2,\cdots$是严格递增的无穷正整数列,$[a,b]$表示正整数$a,b$的最小公倍数.

(3) $\sum\limits_{\alpha=2}^{\infty}\sum\limits_{p}1/p^{\alpha}$, 其中$p$表示素数.

解 (1) 用 $\rho(n)$ 表示正整数 n 的10进制表示中数字的个数. 若$n\in A$,那么n的10进制数字只可能是$0,1,\cdots,6,8,9$. 显然n的最高位数字只能取自集合$\{1,\cdots,6,8,9\}$,有8种可能取法;其余数位的数字互相独立地取自集合$\{0,1,\cdots,6,8,9\}$,各有9种可能取法.因此对于给定的正整数r,

$$\sum_{\substack{n\in A\\ \rho(n)=r}} 1=8\cdot 9^{r-1}.$$

还要注意,若$n\in A,\rho(n)=r$,则$n\geqslant 10^{r-1}$.于是

$$\begin{aligned}\sum_{n\in A}\frac{1}{n} &= \sum_{r=1}^{\infty}\sum_{\substack{n\in A\\ \rho(n)=r}}\frac{1}{n}\\ &\leqslant \sum_{r=1}^{\infty}\frac{1}{10^{r-1}}\sum_{\substack{n\in A\\ \rho(n)=r}}1\\ &= \sum_{r=1}^{\infty}\frac{8\cdot 9^{r-1}}{10^{r-1}}=8\sum_{r=1}^{\infty}\left(\frac{9}{10}\right)^{r-1}=80.\end{aligned}$$

(2) 显然,若整数$a>b>0$,则$a-b\geqslant(a,b)$(a,b的最大公因子);还知道关系式$(a,b)[a,b]=ab$.因此,在此有

$$\begin{aligned}&(u_{n+1}-u_n)[u_{n+1},u_n]\\ \geqslant\ &(u_{n+1},u_n)[u_{n+1},u_n]=u_{n+1}\cdot u_n,\end{aligned}$$

从而

$$\frac{1}{[u_{n+1},u_n]}\leqslant\frac{u_{n+1}-u_n}{u_{n+1}\cdot u_n}=\frac{1}{u_n}-\frac{1}{u_{n+1}}.$$

由此即可推出结论.

(3) 题中二重级数等于

$$\begin{aligned}\sum_{p}\left(\frac{1}{p^2}+\frac{1}{p^3}+\frac{1}{p^4}+\cdots\right) &= \sum_{p}\frac{1}{p^2}\left(1+\frac{1}{p}+\frac{1}{p^2}+\frac{1}{p^4}+\cdots\right)\\ &= \sum_{p}\frac{1}{p^2}\frac{1}{1-p^{-1}}=\sum_{p}\frac{1}{p(p-1)}\\ &< \sum_{n=2}^{\infty}\frac{1}{n(n-1)}=1.\end{aligned}$$

□

9.19 设$f(x)=|\{n\in\mathbb{N}\,|\,n\leqslant x\}|$.则

$$\sum_{\substack{n\leqslant x\\ n\in\mathbb{N}}}\frac{1}{n}=\sum_{n\leqslant x}\frac{f(n)}{n(n+1)}+\frac{f(x)}{[x]+1}.$$

解 因为

$$f(n)-f(n-1)=\begin{cases}1 & 若n\in\mathbb{N},\\ 0 & 若n\notin\mathbb{N},\end{cases}$$

所以,由Abel分部求和公式(见本题解后的注)得到

$$\begin{aligned}\sum_{\substack{n\leqslant x\\ n\in\mathbb{N}}}\frac{1}{n} &= \sum_{2\leqslant n\leqslant x}\frac{f(n)-f(n-1)}{n}\\ &= \sum_{2\leqslant n\leqslant x}f(n)\left(\frac{1}{n}-\frac{1}{n+1}\right)+\frac{f(x)}{[x]+1}\\ &= \sum_{n\leqslant x}\frac{f(n)}{n(n+1)}+\frac{f(x)}{[x]+1}.\end{aligned}$$

□

注 Abel分部求和公式是指:若$a_n,b_n\,(n=1,2,\cdots,N)$是两个任意数列,令$s_n=a_1+a_2+\cdots+a_n\,(n=1,2,\cdots,N)$,则

$$\sum_{n=1}^{N}a_nb_n=\sum_{n=1}^{N-1}s_n(b_n-b_{n+1})+s_Nb_N.$$

它容易直接验证:将$a_1=s_1,a_n=s_n-s_{n-1}\,(n\geqslant 2)$代入左边,即可得到右边.

9.20 (1) 对每个整数$n\geqslant 2$令

$$P(n)=\prod_{\substack{p|n\\ p>\log n}}\left(1-\frac{1}{p}\right)$$

(其中p表示素数),则$\lim\limits_{n\to\infty}P(n)=1$.

(2) 令$f(n)=\sum\limits_{p|n}1/p$ (p为素数).证明:

$$\overline{\lim_{n\to\infty}}\,f(n)=\infty.$$

(3) 对于每个整数$n \geqslant 1$令

$$f(n)=[\sqrt{n}-1]+[\sqrt[3]{n}-1]+[\sqrt[4]{n}-1]+\cdots .$$

证明:

$$\varlimsup_{n\to\infty}\big(f(n)-f(n-1)\big)=\infty.$$

解 (1) 不妨认为$n>\mathrm{e}^{\mathrm{e}}$.令

$$f(n)=\sum_{\substack{p\mid n\\ p>\log n}}1.$$

那么,由$n=\prod\limits_{p\mid n}p^{\alpha(p)}$(标准分解式)推出

$$n\geqslant\prod_{\substack{p\mid n\\ p>\log n}}p=\exp\left(\sum_{\substack{p\mid n\\ p>\log n}}\log p\right),$$

注意,右边求和限制$p>\log n$,所以,求和号中每个加项$\log p>\log\log n$,因而

$$\begin{aligned}
n &> \exp\left(\sum_{\substack{p\mid n\\ p>\log n}}\log\log n\right)\\
&= \exp\left(\log\log n\sum_{\substack{p\mid n\\ p>\log n}}1\right)\\
&= \exp\big((\log\log n)f(n)\big)\\
&= (\log n)^{f(n)},
\end{aligned}$$

于是

$$\log n>f(n)\log\log n.$$

由此得到

$$f(n)<\frac{\log n}{\log\log n}\quad(n>\mathrm{e}^{\mathrm{e}}).$$

另外,当n充分大时,

$$\log\left(1-\frac{1}{\log n}\right)\geqslant -\frac{2}{\log n}$$

(请读者补出证明).于是

$$\begin{aligned}0 &\geqslant \log P(n)\\ &= \sum_{\substack{p\mid n\\ p>\log n}}\log\left(1-\frac{1}{p}\right)\\ &\geqslant f(n)\log\left(1-\frac{1}{\log n}\right)\\ &\geqslant -\frac{2f(n)}{\log n}\geqslant -\frac{2}{\log\log n}.\end{aligned}$$

由此可推出$\lim\limits_{n\to\infty}P(n)=1$.

(2) 设p_n是第n个素数,令

$$n_k=p_1p_2\cdots p_k\quad (k=1,2,\cdots),$$

则

$$f(n_k)=\sum_{p\mid n_k}\frac{1}{p}=\sum_{p\leqslant p_k}\frac{1}{p}.$$

因为级数$\sum\limits_{p}1/p$发散,所以$f(n_k)\to\infty\,(k\to\infty)$. 于是本题得证.

(3) 注意,对于每个给定的n, $f(n)$都是有限和.我们有

$$[\sqrt[k]{n}-1]=\sum_{\substack{a^k\leqslant n\\ a\geqslant 2}}1\quad (k\geqslant 2)$$

(其中a表示正整数),于是

$$f(n)=\sum_{k\geqslant 2}\sum_{\substack{a^k\leqslant n\\ a\geqslant 2}}1. \tag{9.20.1}$$

我们只需证明:对于任何给定的整数σ,都存在正整数n使得

$$f(n)-f(n-1)\geqslant \sigma.$$

为此我们令

$$n=2^{2^{\sigma}}.$$

那么

$$n=\left(2^{2^{\sigma-1}}\right)^{2}=\left(2^{2^{\sigma-2}}\right)^{2^{2}}=\cdots=\left(2^{2}\right)^{2^{\sigma-1}}=2^{2^{\sigma}}.$$

由式(9.20.1)可知

$$\begin{aligned}f(n)-f(n-1) &= \sum_{k\geqslant 2}\sum_{\substack{a^k\leqslant n\\ a\geqslant 2}}1-\sum_{k\geqslant 2}\sum_{\substack{a^k\leqslant n-1\\ a\geqslant 2}}1\\ &= \sum_{k\geqslant 2}\left(\sum_{\substack{a^k\leqslant n\\ a\geqslant 2}}1-\sum_{\substack{a^k\leqslant n-1\\ a\geqslant 2}}1\right)=\sum_{k\geqslant 2}\sum_{\substack{a^k=n\\ a\geqslant 2}}1.\end{aligned}$$

在此式中分别取a^k的下列σ个值:

$$\begin{aligned}&a^k=\left(2^{2^{\sigma-1}}\right)^{2}\quad (\text{即}a=2^{2^{\sigma-1}},k=2),\\ &a^k=\left(2^{2^{\sigma-2}}\right)^{2^2}\quad (\text{即}a=2^{2^{\sigma-2}},k=2^2),\\ &\cdots\cdots\\ &a^k=\left(2^{2}\right)^{2^{\sigma-1}}\quad (\text{即}a=2^{2},k=2^{\sigma-1}),\\ &a^k=2^{2^{\sigma}}\quad (\text{即}a=2,k=2^{\sigma}),\end{aligned}$$

可知

$$f(n)-f(n-1)\geqslant\sigma.$$

于是本题得证. □

9.21 在正整数n的所有可能的表示

$$n=\sum_{i=1}^{k}a_k\quad (\text{其中正整数}a_1<a_2<\cdots<a_k,k\text{是正整数})$$

中,何时$\prod\limits_{i=1}^{k}a_i$最大?

解 (i) 首先讨论整数集的极值性质.设$A_n=\{a_1,a_2,\cdots,a_k\}$是极值集(即它给出问题的解).

性质 1 不存在整数i和j满足$a_1 < i < j < a_k$,并且$i \notin A_n, j \notin A_n$.

若不然,则存在元素$a_r, a_s \in A_n$使得$a_r + 1 \notin A_n, a_s - 1 \notin A_n$, 并且$a_r + 3 \leqslant a_s$.于是

$$(a_r + 1)(a_s - 1) = a_r a_s + (a_s - a_r) - 1 \geqslant a_r a_s + 2 > a_r a_s,$$

可见若用a_r+1和a_s-1代替A_n的元素a_r和a_s,则元素之和不变(仍然为n),但元素之积加大,与A_n是极值集的假设矛盾.

性质 2 若$k > 1$,则$a_1 \geqslant 2$.

若$a_1 = 1$,则可用$a_k + 1$代替A_n的元素1和a_k.那么$n = a_2 + \cdots + (a_k + 1), a_2 \cdots (a_k + 1) > a_1 \cdots a_k; k - 1 \geqslant 1$.与$A_n$是极值集的假设矛盾.

性质 3 若$n \geqslant 5$,则$a_1 = 2$或$a_1 = 3$.

事实上,若$a_1 > 4$,则用2和$a_1 - 2$代替A_n的元素a_1.那么新集合元素之和不变(仍为n), 但因为$2(a_1 - 2) = 2a_1 - 4 = a_1 + (a_1 - 4) > a_1$,所以新集合元素之积加大,我们得到矛盾.

若$a_1 = 4$,则由$n \geqslant 5$可知$k > 1$.用$2, a_1 - 1, a_2 - 1$代替A_n的元素a_1, a_2,那么新集合元素之和不变,但因为

$$\begin{aligned}
2(a_1 - 1)(a_2 - 1) &= 2a_1 a_2 - 2(a_1 + a_2) + 2 \\
&= a_1 a_2 + (a_1 - 2)(a_2 - 2) - 2 \\
&\geqslant a_1 a_2 + 6 - 2 \\
&= a_1 a_2 + 4 > a_1 a_2,
\end{aligned}$$

所以,新集合元素之积加大,也得到矛盾.

性质 4 若$a_1 = 3$并且整数$i \notin A_n$满足$a_1 < i < a_k$, 则$i = a_k - 1$.

设不然,则依性质1,$i + 2 \in A_n$.用2和i代替$i + 2$,那么新集合元素之和不变,但

$$2i \geqslant i + a_1 + 1 = i + 4 > i + 2,$$

所以,新集合元素之积加大,得到矛盾.

(ii) 现在来确定极值集A_n.令

$$A(i,j,l)=\{i,i+1,\cdots,l-1,l+1,\cdots,i+j-1,i+j\},$$

以及

$$s(i,j,l)=A(i,j,l)\text{的元素之和}.$$

对于$k=2,3,\cdots$,记

$$s(2,k+2,k+2)=2+3+\cdots+k+(k+1)=\frac{k^2+3k}{2}=L_k.$$

依性质1~4,若$n\geqslant 5$,则A_n至少有2个元素,并且若$k\geqslant 2$,则可能的极值集如下:

$$A(2,k+2,k+2),A(2,k+2,k+1),\cdots,A(2,k+2,3),A(2,k+2,2),A(3,k,k+2). \tag{9.21.1}$$

显然, $s(2,k+2,k+2)=L_k,s(2,k+2,k+1)=L_k+1,\cdots,s(2,k+2,3)=L_k+(k-1),s(2,k+2,2)=L_k+k$, 以及

$$\begin{aligned}s(3,k,k+2)&=\big(3+4+\cdots+(k+3)\big)-(k+2)\\&=\frac{(k+6)(k+1)}{2}-(k+2)=\frac{k^2+5k+2}{2}\\&=L_k+(k+1)=L_{k+1}-1.\end{aligned}$$

因此集合(9.21.1)的元素之和是区间$[L_k,L_{k+1})$中的整数,并且每个整数恰出现一次(区间$[L_k,L_{k+1})$中的整数个数等于$L_{k+1}-L_k=k+2$,集合(9.21.1)的个数也是$k+2$), 从而对于任何$n\geqslant 5$,集合(9.21.1)中恰有一个是极值集A_n.若$1\leqslant n\leqslant 4$,则显然只有极值集$A_n=\{n\}$. □

注 本题的推广:设$f(x)$是区间$(0,+\infty)$上的任意严格凹函数(本问题中$f(x)=\log x$).设$n=\sum\limits_{i=1}^{k}a_i$,其中$a_1<a_2<\cdots<a_k$是正整数,$k$不固定.对于给定的$n$,何时$\sum\limits_{i=1}^{k}f(a_i)$ 极大?可以证明,每个极值集可以由某个相继正整数列中去掉至多1个整数而得到.

9.22 设给定素数$p_1,\cdots,p_r$及正整数$q<p_1\cdots p_r$.定义集合

$$G=\{d_s=(p_{i_1}\cdots p_{i_s},q)\mid i_1<i_2<\cdots<i_s,0\leqslant s\leqslant r\},$$

在此约定$s=0$时,$p_{i_1}\cdots p_{i_s}=1$(因而$d_0=1$).则

$$\sum_{d_s\in G}(-1)^s d_s=0.$$

解 记$\mathscr{P}=\{p_1,\cdots,p_r\}, S=\sum\limits_{d_s\in G}(-1)^s d_s$.

(i) 如果$(p_1\cdots p_r,q)=1$,则对于所有$s\geqslant 0, d_s=1$.因为,此时$p_{i_1}\cdots p_{i_s}$可以取作1,也可以是$\mathscr{P}$中任意k个元素之积($k=1,2,\cdots,r$),因此

$$S=\sum_{k=0}^{r}\binom{r}{k}(-1)^k=(1-1)^r=0.$$

于是结论成立.

(ii) 如果某些$p_i\mid q$,则可设q有分解式

$$q=p_{i_1}^{\sigma_1}\cdots p_{i_u}^{\sigma_u}q_1,$$

其中$\{p_{i_1},\cdots,p_{i_u}\}\subseteq\mathscr{P}, 1\leqslant u\leqslant r, \sigma_1,\cdots,\sigma_u\geqslant 1$, 并且$q_1\geqslant 1$是正整数,$(q_1,p_1\cdots p_r)=1$.那么对于任何$s\geqslant 0$,

$$d_s=(p_{i_1}\cdots p_{i_s},p_{i_1}\cdots p_{i_u}),$$

因此,不妨设

$$q=p_{i_1}\cdots p_{i_u}.$$

此时

$$d_s=(p_{i_1}\cdots p_{i_s},q)=p_{i_{j_1}}\cdots p_{i_{j_t}}\quad(0\leqslant t\leqslant u)\tag{9.22.1}$$

其中,当$t=0$时,$p_{i_{j_1}}\cdots p_{i_{j_t}}=1$;当$t>0$时, $p_{i_{j_1}},\cdots,p_{i_{j_t}}$ $(1\leqslant t\leqslant u)$是$\{p_{i_1},\cdots,p_{i_u}\}$的真子集.

当$t=0$时,使式(9.22.1)成立的充要条件是:$p_{i_1}\cdots p_{i_s}$取作1;或等于集合$\mathscr{P}\setminus\{p_{i_1},\cdots,p_{i_u}\}$(此集合含$r-u$个元素)中任意$k$个元素之积($k=1,\cdots,r-u$).因此在$S$中,这些项之和

$$S_1=\sum_{k=0}^{r-u}(-1)^k\cdot 1=(1-1)^{r-u}=0.\tag{9.22.2}$$

当$t > 0$时,使式(9.22.1)成立的充要条件是:$s = t$,并且$\{p_{i_1}, \cdots, p_{i_s}\} = \{p_{i_{j_1}}, \cdots, p_{i_{j_t}}\}$;或者$s = t + k\,(k = 1, \cdots, r - t)$,并且集合$\{p_{i_1}, \cdots, p_{i_s}\}$中除了含有元素$p_{i_{j_1}}, \cdots, p_{i_{j_t}}$ 外, 还恰含有集合$\mathscr{P} \setminus \{p_{i_1}, \cdots, p_{i_u}\}$ 中的k个元素.因此在S中,这些项之和

$$S_2 = \sum_{t=1}^{u} c_{j_1,\cdots,j_t} p_{i_{j_1}} \cdots p_{i_{j_t}},$$

其中系数

$$\begin{aligned} c_{j_1,\cdots,j_t} &= \sum_{k=0}^{r-u} \binom{r-u}{k} (-1)^{t+k} \\ &= (-1)^t \sum_{k=0}^{r-u} \binom{r-u}{k} (-1)^k = (-1)^t (1-1)^{r-u} = 0. \end{aligned}$$

因此

$$S_2 = 0. \tag{9.22.3}$$

由式(9.22.2)和(9.22.3)可知$S = S_1 + S_2 = 0$.于是本题得证. □

9.23 设集合$\mathscr{A} \subseteq \mathbb{N}$,令

$$A(n) = \left|\{m \leqslant n \mid m \in \mathscr{A}\}\right|.$$

若极限$\lim\limits_{n\to\infty} A(n)/n$存在,则称它为集合$\mathscr{A}$的(自然)密度,并记为$d(\mathscr{A})$(有些文献也称它为密率).并且分别将

$$\begin{aligned} \underline{d}(\mathscr{A}) &= \varliminf_{n\to\infty} \frac{A(n)}{n}, \\ \overline{d}(\mathscr{A}) &= \varlimsup_{n\to\infty} \frac{A(n)}{n}, \end{aligned}$$

称作集合$\mathscr{A}$的下(渐进)密度和上(渐进)密度.求下列集合$\mathscr{A}$ 的密度:

(1) $\mathscr{A} = \{m = ka \mid k \in \mathbb{N}\}$,其中$a$是给定的正整数.

(2) $\mathscr{A} = \{m = ka \mid k \in \mathbb{N}, a_0 \nmid m\}$,其中$a$ 和a_0是给定的正整数.

(3) $\mathscr{A} = \{m \in \mathbb{N} \mid p_1, \cdots, p_r \nmid m\}$, 其中$p_1, \cdots, p_r$是给定的素数.

(4) $\mathscr{A}$由所有无平方因子数组成.

解 (1) 因为

$$A(n)=\sum_{\substack{m\leqslant n\\ a|m}}1=\sum_{\substack{r\\ ar\leqslant n}}1=\sum_{r\leqslant n/a}1=\left[\frac{n}{a}\right].$$

所以

$$d(\mathscr{A})=\lim_{n\to\infty}\frac{1}{n}\left[\frac{n}{a}\right]=\frac{1}{a}.$$

(2) 因为

$$\begin{aligned}A(n)&=\sum_{\substack{m\leqslant n\\ a|m}}1-\sum_{\substack{m\leqslant n\\ a|m,a_0|m}}1=\sum_{\substack{r\\ ar\leqslant n}}1-\sum_{\substack{m\leqslant n\\ [a,a_0]|m}}1\\&=\sum_{r\leqslant n/a}1-\sum_{r\leqslant n/[a,a_0]}1=\left[\frac{n}{a}\right]-\left[\frac{n}{[a,a_0]}\right],\end{aligned}$$

因此

$$d(\mathscr{A})=\frac{1}{a}-\frac{1}{[a,a_0]}.$$

(3) 由逐步淘汰原理,

$$\begin{aligned}A(n)&=n-\sum_{1\leqslant i\leqslant r}\sum_{\substack{m\leqslant n\\ p_i|m}}1+\sum_{1\leqslant i<j\leqslant r}\sum_{\substack{m\leqslant n\\ p_i,p_j|m}}1-\\&\quad\sum_{1\leqslant i<j<k\leqslant r}\sum_{\substack{m\leqslant n\\ p_i,p_j,p_k|m}}1+\cdots+(-1)^r\sum_{\substack{m\leqslant n\\ p_1\cdots p_r|m}}1\\&=n-\sum_{1\leqslant i\leqslant r}\left[\frac{n}{p_i}\right]+\sum_{1\leqslant i<j\leqslant r}\left[\frac{n}{p_ip_j}\right]-\sum_{1\leqslant i<j<k\leqslant r}\left[\frac{n}{p_ip_jp_k}\right]+\cdots+\\&\quad(-1)^r\left[\frac{n}{p_1p_2\cdots p_r}\right].\end{aligned}$$

因此

$$\begin{aligned}\frac{A(n)}{n}&=1-\sum_{1\leqslant i\leqslant r}\frac{1}{n}\left[\frac{n}{p_i}\right]+\sum_{1\leqslant i<j\leqslant r}\frac{1}{n}\left[\frac{n}{p_ip_j}\right]-\\&\quad\sum_{1\leqslant i<j<k\leqslant r}\frac{1}{n}\left[\frac{n}{p_ip_jp_k}\right]+\cdots+(-1)^r\frac{1}{n}\left[\frac{n}{p_1p_2\cdots p_r}\right].\end{aligned}$$

令$n \to \infty$,即得

$$d(\mathscr{A}) = \prod_{i=1}^{r}\left(1 - \frac{1}{p_i}\right).$$

(4) 用$A(x)$表示不超过x的无平方因子数的个数.那么不超过x而且以q^2为其最大平方因子的正整数个数为$A(x/q^2)$.显然q不超过$[\sqrt{x}]$,而不超过x的整数个数为$[x]$.因此

$$[x] = \sum_{q=1}^{[\sqrt{x}]} A\left(\frac{x}{q^2}\right).$$

令$x = y^2$,则得

$$[y^2] = \sum_{q=1}^{[\sqrt{x}]} A\left(\left(\frac{x}{q}\right)^2\right).$$

由Möbius反演公式得到

$$A(y^2) = \sum_{1 \leqslant k \leqslant y} \mu(k)\left[\frac{y^2}{k^2}\right].$$

因为$[a] = a + O(1)$,所以

$$\begin{aligned} A(y^2) &= y^2 \sum_{1 \leqslant k \leqslant y} \frac{\mu(k)}{k^2} + \sum_{1 \leqslant k \leqslant y} O(1) \\ &= y^2 \sum_{1 \leqslant k \leqslant y} \frac{\mu(k)}{k^2} + O(y). \end{aligned}$$

由Dirichlet级数乘积定理可知

$$\sum_{k=1}^{\infty} \frac{\mu(k)}{k^2} = \frac{6}{\pi^2}, \tag{9.23.1}$$

所以

$$\begin{aligned} A(y^2) &= \frac{6}{\pi^2} y^2 + y^2 O\left(\sum_{k>y} \frac{1}{k^2}\right) + O(y) \\ &= \frac{6}{\pi^2} y^2 + O(y). \end{aligned}$$

对于给定正整数n,存在整数y满足

$$y^2 \leqslant n < (y+1)^2.$$

于是$y = O(\sqrt{n})$,以及$y^2 = n + O(y) = n + O(\sqrt{n})$.由此可知

$$\begin{aligned} A(n) &= A(y^2) + O(y) = \frac{6}{\pi^2}y^2 + O(y) \\ &= \frac{6}{\pi^2}\big(n + O(\sqrt{n})\big) + O(\sqrt{n}) = \frac{6}{\pi^2}n + O(\sqrt{n}) \end{aligned}$$

因此

$$d(\mathscr{A}) = \frac{6}{\pi^2}. \qquad \square$$

注 关于Dirichlet级数乘积定理及公式(9.23.1)可参见T.M.Apostol的《解析数论导引》(西南师范大学出版社,1992),§11.4.公式(9.23.1)的另一个证明可参见华罗庚的《数论导引》(科学出版社,1957),226页.

9.24 证明:对于下列集合$\mathscr{A}$,密度$d(\mathscr{A})$ 不存在,并计算$\underline{d}(\mathscr{A})$和$\overline{d}(\mathscr{A})$.

(1) 集合$\mathscr{A}$由所有最高位(10进制)数字为1的整数组成.

(2) 集合$\mathscr{A}$由区间$[2^{2k}, 2^{2k+1})$ $(k = 0, 1, 2, \cdots)$中的所有整数组成.

解 (1) 集合$\mathscr{A}$由1以及区间$[10^k, 2\cdot 10^k - 1]$$(k = 1, 2, \cdots)$中的整数组成.它在$\mathbb{N}$中的补集由区间$[2\cdot 10^{k-1}, 10^k - 1]$ $(k = 1, 2, \cdots)$中的整数组成.当$n \in [2\cdot 10^{k-1}, 10^k - 1]$(即$n$属于$\mathscr{A}$的补集)时

$$A(n) = \big|(\mathscr{A} \cap [1, n]\big| = 1 + 10 + \cdots + 10^{k-1} = \frac{10^k - 1}{9}$$

是一个常数.当$n \in [10^{k-1}, 2\cdot 10^{k-1} - 1]$(即$n \in \mathscr{A}$)时, $n = (2\cdot 10^{k-1} - 1) - t$,其中$0 \leqslant t \leqslant 10^{k-1} - 1$,从而

$$A(n) = \big|(\mathscr{A} \cap [1, n]\big| = \frac{10^k - 1}{9} - t.$$

于是,当n属于$\mathscr{A}$的补集时

$$\frac{\dfrac{10^k - 1}{9}}{10^k - 1} \leqslant \frac{A(n)}{n} \leqslant \frac{\dfrac{10^k - 1}{9}}{2\cdot 10^{k-1}}$$

当$k\to\infty$时,

$$\frac{\frac{10^k-1}{9}}{10^k-1}\to\frac{1}{9},\quad \frac{\frac{10^k-1}{9}}{2\cdot 10^{k-1}}\to\frac{5}{9}.$$

当n属于$\mathscr{A}$本身时,

$$\frac{A(n)}{n}=\frac{\frac{10^k-1}{9}-t}{(2\cdot 10^{k-1}-1)-t}.$$

因为$0\leqslant t\leqslant 10^{k-1}-1$,所以$k\to\infty$时,对于不同的$t$ 值, $A(n)/n$的极限值最小为1/9,最大为5/9.综合上述各种情形, 可见

$$\underline{d}(\mathscr{A})=\frac{1}{9},\quad \overline{d}(\mathscr{A})=\frac{5}{9}.$$

因为两者不相等,所以$d(\mathscr{A})$不存在.

(2) 类似于本题(1),我们只需证明

$$\lim_{k\to\infty}\frac{A(2^{2k+1})}{2^{2k+1}}=\frac{2}{3},\quad \lim_{k\to\infty}\frac{A(2^{2k})}{2^{2k}}=\frac{1}{3},\tag{9.24.1}$$

即得

$$\underline{d}(\mathscr{A})=\frac{1}{3},\quad \overline{d}(\mathscr{A})=\frac{2}{3}.$$

因而$d(\mathscr{A})$不存在.

事实上,我们有

$$\begin{aligned}A(2^{2k+1}) &= \sum_{1\leqslant n<2}1+\sum_{2^2\leqslant n<2^3}1+\sum_{2^4\leqslant n<2^5}1+\cdots+\\ &\quad \sum_{2^{2k}\leqslant n<2^{2k+1}}1\\ &= 1+(2^3-2^2)+(2^5-2^4)+\cdots+(2^{2k+1}-2^{2k})\\ &= 1+2^2+2^4+\cdots+2^{2k}\\ &= \frac{(2^2)^{k+1}-1}{2^2-1}=\frac{1}{3}(4^{k+1}-1),\end{aligned}\tag{9.24.2}$$

以及(由$\mathscr{A}$的定义)

$$A(2^{2k})=\sum_{\substack{n\in\mathscr{A}\\ n\leqslant 2^{2k}}}1=1+\sum_{\substack{n\in\mathscr{A}\\ n<2^{2(k-1)+1}}}1=\sum_{\substack{n\in\mathscr{A}\\ n\leqslant 2^{2(k-1)+1}}}1.$$

上式右边的求和式与$A(2^{2k+1})$同类型,所以依式(9.24.2)(用$k-1$代k)得到

$$A(2^{2k}) = A(2^{2(k-1)+1}) = \frac{1}{3}(4^k - 1). \tag{9.24.3}$$

由式(9.24.2)和(9.24.3)立得式(9.24.1). □

9.25 设集合$\mathscr{A} \subset \mathbb{N}$,集合中任何一个数都不整除集合中的其他数(例如$(k, 2k]$中的整数组成的集合,这里$k$为整数).证明:

(1) $\overline{d}(\mathscr{A}) \leqslant \dfrac{1}{2}$.

(2) 级数$\sum\limits_{a\in\mathscr{A}} \dfrac{1}{a\log a}$收敛.

解 (1) 每个数$a_i \in \mathscr{A}$可唯一地表示为

$$a_i = 2^{r_i} d_i,$$

其中整数$r_i \geqslant 0, d_i$是奇数,即d_i是它的最大奇因子.如果

$$a_j = 2^{r_j} d_j$$

是$\mathscr{A}$中另一个数,其中d_j是它的最大奇因子.那么$d_i \neq d_j$. 这是因为, 若$d_i = d_j$,则有$a_i \mid a_j$(当$r_i \leqslant r_j$时),或$a_j \mid a_i$(当$r_i > r_j$时). 这都与$\mathscr{A}$的定义矛盾.因此$\mathscr{A}$的元素与它的最大奇因子是一一对应的. 因为区间$[1, 2n]$中恰有n个奇数,所以

$$A(2n) \leqslant n, \quad A(2n+1) \leqslant n+1.$$

于是由

$$\lim_{n\to\infty} \frac{A(2n)}{2n} \leqslant \frac{1}{2}, \quad \lim_{n\to\infty} \frac{A(2n+1)}{2n+1} \leqslant \frac{1}{2},$$

推出$\overline{d}(\mathscr{A}) \leqslant 1/2$.

(2) (i) 每个$a_i \in \mathscr{A}$具有唯一的最大素因子q_i.用$\delta(n)$表示整数n的最小素因子.对于每个$a_i \in \mathscr{A}$,令

$$B_i = \{n \in \mathbb{N} \mid \delta(n) > q_i\},$$
$$C_i = a_i B_i = \{a_i b \mid b \in B_i\}.$$

我们来证明集合C_i是两两不相交的.事实上,如果$C_i \cap C_j(i \neq j)$非空,那么有

$$a_i r = a_j s, \quad \text{其中} \quad r \in B_i,\ s \in B_j,$$

并且不妨认为$q_i \leqslant q_j$.因为a_i的最大素因子q_i不超过a_j的最大素因子q_j,而$s \in B_j$的最小素因子$\delta(s) > q_j$,因此$a_i \nmid s$,从而$a_i \mid a_j$. 这与$\mathscr{A}$的定义矛盾.因此确实C_i两两不相交.

(ii) 因为集合B_i由所有不被不超过q_i的素数整除的数组成,所以依问题12(3),有

$$d(B_i) = \prod_{p \leqslant q_i} \left(1 - \frac{1}{p}\right) \quad (p\text{为素数}).$$

此外,在区间$[1, n]$中属于集合C_i的数的个数$A_{C_i}(n)$等于区间$[1, n']$(其中$n' = [n/a_i]$)中属于集合B_i的数的个数$A_{B_i}(n')$,因此由$n \sim a_i n'\ (n \to \infty)$得到

$$\frac{A_{C_i}(n)}{n} \sim \frac{1}{a_i} \cdot \frac{A_{B_i}(n')}{n'} \quad (n \to \infty).$$

因为$d(B_i)$存在,由此可推出$d(C_i)$也存在,并且

$$d(C_i) = \frac{1}{a_i} d(B_i) = \frac{1}{a_i} \prod_{p \leqslant q_i} \left(1 - \frac{1}{p}\right). \tag{9.25.1}$$

最后,因为C_i两两不相交,所以对于每个$k \in \mathbb{N}$,

$$\sum_{i=1}^{k} d(C_i) \leqslant 1. \tag{9.25.2}$$

(iii) 由式(9.25.1)和(9.25.2)得到

$$\sum_{i=1}^{k} \frac{1}{a_i} \prod_{p \leqslant q_i} \left(1 - \frac{1}{p}\right) \leqslant 1.$$

因为(见华罗庚的《数论导引》(科学出版社,1975),107页)

$$\prod_{p \leqslant q_i} \left(1 - \frac{1}{p}\right) \geqslant \frac{C}{\log q_i} \geqslant \frac{C}{\log a_i}$$

(其中$C>0$是常数),所以

$$\sum_{i=1}^{k}\frac{1}{a_i\log a_i}\leqslant C_1$$

(其中$C_1>0$是常数).注意k是任意整数,可见正项级数$\sum\limits_{a\in\mathscr{A}}1/a\log a$收敛.

$\square$

9.26 令集合$H=\{n\in\mathbb{N}\mid\tau(n)|n\}$,其中$\tau(n)$表示正整数$n$的因子的个数.证明:

(1) 当n充分大时$n!\in H$.

(2) H的密度为零.

解 (1) 我们证明:当$n\neq 3,5$时,$\tau(n!)|n!$.

(i) 因为(p表示素数)

$$n!=\prod_{p\leqslant n}p^{a_p},\quad \text{其中}a_p=\sum_{i=1}^{\infty}\left[\frac{n}{p^i}\right],$$

所以

$$\tau(n!)=\prod_{p\leqslant n}(a_p+1).\tag{9.26.1}$$

为证明$\tau(n!)|n!$,只需对每个素数$p\leqslant n$求出一个正整数$h(p)\leqslant n$, 使得$a_p+1|h(p)$,并且当$p\neq q$(p,q为素数)时,$h(p)\neq h(q)$.此时将有

$$\prod_{p\leqslant n}(a_p+1)\Big|\prod_{p\leqslant n}h(p).$$

因为$\{h(p)\,|\,p\leqslant n\}\subseteq\{1,2,\cdots,n\}$的元素两两互异,所以

$$\prod_{p\leqslant n}h(p)\Big|n!,$$

从而由式(9.26.1)推出$\tau(n!)|n!$.

(ii) 若$p\leqslant\sqrt{n}$,则令$h(p)=a_p+1$.此时

$$h(p)=1+a_p\leqslant 1+\sum_{i=1}^{\infty}\left[\frac{n}{2^i}\right]<1+\sum_{i=1}^{\infty}\frac{n}{2^i}=1+n,$$

因此$h(p) \leqslant n$.此外,若$p < q \leqslant \sqrt{n}$(其中p,q为素数),则

$$\frac{n}{p} - \frac{n}{q} = \frac{(q-p)n}{pq} \geqslant \frac{n}{pq} > 1;$$

因此$[n/p] > [n/q]$.又因为(类似地)对于每个$i > 1$有$[n/p^i] \geqslant [n/q^i]$, 所以

$$a_p = \sum_{i=1}^{\infty} \left[\frac{n}{p^i}\right] > \sum_{i=1}^{\infty} \left[\frac{n}{q^i}\right] = a_q,$$

于是$h(p) > h(q)$.

若$\sqrt{n} < p \leqslant n$,则递推地定义$h(p)$如下:设对于每个素数$q < p$已经定义了$h(q)$.我们需要确定a_p+1的一个倍数作为$h(p)$(从而$a_p+1|h(p)$),使得它不等于任何已经定义的数$h(q)$ (q是小于p的素数)(从而$p \neq q \Rightarrow h(p) \neq h(q)$).注意, 当$j \geqslant 2$时,$p^2 > (\sqrt{n})^2 = n$,我们有$[n/p^j] = 0$,于是$a_p = [n/p]$. 由此可知$a_p + 1$的不超过$n$的倍数的个数是

$$\begin{aligned}
\left[\frac{n}{a_p+1}\right] &= \left[\frac{n}{\left[\frac{n}{p}\right]+1}\right] \\
&\geqslant \frac{n-\left[\frac{n}{p}\right]}{1+\left[\frac{n}{p}\right]} \\
&\geqslant \frac{n-\frac{n}{p}}{1+\frac{n}{p}} \\
&= (p-1)\frac{n}{n+p} \geqslant \frac{p-1}{2};
\end{aligned}$$

并且当$p \neq n$时,得到严格不等式.因为小于p的素数q的个数是$\pi(p)-1$,所以已经定义了的$h(q)$个数是$\pi(p) - 1$;注意$\pi(p)$不超过$|\{1,2,\cdots,p\}|$的一半,即$\pi(p) \leqslant (p+1)/2$,所以这些$h(q)$个数

$$\pi(p) - 1 \leqslant \frac{p-1}{2},$$

并且当$n \neq p = 3,5,7$时,严格不等式成立.于是,此时可以选取$a_p + 1$的某个倍数作为$h(p)$. 若$n \neq 3,5,7$,可以直接验证,$\tau(7!)|7!$,但$\tau(3!) \nmid 3!$, $\tau(5!) \nmid 5!$.

(2) 设$K > 1$任意取定.将集合H分为两个不相交的子集合:

$$H_1 = \{n \in \mathbb{N} \mid n\text{的每个素因子的指数小于}K\}, \quad H_2 = H \setminus H_1.$$

若$n \in H_1$,则

$$n = \prod_{j=1}^{s} p_j^{a_j},$$

其中$a_j < K, p_j$为素数.于是

$$\tau(n) = \prod_{j=1}^{s} (a_j + 1)$$

中每个$a_j + 1$的素因子不超过k,从而

$$\tau(n) \leqslant \left(\prod_{p \leqslant K} p \right)^K \leqslant (K^K)^K = K^{K^2}.$$

此外,我们还有$\tau(n) \geqslant 2^s$,所以$s \leqslant [K^2 \log_2 K]$(记为$r$). 因为至多有$r$个不同的素因子的正整数列的密度为零(参见本题解后的注),所以H_1的密度为零.

H_2中每个元素可被某个素数的K次幂整除,所以H_2中不超过x的元素个数至多是

$$\sum_p \left[\frac{x}{p^K} \right], x \sum_{i=2}^{\infty} i^{-K} < x \int_1^{\infty} t^{-k} \mathrm{d}t = \frac{x}{K-1}.$$

K可以任意大,所以密度

$$\frac{|\{n \in H_2 \mid n \leqslant x\}|}{x} \to 0 \quad (x \to \infty).$$

于是H的密度为零. □

注 1° 若k是给定正整数,集合$A \subset \mathbb{N}$,其中每个数至多有k个不同的素因子,那么$d(A) = 0$.这是整数列密度理论中的一个经典结果.其证明可参见,I.Niven,H.S.Zuckerman,An introduction to theory of numbers(J.Wiley & Sons,1960),p.253-256.

2° 应用解析数论的结果可以证明:对于任何$\varepsilon > 0$, 当$x > x_0(\varepsilon)$,

$$c_1 x(\log x)^{-1/2+\varepsilon} \leqslant H(x) \leqslant c_2 x(\log x)^{-1/2},$$

其中$c_1, c_2 > 0$是常数.由此可推出本题(2)的结论.

第10章 练习题

本章问题难易程度是混编的,未提供解答,少数问题附提示,供读者参考.

10.1 设$r > 1, n \geqslant 1$是整数,证明:

$$\frac{1!2!\cdots(r-1)!(nr)!}{n!(n+1)!\cdots(n+r-1)!}$$

是一个整数.

10.2 设m, n是正整数,$(m,n)=1$.证明:对任何整数λ, μ,

$$(\lambda m+\mu n, mn)=(\lambda, n)(\mu, m).$$

10.3 设λ, a, b, c, d是正整数,$n=a^2+\lambda b^2=c^2+\lambda d^2$.证明: 如果$a \geqslant c, (a, \lambda b)=(c, \lambda d)=1$,那么

$$\theta=\frac{ac+\lambda bd}{(ac+\lambda bd, ab+cd)}$$

是n的真因子.

10.4 (1) 设a, b是正整数,p是素数.证明:若$p|[a,b], p|a+b$, 则$p \mid (a,b)$.

(2) 设a, b是正整数,$a+b=57, [a,b]=680$,求a, b.

提示 证明$(a,b)=1$,于是$a(57-a)=ab=[a,b]$.

10.5 设$n > 2, a_{ij}=|1/i-1/j|\,(i,j=1,\cdots,n)$,令$D_n=\det(a_{ij})$. 证明:

$$D_n=\frac{N_n}{(n!)^2},$$

其中N_n是一个整数,并且当n是偶数时,$2^{n-2} \parallel N_n$;当n是奇数时, $2^{n-1} \mid N_n$.

10.6 设$a, b > 0$是奇数.证明:$2^n \mid a^3-b^3 \Leftrightarrow 2^n \mid a-b$.

10.7 设m, n是正整数.证明:

(1) 数$m/(m,n)$及$(m-n+1)/(m+1,n)$都整除$\binom{m}{n}$.

(2) 若$(m-1,n+1)=1$,则$n+1\mid\binom{m}{n}$.

10.8 设n是正整数,令$\mathscr{A}_n=\{a^n-a\mid a=2,3,\cdots\}$.证明: $\mathscr{A}_n$中的元素的最大公因子是所有满足$(p-1)\mid n-1$的素数p之积.

10.9 设m,n是正整数,证明:数

$$\binom{m-1}{n},\binom{m}{n-1},\binom{m+1}{n+1}$$

的最大公因子等于数

$$\binom{m-1}{n-1},\binom{m}{n+1},\binom{m+1}{n}$$

的最大公因子.此处非常义的二项系数之值约定为1.

10.10 设n是正整数.证明:n个数

$$\binom{n}{k}\quad(k=1,2,\cdots,n)$$

的最小公倍数由下式给出:

$$L_n=\frac{1}{n+1}p_1^{\sigma_1}p_2^{\sigma_2}\cdots p_m^{\sigma_m},$$

其中p_j表示第j个素数,σ_j由不等式

$$p_j^{\sigma_j}\leqslant n+1\leqslant p_j^{\sigma_j+1}$$

确定(p_m是不超过$n+1$的最大素数).

10.11 设$2,3,\cdots,p_n$是最初n个素数,令$N=2\cdot3\cdots p_n$. 证明: 若$N=ab$,其中a,b是正整数,则$a+b$有一个大于p_n的素因子.

10.12 设p是奇素数,n是正整数.

(1) 证明:

$$\left((p-1)!\right)^{p^{n-1}}\equiv-1\pmod{p^n}.$$

(2) 记$N=[(n-1)/(p-1)]$,则

$$\sum_{k=1}^{N}\binom{n}{(p-1)k}\equiv 0 \pmod{p}.$$

10.13 设$n>5$是一个奇数,并且存在互素正整数a,b满足

$$a-b=n,\quad a+b=p_1p_2\cdots p_k,$$

其中诸p_j是不超过$\sqrt{n}$的素数,证明:n是素数.

10.14 证明:对于每个正整数n,存在整数a_n满足

$$0<a_n-(1+\sqrt{3})^{2n}<1,\quad 2^{n+1}\mid a_n.$$

10.15 设n是正整数,$p\neq 5$是n^2-n-1的素因子.证明: $p\equiv \pm 1 \pmod{10}$.

10.16 设p是素数.

(1) 证明:$p^2\mid \big((p-1)^{p-1}-1\big)\big((p-1)!+1\big)$.

(2) 若正整数a,b之和等于$p-1$,则$a!\,b!\equiv(-1)^{b+1} \pmod{p}$.

10.17 设素数$p\geqslant 5$,整数n满足不等式$2\leqslant n\leqslant p-3$,并且$n\neq p-4$.证明:存在正整数$a_1<a_2<\cdots<a_n<p$,使得

$$\prod_{i=1}^{n}a_i\equiv 1 \pmod{p}.$$

10.18 设素数$p\geqslant 5$.证明:$6(p-4)!\equiv 1 \pmod{p}$.

10.19 设$f(n)=p\big(n(n+1)\big)$,$p(n)$是正整数n的最小素因子,$p(1)=1$. 求

$$\lim_{x\to\infty}\frac{1}{x}\sum_{n\leqslant x}f(n).$$

10.20 设m,n是正整数,p是素数,$p\nmid mn$.还设$p^r\parallel m-n$, 其中整数$r\geqslant 1$.证明:

(1) 若$p > 2$,则$p^{r+1} \parallel m^p - n^p$.

(2) 若$p = 2$,并且$r > 1$,则$2^{r+1} \parallel m^2 - n^2$.

10.21 设a是奇数,证明:对于所有正整数n,

$$a^{2^n} \equiv 1 \pmod{2^{n+2}}.$$

10.22 设a, b, m是正整数,证明:

$$a^{\phi(m)}b \equiv b \pmod{m} \quad \Leftrightarrow \quad (ab, m) = (b, m).$$

10.23 设正整数$m \neq 2$.证明:若$c_1, c_2, \cdots, c_{\phi(m)}$是模$m$的既约剩余系,则

$$\sum_{j=1}^{\phi(m)} c_j \equiv 0 \pmod{m}.$$

提示 不妨认为$c_j \in (-m/2, m/2)$.因为$(a, m) = 1$(其中a为整数)$\Rightarrow$ $(-a, m) = 1$,并且$a \not\equiv -a \pmod{m}$(不然将有$2a \equiv 0 \pmod{m}$),所以c_j与$-c_j$成对出现在同一个既约剩余系中.

10.24 设整数$n > 2$,定义集合

$$\mathscr{A} = \{x \in \mathbb{N} \,|\, 1 \leqslant x \leqslant n, (x, n) = (x+1, n) = 1\}.$$

证明:

(1) $|\mathscr{A}| = n\prod_{p|n}(1 - 2/p)$ (p是素数).

(2) $\prod_{x \in \mathscr{A}} x \equiv 1 \pmod{n}$.

(3) 对于$x \in \mathscr{A}$, $\sum_{k=0}^{\phi(n)-1} (x+1)^k \equiv 0 \pmod{n}$.

10.25 设整数a, m互素,ξ是同余式$ax \equiv 1 \pmod{m}$的一个解.令

$$x_k = \frac{1 - (1 - a\xi)^k}{a} \quad (k = 1, 2, \cdots),$$

证明:$x_k(k \geqslant 1)$都是整数,并且$ax_k \equiv 1 \pmod{m^k}$.

10.26 设整数a, m互素,令

$$x \equiv a - 12\sum_{k=1}^{m-1} k\left[\frac{ka}{m}\right] \pmod{m},$$

证明:$ax \equiv 1 \pmod{m}$.

10.27 设$f(x)$是整系数多项式,$\delta(k)$表示同余式

$$f(x) \equiv k \pmod{m}$$

的解数,证明:

$$\sum_{k=0}^{m-1} \delta(k) = m.$$

10.28 设$n = 2^t m$,其中m有s个不同的奇素因子,用$\delta(t, s)$表示同余式

$$x^2 \equiv 1 \pmod{n}$$

的解数,证明:

$$\delta(t, s) = \begin{cases} 2^s & t = 0, 1, \\ 2^{s+1} & t = 2, \\ 2^{s+2} & t \geqslant 3. \end{cases}$$

10.29 求下列同余式的解数:

$$24x^3 + 218x^2 + 121x + 17 \equiv 0 \pmod{2 \cdot 3 \cdot 5 \cdot 7 \cdot 11 \cdot 13}.$$

10.30 设p是素数,a, b, c是整数,$p \nmid ab$,证明:同余式

$$ax^m + by^n \equiv c \pmod{p}$$

与

$$ax^\mu + by^\nu \equiv c \pmod{p}$$

解数相等,此处m, n是正整数,$\mu = (m, p-1), \nu = (n, p-1)$.

10.31 设p是素数,n是正整数.证明:若$(n,p-1)=1$,则数

$$1^n,\ 2^n,\ \cdots,\ (p-1)^n$$

形成模p的完全剩余系,并且其逆命题也成立.

10.32 设m是区间$(0,p/2)$中模p二次剩余的个数.证明:

$$m=\sum_{k=1}^{(p-1)/2}\left(\left[\frac{2k^2}{p}\right]-2\left[\frac{k^2}{p}\right]\right).$$

并且若$p\equiv 1 \pmod 4$,则$m=(p-1)/4$.

10.33 设p是奇素数,b是整数,证明:

$$\sum_{k=1}^{p}\left(\frac{k^2-b}{p}\right)=\begin{cases}-1 & \text{若} p\nmid b,\\ p-1 & \text{若} p\mid b.\end{cases}$$

10.34 设p是奇素数,q是模p最小正二次非剩余.证明:q是素数,并且$q<\sqrt{p}+1$.

10.35 设素数$p\equiv 3 \pmod 4$.证明:若g是模p的原根,并且$g^2=g+1$,那么$g+1$和$g-1$也是模p的原根.

10.36 设p,q是奇素数,并且$p=2q+1$.证明:当$q\equiv 1 \pmod 4$时,$q+1$是模p的原根;$q\equiv 3 \pmod 4$时,q是模p的原根.

10.37 (1) 求$\sum\limits_{k=1}^{\infty}\mu(k!)$.

(2) 证明: $\sum\limits_{d^2\mid n}\mu(d)=\mu^2(n)$.

(3) 证明:若n有k个不同的素因子,则$\sum\limits_{d\mid n}\mu^2(d)=2^k$.

(4) 证明:对于任何正整数k,存在无穷多个正整数n,使得

$$\mu(n+1)=\mu(n+2)=\mu(n+3)=\cdots=\mu(n+k).$$

10.38 证明:

(1) 设m,k是正整数,则$\phi(m^k)=m^{k-1}\phi(m)$.

(2) 若整数$a>1,n>0$,则$2n\mid\phi(a^n+1)$.

10.39 证明:

(1) 若正整数m,n满足不等式$\phi(m,n)\leqslant\phi(m)\phi(n)$, 则$(m,n)=1$.

提示 参见问题5.11(2).

(2) 当且仅当$\phi(n)\leqslant n-\sqrt{n}$时,正整数$n$是合数.

(3) 设p是素数,n是正整数.当且仅当$\phi(np)=(p-1)\phi(n)$时, $p\nmid n$.

10.40 证明:

(1) 对于任何正整数m,n,有

$$\phi(mn)+\phi\big((m+1)(n+1)\big)<2mn.$$

(2) 若d是正整数n的真因子,则$n-\phi(n)>d-\phi(d)$.

(3) 若整数$n\geqslant 2,\omega(n)=r$,则

$$\phi(n)\geqslant\frac{n}{2^r}.$$

10.41 设$n>1$是给定正整数.定义正整数列:

$$n_1=\phi(n),\quad n_{i+1}=\phi(n_i)\quad(i\geqslant 1).$$

证明:存在下标r使得$n_r=1$.

提示 正整数列n_i严格单调减少.

10.42 设m是正整数.证明:若r是模m的原根,则它的模m的算术逆r' (即$rr'\equiv 1\pmod m$)也是模m的原根.

10.43 证明:若$\Omega(n)=k$,则n有一个素因子$p\leqslant\sqrt[k]{n}$.

10.44 设整数$a \geqslant 2$,奇数$k \geqslant 5$,令

$$n = \sum_{j=0}^{k} a^j.$$

证明：整数n至少有3个素因子;并且当$a \geqslant 3$或者$a = 2$并且$k \geqslant 7$ 时,这些素因子互异.

提示 $s = (k+1)/2$是正整数.$n = (a^{k+1}-1)/(a-1)$,所以$n(a-1) = (a^{k+1}-1) = (a^s+1)(a^s-1)$.然后对于$s$是奇数和偶数两种情形讨论.

10.45 证明:对于任何正整数n, $d(2^n-1) \geqslant d(n)$.

提示 由$2^{ma}-1 = (2^a-1)\big((2^a)^{m-1}+\cdots+1\big)$可知: 若$a\,|\,n$,则也有$a\,|\,2^n-1$.

10.46 设f是一个整系数非零多项式.定义数论函数

$$\phi^*(n) = |\{k\,|\,1 \leqslant k \leqslant n, \big(f(n), n\big) = 1\}|.$$

证明:

(1) $\phi^*(n)$是积性函数.

(2) 对于每个正整数n,

$$\phi^*(n) = n\prod_{p|n}\left(1-\frac{c_p}{p}\right) \quad (p\text{为素数}),$$

其中$c_p = p - \phi^*(p) = |\{k\,|\,1 \leqslant k \leqslant p, p\,|\,f(k)\}|$.

提示 如果$f(n) = n$,就得到通常的Euler函数.

10.47 设a, b, c是给定整数,m表示不定方程$ax+by = c$的正整数解组(x, y)的个数.证明:

$$-\left[\frac{-(a,b)c}{ab}\right] - 1 \leqslant m \leqslant -\left[\frac{-(a,b)c}{ab}\right].$$

10.48 设a, b, c是给定正整数,$(a, b) = 1$.用$m(c)$表示不定方程$ax+by = c$的正整数解组(x, y)的个数.证明:

(1) 如果r, s是满足$br-as=1$的一组整数,那么

$$m(c)=\left[\frac{rc}{a}\right]-\left[\frac{sc}{b}\right]-e(c),$$

其中$e(c)=1$(若$a\mid c$),或0(若$a\nmid c$).

(2) 如果n是正整数,那么所有使得$m(c)=n$的整数c满足

$$(n-1)ab+a+b\leqslant c\leqslant (n+1)ab.$$

10.49 证明:方程

$$(x+y)^2+(x+z)^2=(y+z)^2$$

没有奇数解(即x, y, z都是奇数).

10.50 设a, α, β是正实数,令$f(\alpha,\beta;a)$是下列级数中所有正项之和:

$$\sum_{k=1}^{\infty}\left[\frac{a-k\alpha}{\beta}\right];$$

若此级数不含正项,则令$f(\alpha,\beta;a)=0$.证明:$f(\alpha,\beta;a)=f(\beta,\alpha;a)$.

提示 考虑不等式$\alpha x+\beta y\leqslant a$的非负整数解$(x,y)$的个数.

10.51 (1) 设p_k/q_k是简单连分数$[a_0;a_1,\cdots,a_n,\cdots]$的$k$阶渐进分数,$F_k$是第$k$个Fibonacci数.则$q_k\geqslant F_k$, $p_k\geqslant F_k$.

(2) 设$r=[a_0;a_1,\cdots,a_n,\cdots]$(无限连分数).证明:当$a_1>1$时,

$$-r=[-1-a_0;1,a_1-1,a_2,a_3,\cdots];$$

当$a_1=1$时,

$$-r=[-1-a_0;a_2+1,a_3,a_4,\cdots].$$

10.52 设$\delta>0$是给定实数,q是给定正整数.证明:存在常数$c(\delta)$具有下列性质:

(1) 每个长度大于$c(\delta)q^{\delta}$的区间中一定存在整数u使得$(u,q)=1$.

(2) 对于任意整数s,t,其中$(t,q)=1$,在任何长度大于$c(\delta)q^{\delta}$的区间中一定存在整数u使得$(tu+s,q)=1$.

10.53 设正整数m,n具有相反的奇偶性，则积分

$$\int_0^1 (-1)^{[mx]+[nx]}\binom{m-1}{[mx]}\binom{n-1}{[nx]}\mathrm{d}x=0.$$

10.54 记$L_n=[1,2,\cdots,n]$.证明:级数$\sum\limits_{n=1}^{\infty}L_n^{-1}$收敛.

10.55 证明:若二次方程$x^2+bx+c=0(b,c\in\mathbb{N})$有有理根,则此根必为整数.

10.56 设$n>5$是奇数,并且分解为$n=uv$,其中u,v是正整数, $0<u-v\leqslant\sqrt[4]{64n}$.证明:方程

$$x^2-2([\sqrt{n}+1])x+n=0$$

的两个根都是整数.

提示 应用恒等式$(u+v)^2-(u-v)^2=4uv$推出整数$(u+v)/2$的一个上界.

10.57 证明:对于每个整数$n>1$, $\sqrt[n]{n}$是无理数.

10.58 如果一个复数是某个整系数非零多项式的根,那么称它为代数数. 不是代数数的(复)数称为超越数;换言之,超越数是不满足任何整系数非零多项式的(复)数.

设$a_n(n=1,2,\cdots)$是一个无限正整数列,满足

$$\lim_{n\to\infty}\frac{a_{n+1}}{a_n}=\infty.$$

设$g>1$是给定整数.证明:对于$k=1,2,\cdots$,级数

$$\xi_k=\sum_{n=1}^{\infty}g^{-a_{kn}}$$

的值都是超越数.

提示　用反证法.设存在s次整系数非零多项式$F(x)$,使得$F(\xi_k)=0$. 定义$\xi_k^{(N)}=\sum\limits_{1\leqslant n\leqslant N} g^{-a_{kn}}$.适当选取$N$和$M$, 使得$g^{sM}F(\xi_k^{(N)})\in\mathbb{Z}$,并且$g^{sM}F(\xi_k^{(N)})\to 0\,(N\to\infty)$.于是,对于充分大的$N$, $F(\xi_k^{(N)})=0$.由此导出矛盾.

10.59　设集合$A\subset\mathbb{N}$, $\overline{A}=\mathbb{N}\setminus A$. 证明:若$d(A)$存在,则$d(\overline{A})$也存在,并且$d(A)+d(\overline{A})=1$.

10.60　设集合A由正整数$a_i(i=1,2,\cdots)$组成.证明:若

$$\sum_{i=1}^{\infty}\frac{1}{a_i}<\infty,$$

则密度$d(A)=0$,并且逆命题不成立.

索　　引

(中文名词按汉语拼音顺序排列)

刘培杰数学工作室
已出版(即将出版)图书目录——高等数学

书　　名	出版时间	定　价	编号
距离几何分析导引	2015－02	68.00	446
大学几何学	2017－01	78.00	688
关于曲面的一般研究	2016－11	48.00	690
近世纯粹几何学初论	2017－01	58.00	711
拓扑学与几何学基础讲义	2017－04	58.00	756
物理学中的几何方法	2017－06	88.00	767
几何学简史	2017－08	28.00	833
复变函数引论	2013－10	68.00	269
伸缩变换与抛物旋转	2015－01	38.00	449
无穷分析引论(上)	2013－04	88.00	247
无穷分析引论(下)	2013－04	98.00	245
数学分析	2014－04	28.00	338
数学分析中的一个新方法及其应用	2013－01	38.00	231
数学分析例选:通过范例学技巧	2013－01	88.00	243
高等代数例选:通过范例学技巧	2015－06	88.00	475
基础数论例选:通过范例学技巧	2018－09	58.00	978
三角级数论(上册)(陈建功)	2013－01	38.00	232
三角级数论(下册)(陈建功)	2013－01	48.00	233
三角级数论(哈代)	2013－06	48.00	254
三角级数	2015－07	28.00	263
超越数	2011－03	18.00	109
三角和方法	2011－03	18.00	112
随机过程(Ⅰ)	2014－01	78.00	224
随机过程(Ⅱ)	2014－01	68.00	235
算术探索	2011－12	158.00	148
组合数学	2012－04	28.00	178
组合数学浅谈	2012－03	28.00	159
丢番图方程引论	2012－03	48.00	172
拉普拉斯变换及其应用	2015－02	38.00	447
高等代数.上	2016－01	38.00	548
高等代数.下	2016－01	38.00	549
高等代数教程	2016－01	58.00	579
数学解析教程.上卷.1	2016－01	58.00	546
数学解析教程.上卷.2	2016－01	38.00	553
数学解析教程.下卷.1	2017－04	48.00	781
数学解析教程.下卷.2	2017－06	48.00	782
函数构造论.上	2016－01	38.00	554
函数构造论.中	2017－06	48.00	555
函数构造论.下	2016－09	48.00	680
概周期函数	2016－01	48.00	572
变叙的项的极限分布律	2016－01	18.00	573
整函数	2012－08	18.00	161
近代拓扑学研究	2013－04	38.00	239
多项式和无理数	2008－01	68.00	22

刘培杰数学工作室
已出版(即将出版)图书目录——高等数学

书　　名	出版时间	定　价	编号
模糊数据统计学	2008-03	48.00	31
模糊分析学与特殊泛函空间	2013-01	68.00	241
常微分方程	2016-01	58.00	586
平稳随机函数导论	2016-03	48.00	587
量子力学原理·上	2016-01	38.00	588
图与矩阵	2014-08	40.00	644
钢丝绳原理:第二版	2017-01	78.00	745
代数拓扑和微分拓扑简史	2017-06	68.00	791
半序空间泛函分析.上	2018-06	48.00	924
半序空间泛函分析.下	2018-06	68.00	925
概率分布的部分识别	2018-07	68.00	929
Cartan 型单模李超代数的上同调及极大子代数	2018-07	38.00	932
受控理论与解析不等式	2012-05	78.00	165
不等式的分拆降维降幂方法与可读证明	2016-01	68.00	591
实变函数论	2012-06	78.00	181
复变函数论	2015-08	38.00	504
非光滑优化及其变分分析	2014-01	48.00	230
疏散的马尔科夫链	2014-01	58.00	266
马尔科夫过程论基础	2015-01	28.00	433
初等微分拓扑学	2012-07	18.00	182
方程式论	2011-03	38.00	105
Galois 理论	2011-03	18.00	107
古典数学难题与伽罗瓦理论	2012-11	58.00	223
伽罗华与群论	2014-01	28.00	290
代数方程的根式解及伽罗瓦理论	2011-03	28.00	108
代数方程的根式解及伽罗瓦理论(第二版)	2015-01	28.00	423
线性偏微分方程讲义	2011-03	18.00	110
几类微分方程数值方法的研究	2015-05	38.00	485
N 体问题的周期解	2011-03	28.00	111
代数方程式论	2011-05	18.00	121
线性代数与几何:英文	2016-06	58.00	578
动力系统的不变量与函数方程	2011-07	48.00	137
基于短语评价的翻译知识获取	2012-02	48.00	168
应用随机过程	2012-04	48.00	187
概率论导引	2012-04	18.00	179
矩阵论(上)	2013-06	58.00	250
矩阵论(下)	2013-06	48.00	251
对称锥互补问题的内点法:理论分析与算法实现	2014-08	68.00	368
抽象代数:方法导引	2013-06	38.00	257
集论	2016-01	48.00	576
多项式理论研究综述	2016-01	38.00	577
函数论	2014-11	78.00	395
反问题的计算方法及应用	2011-11	28.00	147
数阵及其应用	2012-02	28.00	164
绝对值方程—折边与组合图形的解析研究	2012-07	48.00	186
代数函数论(上)	2015-07	38.00	494
代数函数论(下)	2015-07	38.00	495

刘培杰数学工作室

已出版(即将出版)图书目录——高等数学

书　　名	出版时间	定　价	编号
偏微分方程论:法文	2015－10	48.00	533
时标动力学方程的指数型二分性与周期解	2016－04	48.00	606
重刚体绕不动点运动方程的积分法	2016－05	68.00	608
水轮机水力稳定性	2016－05	48.00	620
Lévy 噪音驱动的传染病模型的动力学行为	2016－05	48.00	667
铣加工动力学系统稳定性研究的数学方法	2016－11	28.00	710
时滞系统:Lyapunov 泛函和矩阵	2017－05	68.00	784
粒子图像测速仪实用指南:第二版	2017－08	78.00	790
数域的上同调	2017－08	98.00	799
图的正交因子分解(英文)	2018－01	38.00	881
点云模型的优化配准方法研究	2018－07	58.00	927
锥形波入射粗糙表面反散射问题理论与算法	2018－03	68.00	936
广义逆的理论与计算	2018－07	58.00	973
吴振奎高等数学解题真经(概率统计卷)	2012－01	38.00	149
吴振奎高等数学解题真经(微积分卷)	2012－01	68.00	150
吴振奎高等数学解题真经(线性代数卷)	2012－01	58.00	151
高等数学解题全攻略(上卷)	2013－06	58.00	252
高等数学解题全攻略(下卷)	2013－06	58.00	253
高等数学复习纲要	2014－01	18.00	384
超越吉米多维奇.数列的极限	2009－11	48.00	58
超越普里瓦洛夫.留数卷	2015－01	28.00	437
超越普里瓦洛夫.无穷乘积与它对解析函数的应用卷	2015－05	28.00	477
超越普里瓦洛夫.积分卷	2015－06	18.00	481
超越普里瓦洛夫.基础知识卷	2015－06	28.00	482
超越普里瓦洛夫.数项级数卷	2015－07	38.00	489
超越普里瓦洛夫.微分、解析函数、导数卷	2018－01	48.00	852
统计学专业英语	2007－03	28.00	16
统计学专业英语(第二版)	2012－07	48.00	176
统计学专业英语(第三版)	2015－04	68.00	465
代换分析:英文	2015－07	38.00	499
历届美国大学生数学竞赛试题集.第一卷(1938—1949)	2015－01	28.00	397
历届美国大学生数学竞赛试题集.第二卷(1950—1959)	2015－01	28.00	398
历届美国大学生数学竞赛试题集.第三卷(1960—1969)	2015－01	28.00	399
历届美国大学生数学竞赛试题集.第四卷(1970—1979)	2015－01	18.00	400
历届美国大学生数学竞赛试题集.第五卷(1980—1989)	2015－01	28.00	401
历届美国大学生数学竞赛试题集.第六卷(1990—1999)	2015－01	28.00	402
历届美国大学生数学竞赛试题集.第七卷(2000—2009)	2015－08	18.00	403
历届美国大学生数学竞赛试题集.第八卷(2010—2012)	2015－01	18.00	404
超越普特南试题:大学数学竞赛中的方法与技巧	2017－04	98.00	758
历届国际大学生数学竞赛试题集(1994－2010)	2012－01	28.00	143
全国大学生数学夏令营数学竞赛试题及解答	2007－03	28.00	15
全国大学生数学竞赛辅导教程	2012－07	28.00	189
全国大学生数学竞赛复习全书(第 2 版)	2017－05	58.00	787

刘培杰数学工作室
已出版(即将出版)图书目录——高等数学

书　　名	出版时间	定　价	编号
历届美国大学生数学竞赛试题集	2009－03	88.00	43
前苏联大学生数学奥林匹克竞赛题解(上编)	2012－04	28.00	169
前苏联大学生数学奥林匹克竞赛题解(下编)	2012－04	38.00	170
大学生数学竞赛讲义	2014－09	28.00	371
大学生数学竞赛教程——高等数学(基础篇、提高篇)	2018－09	128.00	968
普林斯顿大学数学竞赛	2016－06	38.00	669

书　　名	出版时间	定　价	编号
初等数论难题集(第一卷)	2009－05	68.00	44
初等数论难题集(第二卷)(上、下)	2011－02	128.00	82,83
数论概貌	2011－03	18.00	93
代数数论(第二版)	2013－08	58.00	94
代数多项式	2014－06	38.00	289
初等数论的知识与问题	2011－02	28.00	95
超越数论基础	2011－03	28.00	96
数论初等教程	2011－03	28.00	97
数论基础	2011－03	18.00	98
数论基础与维诺格拉多夫	2014－03	18.00	292
解析数论基础	2012－08	28.00	216
解析数论基础(第二版)	2014－01	48.00	287
解析数论问题集(第二版)(原版引进)	2014－05	88.00	343
解析数论问题集(第二版)(中译本)	2016－04	88.00	607
解析数论基础(潘承洞,潘承彪著)	2016－07	98.00	673
解析数论导引	2016－07	58.00	674
数论入门	2011－03	38.00	99
代数数论入门	2015－03	38.00	448
数论开篇	2012－07	28.00	194
解析数论引论	2011－03	48.00	100
Barban Davenport Halberstam 均值和	2009－01	40.00	33
基础数论	2011－03	28.00	101
初等数论 100 例	2011－05	18.00	122
初等数论经典例题	2012－07	18.00	204
最新世界各国数学奥林匹克中的初等数论试题(上、下)	2012－01	138.00	144,145
初等数论(Ⅰ)	2012－01	18.00	156
初等数论(Ⅱ)	2012－01	18.00	157
初等数论(Ⅲ)	2012－01	28.00	158
平面几何与数论中未解决的新老问题	2013－01	68.00	229
代数数论简史	2014－11	28.00	408
代数数论	2015－09	88.00	532
代数、数论及分析习题集	2016－11	98.00	695
数论导引提要及习题解答	2016－01	48.00	559
素数定理的初等证明. 第 2 版	2016－09	48.00	686
数论中的模函数与狄利克雷级数(第二版)	2017－11	78.00	837
数论:数学导引	2018－01	68.00	849
域论	2018－04	68.00	884
代数数论(冯克勤　编著)	2018－04	68.00	885

刘培杰数学工作室
已出版(即将出版)图书目录——高等数学

书　　名	出版时间	定　价	编号
新编 640 个世界著名数学智力趣题	2014—01	88.00	242
500 个最新世界著名数学智力趣题	2008—06	48.00	3
400 个最新世界著名数学最值问题	2008—09	48.00	36
500 个世界著名数学征解问题	2009—06	48.00	52
400 个中国最佳初等数学征解老问题	2010—01	48.00	60
500 个俄罗斯数学经典老题	2011—01	28.00	81
1000 个国外中学物理好题	2012—04	48.00	174
300 个日本高考数学题	2012—05	38.00	142
700 个早期日本高考数学试题	2017—02	88.00	752
500 个前苏联早期高考数学试题及解答	2012—05	28.00	185
546 个早期俄罗斯大学生数学竞赛题	2014—03	38.00	285
548 个来自美苏的数学好问题	2014—11	28.00	396
20 所苏联著名大学早期入学试题	2015—02	18.00	452
161 道德国工科大学生必做的微分方程习题	2015—05	28.00	469
500 个德国工科大学生必做的高数习题	2015—06	28.00	478
360 个数学竞赛问题	2016—08	58.00	677
德国讲义日本考题. 微积分卷	2015—04	48.00	456
德国讲义日本考题. 微分方程卷	2015—04	38.00	457
二十世纪中叶中、英、美、日、法、俄高考数学试题精选	2017—06	38.00	783

书　　名	出版时间	定　价	编号
博弈论精粹	2008—03	58.00	30
博弈论精粹. 第二版(精装)	2015—01	88.00	461
数学 我爱你	2008—01	28.00	20
精神的圣徒　别样的人生——60 位中国数学家成长的历程	2008—09	48.00	39
数学史概论	2009—06	78.00	50
数学史概论(精装)	2013—03	158.00	272
数学史选讲	2016—01	48.00	544
斐波那契数列	2010—02	28.00	65
数学拼盘和斐波那契魔方	2010—07	38.00	72
斐波那契数列欣赏	2011—01	28.00	160
数学的创造	2011—02	48.00	85
数学美与创造力	2016—01	48.00	595
数海拾贝	2016—01	48.00	590
数学中的美	2011—02	38.00	84
数论中的美学	2014—12	38.00	351
数学王者　科学巨人——高斯	2015—01	28.00	428
振兴祖国数学的圆梦之旅:中国初等数学研究史话	2015—06	98.00	490
二十世纪中国数学史料研究	2015—10	48.00	536
数字谜、数阵图与棋盘覆盖	2016—01	58.00	298
时间的形状	2016—01	38.00	556
数学发现的艺术:数学探索中的合情推理	2016—07	58.00	671
活跃在数学中的参数	2016—07	48.00	675

刘培杰数学工作室

已出版(即将出版)图书目录——高等数学

书　　名	出版时间	定　价	编号
格点和面积	2012－07	18.00	191
射影几何趣谈	2012－04	28.00	175
斯潘纳尔引理——从一道加拿大数学奥林匹克试题谈起	2014－01	28.00	228
李普希兹条件——从几道近年高考数学试题谈起	2012－10	18.00	221
拉格朗日中值定理——从一道北京高考试题的解法谈起	2015－10	18.00	197
闵科夫斯基定理——从一道清华大学自主招生试题谈起	2014－01	28.00	198
哈尔测度——从一道冬令营试题的背景谈起	2012－08	28.00	202
切比雪夫逼近问题——从一道中国台北数学奥林匹克试题谈起	2013－04	38.00	238
伯恩斯坦多项式与贝齐尔曲面——从一道全国高中数学联赛试题谈起	2013－03	38.00	236
卡塔兰猜想——从一道普特南竞赛试题谈起	2013－06	18.00	256
麦卡锡函数和阿克曼函数——从一道前南斯拉夫数学奥林匹克试题谈起	2012－08	18.00	201
贝蒂定理与拉姆贝克莫斯尔定理——从一个拣石子游戏谈起	2012－08	18.00	217
皮亚诺曲线和豪斯道夫分球定理——从无限集谈起	2012－08	18.00	211
平面凸图形与凸多面体	2012－10	28.00	218
斯坦因豪斯问题——从一道二十五省市自治区中学数学竞赛试题谈起	2012－07	18.00	196
纽结理论中的亚历山大多项式与琼斯多项式——从一道北京市高一数学竞赛试题谈起	2012－07	28.00	195
原则与策略——从波利亚“解题表”谈起	2013－04	38.00	244
转化与化归——从三大尺规作图不能问题谈起	2012－08	28.00	214
代数几何中的贝祖定理(第一版)——从一道 IMO 试题的解法谈起	2013－08	18.00	193
成功连贯理论与约当块理论——从一道比利时数学竞赛试题谈起	2012－04	18.00	180
素数判定与大数分解	2014－08	18.00	199
置换多项式及其应用	2012－10	18.00	220
椭圆函数与模函数——从一道美国加州大学洛杉矶分校(UCLA)博士资格考题谈起	2012－10	28.00	219
差分方程的拉格朗日方法——从一道 2011 年全国高考理科试题的解法谈起	2012－08	28.00	200
力学在几何中的一些应用	2013－01	38.00	240
高斯散度定理、斯托克斯定理和平面格林定理——从一道国际大学生数学竞赛试题谈起	即将出版		
康托洛维奇不等式——从一道全国高中联赛试题谈起	2013－03	28.00	337
西格尔引理——从一道第 18 届 IMO 试题的解法谈起	即将出版		
罗斯定理——从一道前苏联数学竞赛试题谈起	即将出版		
拉克斯定理和阿廷定理——从一道 IMO 试题的解法谈起	2014－01	58.00	246
毕卡大定理——从一道美国大学数学竞赛试题谈起	2014－07	18.00	350
贝齐尔曲线——从一道全国高中联赛试题谈起	即将出版		
拉格朗日乘子定理——从一道 2005 年全国高中联赛试题的高等数学解法谈起	2015－05	28.00	480
雅可比定理——从一道日本数学奥林匹克试题谈起	2013－04	48.00	249
李天岩－约克定理——从一道波兰数学竞赛试题谈起	2014－06	28.00	349
整系数多项式因式分解的一般方法——从克朗耐克算法谈起	即将出版		

刘培杰数学工作室
已出版(即将出版)图书目录——高等数学

书　名	出版时间	定　价	编号
布劳维不动点定理——从一道前苏联数学奥林匹克试题谈起	2014－01	38.00	273
伯恩赛德定理——从一道英国数学奥林匹克试题谈起	即将出版		
布查特－莫斯特定理——从一道上海市初中竞赛试题谈起	即将出版		
数论中的同余数问题——从一道普特南竞赛试题谈起	即将出版		
范·德蒙行列式——从一道美国数学奥林匹克试题谈起	即将出版		
中国剩余定理:总数法构建中国历史年表	2015－01	28.00	430
牛顿程序与方程求根——从一道全国高考试题解法谈起	即将出版		
库默尔定理——从一道 IMO 预选试题谈起	即将出版		
卢丁定理——从一道冬令营试题的解法谈起	即将出版		
沃斯滕霍姆定理——从一道 IMO 预选试题谈起	即将出版		
卡尔松不等式——从一道莫斯科数学奥林匹克试题谈起	即将出版		
信息论中的香农熵——从一道近年高考压轴题谈起	即将出版		
约当不等式——从一道希望杯竞赛试题谈起	即将出版		
拉比诺维奇定理	即将出版		
刘维尔定理——从一道《美国数学月刊》征解问题的解法谈起	即将出版		
卡塔兰恒等式与级数求和——从一道 IMO 试题的解法谈起	即将出版		
勒让德猜想与素数分布——从一道爱尔兰竞赛试题谈起	即将出版		
天平称重与信息论——从一道基辅市数学奥林匹克试题谈起	即将出版		
哈密尔顿－凯莱定理:从一道高中数学联赛试题的解法谈起	2014－09	18.00	376
艾思特曼定理——从一道 CMO 试题的解法谈起	即将出版		
一个爱尔特希问题——从一道西德数学奥林匹克试题谈起	即将出版		
有限群中的爱丁格尔问题——从一道北京市初中二年级数学竞赛试题谈起	即将出版		
贝克码与编码理论——从一道全国高中联赛试题谈起	即将出版		
帕斯卡三角形	2014－03	18.00	294
蒲丰投针问题——从 2009 年清华大学的一道自主招生试题谈起	2014－01	38.00	295
斯图姆定理——从一道“华约”自主招生试题的解法谈起	2014－01	18.00	296
许瓦兹引理——从一道加利福尼亚大学伯克利分校数学系博士生试题谈起	2014－08	18.00	297
拉姆塞定理——从王诗宬院士的一个问题谈起	2016－04	48.00	299
坐标法	2013－12	28.00	332
数论三角形	2014－04	38.00	341
毕克定理	2014－07	18.00	352
数林掠影	2014－09	48.00	389
我们周围的概率	2014－10	38.00	390
凸函数最值定理:从一道华约自主招生题的解法谈起	2014－10	28.00	391
易学与数学奥林匹克	2014－10	38.00	392
生物数学趣谈	2015－01	18.00	409
反演	2015－01	28.00	420
因式分解与圆锥曲线	2015－01	18.00	426
轨迹	2015－01	28.00	427
面积原理:从常庚哲命的一道 CMO 试题的积分解法谈起	2015－01	48.00	431
形形色色的不动点定理:从一道 28 届 IMO 试题谈起	2015－01	38.00	439
柯西函数方程:从一道上海交大自主招生的试题谈起	2015－02	28.00	440

刘培杰数学工作室
已出版(即将出版)图书目录——高等数学

书　　名	出版时间	定　价	编号
三角恒等式	2015－02	28.00	442
无理性判定:从一道 2014 年"北约"自主招生试题谈起	2015－01	38.00	443
数学归纳法	2015－03	18.00	451
极端原理与解题	2015－04	28.00	464
法雷级数	2014－08	18.00	367
摆线族	2015－01	38.00	438
函数方程及其解法	2015－05	38.00	470
含参数的方程和不等式	2012－09	28.00	213
希尔伯特第十问题	2016－01	38.00	543
无穷小量的求和	2016－01	28.00	545
切比雪夫多项式:从一道清华大学金秋营试题谈起	2016－01	38.00	583
泽肯多夫定理	2016－03	38.00	599
代数等式证题法	2016－01	28.00	600
三角等式证题法	2016－01	28.00	601
吴大任教授藏书中的一个因式分解公式:从一道美国数学邀请赛试题的解法谈起	2016－06	28.00	656
易卦——类万物的数学模型	2017－08	68.00	838
"不可思议"的数与数系可持续发展	2018－01	38.00	878
最短线	2018－01	38.00	879
从毕达哥拉斯到怀尔斯	2007－10	48.00	9
从迪利克雷到维斯卡尔迪	2008－01	48.00	21
从哥德巴赫到陈景润	2008－05	98.00	35
从庞加莱到佩雷尔曼	2011－08	138.00	136
从费马到怀尔斯——费马大定理的历史	2013－10	198.00	Ⅰ
从庞加莱到佩雷尔曼——庞加莱猜想的历史	2013－10	298.00	Ⅱ
从切比雪夫到爱尔特希(上)——素数定理的初等证明	2013－07	48.00	Ⅲ
从切比雪夫到爱尔特希(下)——素数定理 100 年	2012－12	98.00	Ⅲ
从高斯到盖尔方特——二次域的高斯猜想	2013－10	198.00	Ⅳ
从库默尔到朗兰兹——朗兰兹猜想的历史	2014－01	98.00	Ⅴ
从比勃巴赫到德布朗斯——比勃巴赫猜想的历史	2014－02	298.00	Ⅵ
从麦比乌斯到陈省身——麦比乌斯变换与麦比乌斯带	2014－02	298.00	Ⅶ
从布尔到豪斯道夫——布尔方程与格论漫谈	2013－10	198.00	Ⅷ
从开普勒到阿诺德——三体问题的历史	2014－05	298.00	Ⅸ
从华林到华罗庚——华林问题的历史	2013－10	298.00	Ⅹ
数学物理大百科全书.第 1 卷	2016－01	418.00	508
数学物理大百科全书.第 2 卷	2016－01	408.00	509
数学物理大百科全书.第 3 卷	2016－01	396.00	510
数学物理大百科全书.第 4 卷	2016－01	408.00	511
数学物理大百科全书.第 5 卷	2016－01	368.00	512
朱德祥代数与几何讲义.第 1 卷	2017－01	38.00	697
朱德祥代数与几何讲义.第 2 卷	2017－01	28.00	698
朱德祥代数与几何讲义.第 3 卷	2017－01	28.00	699

刘培杰数学工作室
已出版(即将出版)图书目录——高等数学

书　　名	出版时间	定　价	编号
闵嗣鹤文集	2011—03	98.00	102
吴从炘数学活动三十年(1951～1980)	2010—07	99.00	32
吴从炘数学活动又三十年(1981～2010)	2015—07	98.00	491
斯米尔诺夫高等数学.第一卷	2018—03	88.00	770
斯米尔诺夫高等数学.第二卷.第一分册	2018—03	68.00	771
斯米尔诺夫高等数学.第二卷.第二分册	2018—03	68.00	772
斯米尔诺夫高等数学.第二卷.第三分册	2018—03	48.00	773
斯米尔诺夫高等数学.第三卷.第一分册	2018—03	58.00	774
斯米尔诺夫高等数学.第三卷.第二分册	2018—03	58.00	775
斯米尔诺夫高等数学.第三卷.第三分册	2018—03	68.00	776
斯米尔诺夫高等数学.第四卷.第一分册	2018—03	48.00	777
斯米尔诺夫高等数学.第四卷.第二分册	2018—03	88.00	778
斯米尔诺夫高等数学.第五卷.第一分册	2018—03	58.00	779
斯米尔诺夫高等数学.第五卷.第二分册	2018—03	68.00	780
zeta 函数,q-zeta 函数,相伴级数与积分	2015—08	88.00	513
微分形式:理论与练习	2015—08	58.00	514
离散与微分包含的逼近和优化	2015—08	58.00	515
艾伦·图灵:他的工作与影响	2016—01	98.00	560
测度理论概率导论,第 2 版	2016—01	88.00	561
带有潜在故障恢复系统的半马尔柯夫模型控制	2016—01	98.00	562
数学分析原理	2016—01	88.00	563
随机偏微分方程的有效动力学	2016—01	88.00	564
图的谱半径	2016—01	58.00	565
量子机器学习中数据挖掘的量子计算方法	2016—01	98.00	566
量子物理的非常规方法	2016—01	118.00	567
运输过程的统一非局部理论:广义波尔兹曼物理动力学,第 2 版	2016—01	198.00	568
量子力学与经典力学之间的联系在原子、分子及电动力学系统建模中的应用	2016—01	58.00	569
算术域:第 3 版	2017—08	158.00	820
算术域	2018—01	158.00	821
高等数学竞赛:1962—1991 年的米洛克斯·史怀哲竞赛	2018—01	128.00	822
用数学奥林匹克精神解决数论问题	2018—01	108.00	823
代数几何(德语)	2018—04	68.00	824
丢番图近似值	2018—01	78.00	825
代数几何学基础教程	2018—01	98.00	826
解析数论入门课程	2018—01	78.00	827
数论中的丢番图问题	2018—01	78.00	829
数论(梦幻之旅):第五届中日数论研讨会演讲集	2018—01	68.00	830
数论新应用	2018—01	68.00	831
数论	2018—01	78.00	832

刘培杰数学工作室
已出版(即将出版)图书目录——高等数学

书　名	出版时间	定　价	编号
湍流十讲	2018－04	108.00	886
无穷维李代数:第3版	2018－04	98.00	887
等值、不变量和对称性:英文	2018－04	78.00	888
解析数论	2018－09	78.00	889
《数学原理》的演化:伯特兰·罗素撰写第二版时的手稿与笔记	2018－04	108.00	890
哈密尔顿数学论文集(第4卷):几何学、分析学、天文学、概率和有限差分等	即将出版		891
数学王子——高斯	2018－01	48.00	858
坎坷奇星——阿贝尔	2018－01	48.00	859
闪烁奇星——伽罗瓦	2018－01	58.00	860
无穷统帅——康托尔	2018－01	48.00	861
科学公主——柯瓦列夫斯卡娅	2018－01	48.00	862
抽象代数之母——埃米·诺特	2018－01	48.00	863
电脑先驱——图灵	2018－01	58.00	864
昔日神童——维纳	2018－01	48.00	865
数坛怪侠——爱尔特希	2018－01	68.00	866
当代世界中的数学.数学思想与数学基础	2019－01	38.00	892
当代世界中的数学.数学问题	2019－01	38.00	893
当代世界中的数学.应用数学与数学应用	即将出版		894
当代世界中的数学.数学王国的新疆域(一)	2019－01	38.00	895
当代世界中的数学.数学王国的新疆域(二)	2019－01	38.00	896
当代世界中的数学.数林撷英(一)	即将出版		897
当代世界中的数学.数林撷英(二)	即将出版		898
当代世界中的数学.数学之路	即将出版		899
偏微分方程全局吸引子的特性:英文	2018－09	108.00	979
整函数与下调和函数:英文	2018－09	118.00	980
幂等分析:英文	2018－09	118.00	981
李群,离散子群与不变量理论:英文	2018－09	108.00	982
动力系统与统计力学:英文	2018－09	118.00	983
表示论与动力系统:英文	2018－09	118.00	984

联系地址:哈尔滨市南岗区复华四道街10号　哈尔滨工业大学出版社刘培杰数学工作室

网　　址:http://lpj.hit.edu.cn/

邮　　编:150006

联系电话:0451－86281378　　13904613167

E-mail:lpj1378@163.com